U0050090

人因工程學

精華版

3rd Edition

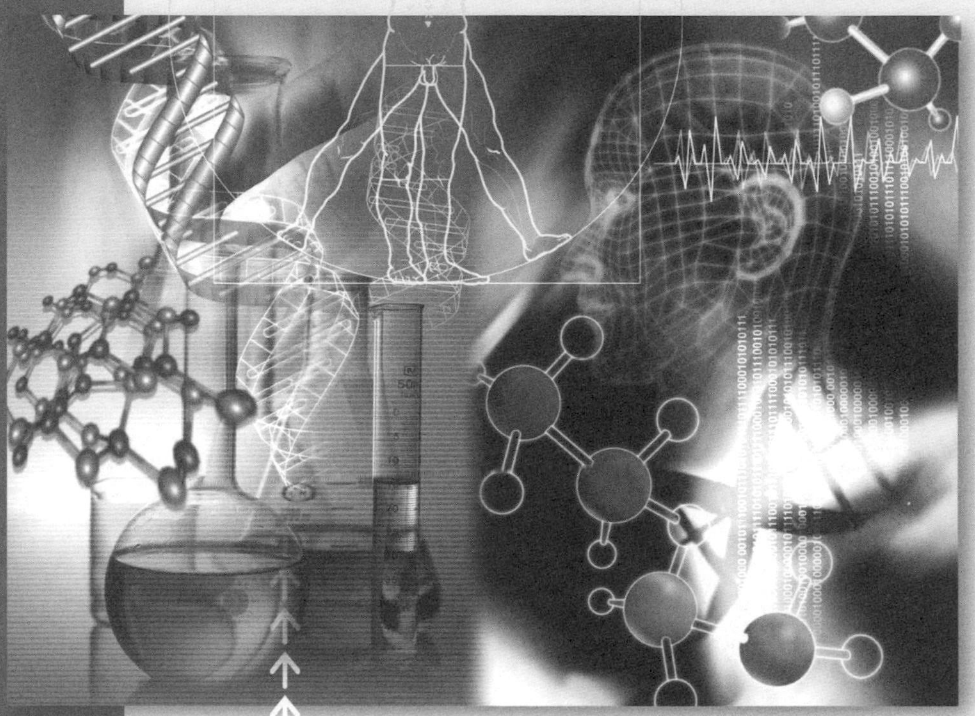

張一岑◎著

Human Factors Engineering and Ergonomics

序

人因工程學是研究與應用人性因素的學門，其應用範圍廣泛，舉凡人為世界中的工具器材、載具、軟體（組織、社會）或硬體（機具、設備、技術）系統中，皆可看到人因工程的應用成果。由於人是人為世界中的中心，所有人為、人造的機具、系統，必須以人的基本特性與能力為出發點而考量，否則所設計的成果無法適用。

人因工程為綜合科技，它是以人性心理學與生理學為基礎，應用於產品、系統的設計上，因此人因工程專業人員必須具備心理學、生理學、認知心理學、生物力學、工業工程、作業研究、行為科學的知識，並理解工業設計的應用方法。如何將基本原理與應用的資料濃縮於數百頁的書中，是作者的一大挑戰。

本書共分為四個部分（篇），第壹篇為導論，僅含第一章基本概念，主旨在於簡介人因工程的定義、歷史沿革、發展與未來的挑戰；第貳篇為人的基本能力，也就是人性因素的基礎，共分為四章，由第二章至第五章，分別介紹人體測計、人的感覺系統、資訊處理（思想歷程）、體力活動與運動控制，期以摘述文獻中有關人性的心理與生理基本知識，作為應用的基礎。第三篇為人與機具的介面（第六章至第十一章），首先討論人機系統的發展，再介紹作業空間、人的負載搬運、手工具、顯示器與控制器的設計，本篇幾乎囊括所有人與機具的設計問題。第四篇為環境因素（第十二至十四章），討論照明、溫度、噪音、振動、加速度、重力、社會環境等對人體與人的績效表現的影響。

本書撰寫過程中，雖力求嚴謹完整，所有理論、論點、圖表均詳加考證，並參考原始資料，以免謬誤，但人因工程所包含範圍甚廣，遺漏之處，在所難免，尚祈學者專家指正。

人因工程在過去半個世紀以來成就非凡；然而，人類在廿世紀末

期，所面臨的挑戰（例如人口增加快速，糧食生產難以提升，天然資源即將缺乏，環境生態不斷遭受破壞，人與人之間文化、宗教與種族衝突方興未艾），仍然非常艱巨。如何應用人性因素的知識，解決人類所面臨的難題，由「人機合一」進而達到「天人合一」的境界，是人因工程學者最大的挑戰，願所有與此領域有關的從業人員共同勉勵。

本書承揚智文化事業股份有限公司葉忠賢先生鼓勵，閻富萍小姐負責編務得以出版，在此謹向他們致謝。

張一岑　謹識

目　錄

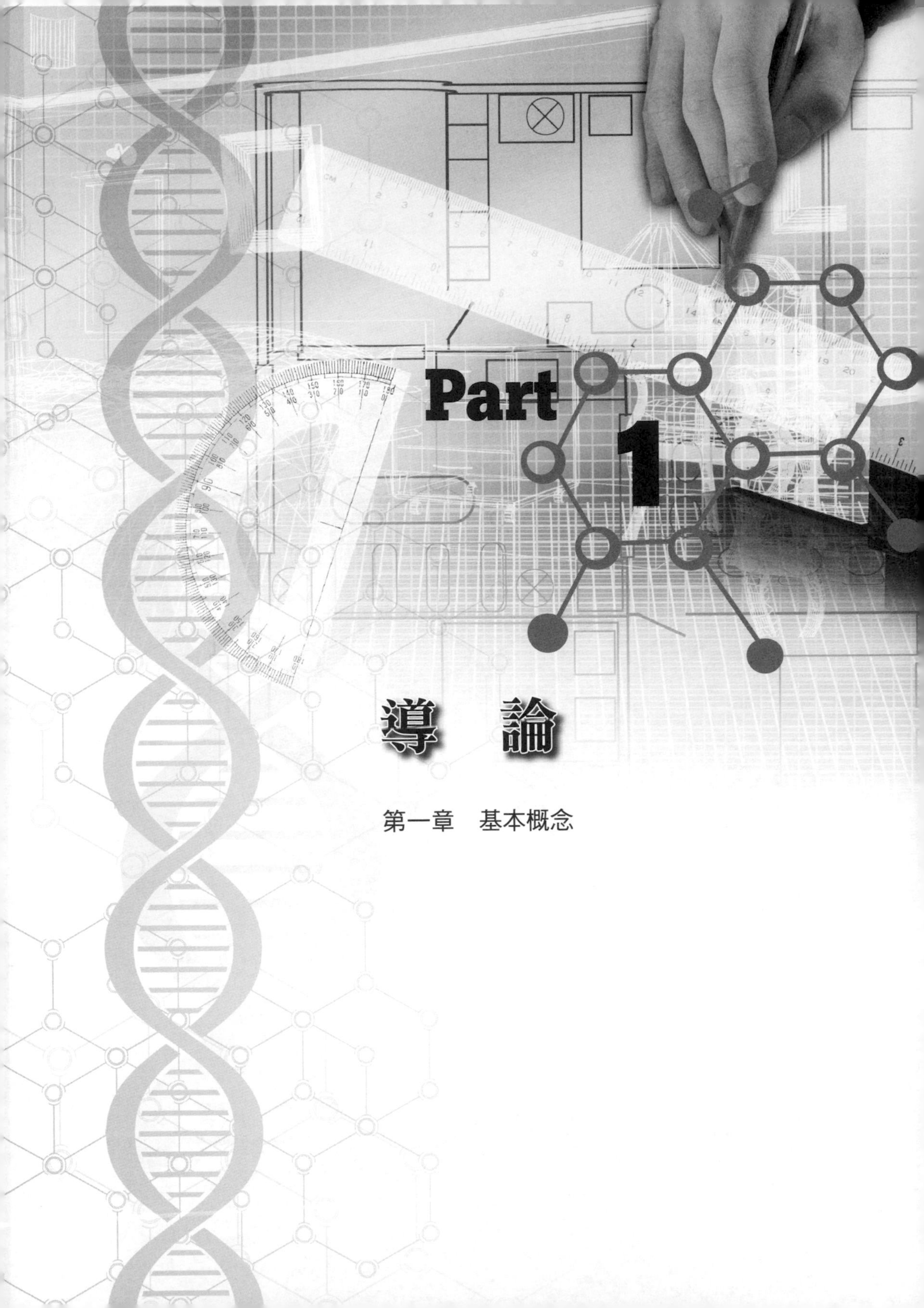

Part 1

導　論

Chapter 1

基本概念

- 1.1 前言
- 1.2 人因工程的定義
- 1.3 人因工程的焦點與目標
- 1.4 歷史沿革
- 1.5 人因工程專業人員
- 1.6 中華民國台灣地區人因工程的應用與發展
- 1.7 中國大陸人因工程發展狀況
- 1.8 二十一世紀的挑戰（代結論）

1.1 前言

人是非凡的生物，在短短的幾萬年之內，不僅主宰了整個地球上的生物，而且還登陸月球，並將觸角伸展至太陽系之外的宇宙。然而，人類的進化與發展並非輕而易舉、一蹴而成的。遠古時代，原始人生存於自然環境之中，必須克服許多自然界的障礙與野獸的襲擊。人雖然具有其他動物所共有的基本能力，如：

1.感覺：視覺、聽覺、觸覺、味覺、嗅覺、動覺、溫度覺等。
2.資訊處理：知覺、認知、行動反應與控制。
3.行動：手腳的活動。

但是人體所能發揮的功能（如氣力、速度）有限，遠不及叢林中大多數的虎、豹、獅、猿等猛獸；因此，人類在自然界與洪水猛獸的搏鬥過程中，非常艱辛。然而，人有一個構造複雜、功能非凡的大腦，不僅可以累積資訊與經驗（記憶），還可以從事推理、分析，發現自然界的奧秘與基本定律（科學），創造並發明提升人類績效的工具與技術，因此，得以在自然界生存、發展，進而建立文明的社會。

目前，世界上絕大多數的人類生存於人為的世界裡。雖然人類不必再擔心洪水猛獸的襲擊，但是環境也不再鳥語花香。大多數的人每天忙著學習使用或改善各種不同的機具，由簡單的牙刷、鐵鎚等手工具，一直到複雜的電腦。如何與機具共存共榮，以解決生活上或工作上的難題，是現代人不可避免的課題。

人因專家即是具備基本人性因素背景的專業人士，人因工程師則是將人性因素的知識、方法與數據，應用於系統或產品的發展與設計的工程人員。

1.2 人因工程的定義

當工程師設計機具時，他必須將操作機具的人與機具同時考慮為一個人機系統（human-machine system），並評估分析此系統的可靠度、操作難易度、所發揮的績效功能等。由於操作人員是人機系統的主要部分，他們的感知、判斷、反應、行動力、性向、持續力、壓力等生理和心理的反應與能力，直接影響系統的績效；因此，這些心理和生理的反應與能力統稱為「人性因素」。美國人因學會（Human Factors Society）所發表的定義為：「人性因素是所有可應用於系統與產品的規範、設計、評估、操作與維護等，以提高其安全性、效率與滿意程度之有關人的行為與生理上的特徵的科學與技術。[1]」

美國人因學會、國際人因學會（International Ergonomics Association）、美國工程心理學會（Society of Engineering Psychologists）前會長查潘尼斯氏（Alphonse Chapanis, 1917-2002）的定義為：「可應用於設計之人的能力、限制或其他特徵的知識。[2]」

1.2.1 人因的內容、應用與範圍

人因可由其所包括的內容、應用與範圍而界定如下：

(一)內容

人因包括人的行為（心理）與生理上的特徵，例如人的身材高低、體力、肌力、人的反應與行動控制能力等。

(二)應用

人因可應用於系統與產品的規範、設計、評估、操作與維護，系統可小至人與手工具或人與電腦的人機系統、交通系統、通訊系統、防空

系統或公司機關的組織，而產品則由簡單的牙刷、刮鬍刀至複雜的超級電腦、F-18超音速戰鬥機等。

(三)範圍

人因為綜合科技，與下列學門皆有關聯：

1.心理學。
2.生理學。
3.人類學。
4.生物學。
5.醫學。
6.教育學。
7.數學與統計學。
8.物理學：力學、熱力學、光學、聲樂等。
9.工程：電子、工業管理、系統工程、機械工程、照明工程等。
10.工業衛生與安全。

1.2.2 人因學與人類工程

在文獻中，人因的同意字或同類詞很多，例如：

1.人類工程（human engineering）。
2.人機工程（man-machine engineering）。
3.人因學（ergonomics）。
4.人因工程（human factors engineering）。
5.生物技術（biotechnology）。
6.工程心理學（engineering psychology）。
7.工程人類學（engineering anthropology）。

8.人績效工程（human performance engineering）。

其中以人因學、人因工程學與人類工程使用頻率最多。人因工程為與前述有關人性因素的工程學，其他兩個名詞，可使用《韋伯第九版新大學字典》（*Webster's Ninth New Collegiate Dictionary,* 1989）上的定義來界定：

1.人因學：為了提高效率與安全性而應用於設計的與人的特性有關的應用科學。
2.人類工程：工業上人與事的管理；人因工程。

十九世紀波蘭人已使用ergonomics，但英文的應用是於1949年由莫瑞爾氏（K. F. H. Murrell）所提出，是由希臘字首ergon（工作與努力）與nomos（法律或環境）所組成。1950年，在英國成立的英國人因學會（Ergonomics Society）即以此命名，之後普遍應用於歐洲與美國之外的地區。

美國地區習慣於應用人因或人因工程等名詞。1956年，美國成立人因學會時，即摒棄歐洲所使用的ergonomics，而採用human factors；後來為了強調應用，而加上工程（engineering），以組成human factors engineering（人因工程）。

歐洲人因學者（ergonomist）與美國人因學者（human factors specialists或engineers）的學術背景也不相同。歐洲學者多為從事煤、鋼鐵工業的心理與醫學從業人員。美國學者則多為心理學家與軍事及航空界的工程師，而且發表於*Ergonomics*雜誌的論文多為與人介面之機具的物理與量測；但是，ergonomics與human factors二者基本上並無差別。一般人常會為此兩字所混淆；例如1991年5月出版的《電腦世界》（*Computer World*）中，即有一篇文章錯誤地指出，美國沒有人因學會（Ergonomics Society）僅有三百位人因學者（ergonomists）[4]。為了避免誤會，美國人因學會於1993年改名為Human Factors and Ergonomics Society。

1.3 人因工程的焦點與目標

人因工程的焦點[3]為：

1.人所創造或人所使用的環境、系統、工具、產品的設計與發展。
2.執行工作或其他人類活動的步驟發展。
3.提供服務。
4.評估人所使用的物件之適用性。

人因工程的目標[4]為：

1.改善人的工作績效，如增加速度、準確度與安全性，使用較少的精力、減少疲勞等。
2.降低訓練需求與訓練費用。
3.改善人力的運用狀況。
4.經由人為失誤的降低，減少員工缺席率、設備呆滯率與意外次數。
5.改善使用者／操作者的舒適程度。

1.4 歷史沿革

1.4.1 萌芽期

十五世紀至十七世紀時，歐洲的學者已經具備解剖、生理學與設備設計的知識。達文西（Leonardo da Vinci）不僅是當代最負盛名的畫家，也是著名的工程師。十九世紀初期，心理學開始形成一個新的科學領域。韋伯氏（Ernst Heinrich Weber）曾經探討人辨認兩種刺激的能力，如兩種不同重量的物件。他所發表的韋伯定律（Weber's Law），至今仍存在於感覺與知覺的教科書中：

$$\triangle I/I = K \qquad [1\text{-}1]$$

公式[1-1]中，I為刺激的程度，△I為可感受出的兩個刺激的差異，K為常數，當刺激的強度愈大時，可感測出另一刺激的強度與其強度的差異也愈大。

費希納氏（Gustav Theodor Fechner）首先將物理的尺度轉換為心理的尺度，他綜合韋伯定律，而得到費希納定律（Fechner's Law）：

$$S = K \log(I) \qquad [1\text{-}2]$$

公式[1-2]中，S為感覺的大小，I為物理強度，K為常數。

韋伯與費希納二氏的研究，證明人的績效與行為模式可以經由實驗而顯示出來，在以後的若干年間，心理學發展迅速，心理學家如馮特（Wilhelm Wundt）、艾賓豪斯（Hermann Ebbinghaus）、布瑞恩（W. L. Bryan）、哈特爾（N. Harter）已經深入探討人的記憶、技能學習等，建立了人的績效心理學（human performance psychology）的基礎。

1919年，吉爾布雷斯（F. B. Gilbreth）首先發表有關應用時間與運動（time-and-motion）的研究論文。他並觀察砌磚與手術室內工作步驟，分析砌磚者的移動次數與工具、原料位置的關係，以及手術室內不同成員的相互作用關係。他所建議的有關砌磚步驟的改善，大幅提升砌磚者的生產力，以及其對手術室內工作步驟的分析，促進了現代手術程序的發展。

早期工業工程師與工業心理學家已開始理解，不僅工作方法和步驟與生產力有關，設備的設計與配置也會影響到工作人員的效率、疲勞及職業病等；例如史壯（E. K. Strong, Jr.）進行職業興趣的測試、孟斯特伯格氏（Hugo Munsterberg）研究工業意外，以及1924年至1933年間，美國西方電器公司（Western Electric Co.）所進行的環境照明對於生產力的研究〔或稱為霍桑效應（Hawthorne Effect）〕。雖然其可靠性頗具爭議性，但不容否認的，此研究與日後所發現的生產力及員工態度、士氣有關係[5]。

伽利略的學生布瑞利氏（G. A. Borrell）於十七世紀時，即利用數學、物理與解剖的基礎探討人體力學；亞瑪氏（J. Amar）於1920年即以生理學與生物力學的原理探討工業活動與工作績效；十九世紀末期麥布里奇氏（Eadweard Muybridge）利用一組攝影機，以拍出人與動物的動態照片，捕捉複雜之動作的生物力學特性，並首創以攝影方式分析人的動態行為。

1.4.2 誕生期

雖然遠自人類開始發展手工具起，有關人性因素的基礎，例如心理物理學、人的績效心理學、工業心理學、工業工程、生物力學等，已發展成獨立的學術領域；然而，人性因素或人因工程專業的誕生卻一直等到第二次世界大戰發生之後。由於大戰的發生，軍事武器大量發展，創造了許多應用研究的需求，許多從事基礎研究的心理學家開始走出象牙塔，參與應用研究。大戰末期，心理學家與設計工程師共同設計飛機駕駛艙、雷達與深水下聲學偵測儀器。早期美國的從業人員多受僱於國防工業與軍事單位。貝爾實驗室（Bell Laboratories）也於大戰結束後建立了人因研究單位。

1949年，英國學者成立人研究群（Human Research Group），第二年改名為人因研究學會（Ergonomics Research Society），此後歐洲普遍使用ergonomics代表有關人機介面之人性因素的研究與應用。1949年，美國人因工程先驅查潘尼斯等氏（A. Chapanis, W. R. Garner, & C. T. Morgan）出版了第一本人因專業書籍《應用實驗心理學：工程設計中的人性因素》（*Applied Experimental Psychology: Human Factors in Engineering*

Design）。

1957年，英國人因學會開始發行*Ergonomics*雙月刊，美國學者則組成人因學會，並於第二年開始發行*Human Factors*期刊。美國心理學會（American Psychological Association）也成立第二十一支部門——工程心理學會。1959年，國際人因學會成立，以結合世界其他地區的學者與學會。

1.4.3 成長期

1960年以後，人因工程專業的成長迅速，以美國為例，1960年時，人因學會會員約五百人左右，1970年時，增至一千五百人，至1985年時則已經超過四千人。1960年以後美國太空計畫的擴充與執行，創造了更多的機會。為了確保太空人在太空旅行的安全與任務執行，必須進行許多相關的研究。幾乎所有承包太空總署計畫的公司，如洛克希德（Lockheed）、諾斯洛普（Northrop）、IBM等皆設置人因小組。

1970年以後，工業安全與衛生開始受到重視，消費者開始覺醒，再加上重大工業災變、職業病害不斷地發生，一般生產電腦、汽車、機器設備、醫療器材等公司亦紛紛設立人因工程部門。1980年以後電腦開始大量使用，為了便利使用，無論顯示、控制裝置、軟體及硬體的設計皆以「易於使用」或「與使用者和善」（user friendly）為訴求，而工業自動化的結果亦對人因工程產生了很大的衝擊，一些新的學會，如軟體心理學會（Software Psychology Society）、計算機學會的電腦與人的交互作用支會（Computer-Human Interaction）、美國電機電子工程學會的電腦與顯示人因技術委員會（IEEE Technical Committee on Computer and Display Ergonomics）等紛紛成立。目前共有四十二個國家或地區已成立人因學會，會員約為兩萬多人，其中以美國會員最多，約四千八百人，日本次之。

表1-1列出歷史上人因領域的重大事件。

表1-1　歷史上人因領域的重大事件[11]

年	事件
1700	拉瑪齊尼（Bernardino Ramazzini, 1633-1714）發表「工人的疾病」
1857	波蘭學者亞斯特泰茲柏斯基（Wojciech Jastrzebowski）首先以ergonomics（工作法則）代表人因
1883	泰勒（Frederick Taylor）應用人因原則，以提升工廠生產力
1900-1920	吉爾布雷斯夫婦（Frank and Lilian Gilbreth）探討移動與工廠管理
1945-1960	二次世界大戰後，人因開始蓬勃發展
1949	英國成立人因研究學會（人因學會前身）
1957	由於美蘇太空競爭，人因成為太空專案的重要領域
1957	人因學會（Human Factors Society; Human Factors and Ergonomics Society前身）成立
1957	國際人因學會（International Ergonomics Association）成立
1960-1980	人因在美國迅速發展
1960	人因學會會員數超過500人
1970	美國設立職業安全衛生署（OSHA）與國家職業安全衛生研究院（NIOSH）
1980-2000	人因繼續蓬勃發展，人因設計成為產品廣告的流行用語
2001	美國職業安全衛生署公布人因標準，要求廠商公布可能造成扭傷、拉傷與重複動作的危害因子

1.5 人因工程專業人員

人因工程是綜合科技，從業人員的學術背景涵蓋廣泛。以美國人因工程學會會員的學歷為例，其中以心理學最多，約占半數（45%）；其次為工程（19.1%）、人因工程、醫學、生理學、教育、工業設計、企管與電腦等。會員中40%以上具博士學位、30%具碩士學位、15%為學士，其餘15%為學生[6]。依據美國國家研究委員會（National Research

Council）的調查，約74%的人因從業人員在私營企業工作、15%為公職、教育界僅占10%。工作領域依次為電腦（22%）、航空（22%）、工業程序（17%）、衛生與安全（9%）、通訊（8%）、交通（5%）等[7]。

工作性質可分為研究與應用兩大類。人因研究人員的研究目標在於理解人的生理與心理特徵，以及這些特徵與系統或產品設計間的關係。人因工程應用人員則應用人因工程方法、數據與原理於系統或產品的規範、設計、評估上，其目標在於確保產品或系統安全、有效率與適於使用。

由美國人因學會（Human Factors and Ergonomics Society）的二十三個技術群（如**表1-2**）亦可約略知曉人因工程的工作領域。

1.6 中華民國台灣地區人因工程的應用與發展

人因工程學引入台灣地區雖然已有二、三十年的歷史，但由於早期一直使用「人體工學」這個名詞，而且僅限於人體測計與其應用，工商界與社會大眾對人因工程的理解，仍僅限於此一層次。1996年報章雜誌所刊登的有關電腦鍵盤之創新設計的文章中，仍引用「人體工學」而未使用「人因工程」。

1980年以後，大學與研究所方才開始安排有「人因工程」學門，目前台灣已有三十幾所大專院校工業工程或管理科系與二十餘所工業設計科系開設人因工程課程。國內大專院校人因工程發展方向依序為：產品與環境設計、安全與衛生、人機系統、人體計測、工作生理、人類訊息處理與決策行為、視覺與色彩等。

1984年國科會成立「人因工程小組」，開始推動此學門的研究與應用，1986年6月，教育部所頒布的專科專校課程標準中，以「人因工程」取代「人體工學」。

表1-2　美國人因學會技術群

1.航空系統（aerospace systems）：人機系統發展、設計與操作。
2.老化（aging）：配合老年人或其他群體的生活需求。
3.加強認知（argumented cognition）：即時（real-time）生理與神經生理感測技術的發展與應用。
4.認知工程與決策（cognitive engineering and decision）：人的認知、決策與其應用。
5.通訊（communication）：適用於通訊系統的人因工程。
6.電腦系統（computer systems）：交談式電腦系統、資訊處理系統與軟體發展的人因應用。
7.教育（education）：訓練、培養人因專業人員。
8.環境設計（environmental design）：物理環境，如辦公室、廠房和住家的建築與內部設計。
9.鑑識（forensics）：在法律、司法與管制系統中建立關懷標準。
10.醫療（health care）：促進人因工程在醫療上應用。
11.人績效模擬（human performance modeling）：人績效模式的發展與應用。
12.績效中的個別差異（individual differences in performance）：個人與個性差異。
13.工業人因學（industrial ergonomics）：應用人因數據於生產程序與服務。
14.網路（internet）：網路技術與相關行為現象。
15.宏觀人因（macroergonomics）：人因工程中的組織設計與管理議題。
16.知覺與績效（perception and performance）：探討知覺與績效的關係。
17.產品設計（product design）：應用人因工程方法以改善產品設計。
18.安全（safety）：應用人因於交通、軍事、公共建築、休閒場所中的安全。
19.平面交通（surface transportation）：人因在平面交通的應用。
20.系統發展（system development）：識別與綜合主要系統購置中人因工程的角色。
21.測試與評估（test and evaluation）：測試與評估技術的發展。
22.訓練（training）：人因訓練與訓練研究。
23.虛擬環境（virtual environment）：人與虛擬環境中的交互作用。

資料來源：參考文獻[10]，經同意刊登。

人因工程的研究主要由行政院國家科學委員會提供經費支援。可歸納為下列四個方向：

1.靜態人體計測資料庫：以分層隨機抽樣方式，共量測九百三十三位國人之靜態計測資料。

2.中文鍵盤操作人因工程研究：這部分研究主要在發展中文鍵盤設計規範，包括鍵盤布置、手部計測資料、手指動作分析、工作桌椅高度與頸肩姿勢分析等。

3.人工物料抬舉作業研究：主要著重在抬舉能力評估、抬舉相關肌力測試。

4.核能電廠控制室人因研究：操作員及維修員錯誤診斷模式研究、人為疏忽與訊息顯示研究、控制室操作員輪班制度研究。

1996年經濟部工業局開始推動「人因工程暨生活型態研究與推廣」計畫，其目的在於建立人因工程與工業設計相關的人機關係、設計與人機機能符號的運用技術與模組、資料庫及都會區生活型態資料，預計將先後完成九百餘篇人因資料，並建立四百件產品相關符號與功能說明檔案，將有助於工業產品設計品質的提升與人因工程的推廣[8]。

行政院勞工委員會勞工安全衛生研究所於1992年8月成立後，為保護勞工作業之安全衛生，積極推動人因工程之研究，主要研究方向包括：

1.我國人體計測資料庫規劃與建立：此資料庫由勞工安全衛生研究所與國家科學委員會共同主辦，共計量測三千二百名。

2.人體工學工作椅開發：以高坐姿方式提供適合高活動性工作椅，並以坐骨結節為基礎，建立一套新的座椅人體計測量測參數。

3.人物料搬運作業下背痛傷害電腦評估系統：此一系統以我國人體計測資料及Chaffin等人開發之二度空間生物力學模式為基礎，應用電腦影像擷取技術，建立自動化人工物料搬運工作力學評估系統。

4.勞工頭型模式建立：為配合我國呼吸防護具及勞工安全帽設計，開發勞工頭型模式，總共計量測一千二百名勞工，並完成五個標準頭型，其中三個作為呼吸防護具使用，兩個作為安全帽使用。此外，尚有手工具危害調查、化工廠控制室人因工程評估、人機界面與勞工安全衛生調查等研究，以及三度空間生物力學模式研究等。

中華民國人因工程學會是於1992年7月間，由國內各大教授及研究機構相關人員提議成立，用以整合國內人因工程人力資源，共同合作提升國內人因工程學術研究及相關技術水準，並促進國際相關研究之交流。提議之後，獲得學術界、教育界及產業界人士的支持，經七個月的籌備，於1993年2月14日在新竹國立清華大學成立，共有一百六十餘位會員參加成立大會。

1.7 中國大陸人因工程發展狀況

應用心理學與人因工程的理論自1930年左右即被引進中國，當時清華大學即開設工程心理學課程，但是由於長年動盪不安，其研究與應用一直未受重視。文化大革命十年期間，心理學與人因工程被貼上「假科學」的標籤，教師被打為「臭老九」，所有的研究與教學皆完全停頓。1978年文革結束後，人因工程學開始受到重視，隨著中國現代化的腳步，不斷地蓬勃、壯大。1978年為中國人因工程史上最重要的一年，不僅重新組織中國心理學會，並在杭州大學（已併入浙江大學）心理系設立工業心理學委員會，下設工業心理學（人因工程）與組織心理學兩個部門，提供工業心理學學士、碩士與博士學位，並成立了國家級的工程心理學專業，是中國心理學領域唯一的國家級實驗室。以浙江大學心理與行為科學學院、中國科學院心理所、北京清華大學工業工程系的發展最為重要，其他如北京航空航天大學、北京大學公共衛生學院也有相關領域的研究。

中國人類工效學學會（Chinese Ergonomics Society）成立於1989年，現約有會員四百五十人，下設專業技術分會。會員單位為各大學、科研院、所及企事業。每年學會各專業分會舉辦年會，每四年學會舉辦一次會員大會及研討會。學會期刊為《中國人類工效學》（*Chinese Journal of*

Ergonomics），每年發行四期。

中國人因的發展在工業安全與衛生、工業設計與人機界面等領域。前者是因為中國大陸目前正處在工商業急速發展的階段，工安問題日益重要，所以本土產品有相當大的市場。人機界面則是與資訊軟硬體、3C及家電產品有關，因為中國市場規模龐大，本土廠商開始在開發產品上投注資本，自然而然面臨到工業設計與人機界面設計的需要；國際品牌為了本土化也不得不投注資源。許多國際知名品牌也在中國進行產品的開發或本土化，例如IBM在北京的研究中心就有人機互動的研究，並且一直在徵求人才；Nokia、Motorola、Simens、Microsoft、LG等在北京也有研發中心；同時也已經出現專門以人機界面設計測試為主的顧問公司，並且有逐漸增長的趨勢[9]。

台灣人因的發展較成熟，大陸人因的發展有空間。台灣是學界主導，大陸是業界領先。在台灣舉辦的與人因工程相關的國際研討會中，不乏大學校長、院長、三長等重量級人士參與，但業界代表不多。在北京所舉辦的國際研討會中，來自大學院校的教授幾成鳳毛麟角。

大規模人體測計工作，自八〇年代中期，在十六個省中展開，共調查二萬二千名成人的身材、體重，提供人體測計標準資料，應用於手工作業、空間、鞋、廚房與農業機械的座位等設計。

中國大陸人因工程專業人員多出身於心理學系，而台灣之專業人員多具有工程背景，兩地之間的交流似可互補其短，相輔相成。由於中國人口眾多，幅員廣大，沿海與內陸地區發展落差甚大，而且中國正快速地進行現代化、工業化，因此無論在理論研究與方法應用上，未來的發展潛力不可限量。

1.8 二十一世紀的挑戰（代結論）

人因學或人因工程學是應用人性因素的知識，以解決人與機具、系統（機械、電腦或社會）、環境的介面問題，在過去半個世紀之間，由於人因學者的努力，基本理念、規範、方法與數據皆已建立起來，而且也普通應用於汽車、飛機、消費性商品、交通系統的設計、工業安全、衛生保健之上，成就不凡；然而，這半個世紀的科技發展與應用卻帶來生態環境破壞、污染的問題，半個世紀以前的人類之間的種族、文化衝突與人口、糧食問題，仍未見改善。二十一世紀人類面臨的問題，不僅不比半世紀之前少，反而更需要較多的努力與智慧突破。

解決問題的關鍵在於人性因素與行為的改善，人因學者應該應用其對於人性的理解於這些重大問題的解決上，設計負向回饋控制系統與感測、執行系統，以控制人類的集體行為。人因學者任重而道遠，如何將其智慧與專長，應用於整體人類所面臨的重大問題上，由「人機合一」提升至「天人合一」，是「人因學者最大的挑戰」。

參考文獻

1. J. M. Chirstensen, D. A. Topmiller, R. T. Gill, Human Factors Definitions Revisited, *Human Factors Society Bulletin, 3*(10), pp. 7-8, 1988.

2. A. Chapanis, Keynote Speech at HFAC/ACE Conference, Edmonton, Canada, September 14, 1988.

3. J. A. Sarage, Stuck between a VDT and a hard place, *Computerworld,* pp. 63-67, May 13, 1991.

4. M. S. Sanders, E. J. McCormick, *Human Factors in Engineering and Design,* 6th. Ed., McGraw-Hill, New York, USA, 1987.

5. R. D. Huchingson, *New Horizons for Human Factors in Design,* Chapter 2, McGraw-Hill, New York, USA, 1981.

6. HFS, *Directory and Yearbook*, Human Factors Society, 1992.

7. H. P. Van Cott, B. M. Huey (Editors), *Human Factors Specialists' Education and Utilization: Results of a Survey,* Washington, D. C., Nat'l Academy Press, 1991.

8. 經濟部工業局（1996）。「人因工程暨生活型態研究與推廣計畫」。

9. 蘇國瑋（2008）。〈訪饒培倫談：人因工程在中國大陸的發展〉。

10. Human Factors and Ergonomics Society, Descriptions of all Technical Groups, Santa Monica, CA, 2009. http://www.hfes.org/web/TechnicalGroups/descriptions.html

11. G. Salvendy, *Handbook of Human Factors and Ergonomics*. John Wiley, New York, 2006.

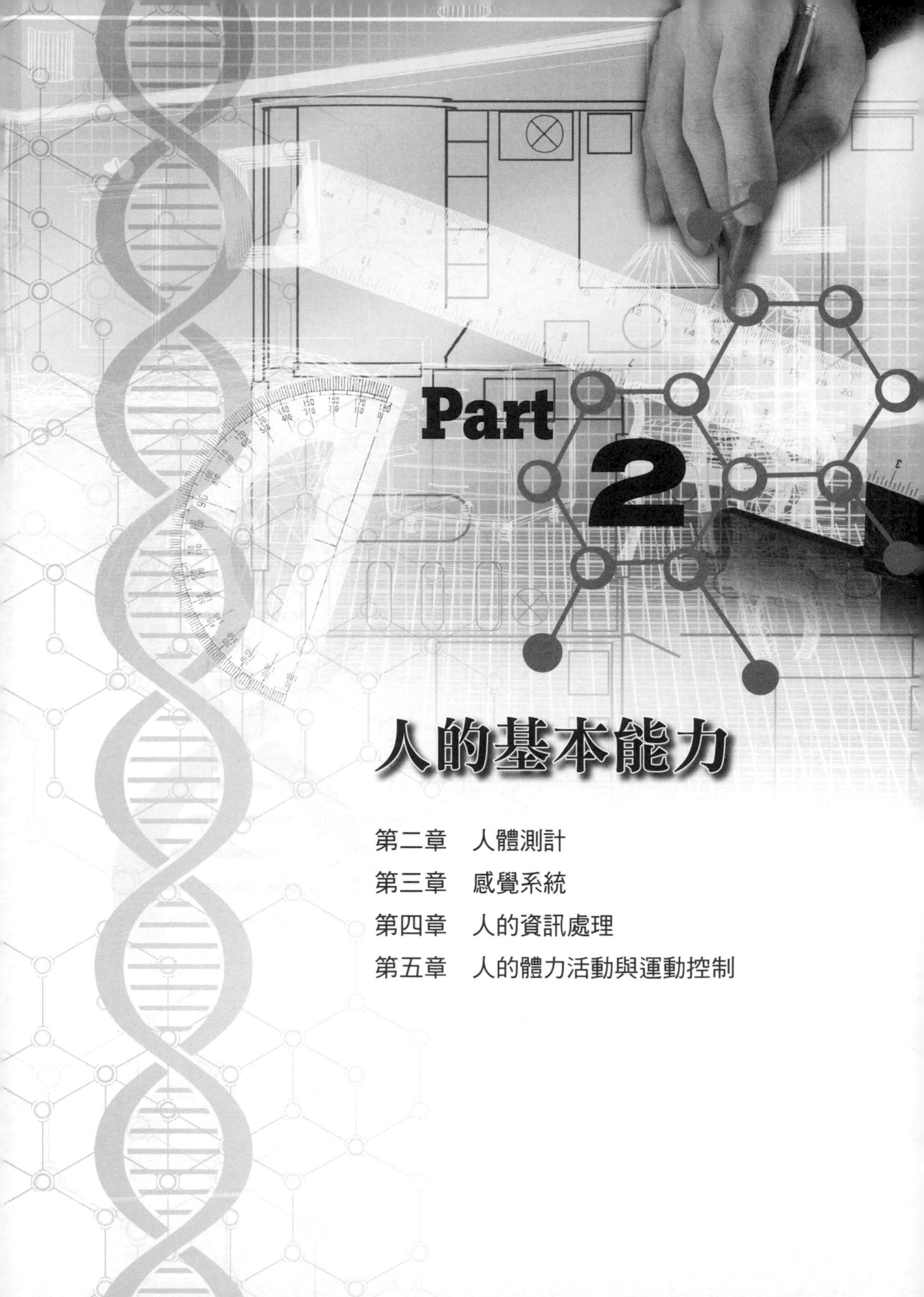

Part 2

人的基本能力

Chapter 2

人體測計

2.1 前言

人體物理特徵的測量稱為「人體測計」（anthropometrics）。這些特徵包括人的身高、體重、四肢的長度、重量、身體各部位運動範圍等，自古以來，一直是藝術家、戰士與醫生最有興趣的課題。十九世紀中期，比利時統計學家奎特萊特氏（A. Quetelet）應用統計學分析考古數據，首開考古人體測計之濫觴。十九世紀末期，人體測計普遍為人類學與醫學界所應用，其目的在於比較先民與當代人人體骨骼的異同[1]。二十世紀初期，標準量測方法已建立起來，普遍應用於人類學與醫學界，1960年之後，工程人體測計（engineering anthropometrics）開始受到重視，其測計值普遍應用於作業空間的規劃、工具與機械設備的設計上。

2.2 人體的差異

人體各部位的尺寸大小，因人而異，即使是同一個人，其身材也會隨著年齡的增長而變化，我們習慣認為性別、種族是決定人體尺寸大小的主要因素，男人身材一般比女人高大，體重較重；白種人比黃種人高大、肥胖等，然而，其他如年代、年齡、職業與出身背景也是影響身材的主要因素，這些因素可歸類為先天（遺傳）與後天（環境）兩種：(1)先天因素：種族、性別、出身背景等；(2)後天因素：年代、職業、營養、健康等。先天／後天或遺傳／環境的分野非常模糊，而且也相互影響。

2.2.1 性別

男人較女人高大、粗壯，男人的平均身高較女人多出10～15公分，體重也多出10～15公斤。在成長過程中，女性發育較快，九至十一歲的女童較同齡男童高大，但十三歲以後發育漸緩；而男童在十三歲以後，才逐漸趕上，並且可一直成長至十六歲，才降低速度。**表2-1**列出美國平均成年男女的身材比較，在九項中，男人在身高、體重、坐高、膝高、臀至膝高、肩寬等六項領先，女人的臀寬、三肱肌皮層與下肩胛骨皮層超前。男人的身體是圓筒形，胸、腰、臀圍相差不多，十五歲至四十五歲的女人較婀娜多姿，女童與更年期後的婦女身材與男性相差不多，男人也較女人孔武有力，女人的力量僅及男人的60～65%。

2.2.2 種族

種族的身材差異與其原因一直是人類測計學家最有興趣的研究課題。在人因工程學開始被人重視之前，幾乎所有的人體測計的工作是由人類學家所執行。以人類發源來分類，人種約略可分為高加索人（歐美白人、

表2-1　美國成年男女身材比較[11, 15]

項目	男人		女人		女／男比（%）
	平均	標準差	平均	標準差	
1.身高（公分）（註一）	175.9	0.2（註二）	162.1	0.14（註二）	92.2
2.體重（公斤）（註一）	88.7	0.45（註二）	75.4	0.35（註二）	85.0
3.BMI	28.6	0.13（註二）	28.7	0.12（註二）	100.3
4.腰圍（公斤）（註一）	100.9	0.41（註二）	75.2	0.34（註二）	74.5
3.坐高（公分）（註三）	99.4	3.8	84.6	3.7	85.1
4.膝高（公分）（註三）	54.1	3.1	49.8	2.7	92.1
5.臀至膝高（公分）（註三）	59.2	3.1	56.6	3.1	95.6
6.臀寬（公分）（註三）	35.6	2.9	36.6	3.7	100.3
7.肩寬（公分）（註三）	39.6	2	35.3	2	89.1
8.三肱肌皮層（公分）（註一）	20.1	0.21（註二）	21.7	0.17（註二）	104.8
9.下肩胛皮層（公分）（註一）	14.9	0.17（註二）	23.7	0.17（註二）	159.0

註一：摘自2007～2010美國兒童與成人人體測計參考數據[17]。

註二：均值標準度差＝標準誤差÷樣本數平方根。

註三：摘自[11]，1966年後美國衛福部即不提供此類數據。

中東、印度人）、蒙古人（中國、韓國、日本等黃種人）、黑人（非洲人）、大洋洲人（太平洋島嶼人、馬來人等）等四類。一般而言，高加索人種較為高大強壯，蒙古人種與黑人相差不多，大洋洲諸島人種較為瘦小。游金斯（H. W. Juergens）、翁（I. A. Aune）與皮帕爾（U. Pieper）三位學者曾將全世界區分為二十個區域，然後依據現有數據，算出各地區的平均身材，列於**表2-2**中。雖然由於數據的缺乏，某些地區的次人種身

表2-2　地球二十個地區平均身材數據估計

地區	身高（公分）		坐高（公分）		膝高（公分）	
	女	男	女	男	女	男
北美洲	165.0	179.0	88.0	93.0	50.0	55.0
南美洲						
印第安人	148.0	162.0	80.0	85.0	44.5	49.5
歐裔與黑人	162.0	175.0	86.0	93.0	48.0	54.0
歐洲						
北歐	169.0	181.0	90.0	95.0	50.0	55.0
中歐	166.0	177.0	88.0	94.0	50.0	55.0
東歐	163.0	175.0	87.0	91.0	51.0	55.0
東南歐	162.0	173.0	86.0	90.0	46.0	53.5
法國	163.0	177.0	86.0	93.0	49.0	54.0
艾比瑞亞	160.0	171.0	85.0	89.0	48.0	52.0
非洲						
北非	161.0	169.0	84.0	87.0	50.5	53.5
西非	153.0	167.0	79.0	82.0	48.0	53.0
東南非	157.0	168.0	82.0	86.0	49.5	54.0
近東	161.0	171.0	85.0	89.0	49.0	52.0
印度						
北部	154.0	167.0	82.0	87.0	49.0	53.0
南部	150.0	162.0	80.0	82.0	47.0	51.0
亞洲						
北部	159.0	169.0	85.0	90.0	47.5	51.5
南部	153.0	163.0	80.0	84.0	46.0	49.5
中國南方	152.0	166.0	79.0	84.0	46.0	50.5
日本	159.0	172.0	86.0	92.0	39.5	51.5
澳洲（歐裔）	167.0	177.0	88.0	93.0	52.5	57.0

資料來源：參考文獻[3]，經同意刊登。

材，不得不採取猜測或估計方式，但是本表仍具有相當的參考價值。

2.2.3 年齡

人自出生之後，一直到成年，身體各部分不斷地成長。嬰兒的頭部約占身高的四分之一，軀體的重量占體重的70%；成年後，頭部僅為身高的七分之一，軀體占體重的55%，體重較出生時增加二十倍，身高增長三倍以上。**圖2-1**顯示人自出生後身高與生長速率的變化。**圖2-2**則顯示身體各部位高度與身高比例隨年齡變化曲線，女童九歲、男童十一歲之時，坐高／身高比例已屆成年時的比值，而臀寬／身高的比例在六歲左右降至最低，以後逐漸增加至老年為止。

人過了四十歲之後，由於脊椎骨間盤壓縮、脊柱彎曲、下肢縮短等原因，身高逐漸降低；腰圍、臀圍則由於缺乏運動、新陳代謝趨緩、脂肪累積等因素而增加，臀部骨盤也會增長。步入老年之後（男人五十歲，女人六十歲以後），體重、腰圍又逐漸降低（如**圖2-3**）。

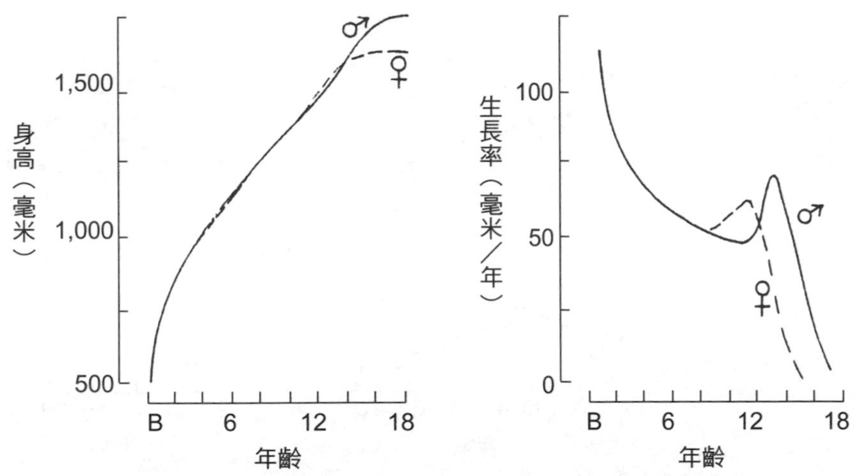

圖2-1　男童與女童身高和生長率以及年齡的關係

資料來源：參考文獻[2]，經同意刊登。

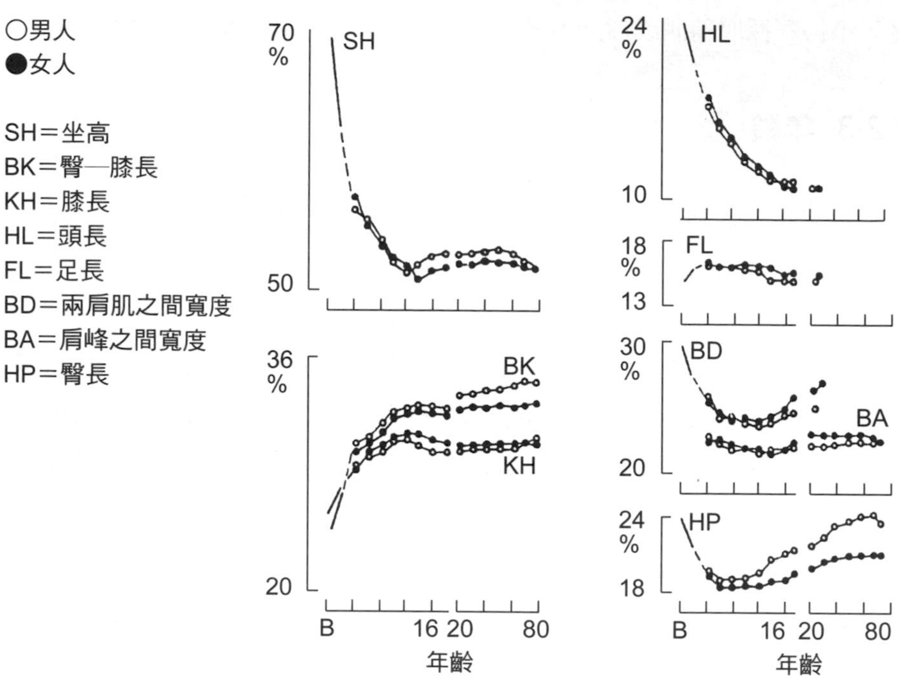

圖2-2　年齡對於人體各部位高度與身高比例的影響

資料來源：參考文獻[2]，經同意刊登。

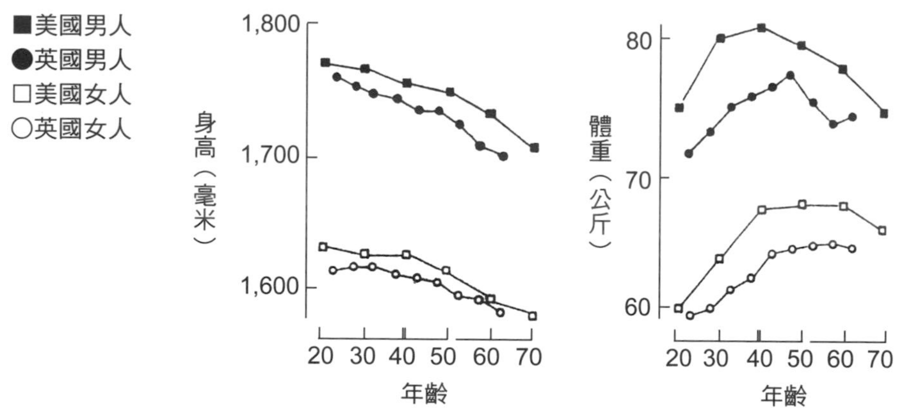

圖2-3　身高、體重隨年齡的變化

資料來源：參考文獻[2]，經同意刊登。

由於出生率有不斷降低的趨勢，人類逐漸老化，老人占全民人口的比例不斷地增加，老人的人體測計工作似有加強的必要。

2.2.4 年代

過去百年以來，由於科技的快速發展，不僅提升人類生活水準，而且還帶來了下列的改變：

1.兒童生長率增加。
2.發情期提早發生，女童開始月經年齡降低，男、女童青春期提早來臨。
3.早熟：男女提早達到成年階段。

以歐洲、美加、紐澳地區白人為例，每年增加的速率約為[2]：

1.五至七歲兒童：身高增加1.5公分，體重增加0.5公斤。
2.青少年：身高增加2.5公分，體重增加2公斤。
3.成年人：身高增加1公分。

1955～1995年的四十年間，日本成年男子的平均身高增長9公分，其中以1957～1967年之間，增長率最快。主要原因為第二次世界大戰後，日本經濟起飛，生活品質改善的幅度很快，直接反映於兒童與青少年的身高之上。1970年以後，生活水準已屆已開發國家水準，環境與營養的改善程度趨緩。

自1984～2008年間，台灣地區七至十八歲男女學生的BMI平均值有逐年增加的趨勢，其中各年齡層男生的BMI平均值又均高於女生[15]。據相關調查結果顯示，各年齡層學生的平均身高在不同年度之間的變化並不顯著，而在體重方面，各年齡層卻均隨時間的進展而全面增加，顯見體重的與日俱增才是導致學生BMI平均值逐年增高的主要原因[16]。體重增加的主要原因為有吃速食與喝甜飲料的習慣，導致所攝取蛋白質及脂肪比例過高[15]。

另外一個有趣的現象是，在先進國家中比較富庶地區的兒童與青少年可能已經到達了生理上的極限，依據一項哈佛大學1930～1958年不同出身背景的大一學生的測計資料，可以看出富家子弟的身材並無任何變化，而中下階層子弟平均身高增加4公分。美國、英國倫敦與挪威奧斯陸（Oslo）地區的兒童身材自1960年以後，並無任何變化[2]。

2.2.5 社會階層

不同社會階層的身材亦有所不同。英國雖然是一個民主、自由的國家，但是相較於其他歐美國家，社會上仍然存在著顯明的階級。由英國的統計數據，可以明顯地發現此差異，第一與第二階層的男女平均身高分別為175.5公分與162.5公分，而第四與第五階層的男女平均身高則分別為172.3公分與159.6公分，而且同樣的差異顯示於各種年齡層的人們。不同地區的平均身材亦有差異，西南英格蘭地區的男女較威爾斯的男女分別高出3.2公分與2.5公分；體重的差異則不明顯[4]。

瑞典的十至十八歲青少年的身材與其家庭收入或其父親的職業無關，由此可見瑞典的階層分野由生物或實際操作的觀點而言，非常不明顯，全國人民皆屬於同一階層，無上下之分[5]。

十九世紀中葉，荷蘭人平均身高僅164公分[18]，但是到了二十世紀末期，已高達184公分。過去的一百五十年間，足足增長了20公分[19]。同一期間，美國人平均身高僅增加6公分。格羅寧根大學（University of Groningen）德魯克教授（J. W. Drukker）認為是1850年後由於自由民主制度的建立，導致財富平均分配於社會各階層。家庭平均收入提升後，所攝取的營養也隨之增加[20]。

2.2.6 職業

職業不同，身材亦不相同。醫學院學生與汽車司機的高度會有所不同。不同職業的女性身材差異較男性明顯，其原因可能是女性在進入某一行業之前，所受到的競爭與篩選壓力遠超過男性。人因工程師應注意此現象，而選擇適當的人體測計數據。

美國心理學家賈基（T. A. Judge）與柯柏（D. M. Cable）二氏等發現身高確實影響人的職業生涯與職場上的人際關係，值得深入研究[21]。

2.2.7 其他

天候的變化與新陳代謝似乎影響人的成長。食物、營養與健康情況，直接影響人體的發育與身材。北方寒冷地區的人較南方溫暖地區的人高大，就是一例。風尚也會影響身材。近代審美觀念趨向於高而修長、豐胸、細腰為美女的基本條件，高大、雄偉、寬肩為壯男的象徵，不僅青少年努力朝此方向改進，成年人亦不例外。這些時尚的觀念也多少影響人體的身材變化。

2.3 量測技術

2.3.1 靜態人體測計

人在靜止或休息狀態下的量測稱為「靜態人體測計」。靜態人體測計的項目眾多，包括人體各個部位之間的直線長度、距離（如身高、臂長）與各種不同的環圍（如腰圍、臀圍），依據靜態人體測計數據，可以將人的模型複製出來，有如展示於櫥窗的模特兒。靜態人體測計數據的應用範圍非常有限，僅適用於服裝、成衣、頭盔、耳機、鏡架等直接與身體各部位有關的器具、用品的設計。

2.3.2 動態人體測計

由於日常生活中絕大多數的活動皆為動態而非靜止，靜態人體測計數據未必完全有用；例如在設計設備時，設計者最關心的並不是人手臂的長短，而是手臂所接觸的範圍；何況人的肢體運動並非完全獨立，而是與其他部位（如關節、軀體、肩、股）的扭轉有關，必須引用動態人體測計數據，以解決作業空間與工具設計上所遭遇的問題。

2.3.3 量測術語

最常用的術語為：

1.高（height）：身體或四肢上定點與水平面或地面之間上下垂直直線距離的量測，如肩高為地板至肩骨尖的高度。

2.寬（breadth）：人體上兩點之間水平直線距離，如臂寬為坐姿時臂部兩端之間的最大距離。

3.長（length）：四肢或身體上兩點之間的直線距離，如肩肘長（shoulder-elbow length）為站姿時，肩至肘部（後部）距離。

4.深（depth）：身體前後之間水平距離，如胸深（厚）為人背後垂直平面至前胸（女人為乳頭）之間最大水平距離。

5.曲（curvature）：沿著身體曲線的點與點之間的距離。

6.圍（circumference）：環繞身體或四肢之封閉曲線的長度，如腰圍為腰部定點環繞一圈的長短。

7.及（reach）：由手或腳的關節為軸所可到達的點與點之間的距離，手及與踵及為動態人體測計的主要項目。

8.厚（thickness）：四肢或身體上下垂直之間的距離，例如股的厚度為坐姿時，座椅平面至大腿上未被壓縮的肌肉之間最大垂直距離。

進行量測時，受測者的身體必須採取固定的姿勢；例如站姿量測時，身體必須直立，腳後跟接觸，肩胛骨、臀部與頭後部與牆壁接觸，手臂與手指垂直向下；以坐姿測量時，則臂與股部水平，小腿垂直，腳則平放於足部水平支撐物上；無論站立或坐下，受測者幾乎不穿任何衣物，也不可穿鞋。**圖2-4**顯示人體參考平面，**圖2-5**顯示人體測計中的姿勢與各部位量度位置、距離的界定。

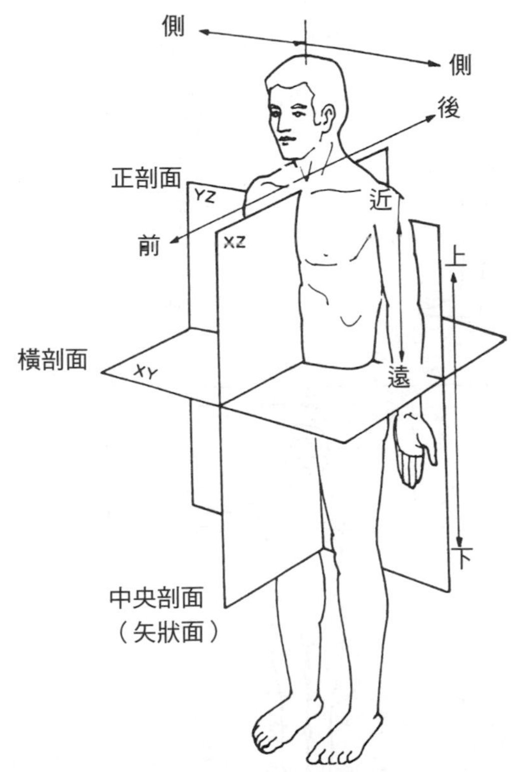

圖2-4　人體測計參考平面

資料來源：參考文獻[2]，經同意刊登。

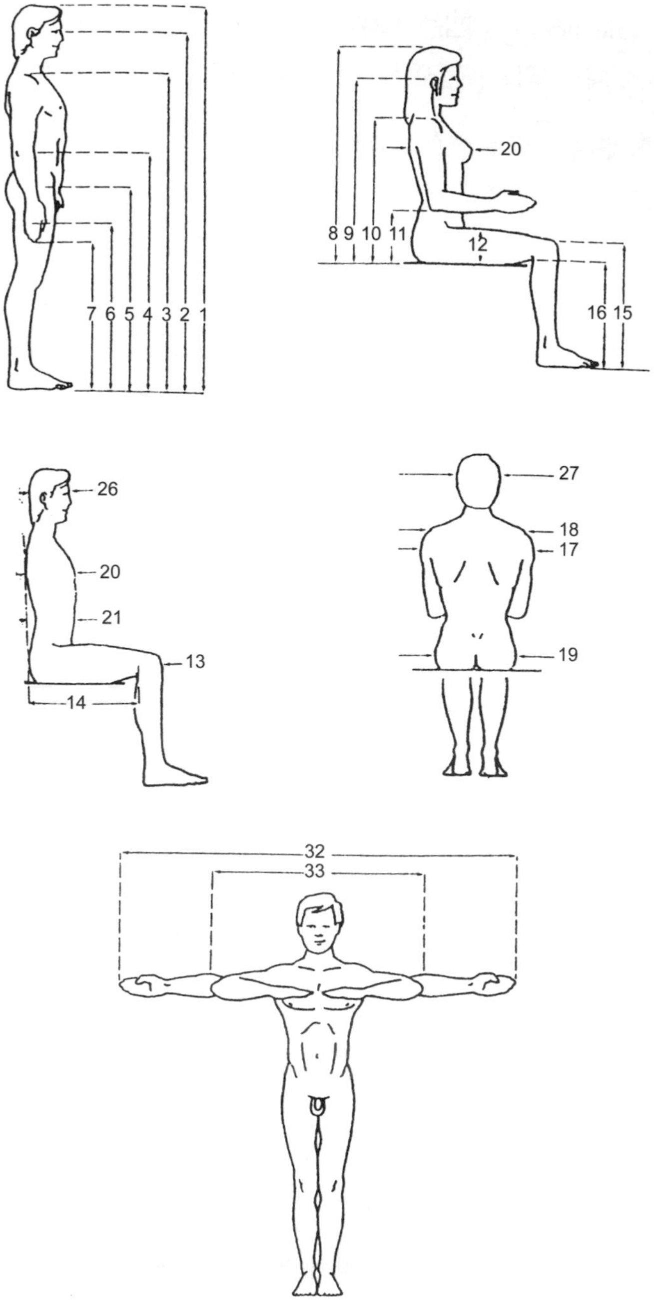

圖2-5　靜態人體測計項目

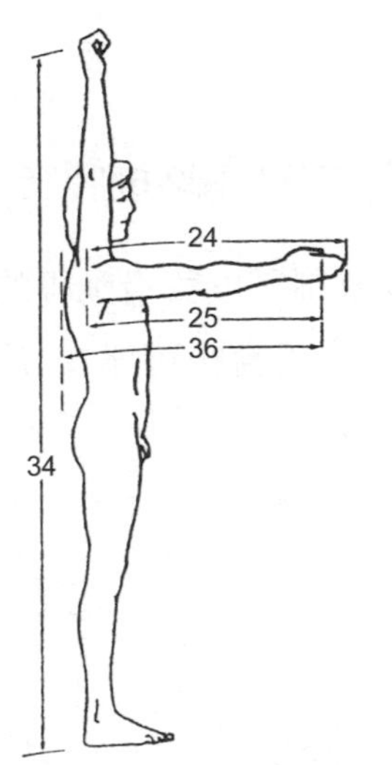

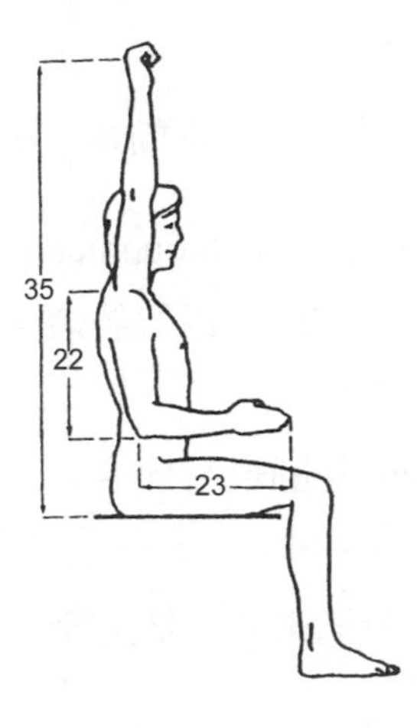

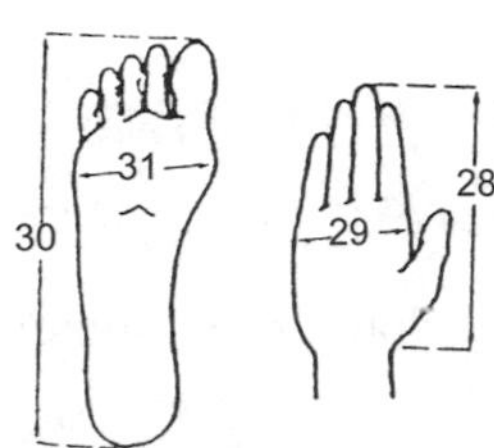

1.身高（立）	13.臀膝長（坐）	25.肩一拳長
2.眼高（立）	14.臀膝蓋骨長（坐）	26.頭長
3.肩高（立）	15.膝高（坐）	27.額寬
4.肘高（立）	16.膝蓋骨高（坐）	28.手長
5.臂高（立）	17.肩寬	29.手寬
6.指節高（立）	18.肩寬（肩尖一肩尖）	30.腳長
7.指頭高（立）	19.臀寬	31.腳寬
8.坐高（坐）	20.胸深	32.指一指長（雙手平伸）
9.眼高（坐）	21.肚深	33.肘一肘長（雙手平伸）
10.肩高（坐）	22.肩肘長	34.垂直手及（站）
11.肘高（坐）	23.肘指尖長	35.垂直手及（坐）
12.肢高（坐）	24.上臂長	36.舉及（向前平伸）

（續）圖2-5　靜態人體測計項目

資料來源：參考文獻[2]，經同意刊登。

2.3.4 量測方法

傳統的量測方法非常簡單，所使用的工具如**圖2-6**所顯示。

1.人體測計規（anthopometer）：具公制刻度與滑動桿的長尺，可分解為三、四段，以便於儲藏與攜帶，組合後可達2公尺；其中一段具彎曲部分。

2.具滑桿的圓腳規。

3.游標尺。

4.皮尺：量測胸圍、腰圍等。

量測特殊部分（如足部、坐高、臂、膝）等長度亦可使用特殊設計的量測工具。

傳統量測方法雖然簡單，但是相當費時。測試者必須按照標準的程序使用量測工具，將受測者身體各部位的長度測出。以美國陸軍部的軍衣、設備、物具工程實驗室（clothing, equipment and materials engineering

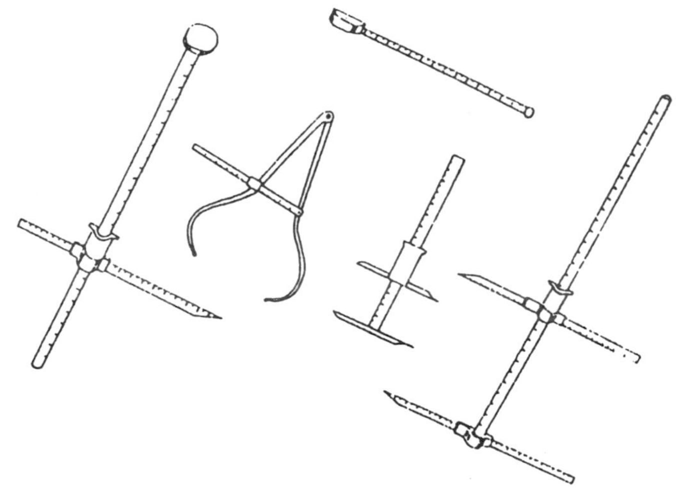

圖2-6　傳統直接量測工具

資料來源：參考文獻[2]，經同意刊登。

測試項目：臀膝長度
工具：游標尺
受測者姿勢：坐姿，雙眼平視
上半身直立，平坐於座椅上
雙腳平放，大腿與小腿垂直
量測步驟：1.將游標尺與大腿長軸平行
2.量測臀部最後端與膝蓋最前端的距離

圖2-7　女性臀膝長度量測方法

資料來源：參考文獻[6]，經同意刊登。

laboratories, U. S. Army）量測女兵坐姿臀膝長度為例（如**圖2-7**），受測者必須平坐、目光向前，腳平放於可調整的平台上，膝蓋彎曲度恰好為直角（90度），測試者手持游標尺，將尺與大腿的長軸平行，然後量測臀部最後端點與膝蓋最前端的距離。

傳統方法的缺點為許多量測出的人體尺寸在空間上不相關聯，而且測試者不便接觸人體上某些敏感部分（如眼睛、胸部等），所測出的距離誤差較大[1, 6, 8]。

照相攝影可以將人體三度空間的尺寸記錄於相片上，以便於分析，由於所需時間較短，受測者可隨時至實驗室中照相，可彌補傳統量測方法的缺點。但攝影法的缺點為：

1.設備太貴，器材包括攝影機、數據分析設備。
2.比例尺度不易建立。
3.人體影像為平面（二度空間）。
4.照片上無法顯示皮膚下的骨骼特徵。
5.視差扭曲（parallax distortion）。

因此，攝影法長久以來未能被廣泛使用。近年來，由於科技的進步，立體攝影技術的突破，並且以錄影帶取代靜止的照片，雷射應用於人體不規則部位的量測等，攝影法逐漸取代傳統方法，將數據化攝影器材與電腦整合，可將人體立體影像數據直接存入電腦，然後經由電腦程式的整合，可將人體模型顯示出來，以便於量測數據的取得。

清華大學工業工程系於建立台灣地區中國人的人體測計資料庫時，即使用攝影法取得絕大多數的數據（九十項），其中僅有五項無法由攝影法取得者，才使用傳統直接量測方法。**圖2-8**顯示量測工作所使用的工具，主要設備為兩個35毫米含標準鏡頭與自動電子閃光設備的SLR攝影機，兩個具有5公分刻度的刻度板置於受測者身後，作為視差扭曲矯正的參考。攝影機距刻度板的平面距離分別為3,750毫米與1,600毫米，距地板的高度分別為1,070毫米與1,570毫米。每一張5×7吋照片沖洗後，即被固

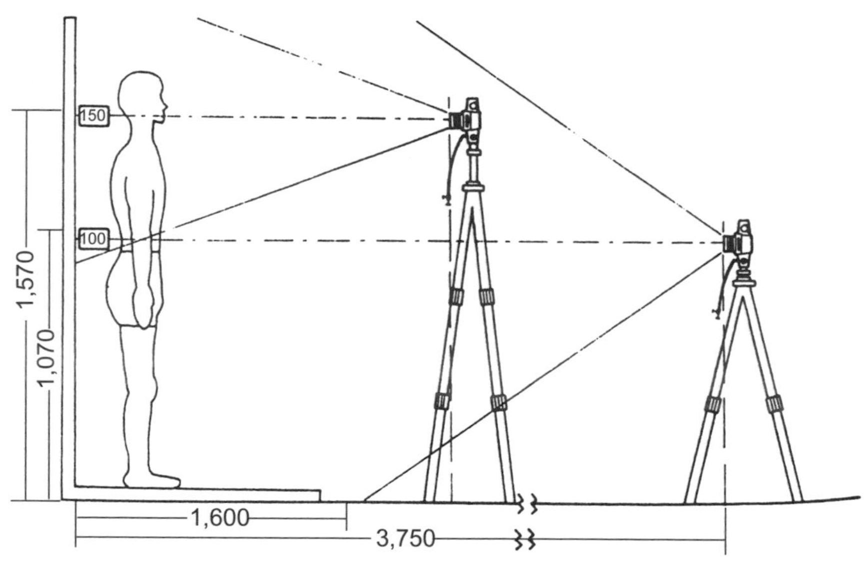

圖2-8　攝影法所使用的工具

資料來源：參考文獻[9]，經同意刊登。

定於數據機上，研究人員應用放大鏡與滑鼠，將照片上的參考點、影像位置數據化後，輸入電腦中，再經過視差扭曲的矯正，即可取得所需數據[9]。

近年來，三度空間掃描（3-D scanning）技術快速發展，由於所掃描的數據完整性與再利用性遠較傳統測計方法佳，三度空間掃描器已經廣泛應用於人體測計上。日本生活品質的人因工程研究所早在1992年就應用三度雷射掃描器量測三萬四千位七歲至九十歲的男人與女人。

美國與歐洲民用人體測計資源（Civilian American and European Survey of Anthropometry Resource, CAESAR）中，共測量四千位美國人與一萬零九百位荷蘭、義大利人，建立了十八至六十五歲之間歐美人士的三度空間人體測計資料庫[12]。我國學者也應用三度空間掃描器所量測的數據建立成衣尺碼分類系統[13]。掃描一個成年人的人體，系統產生四十萬點3-D座標與彩色數據。這些數據可以用來擷取人體各部位的尺寸[12]。

三度空間掃描技術促成網路裁縫的夢想，顧客可以將在三度空間掃描器上所量測的人體數據，經由網路傳給海外的設計師，設計師則可應用數據縫製衣飾（如**圖2-9**）。

動態人體測計所使用的工具較靜態測計工具複雜，**圖2-10**顯示手臂觸及範圍的量測工具，以供參考。

應用人體測計數據時，應避免使用加法，將同一百分點人體各部位的數值相加，例如將第五十個百分點的手指尖至肘的長度與肘至肩的長度相加，作為手的長度，因為第五十個百分點的所有數據，並不是來自同一個人，而且也沒有一個人的身材恰好適合於此百分點的各部位，**圖2-11**顯示三個美國空軍飛行員的人體測計數據在所有飛行員中所占的百分比，每一個人身體各部位所占的百分比相差甚大[6]。

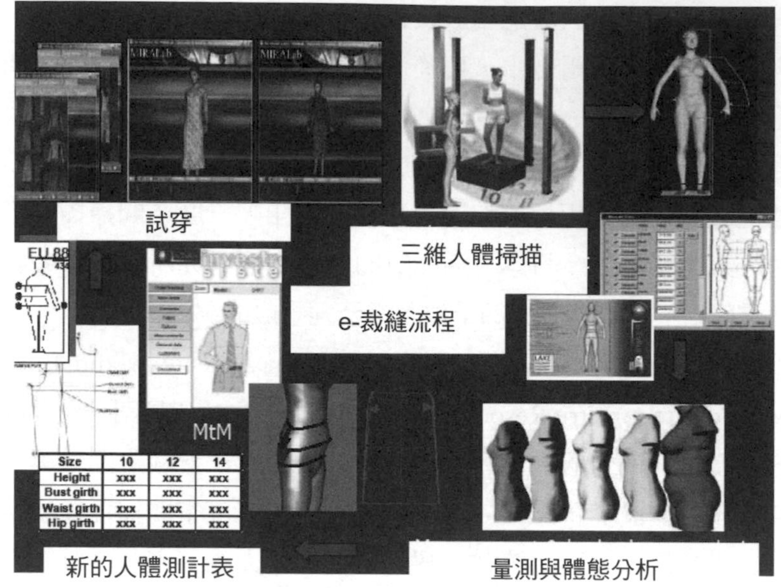

Size	10	12	14
Height	xxx	xxx	xxx
Bust girth	xxx	xxx	xxx
Waist girth	xxx	xxx	xxx
Hip girth	xxx	xxx	xxx

圖 2-9　e-裁縫流程

資料來源：參考文獻[14]，經同意刊登。

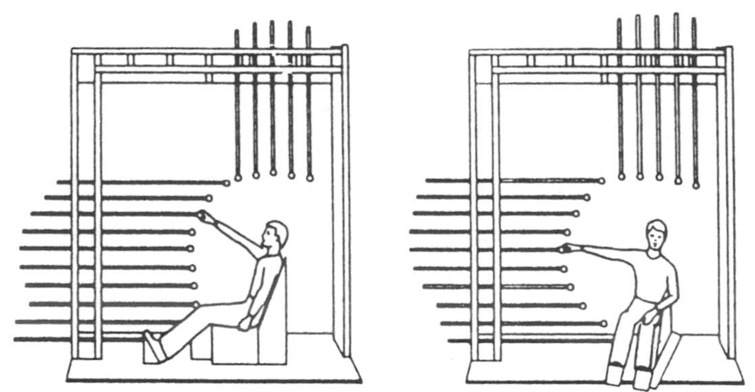

圖2-10　量測手臂觸及範圍的設備

資料來源：參考文獻[6, 10]，經同意刊登。

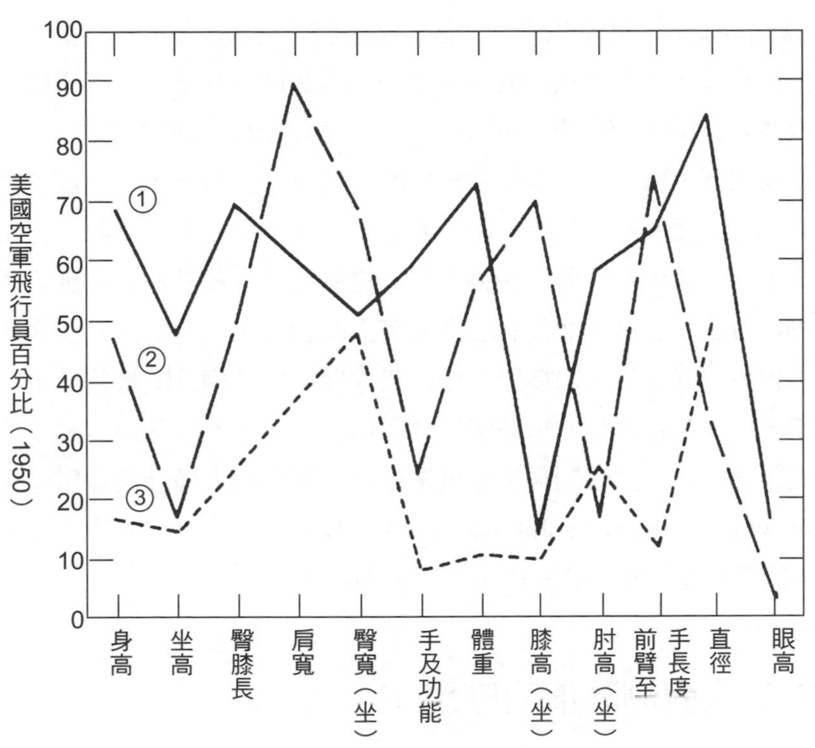

圖2-11　三個人的十二項人體部位測計數據所占的百分比

資料來源：參考文獻[6]，經同意刊登。

2.4 人體測計資料

1978年美國太空總署所發表的三巨冊《人體測計數據源本》（*Anthropometric Source*）包含當時世界各地區所有發表的人體測計數據，近十年來，東南亞地區經濟發展迅速，工程人體測計資料需求增加，刺激此地區的調查與量測工作，大量的數據隨之發表，1990年游金斯、翁與皮帕爾三氏所彙總的《國際人體測計數據》（*International Data on Anthropometry*）包括世界二十個地區人體十九項部位的尺寸數據。中國人口約12億，占世界人口的四分之一，但是數據缺乏，在《國際人體測計數據》資料中，僅列出中國南方（香港與台灣）的數據。

目前世界上已有九十多個大規模的人體測計資料庫，其中歐美國家占了大部分，亞洲國家約有十個，而日本占了一半以上。行政院勞工委員會勞工安全衛生研究所於1993年開始推動勞工人體計測資料調查規劃與量測，分三年實施，並委請國立清華大學執行，結合國內九個大學之人因工程界研究人員共同參與。依台灣地區人口結構計取樣約一千二百位勞工，進行二百六十六項靜態尺寸與四十二項動態活動角度量測。國內人體計測數據，請參閱勞工安全衛生研究所國內人體計測資料庫網站（http://www.iosh.gov.tw/Publish.aspx?cnid=26），附錄中列出台灣、東亞、美國等地區靜態人體測計資料，以供參考。

2.5 人體測計值的應用

設計者在應用人體測計數據進行設計時，可考慮下列三種策略[6]：(1)以平均人的測計值為基準；(2)以極端者測計值為基準；(3)可調設計。

2.5.1 平均設計

雖然在前面已提到，一般所謂的平均人或平均身材在地球上根本不存在，平均人只是存在於統計觀念中，然而，針對僅與人體單項尺寸有關的器具的設計而言，以平均值作為設計基準，廣泛為設計者所採用，所設計出的器具，也適用於大多數人。

2.5.2 極端設計

當最高或最低的人體測計極限必須設定時，使用極端設計，例如門的高度、走廊寬度、樓梯的強度等，通常以最高或較高的百位數值（95或更高的百分位）為基準，如果此設計可容最高或較高的人通過時，中等或矮小身材的人也可通行無阻。控制盤、顯示器的高度、距離則以最低或較低百分位（5或更低）為基準，手腳短小或身材矮小者可以輕易觸及時，身材高大者自然也沒有問題。

2.5.3 可調設計

器具或設備如可依人的身材不同而調整，自然可適於各種體型的人，汽車中可調設備很多，前座可前後移動，方向盤可以上下調整，後視鏡可左右、上下調整，「小人玩大車」不會造成駕駛的不便與交通事故，大個子也可在小型車中悠然自得。名牌西裝褲（成衣）的褲管並不縫摺，俟消費者試穿（腰臀圍合身）後，裁縫才再量胯長，才剪裁褲管至適當長度，可調性產品成本與售價較高，進行前，宜作成本效益分析（cost-benefit analysis）。

2.5.4 其他考慮因素

如果產品的設計與多項人體體型尺寸有關時，無論使用哪一種策略皆難以滿足設計的目標，最理想的方法是先選定所欲使用的百分位數，再將身高、體重與此百分位相對的計測值相同的人找出，重新量測各部位尺寸，然後求出各部位中位數值或以迴歸分析法求出近似公式，使用迴歸分析法的優點為各部位的數據之間的和差，仍具數學意義[1]。

如果可調設計成本過高時，可限制產品的使用者，重機械或軍械的設計往往僅考慮體能超過一定標準的人群，軍人的天職是保家衛民，體位必須高於一般平民，設計步槍時，似乎不必考慮矮小瘦弱的人是否適合背負。僅有少數體格甲等、反應迅速的人適於飛行，飛機駕駛艙的設計僅針對部分人群，太高、太矮、太重的人皆不符飛行員的錄取標準。應用特殊標準以選取對象的行動會將許多人篩選出局，由**圖2-11**可知，即使僅將二、三個測計值限制於第5至第75百分位之間，可將半數以上的人淘汰掉[6]。1984年以前，僅39%的女性及7%的男性申請者不符合美國海軍飛行員的身材標準，1984年後，海軍僅將手臂的最低長度略為加長、腿的長度減短，即將73%女性與13%的男性申請者淘汰出局[1]。

2.5.5 設計步驟

克洛謨爾等（K. H. E. Kroemer, H. B. Kroemer, & K. E. Kroemer-Elbert）提供下列四個步驟，以供設計者使用[1]：

1. 步驟一：選擇直接與產品設計有關的人體測計項目，例如設計手把時，選擇手的長度；設計逃生口的大小時，考慮肩寬與臀寬；設計頭盔時，應用額寬與頭長等。
2. 步驟二：依據所設計之產品的對象，決定所使用的百分位，例如逃生口必須以肩與臀寬最大值為基準；把手以手掌最小或較小的人為對象；工作站或場所的腿部空間須適合腿長者等。
3. 步驟三：將所有選擇的測計值圖示，製成模型或以電腦繪出，以確定各部位與設計相容。
4. 步驟四：決定單一設計、多元或可調設計，一張大床足以適於所有的人；鞋子、手套則必須依大小設計多種尺寸；座椅可設計為可調型。

2.6 結論

人體測計的調查與量測是長期性的工作，但是其結果對於社會與工業界的貢獻很大。無論居家、工作場所或是工業產品與設備的設計上，皆必須引用人體測計的數據。

歐美人士體格遠較東方人高大、健壯，所出產的重工業設備，不適於東方人使用。國人在選用設備、設定操作步驟、評估工作效率時，宜考慮國人的生理狀況與體型。台灣地區機械與電子工業向來以外銷為導向，工業設計者亦應蒐集不同地區的人體測計數據，以作為設計的基準。

參考文獻

1. K. H. E. Kroemer, H. B. Kroemer, K. E. Kroemer-Elbert, *Ergonomics*, Chapter 1, Prentice Hall, Englewood Cliffs, N. J., USA, 1994.
2. S. Pheasant, *Bodyspace: Anthropometry, Ergonomics and the Design of the Work*, Chapter 2, Taylor and Francis, London, UK, 1986.
3. H. W. Juergens, I. A. Aune, and U. Pieper, *International Data on Anthropometry,* Occupational Safety and Health Series No. 65, International Labor Office, Geneva, Switzerland, 1990.
4. I. Knight, *The Heights and Weights of Adults in Great Britain,* HMSO, London, UK, 1984.
5. G. Lindgren, Height, weight and menarche in Sweden Schoolchildren in relation to social-economic and regional factors, *Annuals of Human Biology*, *3*, pp. 510-528, 1976.
6. B. H. Kantowitz, R. D. Sorkin, *Human Factors, Understanding People-System Relationships,* John Wiley & Sons, New York, USA, 1983.
7. W. E. Woodson and D. W. Conover, *Human Engineering Guide for Equipment Designers,* 2nd Ed., Chapter 2, NEL Publication, 1966.
8. Mark S. Sanders, Ernest J. McCormick, *Human Factors in Engineering and Design,* 7th ed., McGraw-Hill。許勝雄、彭游、吳水丕譯（2000），台中：滄海。
9. C. C. Li, S. L. Hwang, M. Y. Wang, Static anthropometry of civilian Chinese in Taiwan using computer-analyzed photography, *Human Factors, 32*(3), pp. 359-370, 1990.
10. J. A. Roebuck, K. H. E. Kroemer, W. G. Thomson, *Engineering Anthropometry Methods,* John Wiley & Sons, New York, USA, 1975.
11. H. W. Stoudt, A. Damon, R. McFarland, J. Roberts, *Weights, Heights and Selected Body Dimensions of Adults,* National Center for Health Statistics Series 11, No. 8, 1965.
12. 蔡佳靜（2000）。〈應用三度空間人體計測資料於成衣尺碼分類系統之建立〉。國立清華大學工業工程系碩士論文。
13. M. J. Wang, E. M. Wang, Y. C. Lin, Anthropometric data book of the Chinese people

in Taiwan, *Ergonomic Society of Taiwan,* Hsinchu, Taiwan, 2002.

14. Lutz, Walter, Will the "e-Tailor" become reality?, Euratex, The EU Apparel Business Goes High-Tech, October 2002, Brussels.

15. 趙麗雲（2008）。〈臺灣兒童及青少年體重過重與肥胖問題之綜評〉。國家政策研究基金會，台北市。

16. 卓俊辰、錢紀明、鄭志富、楊忠祥（2002）。「教育部92年度臺閩地區中小學學生體適能常模」。教育部委託研究報告，未出版。

17. C. D. Fryar, Q. Gu, C. L. Ogden, Anthropometric reference data for children and adults: United States, 2007-2010. *Vital and Health Stat 11* (252), 2012.

18. J. Jacobs, V. Tassenaar, Height, income, nutrition, and smallpox in the Netherlands: the (second half of the) 19th century. presented at the joint Economic History colloquium of the University of Groningen, October 2001, the European Social Science History Conference (ESSHC), The Hague, The Netherlands, February, 2002.

19. B. Clarke, How did the Dutch get so tall? 13 October 2014, *Huffington Post Science*. 2014. http://www.iamexpat.nl/read-and-discuss/expat-page/articles/how-did-the-dutch-get-so-tall#sthash.aaFylDKp.dpuf

20. H. J. Brinkman, J. W. Drukker, and B. Slot, Height and income: A new method for the estimation of historical national account series. *Explorations in Economic History,* 25, 227-264, 1988.

21. T. A. Judge, D. M. Cable, The effect of physical height on workplace success and income: Preliminary test of a theoretical model. *Journal of Applied Psychology, Vol. 89*, No. 3, 428-441, 2004.

Chapter 3

感覺系統

- 3.1 前言
- 3.2 感覺分類
- 3.3 感覺系統的一般特性
- 3.4 視覺
- 3.5 聽覺系統
- 3.6 嗅覺
- 3.7 味覺
- 3.8 膚覺
- 3.9 平衡覺
- 3.10 運動覺

3.1 前言

任何生物必須具備靈敏的感覺系統，以準確地感受外界刺激，才可在環境中生存，人自然也不例外。由於人機系統操作者的表現受限於操作者所感受的資訊多寡與其品質，如何有效地顯示有用的資訊，以便於感測，是人因工程的首要課題。

3.2 感覺分類

希臘大哲學家亞里斯多德（384BC-322BC）將人類的感覺分為：看（視覺）、聽（聽覺）、嗅（嗅覺）、嘗（味覺）、觸（觸覺）等五類。亞里斯多德對於感覺的分類經過兩千多年，仍然繼續有用，只不過後人又發現另外五種其他的感覺：冷、熱、痛、平衡與運動覺（kinesthetic sense）[1]。

3.3 感覺系統的一般特性

任何感覺系統皆具備下列的特性：

1.具有接受聲、光、氣味等刺激的感受器（sensory receptors），可將刺激轉換為神經訊號。
2.神經傳導通路，可將資訊由感受器傳至腦中。
3.神經傳導通路經過視丘後，再投射至大腦皮質組織的接受區。

刺激的強度在一定的範圍之內，直接與感覺強度有關，超出此範圍之外，則難以感受。相同的刺激持續發生一段時間之後，感受器的靈敏度逐漸降低，而且感覺會受先前或同時發生的刺激干擾[2]。**表3-1**列出主要感覺的特徵。

3.3.1 刺激

刺激是促使感覺器官產生生理變化的物理現象或物理能量的變化，例如聲音是耳朵的刺激，影像、光、色是眼的刺激，氣味是鼻的刺激等。有些刺激僅能激發某種特殊的感官，有些則可激發多種感覺，例如電磁能與機械能可同時激發人的視覺、聽覺、痛覺與平衡覺，溫度的變化令人感覺冷熱與疼痛（或舒暢），而環境中的化學物質會刺激鼻（嗅覺）、口（味覺）、皮膚與眼睛（疼痛、不舒服）[3]。

3.3.2 感受器

感受器依據刺激的本源與其位置，可分為下列四類：

1.提供身體之外的環境變化的感受器——眼、耳、鼻部分的感受器。
2.可提供身體邊緣資訊的感受器——皮膚上的感受器。
3.位於內臟的感受器，可提供體內器官的資訊。
4.皮膚、關節、內耳的感受器，可提供有關身體運動與位置的資訊。

3.3.3 感覺極限

刺激必須超過某一定強度，始能為人的感覺系統所感受。絕對閾（absolute threshold）即為激發感覺的最低強度。**表3-2**列出主要感覺的近似閾值。當刺激強度超過一定上限以後，即使強度繼續增加，感官也無法分辨強度的強弱。吾人無法測出某些感覺的上限值，因為當強度尚未到達難以分辨的數值時，感覺系統已被傷害了，例如聲音在到達上限值

表3-1　人的感覺特徵

	視覺	聽覺	觸覺	嗅味覺	平衡覺
刺激	光—可見光譜內的電磁幅射	聲音—振動能量	物理方式所造成的組織移動	空氣或流體中的化學物質	加速度
範圍	波長在400-700nm之間（紅光至紫光）	20-20,000Hz 20 μ pa-200 μ pa	溫度：200皮膚接觸3秒以上，0-400脈衝／秒	味覺：甜、鹹、酸、苦、辣 嗅覺：香、臭、酸、腐等	直線或軸向加速度
分辨度	120-160段 每段1-20nm	3Hz：20-1,000Hz 0.3%：＞1,000Hz	10%變化		
動態範圍	90dB 桿狀物： 0.00032-0.0127cd/m^2 錐體：0.127-31,830cd/m^2	140dB	30dB（0.01-10mm 移動）	味覺：50dB（0.00003%-3%的Quinine Sulfate變化） 嗅覺：100dB	絕對閾 0.2deg/S^2
相對強度／分辨度（△I / I）	對比 = 0.015	0.5dB	～0.15dB	味覺：0.20dB 嗅覺：0.1-50dB	10%加速度變化
敏銳度	視角的1秒	0.001秒	0.1-50mm（兩極銳度）	?	?
連續刺激的反應速率	0.1秒	0.01秒	20次／秒	味覺：30秒 嗅覺：20-60秒	1-2秒
最適操作範圍	500-600nm（綠—黃光）在強度34.26-68.52cd/cm^{2}下	300-6,000Hz（強度為40-80 dB）		味覺：0.1%-10%濃度	1g（重力加速度值）直接作用於足部

資料來源：參考文獻[3, 4, 5]，經同意刊登。

表3-2　主要感覺的近似閾值

感覺	閾值
視覺	晴朗的夜裡，30哩外的燭光
聽覺	安靜狀況下，20呎（6.1公尺）外的轉動聲
味覺	2加侖（7.57公升）水中加一茶匙糖
嗅覺	一滴香水擴散到一個三房公寓內的空間
觸覺	蜜蜂的一片翅膀由一公分外墜落至你的面頰上

資料來源：參考文獻[3]，經同意刊登。

表3-3　主要感覺的實際上下限值

感覺	下限	上限
視覺	10^{-6} mL	10^{4} mL
聽覺	2×10^{-4} dyne/cm^2	10^{3} dyne/cm^2
觸覺（壓力）	指尖0.05-1.1erg	不詳
嗅覺	非常敏銳，約4×10^{-7} moles的Quinine Sulfate	不詳
溫度	15×10^{-5} cal/cm^2.sec（360cm^{2}皮膚．3秒內）	22×10^{-2} cal/cm^2.sec（200cm^{2}皮膚．3秒內）

資料來源：參考文獻[3]，經同意刊登。

之前，已足以造成耳聾[1]。**表3-3**列出主要感覺的實際範圍，當刺激強度接近此範圍的上、下限值時，人的感覺可能失真。

兩個刺激之間的強度差異，必須超過某一限值時，人才可分辨出他們的不同，此強度差異稱為差異閾（difference threshold）。差異閾隨著刺激的強度增加而增加，韋伯氏發現差異閾與標準刺激強度有一定的比例關係（韋伯定律）：

$$\triangle I / I = K \qquad [3\text{-}1]$$

公式[3-1]中，△I代表差異閾，I為標準刺激強度，K為比例常數（韋伯常數）。

表3-4 韋伯常數

感覺型式	韋伯常數
聲音的高低	1/333
壓力（皮膚或皮下組織向下施壓）	1/80
亮度	1/60
提重	1/50
音量大小	1/10
皮膚壓力	1/7
對食鹽水的味覺	1/50

資料來源：參考文獻[2]，經同意刊登。

表3-4列出一些感覺型式的韋伯常數[2]，以供參考，由韋伯定律可知，區辨兩個強度不同的刺激之間的差異與刺激強度成正比，換言之，刺激強度增強時，差異閾也等比增加。

3.4 視覺

視覺是最主要的感覺，視覺系統提供身體之外的環境空間的確實資訊。經由視覺系統，吾人可以感知外在世界的五光十色與動態，不僅可以協助瞭解處境、位置，以指引自身的行動（行走、工作），還可以加強與外界的溝通（如閱讀、察言觀色等）。

人的眼睛僅能將波長在400nm（1nm＝10^{-9}公尺）（紫光）至700nm（紅光）之間的電磁波轉換成人腦可接收的訊號〔生電神經脈衝（bioelectric nerve-pulse）〕，其他波長的電磁波如X光、無線電波、雷達等無法為人眼所感受（如**圖3-1**）。

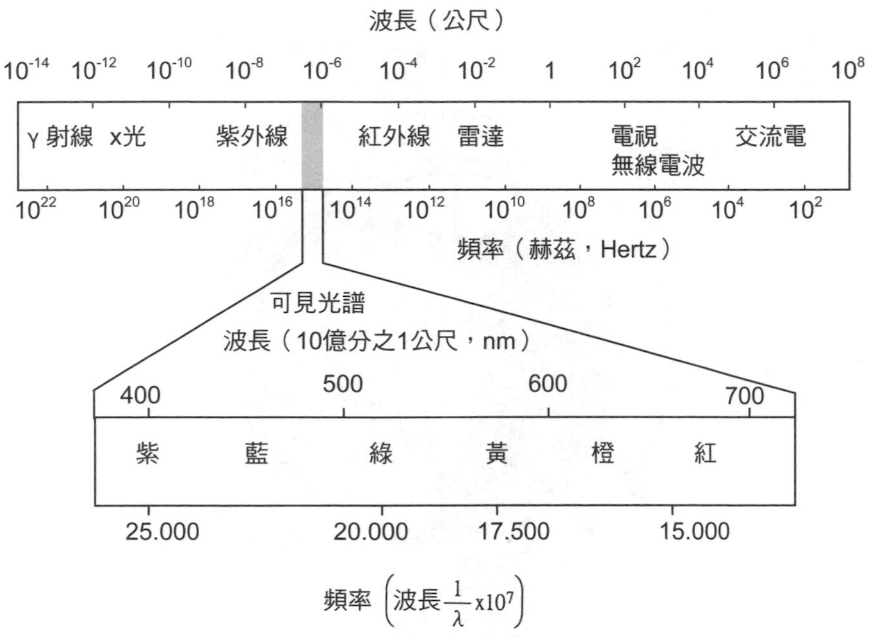

圖3-1　可見光譜在電磁光譜中位置

資料來源：參考文獻[3]，經同意刊登。

3.4.1 視覺系統的構造

眼是靈魂之窗，其構造如**圖3-2**所顯示。眼球由三層組織所構成，外層為鞏膜，為眼睛白色纖維組織部分；前方為透明角膜，外緣肌肉附著在鞏膜之上；中層為血管色素層，含眼球內的動脈與靜脈，前方有一開口（瞳孔），瞳孔周圍的具色素之肌肉為虹彩，內部為晶狀體與玻璃狀體；內層為視網膜[6]。眼睛的構造有如照相機，光線經角膜、瞳孔進入，經晶狀體（鏡片）而投影在網膜（底片）之上，角膜與晶狀體可將入射光折射、集聚，以便於投影（調整焦距），晶狀體的形狀隨著物體的距離而變化，距離超過三公尺以外時，晶狀體幾乎是平面的，當距離接近時，晶狀體的弧度就會增加。

瞳孔的開口與光線的強度、視力的調節有關，光線弱時，瞳孔的

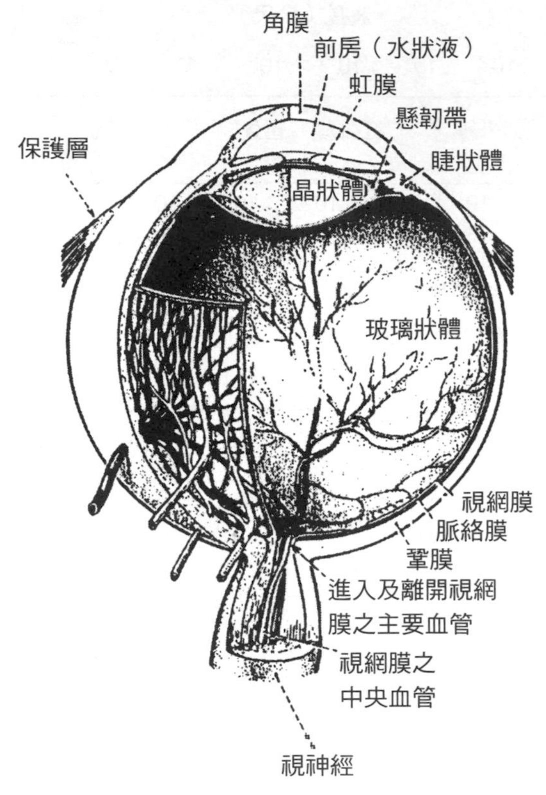

圖3-2　眼的基本構造

資料來源：參考文獻[6]，經同意刊登。

開口會放大，以允許較多的光進入眼內，而光線強時則縮小，以免亮光傷害眼睛。瞳孔開口可小至2釐米，大至8釐米，兩者面積相差十六倍之多；瞳孔開口的大小決定一個固定影像的場面深度（場面深度為所欲注視的，而且必須調整焦距，以便清晰地投影於網膜上的外在景觀中物體間的距離深度），瞳孔開口小時，場面深度較開口大時為深。因此，當光線微弱而又必須注視物體或閱讀書報時，眼睛易於疲倦。當人看見所喜愛的人與物時，瞳孔會自然放大20%以上，例如女性看到喜愛的男士照片或男人看到美女時。

網膜包含感光器層（photoreceptor layer）、兩極細胞層（bipolar cell layer）與神經節細胞層（ganglion cell layer）等三層。感光器層包括桿狀體與錐狀體兩種感光器，兩者皆含有感光色素，可於吸收光子後，激發神經訊號。網膜上大約有1.2×10^8個桿狀感光器，與6×10^6個錐狀感光器，桿狀感光器僅含一種光色素，對於50nm波長的光最為靈敏，錐狀感光器則含短波長（440nm）、中波長（540nm）與長波長（560nm）等三種不同的光色素。桿狀感光器在弱光下非常靈敏，與光線昏暗時的視覺有關，而錐狀體則與亮光下的顏色分辨與詳細程度有關。桿狀體分布於網膜邊緣，而網膜中央靈敏度最高的「中央小窩」（fovea），面積不到1平方毫米（$1mm^2$），僅含五萬個錐狀體，不含桿狀體，中央小窩附近有一盲點（blind spot），大小約小窩的二至三倍，來自網膜的視神經在此聚集成視神經纖維，不含感光細胞，因此，任何投影至盲點的視覺刺激，皆無法看到。

感光器將光子轉換成神經能量後，神經訊號再經過兩極細胞層與神經節細胞層後，才可經由視傳導神經傳遞出去。網膜中層含有水平與無足（amacrine）細胞，以提供網膜橫向連接；因此，網膜上某一定點的刺激會影響到附近區域刺激所產生的神經訊號。由於僅有大約10^6個視神經節細胞，遠低於桿狀與錐狀感光器的數量，每一個神經節細胞必須接收許多神經訊號（桿狀感光器120；錐狀6）。此種匯集現象可增加對於弱光的靈敏度（大量匯集桿狀物所傳的神經訊號），同時亦可避免影像的失真（較小量的錐狀物所傳的神經訊號的匯集）。幾乎每一個神經節細胞皆相對於兩個獨特的接收場，當刺激產生時，會影響神經細胞的活動與激發速率。

圖3-3顯示人的視覺歷程，影像（樹）經瞳孔進入，經晶狀體、角膜調整焦距後，其倒影投影於網膜上，然後經視神經傳導與調整，在腦中所轉現的為正影像。

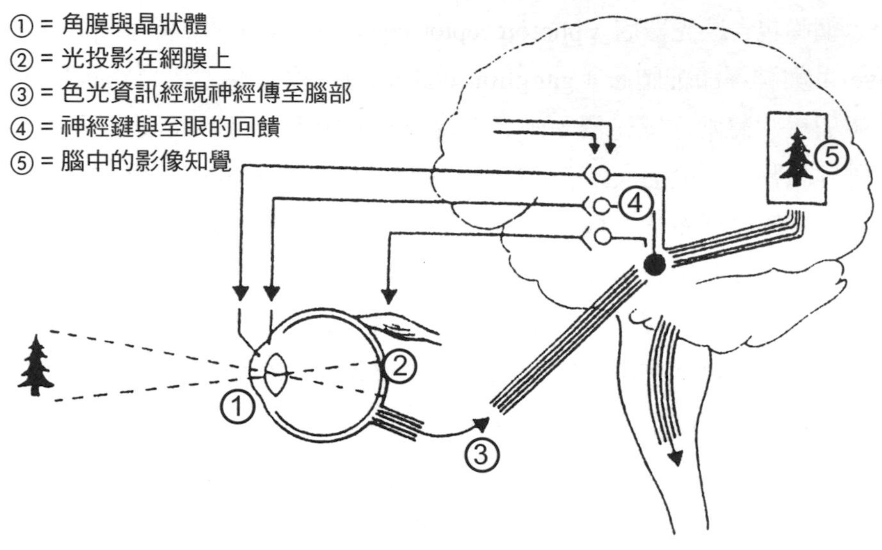

圖3-3　視覺歷程

資料來源：參考文獻[7]，經同意刊登。

3.4.2 視角與視場

(一)視角

視角（visual angle）是視覺目標的兩端在瞳孔形成的角度（**圖3-4**），視角是以弧度表示（1弧度＝60弧分＝3,600弧秒），與目標和眼的距離（D）與長度（L）有關：

$$\alpha = 2 \times \arctan(0.5 \times L \times D^{-1}) \text{（單位：度）} \quad [3\text{-}2]$$

視角小於10度時，視角可用下列近似公式表示：

$$\alpha = 57.3 \times L \times D^{-1} \text{（單位：度）} \quad [3\text{-}3]$$

表3-5列出常見物體的視角，設計者宜將技術產品的視角設計為15弧分左右，亮度水準低時，宜酌增至21弧分以上。

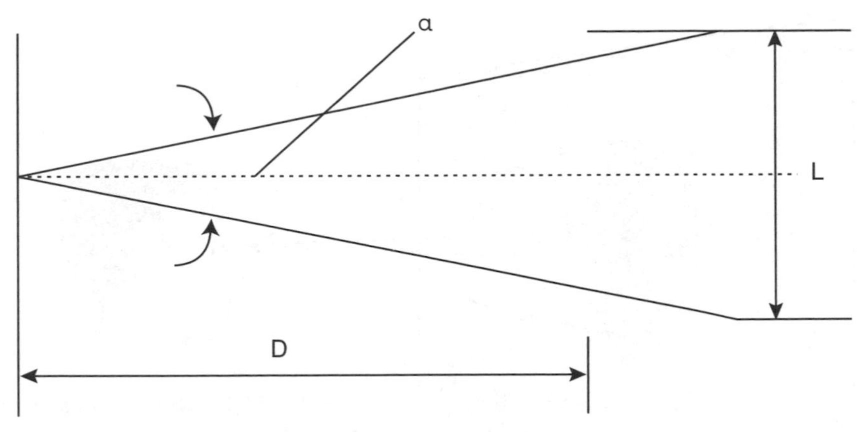

圖3-4　視角

資料來源：參考文獻[2]，經同意刊登。

表3-5　常見物體的視角

目標	距離（公尺）	視角
5公分直徑的量計	5.5	5.7度
太陽	-	30弧分
月亮	-	30弧分
陰極射線管（CRT）顯示器	0.5	17弧分
閱讀距離的PICA字型	0.4	13弧分
美元硬幣	0.7	2度
同上	82	1弧分
同上	4,828	1弧秒

(二)視場

視場（visual field）為雙眼（靜態時）可以看見的區域（如**圖3-5**），視場亦以弧角表示，眼球僅對視場中心約1弧度的中心目標調整焦距，視場大約可分成三區：

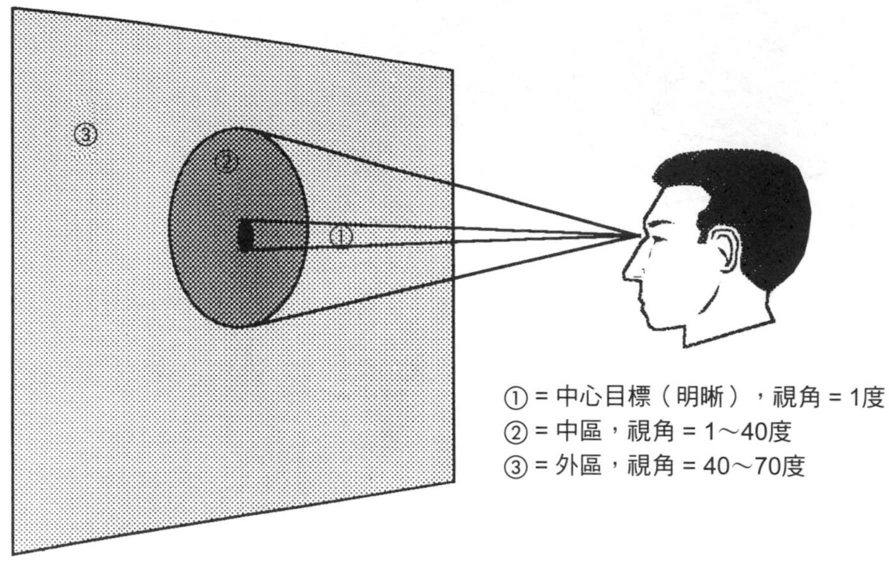

圖3-5　視覺歷程

1.中心目標（明晰）：1弧度視角。

2.中區：40弧度視角。

3.外區：40～70弧度視角。

眼睛無法看清中區的物體，但是可看見強烈的對比與運動，外區為前額、鼻、頰所限制，外區內的物體如不移動，不太為人所注意。

3.4.3 視覺能力

主要的視覺能力（visual capacities）包括：視銳度（visual acuity）、對比敏感度（contrast sensitivity）、知覺速率（speed of perception）、辨色能力、暗適應力（dark adaptation）等。

(一)視銳度

視銳度為眼睛分辨兩個不同的點線，或清晰地偵測物體細部構造的能力；換言之，視銳度為眼的分辨能力。一個視力正常的人，可以分辨出距離為1/60度強度的兩個不同的符號。視銳度與照明和所欲注視的物體特性有關[7]：

1.視銳度與照明水準有關，照明愈佳，視銳度愈高。當照明水準超過1,000lx時，視銳度最佳。
2.物體與背景的對立愈大，視銳度愈佳。
3.符號或字碼愈鮮明，視銳度愈佳。
4.眼睛對於光亮背景下之暗物的視銳度大於黑暗中光亮物體的視銳度；由於背景光亮時，瞳孔縮小，減少因折射而產生的錯誤。
5.年齡愈大，視銳度愈低，四十歲的視銳度約為小孩子的90%，六十歲降為70%，八十歲約僅50%。
6.身體的擺動會降低眼的視銳度，研究指出0.025毫米振幅，10～130次／秒頻率的振動會降低人的視銳度[8]。

圖3-6顯示視角、對比與背景亮度對於視銳度的影響，當三種因素的組合低於圖中曲線時，吾人無法分辨，當組合落在曲線上時，才可清楚地看見[9]。

(二)對比敏感度

對比敏感度是眼睛分辨物體與背景亮度差異的能力，它對於人的日常行動之影響較視銳度大，有些工作（如產品的檢視與控制）必須依賴良好的對比敏感度。設計者宜考慮下列影響對比敏感度的因素[7]：

1.人眼對於較大面積的對比敏感度高，對較小面積的敏感度低。
2.物體、符號、字碼的邊緣愈銳利，敏感度愈高。

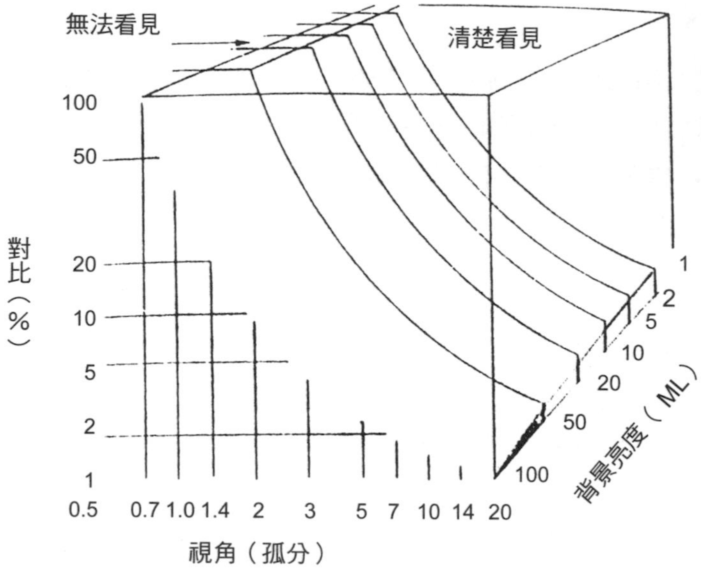

圖3-6　視角、對比、背景亮度與視銳度的關係

資料來源：參考文獻[9]，經同意刊登。

3.對比敏感度隨環境亮度改善而增加，當亮度為70燭光／平方公分（cd / cm^2）左右或超過1,000燭光／平方公分時，亮度對比為2%以上（視標較背景明亮或昏暗2%）時，敏感度最佳。

4.當目標較周圍背景明亮時，敏感度較佳；換言之，如欲加強敏感度，宜將目標的亮度增加至背景亮度之上，而不是將目標中心的亮度降低至背景亮度之下。

路基錫（M. Luckiesh）與模斯（F. K. Moss）二氏於1937年發表的實驗結果[7, 9]指出，當照明水準由10lx增至1,000lx時，視銳度由100%增至170%，對比敏感度增至450%，而且由於照明改善，眼皮肌肉放鬆，眨眼頻率降至65%。

(三)知覺速率

知覺速率是影像出現後，經視覺感受、傳導、直到腦中感知的速度，它是以視覺反應時間而測定。在光亮的環境與對比顯明的條件下，知覺速率較快，而昏暗與對比不顯明時，速率較慢，人的平均知覺速率約0.2秒。知覺速率對於從事航空、運輸工作的人非常重要，而且也是影響閱讀的主要因素。

(四)辨色能力

眼中的花花世界，充滿了五光十色，顏色除了可以協助吾人識別與配置物體，增加對於環境的瞭解，也會影響人的心理狀態。由於波長不同，可見光呈現由紫至紅等不同的顏色，小學生利用三稜鏡即可將太陽光分成紅、橙、黃、綠、藍、靛、紫等七色，雨後天邊的彩虹也是可見光折射的結果。然而，人並不具備分析光的波長的能力，人腦僅憑自身的經驗將入射的光線區分成幾個不同的顏色罷了；因此，人的辨色能力是心理的經驗，並非物理的分析。環境的亮度與背景的顏色直接影響人的辨色能力，人心目中相同的色光可能具備不同的波長。

早在十九世紀初期，楊格（Thomas Young）[12]與赫姆霍茲（H. von Helmholtz）[13]二氏即提出三原色理論（Trichromatic Theory），以解釋人的色光視覺。依據三原色理論，人具有藍、綠、紅等三種顏色的感光器，三種原色的相互組合，構成人所知覺的顏色。如三原色理論所預測，人眼的錐狀體確實具有三種光色素，以一個波長為500nm的光為例，它對中波長（540nm）的光色素影響最大，長波長（560nm）光色素次之，而短波長（440nm）光色素最小。由於每一種顏色皆會激發這三種光色素，因此任何顏色皆可由三原色相混而成。

圖3-7顯示國際照明委員會（The International Commission on Illumination）所發展的配色圖。由於任何一個顏色皆可用它所含紅、綠、藍色三原色標準的比例表示，以X代表紅色，Y代表綠色，Z代表藍

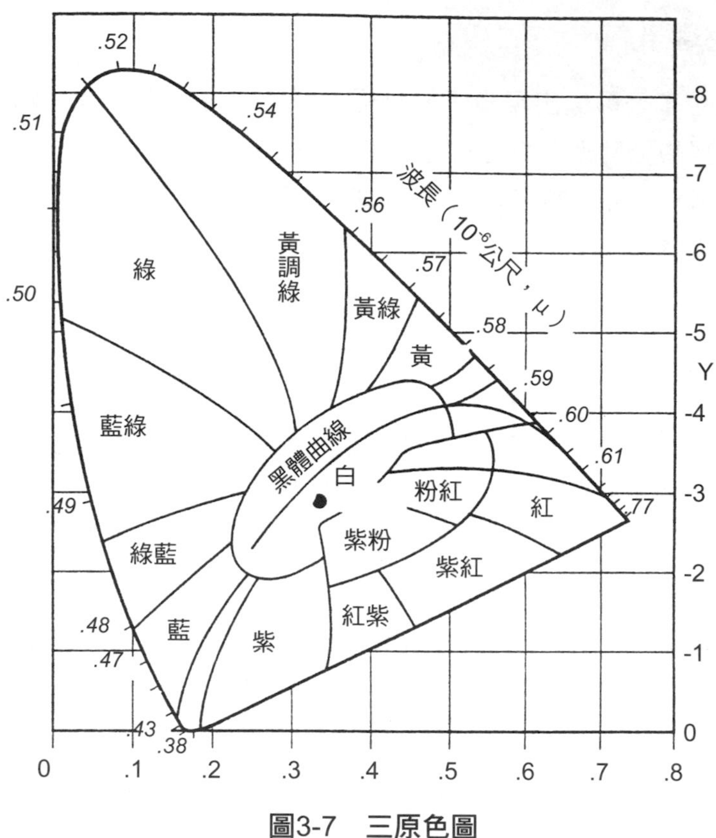

圖3-7　三原色圖

資料來源：參考文獻[3]，經同意刊登。

色，而X+Y+Z＝1，因此如果已知所含的X（紅色）與Y（綠色）比例，即可在圖中找出它的位置，綠色在左上方，藍色在左下方，白色則在圖的中心點。CIE圖自1931年制定，至今已有八十餘年的歷史，但是仍然普遍使用[12]。

由於光色素並不是平均分配於網膜上，視場外圍物體的顏色難以辨認清楚。在正常照明條件下，眼睛平視向前時，左右各60度、垂直向上30度，向下40度視場之內的物體顏色皆能辨認。

人對於顏色的知覺、解讀與反應，為主觀性、心理性，而非物理性的作用，難以用筆墨或言語形容，絕大部分人認為顏色會產生視覺之外的反應。紅、黃、橙色令人產生熱、溫暖的感覺，而藍、紫、綠色令人感到冷與寧靜，淡色較深色陰冷。白色代表高雅、清潔，而黑色代表肅穆等。雖然實驗的結果具有爭議性，然而，顏色對於人的心理影響是不可否認的。適當的顏色調配，確實可以調適人的心情，提高工作效率。

「色盲」是一個經常被誤用的名詞，大多數所謂色盲的人，對於顏色多少皆有知覺，不過有些缺陷而已。大約有8%的男性具有遺傳性的缺陷，他們仍然與正常人一樣，也具有三種光色素，但並不正常而已。其次為紅綠色盲，他們的配色系統中，僅有黃、藍兩個原色，任何光線的入射，僅能應用此兩色調配（二原色理論）。紅綠色盲又可分為紅色盲與綠色盲兩種，紅色盲無法分辨黃光以外的色度，將紅色誤為黃色，而綠色盲雖然可以感覺黃光以外光的色度不同，但對紅光無法感應，而以黃光代替。紅色盲的人的網膜色素中具有一個493nm波長的灰色帶，無法區分紅、藍綠與灰色的不同，而綠色盲則在波長500nm處有一中性點，無法分辨綠、紅紫與灰色的不同。全色盲無法感知五光十色，這種人僅能感知黑、白兩色與灰色陰影而已。

(五)暗適應力

暗適應力係指人眼由光亮的環境到黑暗，或由黑暗到明亮時的適應能力。當人進入暗房時，很難看見任何物體；過了一、兩分鐘之後，視力逐漸改善至一定的程度；八分鐘之後敏感度又繼續增加，大約四十五分鐘後，到達最高值，此時的敏感度為剛進入時的十萬倍（如**圖3-8**）。暗適應力與人眼中的桿狀體與錐狀體中所含的光色素有關。初入暗房時，錐狀體光色素的飽和程度決定眼的敏感度；大約三分鐘後錐狀體光色素已飽和，而到達最高值；此時桿狀體光色素繼續再生，一直到八分鐘後才超過錐狀體的程度，然後一直增加，至四十五分鐘飽和為止。

人由黑暗環境進入明亮的適應力較快，僅需幾秒鐘即恢復正常。光

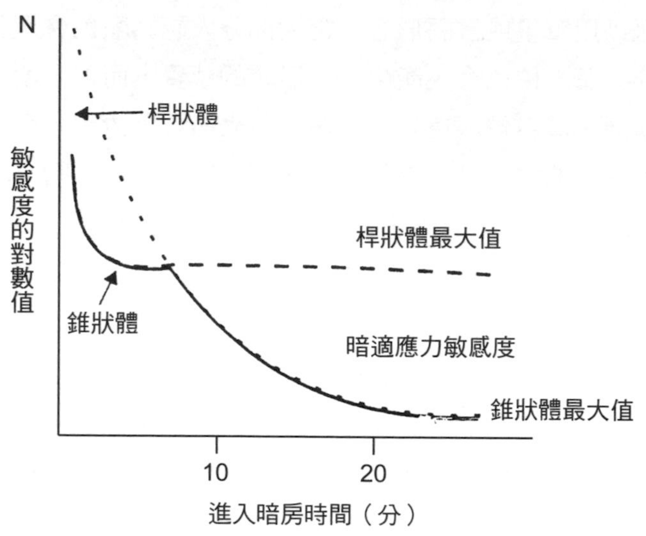

圖3-8　暗適應力—敏感度與時間的關係

資料來源：參考文獻[13]，經同意刊登。

線昏暗時，敏感度是由桿狀體控制，光線強時，則由錐狀體決定。偵測一個視標所需的最低限值（threshold）隨視標亮度增加而上升，當視標出現時，限值最高，大約十分鐘之後，才降至一定值。

圖3-9顯示桿狀體與錐狀體的吸收光譜與相對吸收強度，錐狀體對綠色與黃色之間的光線感應較為靈敏，桿狀體只有無色視覺，但對藍、綠光之間的敏感度較高。

3.4.4 視力調節

視力調節（visual accommodation）為眼球（晶狀體）對於物體距離遠近的調整，年齡愈大，晶狀體的彈性愈差。小孩子可以對距離僅6公分的近物調整焦距，中年（四十歲左右）無法對15公分內的物體調整，六十歲以上的人，必須將物體放在100公分之外，才可看清楚。眼球的弧

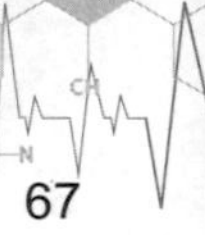

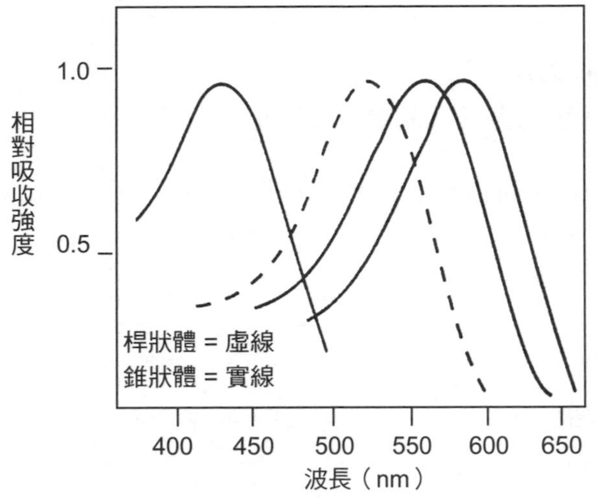

圖3-9　桿狀體與錐狀體光色素的吸收光譜

資料來源：參考文獻[14]，經同意刊登。

度愈大，焦距愈短。入射的光線投影於網膜之前，僅能清楚看見近物，而無法看清楚較遠的物體，此種現象稱為「近視」，可使用凹透鏡片，將光略向外折射，以便於聚光。如弧度較為平坦時，入射光投影於網膜之後，無法看清楚近物，稱為「遠視」，可加帶凸透鏡片，將光線向內折射。近視、遠視不僅與遺傳有關，而且受閱讀習慣的影響，中小學生經常在照明不足的環境下閱讀，造成了近視的結果。

3.4.5 視覺疲乏

過分使用眼力，不僅會造成視覺疲乏，還可能引發一般性勞累。視覺疲乏的特徵為：

1.眼睛疼痛、紅腫、充血。

2.發生雙影現象。

3.頭痛。
4.視力調節能力降低。
5.視銳度、對比敏感度、知覺速率降低。

從事細物繪畫、雕刻或精密電子元件組裝的人，其眼睛易於疲倦，因而造成下列效果：

1.生產力降低。
2.品質低劣。
3.錯誤次數增加。
4.意外率上升。
5.情緒低落。

依據美國國家安全委員會（US National Safety Council）統計，5%的意外事件是由於照明水準不足，而其中20%是由於視覺疲乏所引起的。

3.5 聽覺系統

聽覺的重要性僅次於視覺。經由聽覺系統，人得以感知聲波的頻率、強弱。透過聲音，人可以使用口語與人交談、溝通、欣賞音樂，同時可由聲音的來源、種類，判斷自身的處境，例如警報、警笛等訊號，可以在緊急狀況下，警示眾人。由於人耳無法像眼睛一樣隨意志而關閉，聲音的刺激不停地由外界傳入，尚且會相互干擾，因此在設計任何系統時，必須考慮下列的聲學目標[3]：

1.將所欲傳遞的聲音完美地傳到聽眾的耳中。
2.降低噪音的干擾。
3.降低聲音可能造成的騷擾與壓力。

4.降低口語交談的中斷。

5.避免造成聽力的損害。

3.5.1 聲音

聲音是物理（機械）式振動所產生的壓力波動的結果，其傳導的速度與振動傳導的介質（如空氣、水、金屬）有關。由於地球表面充滿了空氣，絕大部分人所聽到的聲音，係由振動所造成的空氣中分子的碰撞所產生的，其速率為340公尺／秒。聲波在水或金屬中的傳導速度遠大於空氣，小孩子將耳朵貼在鐵軌上，可聽到由鐵軌傳來的遠方火車振動聲，即為一例。

頻率與強度是聲音最主要的特徵，可以應用**圖3-10**所顯示的空氣壓力隨時間變化的週期性曲線說明。頻率為單位時間內振動的循環次數，以赫茲（Hertz或Hz）表示，1,000赫茲（1KHz）為每秒振動一千次循環，正常人的耳朵可聽見20～20,000赫茲之間頻率的聲音，對於1,000～4,000赫茲之間的聲音較為敏感；五十歲以後，對於高頻率的聽覺日漸降低；大多數超過六十五歲以上的人無法聽到頻率超過10,000赫茲的聲音。由於高頻率聲音聽覺的喪失，老年人不易由口音中分辨說話者的身分，而且難以同時與多人共同交談[1]。

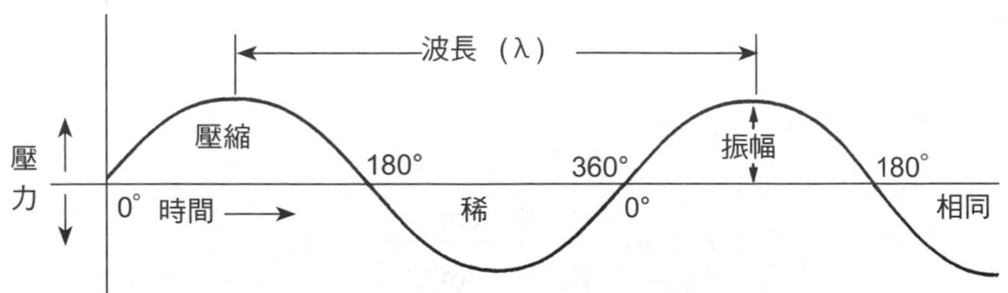

圖3-10　單一頻率的聲波

資料來源：參考文獻[16]，經同意刊登。

週期為一個波形循環所需的時間，它是頻率的倒數：

$$T=\frac{1}{F} \qquad [3\text{-}4]$$

公式[3-4]中，T為週期，單位為秒，F為頻率，單位為赫茲。

波長為兩個相近的波峰之間的距離，它與頻率的關係為：

$$\lambda=\frac{C}{F} \qquad [3\text{-}5]$$

公式[3-5]中，λ為波長，單位為公尺，C為聲音的速度，單位為公尺／秒。

聲音的強度與聲波對於耳鼓膜所造成的壓力有關，強度愈高，振動的幅度愈大，聲音愈響，人可忍受的強度範圍很大。在不造成損傷的情況下，最強與最弱的聲波壓力比約一百萬倍。由於強弱程度範圍太大，使用絕對強度不如使用相對於一個標準強度方便；因此，聲音的響度是以相對於正常人耳的強度閾值的對數值的十分之一為單位（分貝dB）表示。1貝爾（Bel）為壓力比為10的對數值，1分貝為此對數值的十分之一倍。美國標準協會（American Standard Association）設定的人聽覺的閾值為1×10^{-16}瓦特／平方公分（W/cm^2）或0.0002達因／平方公分（$dyne/cm^2$），普通交談的絕對強度為10^{-10}瓦特／平方公分，相對強度為60dB，算式如下：

$$\begin{aligned}\text{相對強度(dB)}&=10\times\log\left(\frac{\text{絕對強度}}{\text{標準閾值}}\right) \qquad [3\text{-}6]\\&=10\times\log\frac{(10^{-10}W/cm^2)}{(10^{-16}W/cm^2)}\\&=10\times6=60\text{（分貝）}\end{aligned}$$

由振動的模式不同，可分為單音與複音兩類。僅有一個頻率的聲音為單音，或稱為純音，僅在實驗室中產生。絕大多數的聲音為複音，係由許多不同頻率的週期性與非週期性聲波所混和而成。非週期性波動所產生的聲音沒有固定的波形，難以入耳，為一般人所稱的噪音。白噪音（white noise）是振幅相同而包含所有可聽到的頻率的複合聲音。**圖3-11**顯示單音、週期性、非週期性、白噪音的波形。

3.5.2 聽覺系統的構造

耳朵是人接受聲音的器官，其構造如**圖3-12**所示。耳可分成外耳、中耳與內耳三部分，每一部分的功能不同。外耳包括耳翼與外聽道，耳翼又稱耳部，由軟骨與皮膚構成，可以將聲音轉向、放大或減弱，並聚集於鼓膜，以產生振動。外聽道將中耳、內耳的複雜組織與外界隔離，以免受到傷害。鼓膜位於外耳與中耳的交界，會受聲波壓力而振動，如果鼓膜穿孔，低中頻率的聽覺閾會提高。中耳含有鎚骨、砧骨、鐙骨等

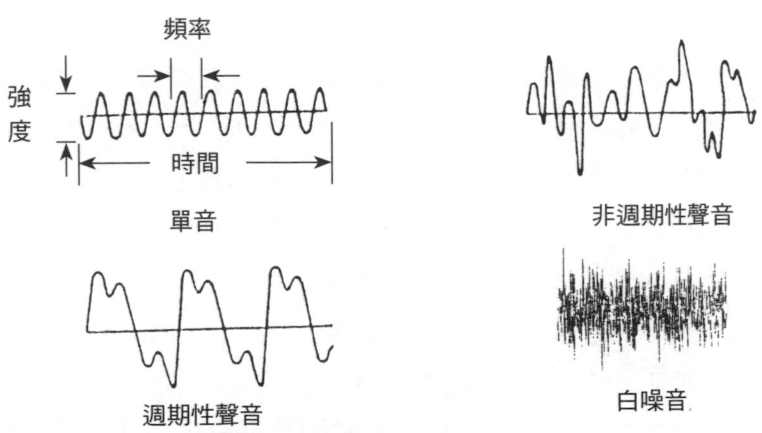

圖3-11　各種不同聲音的波形

資料來源：參考文獻[17]，經同意刊登。

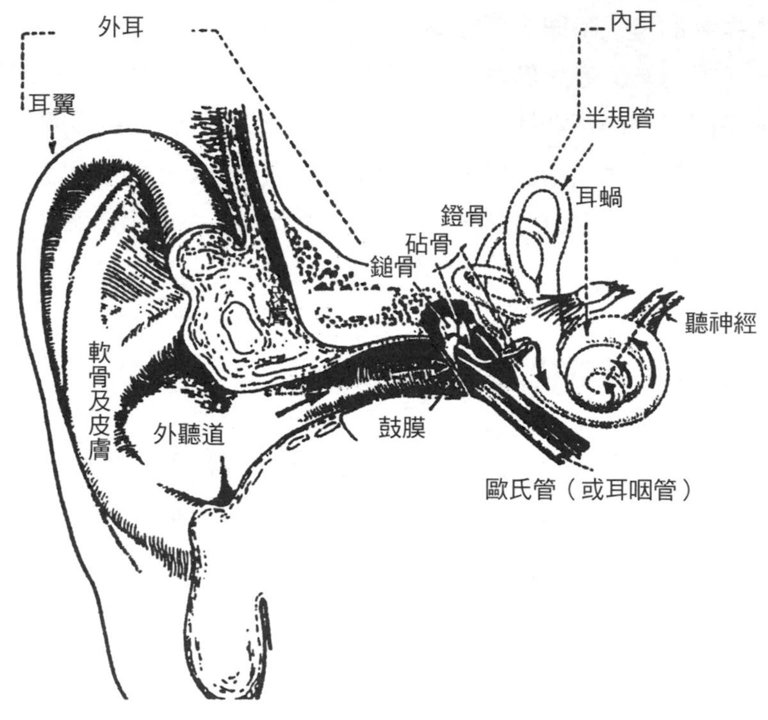

圖3-12　耳的構造圖

資料來源：參考文獻[3]，經同意刊登。

三塊聽骨，鎚骨直接與鼓膜中心相連，鐙骨連在卵圓窗上，砧骨則接連鎚骨與鐙骨。鼓膜振動時，會造成三塊聽骨的移動，將聲波傳至卵圓窗、中耳與咽喉，以歐氏管相通，空氣可由歐氏管進入中耳，以平衡中耳與外界的壓力。當環境壓力急速變化時（例如飛機向下滑落，壓力急速上升），耳朵會感到不舒服而且聽力不正常，便是因未能及時調整中耳的壓力所造成的影響，因此飛機下降時，乘客宜以雙手護耳，並將嘴巴張開，以允許空氣由歐氏管進入中耳。

耳蝸是內耳最主要的部分，是聽覺的基本器官。耳蝸可分成前庭階、耳蝸管與鼓室階（tympanic canal）等三個小腔室；每個腔室內皆充滿了液體，前庭階與鼓室階相通，液體可相互流通。卵形窗位於前庭階的底部，圓形窗位於鼓室階的下方。這兩個薄膜將壓力分布於耳蝸之上，耳蝸管與鼓膜管之間為基底膜，膜上的柯蒂氏器官（organ of Corti）內含三千五百個內毛細胞與一萬兩千個外毛細胞，是主要的聽覺接受器。耳蝸的壓力經圓形窗傳出而消失。

聲音所造成的空氣振動由耳翼收集、轉向、聚集於外聽道。外聽道的共振頻率為3赫茲（Hz），可將約3赫茲頻率的一般交談的聲音放大，聲波振動鼓膜，造成鎚骨、砧骨與鐙骨的搖動。鐙骨的搖動經卵形窗傳至前庭階，使內部的淋巴液激動；此一激動傳至薄壁的耳蝸管後，由柯蒂氏器官接受。波動在基底膜的底部形成，波動的傳播距離依聲波之頻率而定，高頻率聲波很快到達高振幅後，在短時間內消失，低頻率的聲波傳播至較遠方才消失。聽覺接受體經由一連串的神經元，連接至大腦皮質顳葉的聽覺中樞[6]。

聽覺神經約有三萬個神經細胞，90%與內毛細胞相連。每個神經細胞僅其特徵頻率範圍內激發。當聲音持續發生時，神經的活動水準會隨時間而降低，此種現象稱為聽覺調整（adaptation）。另外一個現象為雙音壓抑（two-tone suppression），由前一個音調所激發的神經纖維的活動會受到頻率剛好在此神經的調音曲線之外的第二個音調所抑止。此種壓抑現象係由於基底膜的反應所造成的，雙音壓抑現象是造成聽覺遮蔽（auditory masking）的主要原因[6]。

3.5.3 聽覺能力

嬰兒可以聽到20～20,000赫茲頻率之間的聲音，三十歲以上難以聽到15,000赫茲以上的聲音，五十歲時上限值降至12,000赫茲，七十歲以上的人的上限值降至6,000赫茲。人的平均絕對聽覺閾約為1×10^{-16}瓦特／平方公分（0.0002達因／平方公分），頻率在1,000～5,000赫茲之間。當聲音的壓力值超過100分貝時，耳朵會感到刺痛。**表3-6**列出一般日常生活上

表3-6　經常聽到的聲音音量

聲音來源	音量（分貝）
刺耳、疼痛	130
響雷	115
地下鐵車聲	105
鎚擊	95
工廠	90
卡、汽車	85
喧擾的辦公室	80
廣播	75
擁擠的街道	70
一般交談	60
私人辦公室	50
住宅	40
錄音室	30
耳語	20
樹葉振動	10
聽覺閾	0

資料來源：參考文獻[15]，經同意刊登。

經常聽到的聲音強度，低聲耳語的音量約20分貝，一般交談約60分貝，響雷聲約110分貝。當音量降至20分貝以下，人耳很快地喪失分辨頻率變化的能力，音量超過20分貝以上，頻率為1,000赫茲左右時，人耳可以分辨出小至3赫茲的變化，此時亦可以偵測出0.5～1.0分貝的音量變化。

人對於聲音強弱的感覺有如對於光線的明暗與色彩，是心理性，而非完全物理性的，而且會受頻率的影響，對於兩個頻率不同的音調，即使強度相同，人所感覺的響度卻不同。**圖3-13**顯示等響度曲線（equal loudness contours），此曲線係以頻率1,000赫茲音調的固定強度為標準，在同等響度曲線上，即使實際的聲音壓力強度（dB）不同，人所感受的響度卻相同，由此可以瞭解下列幾個現象：

1.不同頻率的音調必須調至不同的強度，以令人感受到相同的響度。

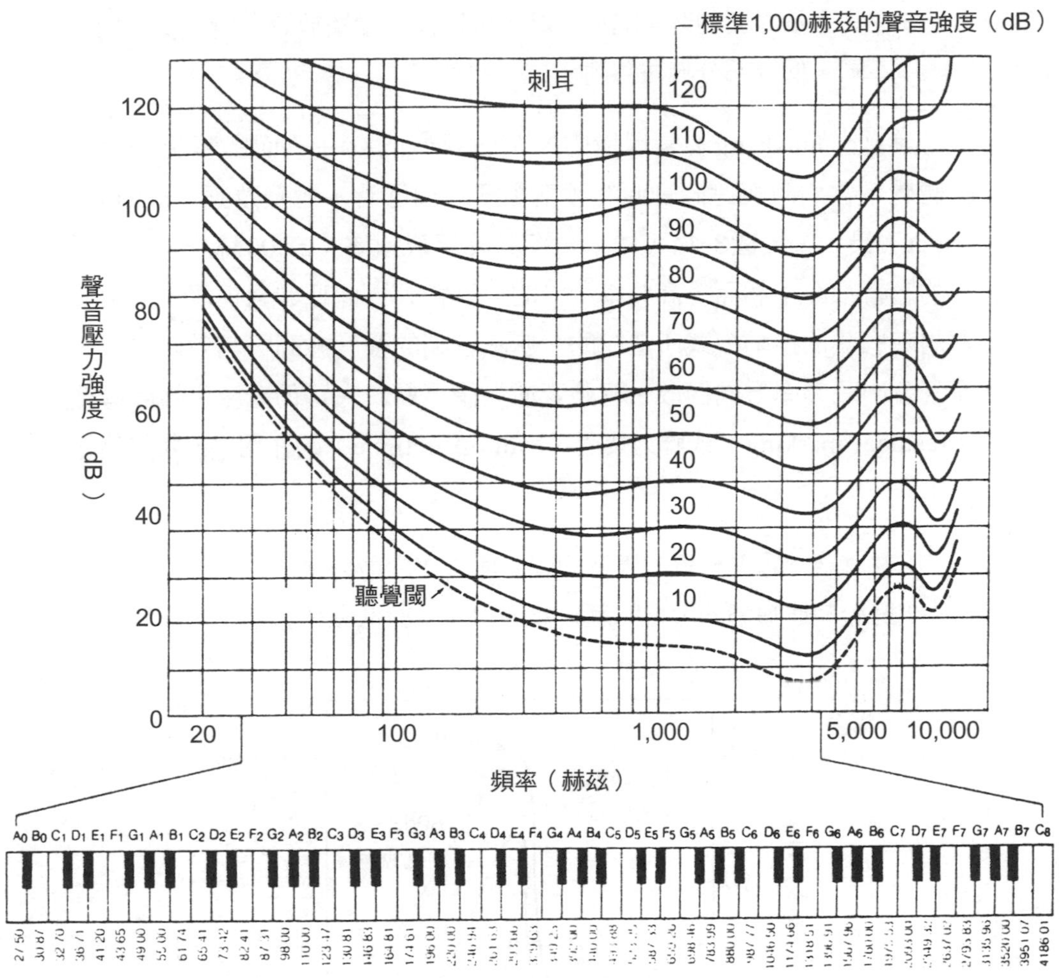

圖3-13 等響度曲線

資料來源：參考文獻[21]，經同意刊登。

2.人對於頻率在3,000～4,000赫茲之間的聲音最為敏感（可產生外聽道的共振）。

3.人對頻率低於2,000赫茲的聲音敏感度低。

4.當強度增加時，頻率不同所造成的差異逐漸降低。

5.在高音量錄製的音樂唱片、錄音帶以低音量播放時，所感受的效果不同，低音部分無法聽到。

遮蔽（masking）是環境中的某一聲音的存在，而影響另一聲音的聽覺。當刺激與遮蔽音源的頻率相同或相近時，遮蔽效應（masking effect）最大。由**圖3-14**可知，頻率低於遮蔽頻率（2,000赫茲）時，所受的影響很小；然而，高頻率所受的影響較大。此種非對稱現象是由於耳內基底膜的振動模式所造成的。遮蔽音調的強度愈高，其效應愈大，而且會向高頻率方向擴散。遮蔽音消失後，對於人耳仍會產生殘餘遮蔽（residual masking）或聽力疲乏（auditory fatigue）的作用[7]，茲詳述如下：

1.對遮蔽音頻率相近的聲音的聽力疲乏作用最大。

2.對於其他頻率的影響與遮蔽效應相同；對低頻率影響小，高頻率的

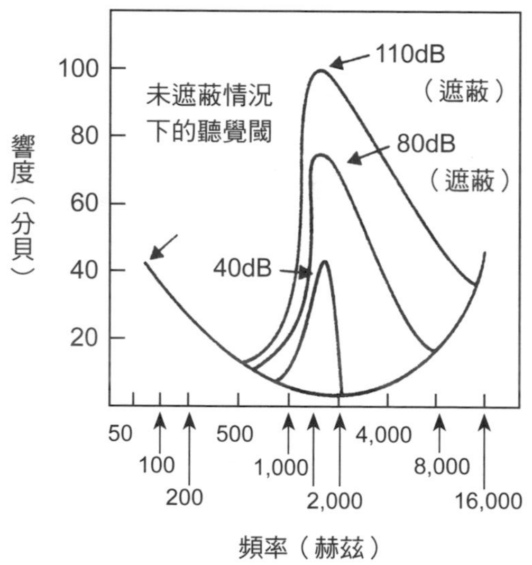

圖3-14　遮蔽音（頻率1,200赫茲）對於感受聲音刺激的閾值之影響

資料來源：參考文獻[19]，經同意刊登。

影響大。

3.殘餘遮蔽效應的時間與頻率有關，低頻率的聲音可在較短的時間內恢復正常，高頻率的聲音則須較長時間。

4.遮蔽音的強度愈高，影響的時間愈長，30分貝以下的遮蔽音所產生的聽力疲乏時間低於一秒鐘，強度超過110分貝時，必須幾分鐘或幾天才可恢復正常。

5.聽力疲乏與遮蔽音的聲音長短有關，時間愈長，即使強度低，所需恢復正常的時間亦長。

當怪異的聲音發生時，人不僅全神貫注，有時會調整頭的方向，企圖由聲源傳至不同耳朵的強弱，來判斷聲源的位置。人對於聲源的定位方式可分為雙耳線索（binaural cues）與單耳線索（monaural cues）兩種。利用單耳線索較難有效地判斷方位，但可由聲音的強弱有效估算距離的遠近。雙耳線索是由於聲音傳至雙耳的時間、強度或相角的不同，而判斷聲音的來源方向的定位方法，對於左右方向的聲波非常有效。人可以很快地判斷出正確的聲源；但是，對於上下或前後的聲源卻難以定位，因為此時聲音同時到達雙耳，必須轉動頭部，側耳傾聽。複音可提供較多的線索，較單音易於定位，低頻率與高頻率的單音較中頻率單音易於定位，定位敏感度最佳的頻率約500～700赫茲，敏感度最差的頻率為2,000赫茲左右。

3.5.4 聽力缺陷

耳聾是一般人所熟知的聽力缺陷，依其受傷的部位，可分為下列兩種：

1.傳導性耳聾：聲音在耳中傳導的器官受傷所造成的耳聾，例如外聽道的阻塞、鼓膜的損傷、中耳聽骨失去功能等，其影響有如以耳塞塞住耳朵，阻塞聲音的通路，無論聲音頻率高低，其聽力損失相差不多（如圖3-15）。

2.神經性耳聾：內耳或聽覺神經系統損傷所造成的耳聾，對於高頻率聲音的聽力遠低於低頻率聲音。由於某些高頻率音調在語音理解上非常重要，神經性耳聾患者難以分辨語音，因此難以理解言語。

傳導性耳聾易於矯正，一般老人使用的助聽器即針對傳導性耳聾而設計的。

耳鳴是另外一種聽力缺陷。對於大部分的耳鳴患者而言，耳鳴是暫時性的現象，多是由於工作或生活的壓力所引起的。小部分的人則因耳朵或頭部受傷，而引起長期性耳鳴。耳鳴患者必須先克服自身聽覺系統所產生的雜音，才可準確地感受聲音的刺激。

音量過高的樂音與機械轉動聲會造成人暫時聽力衰退的現象。藥物也會造成聽力的衰退。醫學研究指出，有些人食用阿斯匹靈三天之後，聽力會大為損傷[1]。

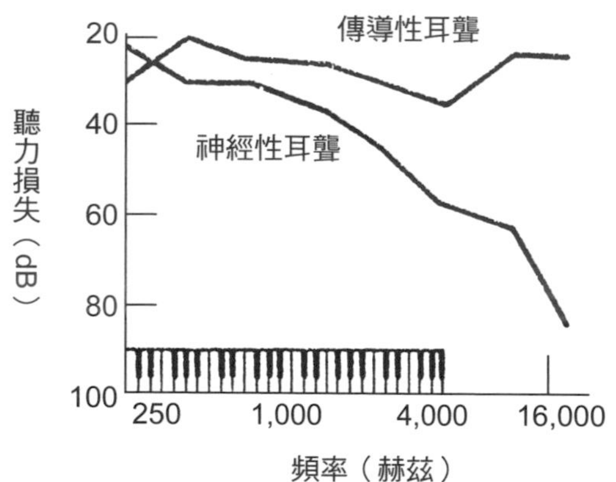

圖3-15　傳導性與神經性耳聾的聽力損失曲線

資料來源：參考文獻[1]，經同意刊登。

3.5.5 聲學現象

下列幾個有趣的聲學現象值得人因工程學者注意[3]：

1. 差音與和音：兩個頻率相差很遠的音調之音量很高時，人耳可以聽到另外兩個音調，一個較為清楚，其頻率為兩個音調之差，另外一個較低的音調，頻率為兩者之和。頻率分別為400赫茲與600赫茲的兩個原音，會產生200赫茲的差音與1,000赫茲的和音。
2. 共差音調：幾個等差頻率的音調共同發生時，人耳可以聽到另外一個共差音，例如幾個音調頻率之間的差異為100赫茲（共差）或其倍數時，人可聽到另外一個頻率為100赫茲的音調，此現象可以解釋人可以從一個無法產生低頻率音調的音響系統中，聽到極低音調。
3. 耳朵可產生共振：因此可將單音聽成複音，當音量超過其閾值50分貝時，此種現象比較明顯，而且對於低頻率的共振較高頻率明顯。
4. 中間音：當兩個音調頻率相差很小時，人耳僅能聽出一個頻率的聲音，此頻率介於兩頻率正中間，其數值為兩頻率之和的半數。
5. 同發音調：兩個頻率相同的聲音同時發出時，如相角相同，人僅能聽到一個聲音，音量為兩者之和，如相角完全相反時，則相互抵消，而無法被人耳接收，互相抵消的現象稱為破壞性干擾或相抵消（phase cancellation），可應用於壓抑聲音或機械的振動。

3.6 嗅覺

嗅覺（olfactory sense）與視覺、聽覺等物理性感覺不同，它是一種化學性感覺。當鼻孔上方的嗅覺細胞與空氣中帶有氣味的氣體分子接觸時，人即會聞到氣味。至今，吾人尚未完全瞭解氣味的特性，雖然已知至少有五十種以上的氣味可以刺激嗅覺系統，但是一般人僅能明顯地分辨出芳香、果香、焦、松香、花香、腐等六味主要的氣味。

圖3-16顯示鼻子內部的構造，鼻孔的上方的嗅覺皮層（olfactory epithelium），面積約4～6平方公分，上有數百萬個嗅覺感受體。當氣體由鼻孔吸入後，溶於鮑曼氏腺（Bowman's gland）分泌的液體中，刺激嗅覺感受體，然後產生神經脈衝，經嗅覺神經的傳導到達腦內的嗅覺中樞[6]。由於三叉神經（trigeminal nerve）的末端與鼻腔相連，三叉神經感受體亦可提供一般性化學感覺，當氣體的氣味造成刺激性、癢或灼痛的感覺時，會產生噴嚏、停止呼吸等保護性的反射作用[3]。

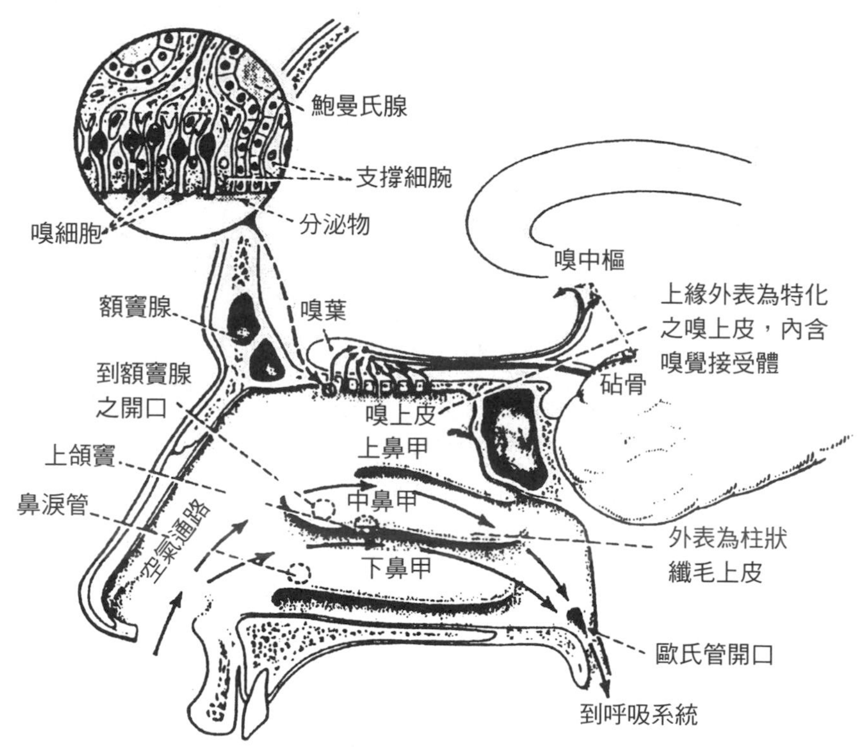

圖3-16　鼻的構造

資料來源：參考文獻[6]，經同意刊登。

正常人的嗅覺非常靈敏，較味覺敏感一萬倍。以刺鼻性的甲硫醇（methyl mercaptan）為例，1立方公尺（m^3）空氣內的含量達到0.4×10^{-4}毫克時，常人即可聞出；因此，將微量的甲硫醇添加至天然氣或家用瓦斯中，即可於洩漏時被人發覺。當具有氣味的氣體濃度到達嗅覺閾的十至十五倍時，嗅覺已至飽和，濃度即使繼續增加，人也無法感受到其變化。

人對於氣味的感覺與反應非常主觀，而且受文化、地域、種族、習俗的影響。不同地區的女人所喜愛的香水氣味皆略不相同。法國著名香水——香奈兒五號（CHANEL N°5）普遍為東方女人所喜愛，但在美國並不流行，美國黑人所愛用的香水與白人也不相同。有些化合物對於男性與女性所產生的感受完全不同。黃蜀葵素（Exaltolide）具有細膩的龍涎香且帶有麝香的香味，為配製高級香精的香料，大部分的男人與兒童難以聞出它的存在，但大多數的女人卻可感受它的氣味，其感受程度與她們的月經週期以及懷孕期有很大的關係[1]。

嗅覺可用於偵測環境品質。環保機關徵募並訓練嗅覺靈敏的人，應用他們的嗅覺，作為評估環境空氣品質的參考。嗅覺神經的激發程度會隨時間而降低，「入芝蘭之室，久而不聞其香，入鮑魚之肆，久而不聞其臭」，即為古人對於嗅覺適應的觀察結果。

3.7 味覺

味覺也是一種化學性的感覺，與嗅覺的關係非常密切。吃東西時，如果將鼻子壓住，所感受的味覺完全不同。感冒時，嗅覺不靈，聞不出美食的香味，自然食之無味。舌頭是味覺的基本器官，其構造如**圖3-17**所示，舌為多層鱗狀上皮，表面的突起部分稱為乳頭，內含有味蕾（taste buds），味蕾是由許多味覺細胞（味覺感受體）組成，舌頭約含有一萬

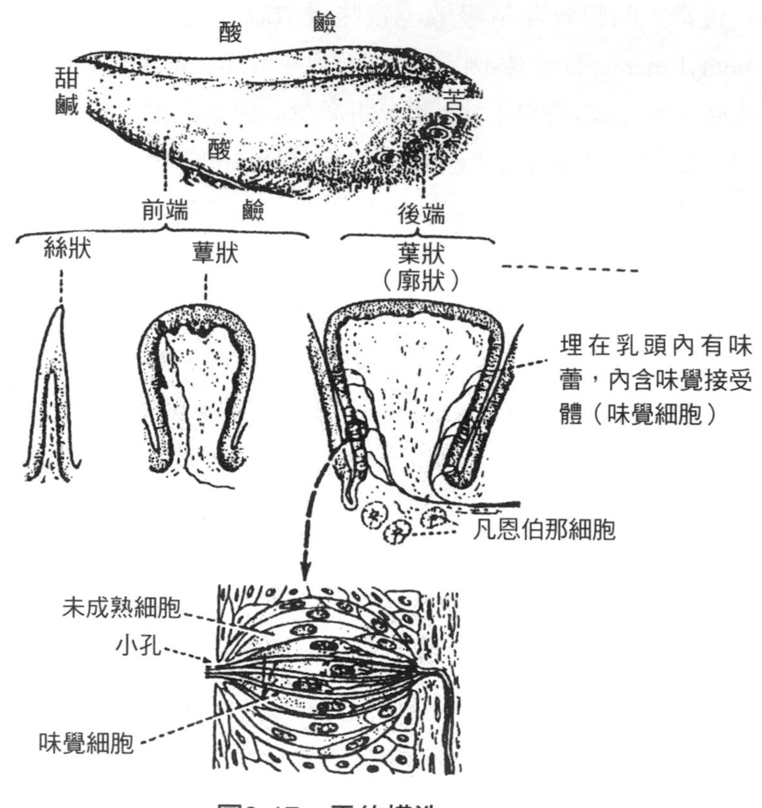

圖3-17　舌的構造

資料來源：參考文獻[6]，經同意刊登。

個味蕾，平均每兩星期替換一次，味蕾的分布很廣，除舌之外，上顎、咽喉、扁桃腺上也含有味蕾，有些味蕾只能感受某一種味道，有些可同時感受多種味道，舌尖對甜味敏感、舌側對酸味敏感、舌後對苦味敏感，無論哪一個部分皆可感受鹹味。常人四十五歲以後，味蕾的數量逐年減少與萎縮。

任何物質必須先溶於唾液之中，然後進入舌上小孔，刺激味覺細胞，產生味覺神經脈衝，經嗅神經傳導至腦的味覺中樞[6]。味覺的敏感度與先前的味覺適應、唾液內的化學成分、溫度有關。

酸、鹹、苦、甜是最普通的味覺，是由於有機或無機酸所水解的氫離子、氯化物（含鹽）、氮鹼（nitrogen alkaloids）與無機碳所引起的，和溫度亦有很大的關係。

味覺與嗅覺必須相互配合應用，才可品嘗出美酒、茗茶的品味。法國葡萄酒含有九百種以上的微量化學成分，必須依賴味、嗅覺靈敏的專業品酒師鑑定。雖然味道的好壞決定於飲料、食物中的化學物質，至目前為止，吾人仍未完全瞭解味覺，佳餚美食仍然必須依賴名廚烹飪，無法由化學家取代。中國菜享譽世界，主要是由於各種不同的配料與蔬菜、肉、魚共煮後產生的複合性美味。這種複合性的美味，難以應用科學方法分析或組合。我們只能欣賞，卻無法以筆墨、言語形容。

3.8 膚覺

夜晚由夢中驚醒後，在一片黑暗之中，我們可以憑著雙手的觸覺摸索而開燈或找到手錶、眼鏡；在上街購物時，只需將手伸入褲袋或皮包之中，也可摸出硬幣、鈔票；春天在湖上泛舟，由髮梢、臉面吹過的微風，可以意會出東坡先生赤壁泛舟的情境——清風徐來、水波不興。這些感覺皆是由皮膚上的神經所感受的，通稱為膚覺（cutaneous或somesthetic senses）。

膚覺可分為下列四類[2]：

1.觸覺：皮膚與外界物體接觸後所產生的感覺。
2.溫度覺：相對於體溫的冷熱感覺。
3.電覺：皮膚對於電刺激的感覺。
4.痛覺：皮膚受到切割、針刺時疼痛的感覺。

其他如癢、柔軟、硬、濕等感覺是兩個或兩個以上的神經末梢（感受體）混合而成的。

3.8.1 觸覺

皮膚下具有不同的神經末梢，以感受刺激。這些末端感受器的分布極不平均，手腳的觸覺神經末梢較多，背部很少。具有毛髮的皮膚神經末梢纏繞毛髮根部，毛髮搖動時可以激發觸覺（如**圖3-18**）[6]。

觸覺是最主要的膚覺，人體表面各部位皆可感受觸覺。**圖3-19**顯

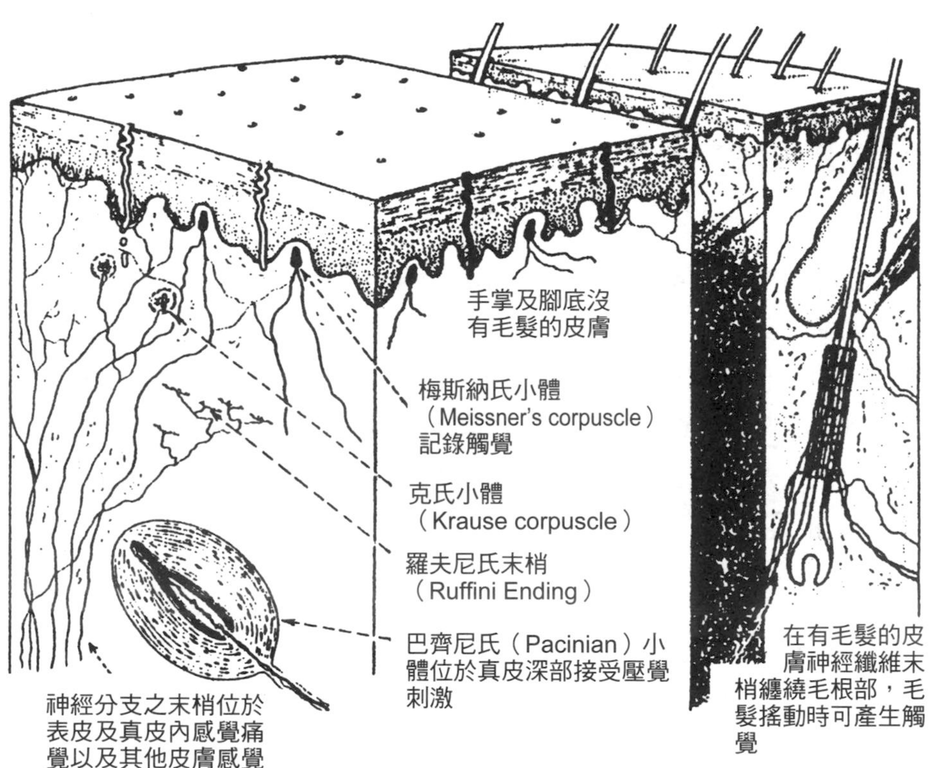

圖3-18　皮膚下神經末梢的分布

資料來源：參考文獻[6]，經同意刊登。

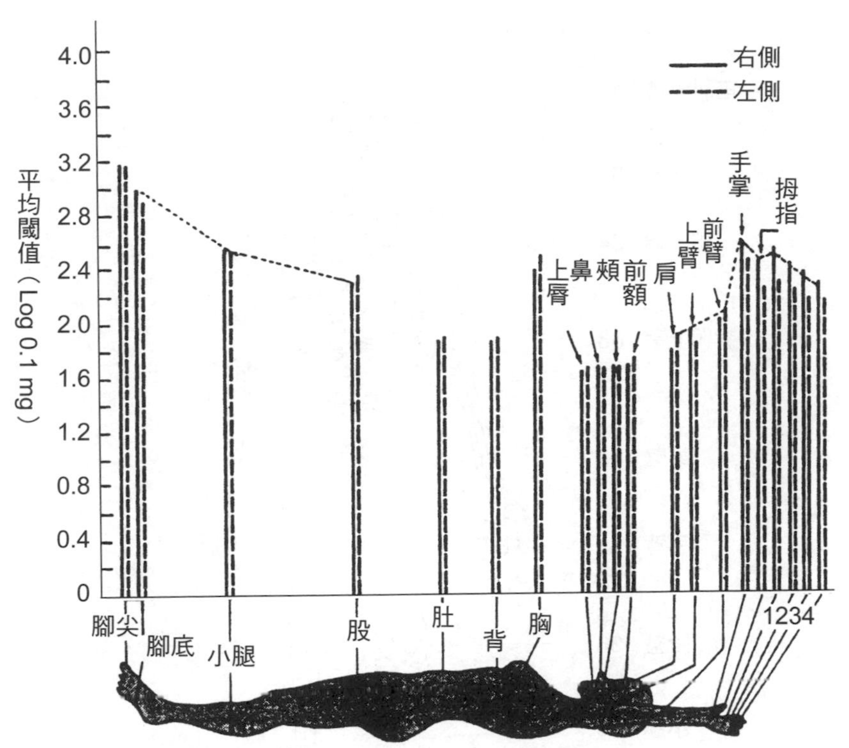

圖3-19　人體皮膚的觸覺絕對閾值

資料來源：參考文獻[22]，經同意刊登。

示，人體的觸覺絕對閾值中，以臉部的閾值最低。「兩點閾值」（two-point thresholds）是判斷觸覺敏感度的數值，它是分辨兩個觸壓點的最小距離。人體兩點閾值的分布與絕對閾值的分布類似；不過，手指的兩點閾值較臉部為低（如**圖3-20**）。

人對於振動的感覺非常靈敏，振幅絕對閾值的大小與振動頻率有關。當頻率在200～400赫茲之間時，人可感受振幅小至0.01毫米的振動；頻率1,000赫茲以上或60赫茲以下時，振幅必須增至0.03毫米，才可感到振動的存在。**圖3-21**顯示人對於振動刺激的等感曲線。

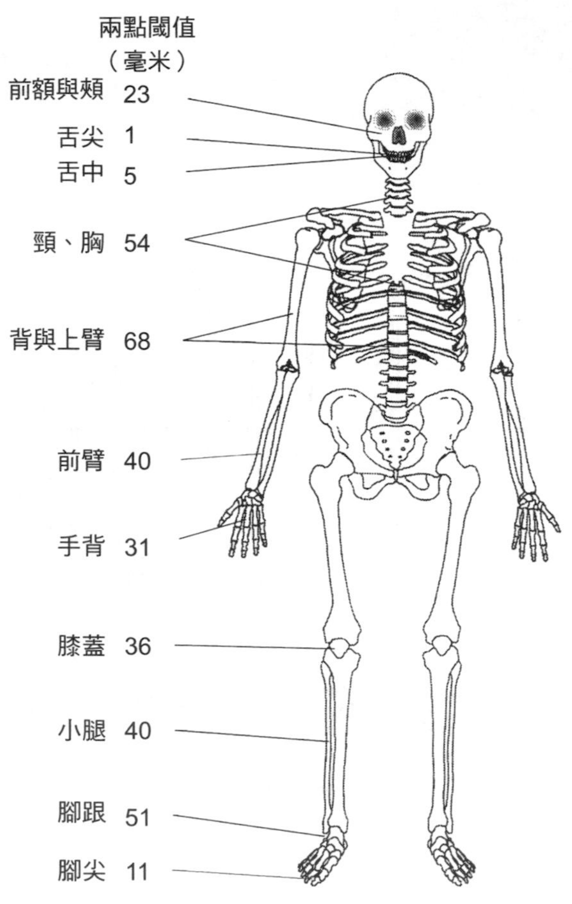

圖3-20　人體的兩點閾值

資料來源：參考文獻[22]，經同意刊登。

3.8.2 溫度覺

「如人飲水，冷暖自知」，這的確是至理名言。冷熱感覺不僅難以形容，而且也難以瞭解。人體大部分可正確感受溫度的差異，但是有些部位卻會對溫度高達45°C的物體感受「冷」覺。皮膚表面的溫度為32°C，外界溫度在16～40°C之間時，人可作適當的調整。溫度超過此範

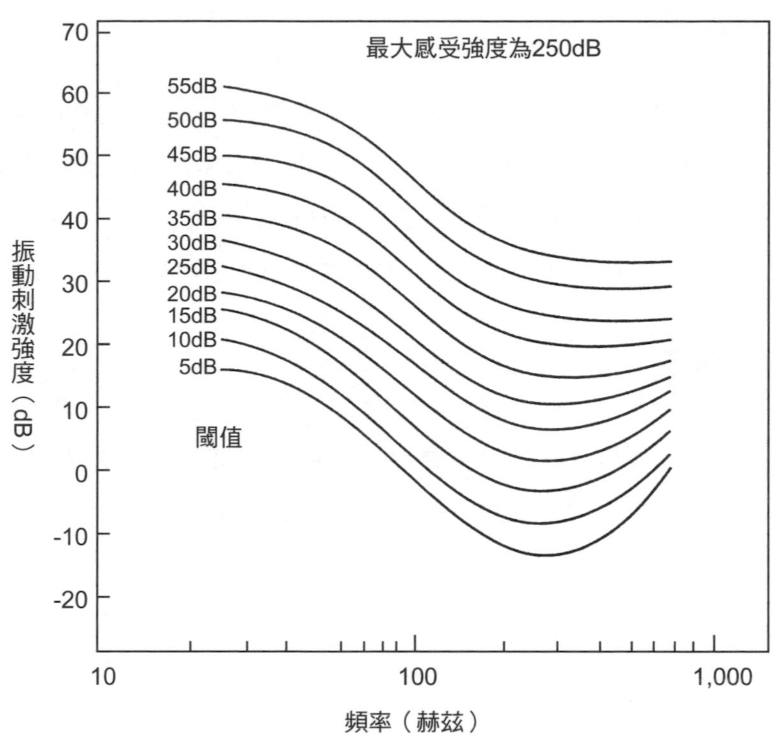

圖3-21　人對振動刺激的等感曲線

資料來源：參考文獻[18]，經同意刊登。

圍上限會感覺燠熱，低於下限則會感覺寒冷。溫度超過50°C以上，會有灼痛的感覺，低於0°C時，亦會感到凍痛。

溫度覺與觸覺相互影響，溫度較低的物體的重量感覺較重。木精、酒精、辣椒等化學物質可以使人產生冷、熱感覺，但是機械方法卻無法激發冷、熱感。增加下列的參數，可以提高人對於溫度的感覺[2]：

1.刺激的絕對溫度。

2.溫度變化速率。

3.接觸面積。

3.8.3 電覺

雖然人體沒有特殊的電刺激感受體，觸電是每個人皆有的經驗。電幾乎可以激發皮膚上所有的感覺管道與神經。**表3-7**列出人體不同部位的電覺的兩點閾值。電覺的絕對閾值與電極的形狀及位置、波形與出現率有關，脈衝時間1毫秒以上時，約為5～20毫安培（mA）。

3.8.4 痛覺

痛比任何感覺令人難過、痛苦，任何人生理上感覺痛時，難以專心工作。由於觸覺感受器遍布全身，任何一個部位受到機械、熱、冷、電或化學刺激時，皆會感到痛楚。痛覺可分成三類：

1.表面或皮膚痛覺。
2.肌肉、關節、腱等部位的痛覺。
3.內臟如腸、胃的痛覺。

人對於痛覺的反應很慢，正常人在0.2秒之內即可對視覺刺激發出反應，但是對痛覺卻需要0.7秒才會作出反應。由於很難形容痛楚的程度，

表3-7　人體不同部位的相對電覺兩點閾值

部位	相對電覺兩點閾值
指尖	7.8
手掌	8.3
前臂	9.3
上臂	10.2
肩	9.8
胸	10.5
背	10.2
肚	10.4
股	10.5
小腿	9.7
腳底	8.2

資料來源：參考文獻[23]，經同意刊登。

而且很難與其他膚覺或心理成分分離，許多研究的結果難以歸納與解讀，人對痛楚的感覺最低下限（絕對閾值）亦難以量測。

指尖的觸覺非常靈敏，可以作為溝通的工具，並可協助盲人閱讀。柯林斯（C. C. Collins）與巴哈—葉—瑞塔（P. Bach-y-Rita）二氏發展出一套可由皮膚傳遞圖片的技術，此系統包含一個攝影機與影像—觸覺轉換器，可將影像轉換成觸覺刺激，以便於摸觸者感受[1, 20]。由於觸覺適應的結果，人對於固定的壓力感覺的敏感度會隨時間而降低。

3.9 平衡覺

平衡覺的感受體深藏於內耳之中三個半圓形的半規管內，每一半規管代表一平面，三者相互垂直。半規管內含淋巴液，其基部鼓起部分稱為壺腹，壺腹內的感受體，接受頭部開始或停止旋轉運動。半規管的兩端開口連至橢圓囊，橢圓囊與球囊的斑狀體內，內含有感受體，可接受頭部位置改變的刺激（直線方向）。半規管受到刺激後，亦會引起眼睛的運動，以免視網膜內影像移位過大[6]。

人對於半規管可提供的平衡覺的反應幾乎全為自動性，平衡覺系統與視覺系統相互配合，協助人維持運動中身體的平衡。當運動或振動模式急速改變時（例如飛行中），人會產生下列錯覺[3]：

1.傾斜錯覺：將直線方向的加速認為身體傾斜。
2.無傾斜感覺：身體方向與重力方向相同時，例如在左右方向傾斜的飛機上，人並不感覺到傾斜。
3.反轉錯覺：人在傾斜或無重力狀態下，會感覺上下顛倒。
4.電梯錯覺：重力改變時，會覺得眼前物體上升或下降，有如乘坐電梯似的。
5.運動或空間錯覺：平衡覺與其他感覺系統所提供的資訊相互衝突時，會發生此種錯覺。

6.柯勒利的相互偶合效應（Coriolis cross-coupling effect）：當身體圍繞垂直方向的主軸旋轉時，會感覺向側邊傾倒的感覺。

3.10 運動覺

運動覺（kinesthetic sense）是人起立、坐、行動的感覺。當人控制行動時，他必須依賴運動覺所提供的有關身體各部位於行動前後的位置，例如回收的位置、可到達的範圍等；因此，是僅次於視覺與聽覺的最主要的感覺。與其他感覺不同的是，運動覺的刺激來自人體的內部，即使我們從來不曾注意刺激的有無，它們卻永遠存在，其敏感度隨身體的部位不同而異。

運動覺的刺激來自肌肉、關節與腱的神經末梢，可對肌肉的緊張、伸縮與壓力等三種刺激發出適當的反應。下列三種不同的神經末梢，每一種接連至不同的器官：

1.運動神經纖維，其末梢與肌肉纖維接觸，可造成肌肉收縮。
2.螺旋神經末梢，與肌肉轉軸相連，可促使肌肉伸展。
3.棍狀感受神經末梢，與高爾基腱器官（Golgi Tendon Organ, GTO）相連，可記錄肌肉的緊強程度。

運動覺的神經中心與傳導路徑和觸覺類似，不過，其在大腦皮質部分的神經末梢遠較觸覺神經複雜，而且還包括來自小腦的神經纖維——協調肌肉的反射中心。

運動覺最主要的功能為能在不需視覺的協助下，隨意控制隨意肌的行動，當一個不會打字的人試圖使用打字機時，他必須依賴視覺所提供的字鍵的位置，進行打字的工作。此時，他並不太依賴運動覺，所需反應的時間亦長；然而一個熟練的打字員可以不必注視鍵盤，即可快速打出正確的字母，他幾乎完全依賴運動覺所提供的資訊，以執行任務。

參考文獻

1. R. W. Bailey, *Human Performance Engineering,* Chapter 4, pp. 50-75, Prentice Hall, Englewood Cliffs, N. J., USA, 1989.
2. Mark S. Sanders、Ernest J. McCormick著，*Human Factors in Engineering and Design,* 7th ed., McGraw-Hill。許勝雄、彭游、吳水丕譯（2000），台中：滄海。
3. K. H. E. Kroemer, H. B. Kroemer, K. E. Kroemer-Elbert, *Ergonomics*, Chapter 4, pp. 172-243, Prentice Hall, Englewood Cliffs, N. J., USA, 1994.
4. H. P. Van Cott and B. G. Kinkade, *Human Engineering Guide to Equipment Design,* Government Printing Office, Washington D. C., USA, 1972.
5. E. Galanter, Contemporary psychophysics, in *New Dictionary in Psychology*, Holt, Reinholt and Winston, New York, USA, 1962.
6. 麥可諾夫、羅賓．卡蘭德著，范永達譯（1988）。《圖解生理學》，頁231-249，台北：徐氏基金會。
7. E. Grandjean, *Fitting the Task to the Man,* Chapter 17, pp. 240-243, Taylor & Francis, London, U. K., 1979.
8. W. E. Woodson, D. W. Conover, *Human Engineering Guide for Equipment Designers,* Chapter 3, pp. 240-242, NEL Pub., 1964.
9. M. Luckiesh, F. K. Moss, *The Science of Seeing,* p. 125, Van Nostrand Co., New York, USA, 1943.
10. I. Abramov, J. Gordon, in E. C. Carterette(editor), *Handbook of Perception,* Vol. 3, pp. 327-357, Academic Press, New York, USA, 1973.
11. J. E. Dowing, R. B. Boycott, Organization of the primate retina: electron microscopy, *Proceedings of the Royal Society, Series B, 166*, pp. 82-111, 1966.
12. J. R. Sayer, A. L. Sebok, H. L. Snyder, *Color Difference Metrics: Task Performance Prediction for Multichromatic CRT Application as Determined by Color Legibility,* pp. 265-268, Society for Information Display Digest, 1990.
13. E. B. Goldstein, *Sensation and Perception,* 3rd Ed., Wadsworth, 1989.
14. H. B. Barlow, J. D. Mollon, *The Sense*, Cambridge Univ. Press, New York, USA, 1982.

15. P. A. Scheff, *Engineering Design for the Control of Workplace Hazard,* p. 615, McGraw Hill, 1987.
16. S. Coren, L. M. Ward, *Sensation and Perception,* 3rd Ed., Harcourt Brace Jovanovich, 1989.
17. W. E. Woodson and D. W. Conover, *Human Engineering Guide for Equipment Designer,* Chapter 4, Nel Pub., 1964.
18. T. R.Verrillo, A. J. Frajoli and R. C. Smith, *Perception and Psychophysics, 6*, pp. 366-372, Psychological Society, 1969.
19. E. Zwicker, Ueber psychologische und methodische Grundlagen der Lautheit, *Acustica,* 3, pp. 237-258, 1958.
20. C. C. Collins, P. Bach-y-Rita, Transmission of pictorial information through the skin, *Advances in Biological and Medical Physics, 14*, pp. 285-315, 1973.
21. P. H. Lindsay, D. A. Norman, *Human Information Processing,* 2nd Ed., Academic Press, New York, N.Y., USA, 1977.
22. S. Weinstein, *The Skin Senses*. Charles C. Thomas Publisher, USA, 1968.

Chapter 4

人的資訊處理

- 4.1 前言
- 4.2 人的資訊處理模式
- 4.3 知覺階段
- 4.4 認知階段
- 4.5 行動階段
- 4.6 結論

4.1 前言

人的資訊處理是在大腦中進行的。大腦包含一百億至一千億個神經細胞，感覺器官與系統經由神經的傳導，將外界的資訊送至大腦之中。大腦經過篩選、解讀及詮釋之後，再將訊息及指令傳至手、腳、嘴等器官，作出適當的動作，其作用與電腦的中央處理器（CPU）相同。

4.2 人的資訊處理模式

任何系統的資訊處理皆可使用一個三階段的串聯模式表示（如**圖4-1**）。外界的刺激必須經過「知覺」（perception）階段才可進入系統之中。由「知覺」階段傳遞的訊息，經「認知」（cognition）階段的分析、比較、判斷與處理，作出適當的決策後，再將決策傳至「行動」（action）階段，以執行反應的動作。以一個電腦的資訊處理為例，人經由鍵盤或滑鼠所下的指令即為外界的刺激。指令經轉換與傳遞後，在中央處理器（CPU）進行理解與決策，再將行動的指令發出。指示執行的單元作出反應的動作，例如運算，將檔案找出、印表、顯示等。如果指令（刺激）無法為系統接收或認知時，資訊的處理無法繼續。知覺或認知的誤差，也會影響理解的過程與行動的結果。

三階段模式（three-stage model）自然也可協助吾人瞭解自身的資訊處理，它不僅提供了一個通用而簡單的架構，將心理學家對於人的思

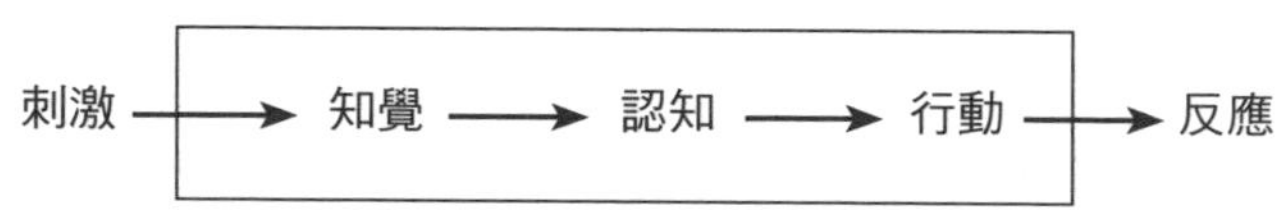

圖4-1　三階段資訊處理模式

資料來源：參考文獻[1]，經同意刊登。

考能力的研究結果納入，同時也協助吾人以三個階段的特徵與限制，檢視人為表現。三個階段中的每一階段又可細分為幾個不同的部分，可作更進一步的分析與檢視；例如，知覺階段可分為圖形與型式的組織與辨識、光線的色彩、亮度、聲音的大小、物質的硬度、特性等，認知階段可分為思想、記憶、判斷、決策等，而行動階段包括反應選擇、反應準備與反應指令的下達等[1]。**圖4-2**顯示一個人的複雜資訊處理模式圖。

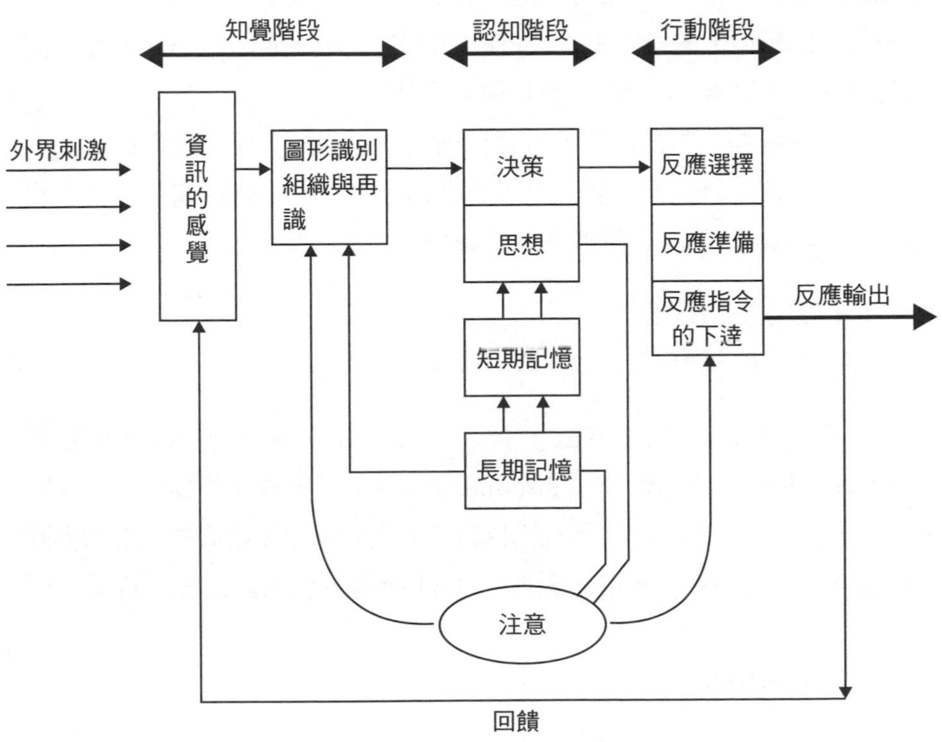

圖4-2　人的資訊處理模式

資料來源：參考文獻[1]，經同意刊登。

4.3 知覺階段

知覺是由兩種不同來源的資訊交互作用而形成的：第一種資訊的來源為外界的刺激，刺激經由人的眼、耳、皮膚等感覺器官傳入；第二種資訊則來自人的記憶中所累積的知識。知覺的歷程則包含資訊的偵檢（detection）、區辨（discrimination）、識別（identification）、再識（recognition）等。整個知覺的歷程是在於如何有意義地將新的經驗、資訊與舊（記憶中）的經驗相連，知覺的技能（perceptual skill）則是如何迅速且有效地發展出結合新、舊經驗的方法[2]。

知覺歷程是人對物理世界的心理描述的過程。早自十九世紀開始，心理學家便開始研究物理刺激與所產生的人為感覺經驗的關係。心理物理學（psychophysics）的兩個有關感覺的基本問題為：

1.感覺刺激的極限。
2.刺激強度的變化與刺激經驗的關係。

經由心理物理學的方法，吾人可以解答有關知覺的偵檢能力（detectability）、區辨能力（discriminability）與所感受的強度。目前對於人的感覺系統的知識，大多經由傳統的心理物理學家發展的方法所得到的，瞭解這些方法與技巧可以協助人因工程專家解決實際的設計問題。

4.3.1 知覺彈性

人的知覺歷程具有相當的彈性。柯勒氏（I. Kohler）[3, 4]曾經報導過一連串有趣的實驗結果，足以顯示人的知覺彈性。他要求測試者戴上一個經過特殊設計的眼鏡，可將傳至眼睛的影像左右反轉，測試者透過鏡片所看到的物體為實際物體的鏡中影像。由於左右倒置，起初測試者很難適應新的局面，即使在街道上行走時，也會與人碰撞，幾天之後，幾乎所有接受測試的人，皆已適應新的環境，其中有一個人甚至可以戴著眼鏡騎自行車。眼鏡拿掉以後，測試者又必須花費一段時間適應。最近的研究指出，其實人的視覺知覺並沒有改變，只是運動知覺受了影響，測試者只是在調整他們的運動知覺，以配合視覺輸入而已[3]。

這種情況在人與電腦互動時也會發生。自從「視窗」（Windows）普及之後，吾人習慣使用滑鼠（mouse），以控制電腦與軟體的運作。由於使用電腦的次數頻繁，手的動作（操作滑鼠）與眼的動作經常配合，手的運動感覺也會受到影響。當手的動作與視覺無關時，人在不知不覺之中，可能會發生錯誤；因此，顯示器與控制器不宜相離太遠，控制器與顯示器最好是重疊，例如使用光筆直接在電腦顯示器上繪圖，可減少錯誤發生的機率。

4.3.2 知覺的組合

雖然眼、耳、鼻等感覺器官所感受的刺激大不相同，但是人卻能在感覺的同時，組合所有的訊息。人站在大街上，不僅可以看到來往的行人、車輛，也同時聽到腳步、談話與車輛發出的噪音；與人對話時，除了傾聽對方的談話外，還同時觀察對方的表情、姿勢。這種瞬間的知覺組合，協助我們在極短的時間內瞭解我們的環境、處境。這種複合性的知覺存入我們的腦海之中；因此，當我們回憶一件往事時，腦海中浮現的是一個包括聲音、影像與其他感覺的完整劇情。

4.4 認知階段

認知階段是知覺與行動之間的心路（思考）歷程，不受外界刺激的影響。它包括下列幾種程序：

1.從記憶中找出相關的資訊。

2.排列由知覺階段所輸入的資訊的優先順序。

3.比較新（由知覺輸入）與舊（記憶）的資訊。

4.運算、思考。

5.決策。

認知階段的結果反映於行動的表現。試圖瞭解人的認知歷程，與研讀電腦程式類似：首先必須瞭解程式設計師的設計原則，例如如何儲存、輸入、計算或處理資訊，與如何利用所尋出的資訊進行進一步的運算或執行新的任務。

4.4.1 注意

人對於所有外界刺激的知覺並不是全無限制的，許多刺激雖然重複出現，但未經注意，難以進入人的腦中。人所注意的方向決定他對於某種刺激的感受程度、記憶深淺與反應。那些未經注意的事物、資訊或刺激，對於人的影響力甚微。

(一)注意的類型

人的注意有選擇性注意（selective attention）與分割性注意（divided attention）等兩種模式。選擇性注意為人在某些情況下，僅主動選擇他所必須注意的刺激，而忽略其他的刺激；譬如在一個擁擠、嘈雜的餐廳中，與同桌的朋友對話時，注意的焦點在對方的言語與表情，而不在周圍其他的噪音與活動，對於周圍所發生的事物全不知覺。分割性注意係指人在同一時刻內執行多項任務，例如一面開車一面與人聊天，或是一邊聽音樂一邊作功課。

◆選擇性注意

根據以往研究的結果，可以歸納下列幾個有關選擇性注意的特性：

1.人可以在不同類型的刺激下，進行選擇性注意，例如學生在百科全書中尋找資料時。他選擇性地注意書中的文字部分，試圖在短時間內，找出所需的關鍵字句，而忽略書中的圖片與周圍的噪音。

2.無關緊要的影像、文字的刺激宜遠離目標，以免干擾注意力，進而影響任務的執行。商業廣告中的關鍵字句或圖像的位置與尺寸特殊、色彩顯明，以引人注目。

3.固定的目標（如牆上懸掛的照片、文字）較閃動的目標（如電視螢幕上的影像）易被人的眼睛所接受。

4.人易於在下列情況下，進行選擇性的傾聽：

(1)目標訊息與干擾訊息的來源相異時：人很容易地在幾個不同的聲源中選擇所要傾聽的聲音，但難以在同一來源中區辨出所欲傾聽的目標。兩個人在嘈雜的街道中，可以相互交談，而不在乎汽車的喇叭聲與商店播放的歌曲的干擾，但是如果將他們的談話錄音，再以錄音機播放出來，即使是當事人也難以聽清楚自己的談話內容。航空管制站中往往將不同的飛機駕駛員的聲音由不同的揚聲器傳出，可以有效提高航管人員的工作績效。

(2)目標與噪音的強度或頻率不同時：職業軍官慣以堅定有力的語氣訓話，以提高士兵的注意力。同理，在人群中大喊「立正」，職業軍人往往會不知覺地將兩腳併攏。

(3)目標與噪音的語言不同時。

(4)目標為敘述文體而噪音為雜亂無章的單字時。

(5)目標與噪音的文體不同時，例如目標為說書者的敘述，而噪音為周圍眾人的談話。

◆分割性注意

人在從事某些工作時，必須不斷地移轉注意力。開車時，人的眼睛除了注意前面的路況外，有時還必須注視路標與景觀。這種注意力移轉的能力因人而異，而且隨著年齡的增長而降低。注意力移轉能力高的汽車駕駛發生車禍次數遠較注意力移轉能力差的駕駛低。表現優秀的飛行員的移轉注意力的能力亦較一般飛行員高[5]。

人雖然可以同時執行兩種或兩種以上不同的任務，例如控制室中的操作員必須同時注意許多不同儀表與顯示，但是其工作績效往往較專注單一項任務低。經由訓練，可以提高表現績效，但是卻難以與專注於單項工作的績效相比；因此，多項重要的資訊或刺激同時出現時，每項工作應由專人監視，以免因疏忽而發生意外。

圖4-3顯示同時從事兩種任務的表現操作特徵（Performance Operating Characteristic, POC）。圖中橫軸為任務A的表現座標，縱軸為任務B的表現座標。如果同時從事兩種任務的表現與單獨從事A或B的表現相同時，表現曲線應通過P點；然而，事實上，根據很多實驗的結果證明，實際

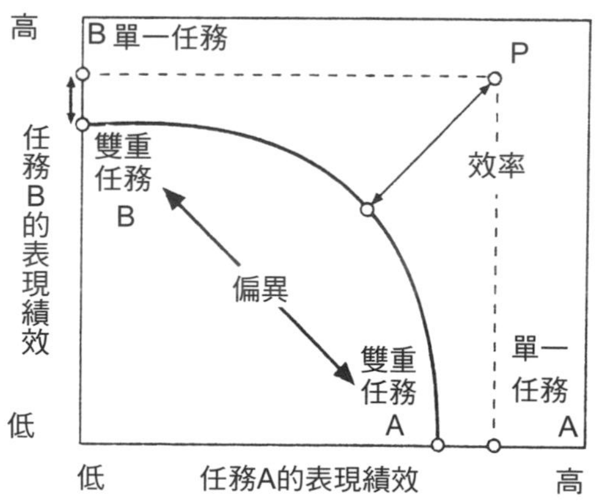

圖4-3　表現操作曲線

資料來源：參考文獻[5]，經同意刊登。

的表現如圖中實線部分所顯示，無法達到P點。由此可以看出人的注意力有一定的限制：分割的目標愈多，績效愈低。分割性注意能力隨年齡而改變，人的年齡愈大，分割注意的能力愈差。人的注意力與他所受的激發程度（level of arousal）有關。依據葉克斯（R. M. Yerkes）與杜德遜（J. D. Dodson）經實驗所歸納出的「葉杜二氏法則」（Yerkes-Dodson Law），表現績效與激發程度的關係為一個倒U形函數（如**圖4-4**）。在一定的激發程度之內，表現績效會隨著激發程度的增加而提高；然而，超過一定程度以後，表現績效反而會降低；此時人的注意力雖然非常集中，但是指引注意的暗示範圍卻相對地降低，而且，區辨相關與無關的暗示能力降低，因此表現績效亦差[5]。人在處理重大事件時，往往失常，好學生在聯考時，因過分緊張而無法作出正確的答案。由此可見，在適當的壓力範圍之內，可以提高工作的績效，壓力過高，反而造成績效的

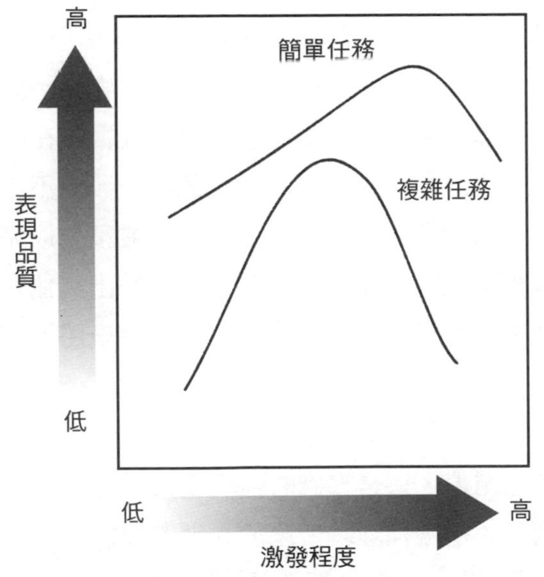

圖4-4　葉杜二氏法則

資料來源：參考文獻[8]，經同意刊登。

低落。從事複雜工作的人，所需的控制與協調較簡單的工作多，激發程度低時，其表現較簡單工作為差。

長期從事單調工作的人，例如大樓或工廠的警衛，必須整夜監視幾個不同顯示器螢幕上的影像，由於絕大多數的時間，螢幕上所顯示的影像不變，因此他的警戒力大為降低，即使偶然有狀況出現，他也無法發現。

(二)注意模式

注意模式可分成瓶頸模式（bottleneck models）與資源模式（resource models）等兩類。瓶頸模式理論假設訊息在人的資訊傳遞過程中，會發生瓶頸現象，必須加以過濾、篩選；而支持資源模式的學者則認為注意本身為一個具有固定容量的資源，僅能從事少數的任務。

◆瓶頸模式

過濾器理論（filter theory）是最早提出的瓶頸理論之一，它假設外界的刺激經由知覺的管道進入認知階段時，是以一個接一個順序進入的；因此，必須在識別之前進行過濾、篩選，將無關的與不需要的訊息排除[6]。過濾器理論足以解釋注意的基本現象，例如人很難在同一時間內注意一件以上的訊息，而且對於其所不注意的訊息的印象不深；因此，至目前為止，它仍是最有用的一項理論。然而，它並不足以完全解釋某些現象，例如許多人即使在專心傾聽演講時，仍能聽出其他音源中傳出與他有關的訊息（如他的姓名或服務單位），並未完全將不相關的訊息完全過濾。崔斯曼氏（A. M. Treisman）提出了過濾器—衰減模式（filter-attenuation model），以補充過濾器理論的不足。她認為，一些無關緊要的訊息並未完全被過濾掉，只是它們的強度衰減而已[7]。**圖4-5**顯示兩種模式的訊息傳遞過程。這兩種理論皆屬於先期選擇模式（early selection models）。另外一種瓶頸模式為後期選擇模式（late selection models），此模式將訊息的選擇與過濾移至識別之後，所有的訊息皆被人所識別，只是不被選擇或注意的訊息會很快地喪失。

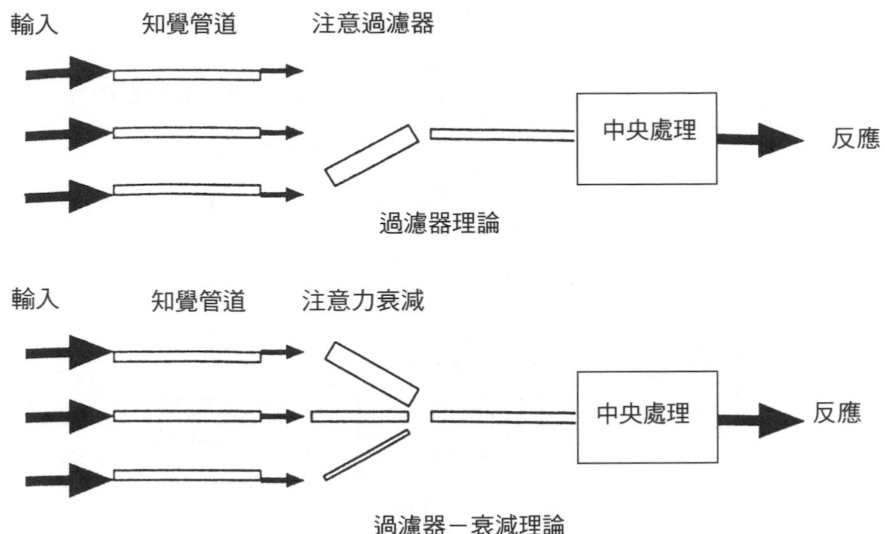

圖4-5　過濾器與過濾器－衰減理論中的訊息傳遞流程圖

資料來源：參考文獻[5]，經同意刊登。

◆資源模式

由於無法找出一個完整的瓶頸模式來解釋所有的現象，所以心理學家又提出另外一套資源模式。資源模式可分為單一資源模式（unitary-resource models）與多元資源模式（multiple-resource models）兩類。單一資源模式如**圖4-6**所示，注意的容量有限，僅能被分配至有限的任務之上，容量未被超出之前，人可以同時有效地從事多種活動。注意容量與激發程度、任務的需求程度有關。單一資源模式固然可以解釋從事單項任務的效率遠較多項任務高，但是無法合理地解釋下列幾個現象[9]：

1.人可同時有效處理兩個截然無關的任務（如一邊開車，一邊與同車者聊天），但是難以同時作出兩件類似的任務（如同時與兩個人下棋），而不造成混淆。
2.在同時執行多項任務時，其中一項的困難程度增加時，並不一定影響其他任務的績效。

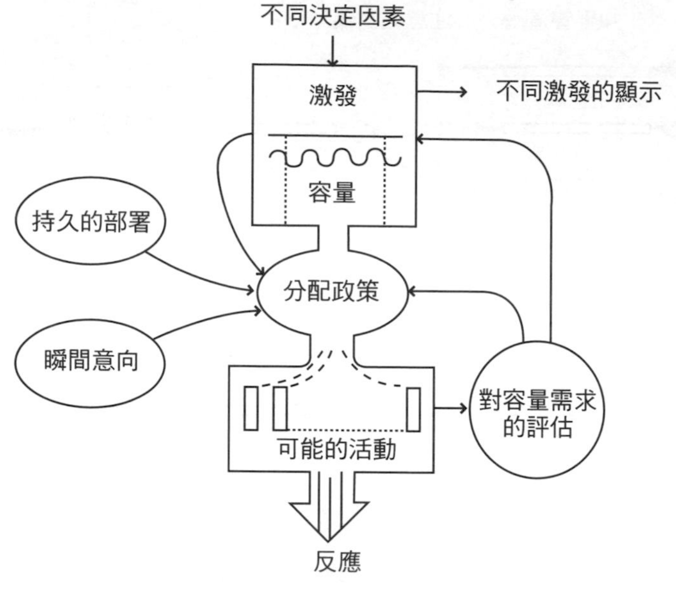

圖4-6　單一資源模式

資料來源：參考文獻[10]，經同意刊登。

3.有些任務可以同時完美地執行而不受影響。

支持多元資源模式的學者認為，人的注意不僅是一個單一資源，而是由幾個獨立資源所組成，每一個資源皆有一定的容量限制。維肯斯氏（C. D. Wickens）提出了一個三次元的資源系統，包括各種不同的處理階段（轉換成符碼、中央處理、反應等）、符碼（語音、空間）、輸入（聲、光）與輸出（手、聲音）形式（如**圖4-7**），他假定人可以同時將兩種工作做好，如果它們所需的注意是來自兩個不同的資源中，增加其中一項的困難程度，不會影響到另一項任務的執行[12]。

4.4.2 記憶

人的記憶系統錯綜複雜，儲存的資訊與事物包羅萬象，舉凡影像、

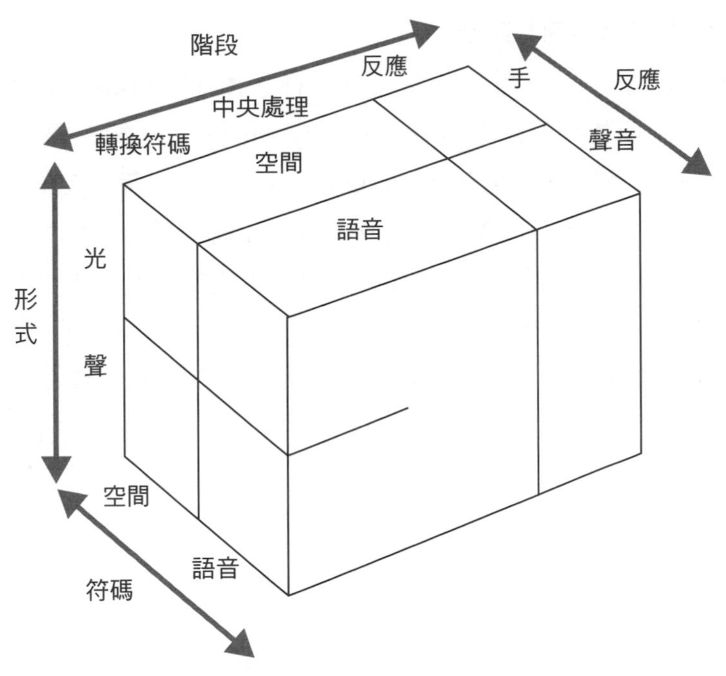

圖4 7　多元資源模式

資料來源：參考文獻[11]，經同意刊登。

語音、符碼、文字，以及相關的感覺。一個人一生中不斷地接觸新的經驗、人物，有些印象深刻的經驗長期儲存在大腦中，歷久不衰，有些如浮光片影，一閃而逝，幾天或幾小時以後，難以回憶其情景。記憶並不完全可靠，會隨著時間、環境而改變、扭曲。某些經驗或資訊會在適當的時機或受到特殊刺激時，突然由腦海中閃出。記憶力會隨著時間而衰退，祖父輩人物對於五十年前的舊事歷歷如繪，但是往往難以記憶三、兩天前發生的事。

人的工作表現與他如何快速由記憶中尋找與運用有用的資訊有很大的關係。一個智力高、學習能力強的操作員，可以在很短的時間內，熟悉機器設備的使用與特徵，然後能不斷地改進；學習能力差的人，即使工作了很長的時間之後，還是只能負責基本的任務；至於智力不足的人甚至連簡單的玩具皆難以瞭解。

人的記憶系統可以用艾金森與雪弗林（R. C. Atkinson & R. M. Shiffrin）二氏所提出的感覺儲存（sensory storage）、短期記憶（short-term memory）與長期記憶（long-term memory）等三個子系統表示（如**圖4-8**）。這三個子系統有如三個獨立而相互串聯的儲倉。當外界刺激或資訊出現時，它首先進入感覺儲倉，此時刺激或資訊的內容完全未經改變；然後輸入至短期記憶儲倉中，儲存在短期記憶中的資訊在短時間內快速地衰退，只有重複出現多次的資訊才可能進入長期記憶儲倉中，長久保存。

(一)感覺儲存

當快速閃過的刺激消失後，人在極短的時間內仍能感覺它的存在。一般人對於視覺與聽覺的暫留皆有相當的經驗。電影是由許多畫面組合而成，當影像快速地在眼前閃過時，由於視覺暫留的影像，我們所看到的是連續的動作與畫面。《老殘遊記》中，以「餘音裊裊，繞樑三日」，敘述王小玉說書的精彩，即為古人對餘音儲存（echoic storage）的感受。雖然已有實驗證明其他的感覺如嗅覺、觸覺，亦有感覺儲存的現象，但是一般人較難親身體驗出來。視覺儲存的時間約0.25秒左右，如果

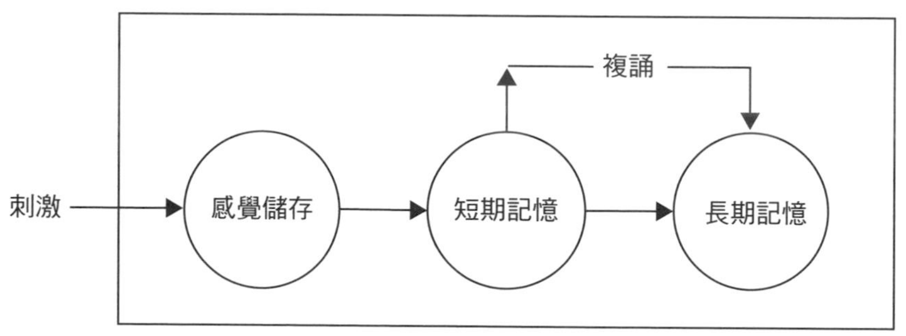

圖4-8　記憶的三種模式

資料來源：參考文獻[30]，經同意刊登。

影像與背景對比大時，可能高至2秒，聽覺儲存時間至少為0.25秒，也有長至1～5秒，觸覺的儲存約0.8秒。

(二)短期記憶

人每天應用短期記憶中儲存的資訊，執行許多任務；例如由電話號碼簿中找出所需的電話號碼，默誦幾遍後，才拿起話筒，開始撥號。這個號碼在幾秒鐘後，即已忘記；撥號碼時，如果分心，即可能忘記後面幾個數字，而必須重複查號、撥號的動作。事實上，絕大部分所接觸的資訊如路標、電話號碼、收音機的音樂等，「由左耳進入後，再由右耳逸出」，並不會長期儲存下來，而且如果所有的資訊都進入長期記憶時，大腦早就被填滿了。因此，這種短期記憶對人從事日常生活上之瑣碎事務，不僅方便而且有效。對於那些必須依賴短期記憶執行工作任務的人，如航管人員、計程車行的無線電台播音員等而言，資訊的顯示、任務的結構直接影響工作表現。

短期記憶中所儲存的資訊分別來自外界與內部來源。外界的資訊，經由知覺階段傳入，內部的資源則包括人的理解、決策與問題解決方案等。

◆符碼化

實際的影像、聲音或其他的訊息並非直接地儲存於短期記憶之中，這些外界的資訊首先轉換為與人的生理系統溝通的符碼，然後才進入短期記憶儲倉之中。雖然吾人尚未發現人腦中短期或長期記憶體的正確位置，而且也不十分瞭解促成短期記憶的生理作用與機制；但是，至少知覺符碼化的假設成立。許多實驗結果指出某些視像資訊先轉換為聽覺形式而存入。

◆容量與持續時間

短期記憶儲倉中大約可容納六個單位的資訊。一個單位係指任何已熟悉的資訊組合，例如一組電話號碼、一個名稱或影像。單位的容量由一個字元至兩個、三個，甚至十個以上。一組熟悉的電話號碼可能只占據一個單位，另一組不熟悉的號碼可能將六個單位全部占滿。1965年薛帕與錫南爾氏（R. N. Shepard & M. M. Sheenam）發表一項有趣的實驗結果：他們先將兩組號碼分別顯示給測試者，然後要求他們複誦出來，第一組號碼的前四個字是由四個雜亂排列的數字組成，後四個數字則為熟悉的四位數，第二組號碼則將第一組的後四個數字與前四個數字交換。結果發現眾人較能快速（20%）與正確（50%）複誦出第一組數字。這個實驗指出組合的方式和數字組合的熟悉與否直接影響記憶及回憶的效果[14, 31]。

單一字元符碼遠較三字元（如HEW、DOE）易於存入人的短期記憶中。三字元符碼經過18秒後，完全從短期記憶中消失。查潘尼斯與模爾登（J. V. Moulden）二氏探討過人對於八位數號碼串中，單、雙與三字元符碼的記憶性。他們發現一般人難以記住五個以上的號碼，而對於0～9的記憶力也不相同，單號的記憶力的順序為0，1，7，8，2，6，5，3，9，4。含0的雙號或參號較易為人記住。他們甚至提供數字表以協助設計者設計最易於記住的符碼[13]。美國的郵區編號原為五位數，近年來，郵局為了增加準確性，將其增至九位數，但是推行的效果不彰。除了機關、公司外，一般人仍習慣於五位郵號，而甚少採用九位郵號。主要原因即為九位數超過人的短期記憶的容量。**圖4-9**顯示數字串的串聯位置對短期記憶的影響，第五個號碼後的正確反應大幅降低[14]。

數字的組合方式的改變，亦可增加短期記憶，例如冗長電話號碼的設計方式為：

1.區號：（02）代表台北，（03）為桃園新竹，（07）高雄等等。
2.子區號：2720為信義區內的子區號之一，2944為中和子區號之一等。
3.個別號碼：由四個號碼組成。

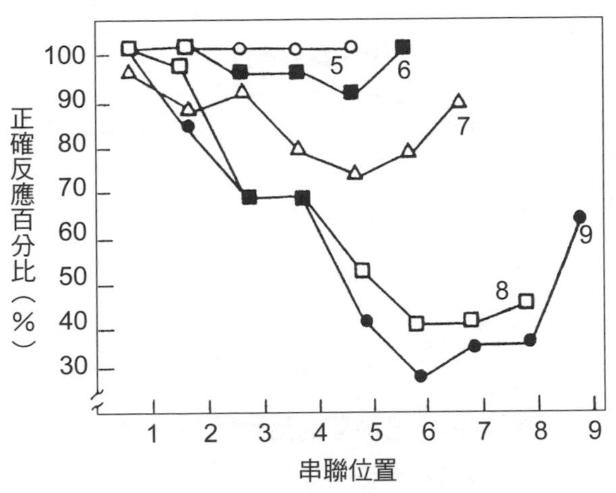

圖4-9　串聯位置對短期記憶的影響

資料來源：參考文獻[14]，經同意刊登。

◆複誦

複誦可以加強短期記憶，上面所提到分段方式，則可以增加複誦的準確性。複誦時必須全神貫注，如受到其他刺激的干擾，複誦的準確性會降低，自然也會影響短期記憶力。

◆活性記憶

活性記憶（working memory）係指人執行心算或理解一段文句的意義時，所暫時儲存、運用資訊或計算結果的記憶功能。如果人的記憶系統模式為單一記憶儲倉（unitary memory store）時，活性記憶即為短期記憶。然而許多研究結果指出，它們並不相同。人的記憶力好壞與理解力的關係不大，記憶力好的人並不一定具有較高的理解力。

圖4-10顯示一個巴德萊氏（A. Baddeley）所提的活性記憶的模式。聲音或語音的符碼的轉譯由聲韻迴路代表，此迴路與語言的學習、理解、閱讀有關，而視覺—空間草稿簿則與影像有關。中央執行單位為注意控制系統，監控與綜合視覺—空間與聲韻兩個子系統的功能。依據巴

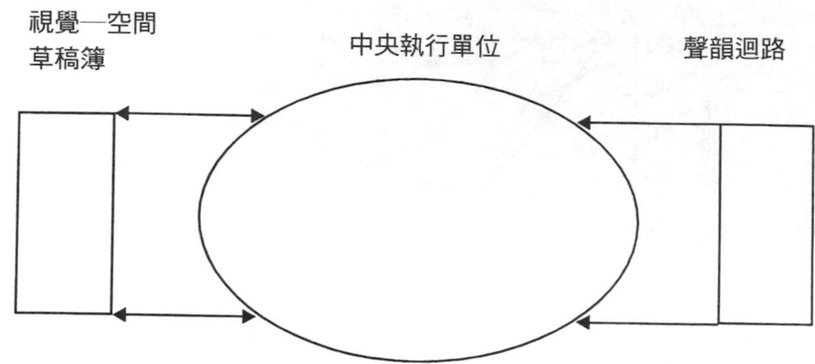

圖4-10　巴德萊的活性記憶模式

資料來源：參考文獻[15]，經同意刊登。

德萊的模式，兩種應用不同子系統的任務不會相互干擾，數字的短期記憶由聲韻迴路控制，而理解與學習則在中央執行單位中進行[15]。

(三)長期記憶

當一般人在提到記憶力、健忘、回憶時，他所指的記憶為長期記憶。長期記憶庫中所儲存的資訊，經年累月而不消失。「白頭宮女」所暢談的「天寶舊事」雖然深藏在她的腦海中長達數十年，但仍歷歷如繪。然而，至目前為止，吾人仍然無法確定長期記憶庫的容量與儲存的時間。由於人一直可以繼續不斷地汲取新的資訊，長期記憶庫的容量似乎永無止境。一些腦神經生理學家甚至指出，吾人僅僅使用了很少的一部分的腦容量；因此，如何開發腦的潛力是每一個人必須努力的課題。英諺「不教老狗學習新的技巧」（don't teach old dogs new tricks）係指年長的人心態保守，較難學習新的事物，並不表示人的年齡增加，腦中所累積的資訊太多，已占滿了記憶庫，而無法學習新的經驗。人生七十才開始，並不僅是鼓勵老人的話，許多老人在退休後才開始學習繪畫或寫作，依然會有很傑出的表現。

如果人的長期記憶庫容量並無止境，那麼，為何會忘記某些特殊的事物呢？這個問題的答案與資訊的處理有關。記憶包括符碼化（encoding）、儲存（storage）與檢索（retrieving）。如果長期記憶中的資訊組織程度低，則難以迅速檢索出來。長期記憶中資訊的安排雜亂，有如一個未經整理的書庫，自然難以檢索出所需的資訊。

記憶可分為插曲性記憶（episodic memory）與語義性記憶（semantic memory），前者為一件特殊插曲或事故的記憶，例如「某年某日，一駕波音747客機在日本失事」，而後者則指一般知識，如「飛機失事」的記憶，與理解有很大的關係。

◆符碼化

由短期記憶庫進入的符碼化資訊必須再經過分類、整理與編碼等程序後，才可儲存起來。如果分類、整理與編碼的執行不佳，不僅所記憶的資訊失真，而且難以檢索，編碼的效率隨著經驗的增加而提高。經常接觸新的資訊與環境的人，學習能力較強，因為他們知道如何有效地學習。

◆儲存

雖然吾人尚未明瞭資訊經編碼之後所儲存的形式與清晰度，也不知道其確切位置，但是資訊的儲存卻是眾所周知的事實。長期記憶有如圖書館一樣，可將符碼化資訊存放於適當的書架上，儲存的過程有如秘書歸檔。

◆檢索

檢索是將儲存於記憶中的資訊找出。一個秘書由檔案櫃中，檢索一項文件時，首先必須思考這項文件可能存放的檔案，然後在相關的檔案中尋找。同理，當人回憶往事時，會不斷地思想與那件事較有關的事、物與人，他雖然未必明瞭記憶的歷程，但會在不知不覺中，在相關的記憶檔中尋找。

◆遺忘

當編碼、儲存與檢索的任何一個過程發生問題時，資訊會被遺忘（forgetting）。編碼的失誤，會造成資訊的錯誤放置。儲存時或儲存後資訊也可能會衰退，在錯誤的檔案中檢索等皆可能發生。一件事故或資訊便無法回憶。輕微中風的人於恢復正常後，對於某些嗜好如打麻將或某一時期的事物毫不知情。在中風時，腦中與那些遺忘的事物有關的組織被破壞了，所以記憶已不存在。如果新的經驗和資訊無法與儲存在腦中的舊的資訊及經驗相互關聯，或長久未能使用及複習，也會被遺忘。這三種概念：資訊消失或衰退、缺乏關聯性與經久不用，皆可能造成遺忘現象，但是任何一種概念卻無法完全解釋遺忘的發生。

◆回憶與再識

回憶（recall）與再識是兩種測試記憶力的方法。回憶係指由記憶中想出一段過去學習過或已知的資訊，而再識則為由幾個不同的資訊中選出已知的資訊。大部分的食客可以很快地由菜單上選出他們喜歡的菜色（再識），但是難以在沒有菜單的情況下，叫出菜名來（回憶）。由於回憶遠較再識困難，設計者宜避免要求使用者「回憶」資訊或指令，儘量以「菜單」方式，提供應用者選擇。現代的電腦軟體如Excel、Word，皆為「菜單驅動」（menu-driven）式，易於使用，即為一例。

◆語義性記憶

語義性記憶與理解（comprehension）有直接的關係。長期記憶中某一個刺激的語義性記憶包括任何與此刺激相關的資訊，以及與其他刺激的關係。目前有兩個理論模式詮釋語義性記憶與其相關的效應；第一個為網路模式（network model），另一個為特徵—比較模式（feature-comparison model）；前者假設各種概念存在於一個組織化的網路之中，相互關聯，一個人確認一句文字所需的時間是網路中概念與連接鍊環的強度距離的函數；後者則假設概念是以特徵表列方式儲存於長期記憶中。當新的概念與長期記憶中所儲存之舊的概念完全相同時，概念可在極短的時間被人確認，如果不盡相同時，必須經過一段尋找、比較與評估的過程。兩種模式皆足以解釋語義性記憶的各種現象與效應，而且成功地應用於專家系統的模擬記憶庫中[16]。

4.4.3 解題與決策

人每天必須面臨許多大小不同的問題，許多問題的解答並不只一個。如何在有限的時間與資源之內，作出適當的決策，是每一個人每天的挑戰。

(一)解題

◆問題思考空間

解題是在一個抽象的問題思考空間中進行。雖然沒有人知道這個問題思考空間的確實位置，但是這個問題思考空間至少蘊藏著下列三類知識[17]：

1.描述性知識（declarative knowledge）：所瞭解與累積的事實、知識，對事物的看法、相互關係等。

2.步驟性知識（procedural knowledge）：有關執行思考性或實際行動所必需步驟的知識，例如數學運算程序、洗臉、刷牙的步驟等。

3.控制性知識（control knowledge）：與協調、控制解題歷程的策略有關的知識。

解題是問題思考空間內三類知識交互運用的結果。兩個知識程度與背景不同的人，對於同樣一個問題所作出的解答，可能南轅北轍，也可能殊途同歸。例如一個沒有學過代數的人，依然可以使用算術方法，解出一則雞兔同籠的數學難題，得到正確答案（殊途同歸）；但是兩個文化背景不同的人，在參加盛會時所穿的衣服是完全不同的（南轅北轍）。

◆解題順序

舒曼（L. S. Shulman）、陸庇（M. J. Loupe）與派帕爾（R. M. Piper）三氏認為人類解決實際問題時，是遵循下列的順序進行[18]：

1.問題感覺（problem sensing）：感覺、偵檢問題的發生。
2.問題陳述（problem formulating）：陳述、界定一個特殊的問題，思考原因，然後發展出他所認為的解答。
3.尋查（searching）：探查、詢問、蒐集相關資訊與解決方法。
4.問題解決（problem resolving）：自認為找出滿意的解答或解決問題的方法。

此處以一個簡單的例子來分解解題的歷程：早上起床後，頭昏腦脹，身體感覺不舒服（問題感覺），大概是昨夜受涼而感冒，吃幾顆阿斯匹靈（Aspirin）就沒問題了（問題陳述），然後開始打電話請教醫生或較具醫學背景的朋友，並翻閱《家庭醫藥百科全書》（尋查），朋友的安慰或所提供的解決方案，如果與自己的題解相同時，心裡的壓力自然降低很多，自以為問題已經解決，只要執行方案即可（問題解決）。至於阿斯匹靈是不是有效，至少要等幾個小時後才知道，但是目前已不必擔心了。

◆解題障礙

人是利用問題思考空間內所蘊藏的知識，去解決問題。這些知識是經年累月學習與摸索所累積的經驗、現象與思考的結果，不僅有用而且非常有效，足以協助吾人解決日常生活上所遭遇的絕大多數的問題。解決問題的方式自然而然形成習慣，而不經太多的思考，這種習慣成自然的現象深植在每一個人的心裡。

由許多工業災變的調查可以看出，意外事件發生時，操作人員往往依據習慣或過去的經驗去解決問題，而未經理性的思考、判斷，由於意外的徵象固然類似，但是原因不同，以傳統或經驗中的解決方式，不但無法控制意外的蔓延，反而造成更大的損失。因此，習慣或經驗有時會成為解題的障礙，尤其是面臨新的問題或環境背景改變時。

另外一個障礙為對於習俗、準則的順從性，在任何一個社團、組織或社會中，皆存在著一些習俗、文化背景、行為或做事的準則。這些習俗、準則或文化，自然有其形成的背景因素與緣由，順從與尊重這些準則、習俗，可以減少許多無謂的煩惱與糾紛，所謂「入境隨俗」，易為當地人所接受。然而，長期順從這些流傳已久的習俗、準則，會造成思想的僵化與限制，無法接受新的思想與思考方式，自然也無法解決環境變化或受到外力衝擊時所產生的問題。政府或大型企業中往往難以接受新的觀念與解決問題的方式。當新的方法或觀念提出後，馬上會產生下列的反應：

1.我們從來不做這種考量的。
2.幾十年來都是這樣做的，為何要改變？
3.管理階層不會同意的。
4.立意崇高，但是缺乏實績，不敢冒然接受。
5.尚未準備妥當。

設計者最大的困難即在於如何發展出一套有效的方法，去克服人在思想上的僵化，並取代習慣性、傳統性的錯誤解題方式。

◆解題技巧

腦力激盪（brain storming）、屬性表列（attribute listing）、檢核表（checklists）等三種技巧，可以協助改善使用者的解題能力。

1.腦力激盪：是一種強制性的解題技巧；一個人關在房裡，苦思各種解題方式與答案，或者一組人針對問題，提供可行的方案，皆可稱為腦力激盪。一般而論，眾人聚在一起進行腦力激盪的效果較高，因為每一個人的背景與著眼點不同，相輔相成，對問題的認識與考量，較為周全。進行腦力激盪時，宜遵循下列四個原則：

(1)避免相互批評：因為批評易於引發爭辯或沉默，最後不是演變成爭議，就是變成一言堂，不僅無法找出適當的題解，反而會引發出新的問題。

(2)提出創意性的題解，愈新愈佳。

(3)盡可能提出許多方案、想法，愈多愈好。

(4)組合幾個不同的方案，以達到更佳的結果。

2.屬性表列：將屬性列表（如品質、特徵、元件等），可以協助題解，例如一支手錶的屬性為大小、外型、顯示的設計、顏色等，任何屬性上的改變皆可設計出新型的手錶。同理，系統的屬性上的改變亦可導致更新與改善。將系統、事務、產品的屬性列表以後，可以將解題者的注意力專注在其特徵、性質等屬性上，可引發他的思潮與靈感。

3.檢核表：檢核表提供一系列所應注意的事項，或可能發生的問題與解決方式，可以協助解題者找出解決方案，例如汽車、電視機的使用手冊皆列出可能發生的問題及解決困難（trouble-shooting）的方法。

◆有效解題步驟

阮希（H. R. Ramsey）與亞遜伍德（M. E. Atwood）二氏列出下列步驟，可以協助使用者有效地解決問題[19]：

1.問題發現（problem recognition）：第一步為發現問題的存在或出現，惰性或慣性不僅降低人的敏感度，有時還會造成疏忽、漠視。設置或安裝量測裝置，以監測並記錄變化程度，例如安裝溫度計可協助發覺溫度的變化；定期進行市場調查或民意測驗，可協助瞭解顧客（或民眾）對產品（或政府施政）的滿意程度，可以協助及早發現問題。

2.問題界定（problem definition）：發現問題後，解題者必須決定如何界定與描述問題，題解是否恰當與問題的界定有很大的關係，將小孩子發高燒誤認為鬼邪附身，而非感染疾病，自然無法找出退燒的良藥或良醫。

3.目標設定（goal definition）：有些目標是預先或由外界所設定的，例如董事會或股東大會要求總經理執行的營業目標；有些則是解題者自行選擇的，例如企劃部門所企劃的營業成長率。目標的選擇與設立，必須適當而且有希望達到，盲目要求自己或別人達到不可行的目標，是一件沒有意義的事，例如要求中學田徑選手突破世界紀錄，或在五年內登陸火星等。

4.策略選擇（strategy selection）：選擇與決定解題的途徑與策略。

5.替代方案的研擬（alternative generation）：由於解決的方案不只一種，決策者經常要求解題者提出不同的替代方案，便於評估選擇，《三國演義》中的謀士往往提出上、中、下三策，供主將參考、選擇。

6.替代方案評估（alternative evaluation），包含下列幾種分析：

(1)機率分析（probability analysis）：成功的或然率。

(2)成本與效益分析（cost and benefit analysis）。

(3)後果分析（consequence analysis）。

(4)風險分析（risk analysis）。

進行以上這些分析時，盡可能摒除主觀的因素，對於不同的替代方案，採取相同的分析步驟。

7.替代方案的選擇與執行（alternative selection and execution）：選擇替代方案之前必須決定效標（criteria），作為選擇的標準。執行時，必須確實，否則無法奏效。

(二)決策

決策是由許多替代方案中選取適當的執行方案的歷程，包括各種方案的評析、效標的設定等。人雖然每天作出許多決策，但是大部分的決策是習慣性、經驗性的結果，而非純理性的判斷，也未經過嚴謹的評析。由於大部分瑣事的決策正確和合理與否，對人生的影響甚微，即使有些錯誤的決策會產生負面的影響，但多在可控制的範圍之內；因此，絕大多數人從未由日常經驗中學到決策的能力。當重大問題出現時，往往優柔寡斷，無法在壓力下有效地運用有限的資源，作出最適當的決策。

◆規範理論

規範理論（normative theory），是一個理性的人進行決策的理論依據，它是以效益（utility）為決策標準。換句話說，一個理性的決策者是以對他本身的實際利益作為替代方案選擇的標準。若結果不確定時，則將成功的機率與效益同時放入考量或決策的過程之中。

◆描述性理論

事實上，人並非是絕對理性的動物，許多重要的決策過程並未包括期望值的運算與比較；因此，絕大多數的決策對決策者而言，並非最適化決策（the optimal decision）。決策者的心態、個性、背景、環境壓力、對事物的看法，對於決策結果有很大的關係。一般人皆有下列通用的決策特徵[14, 17]：

1.遲疑不決，優柔寡斷，花費太多的時間在決策考慮上。
2.蒐集過多的資訊，但未能完全利用。
3.欠缺客觀性，當新的資訊與慣例或最初的想法相異時，往往難以改變初衷。

4.欠缺全面性，僅考慮少數幾個替代方案，例如購車時，先限制車子的大小與價格。
5.專注於一個最主要的屬性，例如投資發電廠時，僅考慮經濟因素（核能發電的運轉費用低），但忽視其他因素如社會成本（民眾反對）。
6.決策易因壓力而改變，壓力大時，考慮的範圍縮小，僅著眼於幾項顯著的因素。

規範理論雖然合理，但無法有效預測人的決策行為；因此，又有許多新的模式發展出來，這些模式通稱為「描述性理論」（descriptive theory）。這些模式皆假設人在決策過程中並非全面考量所有與問題相關的資訊和因素，有些分量較重，有些卻完全被忽略。此處僅介紹展望理論（prospect theory），以供參考。

展望理論（prospect theory）又稱前景理論，是1979年卡納曼（D. Kahneman，2002年諾貝爾經濟獎得主）與特沃斯基（A. Tversky）根據下列三個普及性現象之發展所提出的決策理論[20]：

1.確實效應（certainty effect）：過分重視成功機率高的因素或後果；人傾向於選擇較有把握（機率高）但價值低的方案。
2.反射效應（reflection effect）：選擇利（得）與害（失）時的心態完全相反；當考慮正面利益時，傾向選擇機率高但價值低的方案（不敢冒險），在考慮損失時，傾向於選擇機率低但損失大的方案（勇於冒險）。
3.隔離效應（isolation effect）：傾向於注意替代方案中特殊的因素，而非共同的因素。

展望理論建議人的選擇方案過程包括兩個階段，第一個階段為編譯階段（editing phase），以編譯方式，重新表達問題，並簡化選擇對象；第二個階段為定價階段（valuation phase），決定所有方案的價值，主觀地評估每一個後果的機率與價值（效益與損失），並求得展望值（prospect value），然後選擇展望值最高的方案。展望理論可以協助瞭解人的決策方式，例如問題表達方式會影響人的決策，民意測驗問卷中問句語氣與表達方式改變而內容不變，所得的結果可能大不相同。

◆決策能力

在複雜、變化多端的多元化社會中，人經常面臨許多複雜的問題，必須在規定的期限內與重大的壓力下作出明智的決策。由於人的注意力與所接觸的資訊有限，大多數人所作出的決策並非最適化的方案。如何改進人的決策能力是人因工程學家最主要的課題之一。教育訓練、改善任務的環境設計，與應用決策輔助工具（decision aids）是提升決策能力的三種利器[17]：

1.教育訓練：加強邏輯（logic）訓練，可以提高人的理性思考能力，介紹有關統計與機率的概念和應用，可協助人建立期望值與計量化的觀念。
2.改善任務的環境設計：如盡可能將資訊或任務中的主要屬性以正面的語氣表達，以產生正面的印象，並避免使用負面文句或語氣；資訊的提供必須簡明、易懂、清晰，任何人不敢選擇他所不瞭解的方案或決定。
3.應用決策輔助工具：應用以規範理論為基礎的決策分析（decision analysis）方法[21]與決策—支持系統（decision-support systems）電腦程式[22]等。

4.4.4 專家與專家系統

雖然人的資訊處理系統並不十分完美，但是人仍然可以訓練為學有專精的專家，在許多特殊的領域中迅速地解決一般人無法瞭解的問題。

在複雜、多元化、高科技掛帥的社會中，小至汽車的修理與保養、服裝的設計，大至捷運系統的規劃、超級電腦的設計，皆仰賴該行業中的專家執行。有些世界級的專家不僅對其他的領域茫然無知，有時甚至連一般日常事務也無法妥善處理。牛頓與愛因斯坦是歷史上兩個最有成就的物理大師，他們的笑話與笨拙，眾所周知。專家與常人的異同點，一直是人因工程界主要的課題。瞭解專家的認知能力、專業知識的運用方式與解題技巧，不僅可以協助提升培訓方式，並且可以協助設計專家系統（expert systems）電腦程式。

表4-1列出專家與初學者不同之處。眾所周知，專家在其專精的領域中，表現非凡，對於資訊不僅具有特殊的短期與長期記憶力，而且很快地發現問題的所在，看法深入，迅速解決問題，而且甚少犯錯。專家分析問題所花費的時間較長，因為他們較理解問題的概念結構及其與相關問題的相稱性。專家難免犯錯，但卻能自動發現錯誤及早改正，他們較能準確地判斷問題的困難程度與解題所需花費的時間。

專家系統是複雜的電腦程式，它包含了許多知識與規則、定律，對於複雜的問題，可以如專家（人）一般解決方案，近年來，由於電腦的快速發展，專家系統已非常普遍，應用於社會各種工作上，例如醫學的專家系統可以協助急救醫護人員判斷病因，在醫師未到來之前，及時進行急救，有機化學師在合成新的藥品之前，可利用專家系統研擬合成的

表4-1　專家表現的特徵

1. 專家在其專業的領域中表現非凡。
2. 專家在他專精的領域內，可以看出巨大、具意義的典範。
3. 專家在短期內表現出他的實力，解決問題，而且甚少犯錯。
4. 專家對本行的資訊，具有短期與長期記憶力。
5. 專家對於本行的問題的看法遠較初學者深入。
6. 專家花費較長的時間分析問題的特性。
7. 專家的自我監視能力高。

資料來源：參考文獻[23]，經同意刊登。

步驟。

大部分的專家系統程式具有下列特性[24]：

1.內容、功能與程序說明，以提供使用者參考。
2.處理輸入資訊的不確定度的機制（mechanism），即可合理推測、估算出未知資訊的數值與影響，可在資訊不全或部分資訊下，提出結論。
3.互動式，包括許多問題，要求使用者提供答案。
4.資料庫，包含大量的資訊、事實。
5.一個控制系統推理、判斷的程序。

專家系統是由許多背景不同的人，共同發展而成的，包括程式設計師、專家知識提供者、人因工程師與使用者。

4.5 行動階段

第三個階段為行動階段，包括：

1.反應選擇。
2.反應準備。
3.反應起動（指令下達）。

任何一個反應經過選擇之後，必須轉換成一群包括方向、速度、反應時間等的神經肌肉的指令，以控制四肢或有關器官。由於適當反應的選擇與活動參數的設定必須花費時間，反應選擇的困難與行動的複雜程度愈高，行動愈慢。即使知覺與認知階段的表現完全正常，而行動階段發生問題時，不適當或不準確的行動仍會發生，人在過分勞累或宿醉未醒時，經常發生這種現象。

影響反應選擇的效率為：

1.刺激的數目：數量愈多，選擇適當反應的時間愈長。
2.適當反應的數目。
3.刺激—反應的相互關係：相容程度。
4.練習的多寡：練習次數愈多，反應愈快，表現愈佳。

其中以刺激—反應的相互關係的影響性最大，相容程度愈高，反應選擇效率高，反應愈快。

4.5.1 反應時間

反應的過程可以分為下列三個步驟：

1.刺激辨識。
2.反應選擇。
3.反應程式設計。

刺激辨識是刺激性質的函數，反應程式的設計為反應性質的函數，而反應選擇則為將刺激轉換為反應的程序，與刺激—反應的相互關係直接有關。如果刺激與反應的關係為一對一的關係，對於某些類型的刺激的反應固定時，此反應稱為「簡單反應」。反應過程僅與刺激是否存在（辨識）有關，而與反應選擇無關。如果一個或數個刺激同時發生，反應者必須由不同反應中，選擇出適當的反應時，反應選擇過程所占的角色便非常重要。荷蘭生理學家唐德斯氏（F. C. Donders）理解此原理，設計出三種不同的實驗——A、B、C反應，以測定不同反應過程所需要的時間[25]。

圖4-11顯示A、B、C三種不同的反應，A反應（如**圖4-11a**）為簡單反應，僅有一個刺激與其相對應的反應，例如看到燈號發光時，按下控制鈕；或百米競賽的運動員，一聽到信號槍響，即向前衝刺。此種簡單

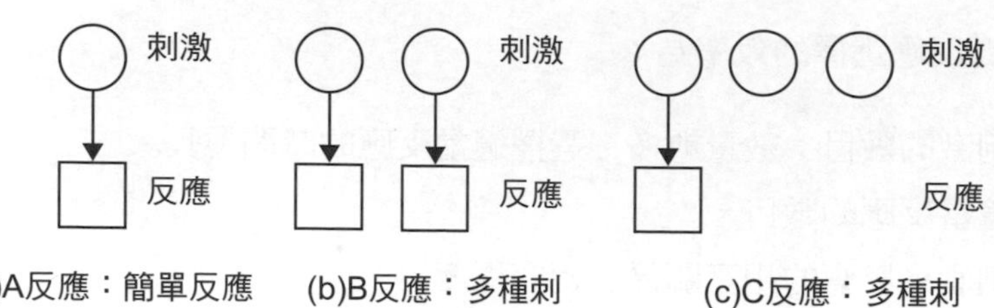

(a)A反應：簡單反應　(b)B反應：多種刺激，多種反應　(c)C反應：多種刺激，單一反應

圖4-11　唐德斯氏的A、B、C反應實驗

資料來源：參考文獻[25]，經同意刊登。

的反應僅與神經的傳導有關，因此可以作為其他複雜反應的底線基準。B反應（如**圖4-11b**）中的刺激不只一個，每一個刺激有其相對應的反應，此情況稱為「選擇反應」（choice reaction），人必須在多種刺激之中，選擇最適當的反應，例如遇到交叉路口時，必須視交通燈號的顏色（紅、綠），決定是否向前行走。C反應（如**圖4-11c**）中的刺激不只一種，但是反應只有一種，除了與反應相對應的刺激出現時，不必作出任何反應，此種情況通常發生在點名或頒發獎品時，老師依序叫出學生的姓名，除非自己的名字被叫出，否則不應有所反應。在C反應實驗中，主要的任務在於辨認刺激是否正確，由於反應僅有一個，所以不需選擇。

由A、B、C三種反應，可求出不同過程所需的時間（如**圖4-12**）：

A反應時間＝（神經傳導時間）
C反應時間＝（神經傳導時間）＋（刺激辨識時間）
B反應時間＝（神經傳導時間）＋（刺激辨識時間）＋
（反應選擇時間）

因此

刺激辨識時間＝C反應時間－A反應時間
反應選擇時間＝B反應時間－C反應時間

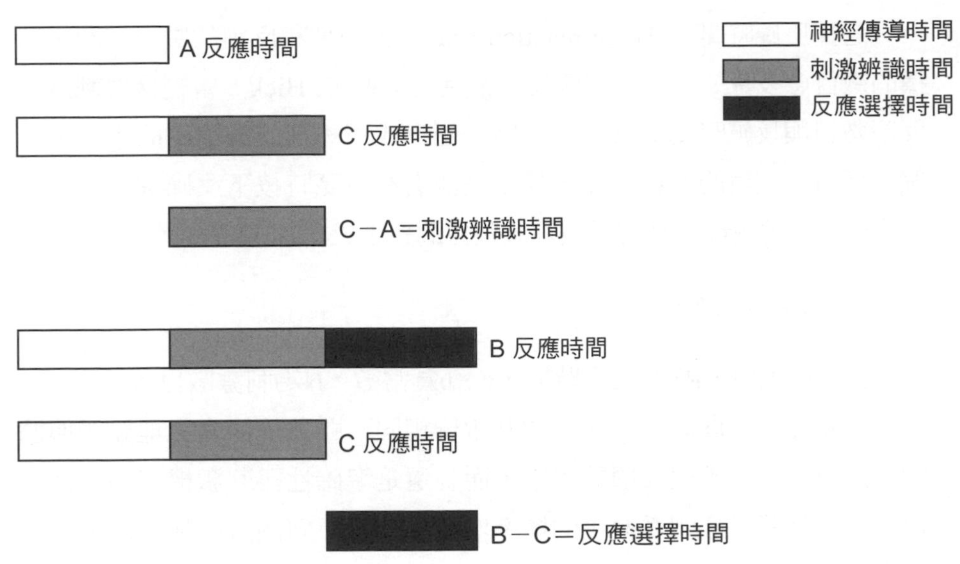

圖4-12　唐德斯氏的減法邏輯

資料來源：參考文獻[25]，經同意刊登。

雖然唐德斯氏的實驗中未將「反應程式設計」單獨提出討論，事實上，A反應時間中已包括「反應程式設計」所需的時間。將唐德斯氏的論點略為修改，則A反應時間為「神經傳導」與「反應程式設計」時間之和。

簡單反應時間與刺激的強度有關，強度愈高，反應時間愈短。對視覺刺激所需的最短反應時間約150毫秒（0.15秒），聽覺與觸覺刺激的最短反應時間約120毫秒（0.12秒）。反應時間與刺激存在的時間，亦有關聯。閃光的時間愈長反應時間愈短。對視場周圍地區（距中央小窩45度角處）的視覺刺激所產生的反應較視場中央地區約慢15～20毫秒。手的各部位對於觸覺刺激的反應時間相差在10%之內。人在十五至六十歲之間的簡單反應時間相差甚低，兒童（十五歲以下）的反應時間甚長，六十歲以後，則隨年齡增加而增加[26]。

選擇反應時間（choice reaction time）與刺激和反應的數目有關，選擇的數目愈多時，反應時間愈長。希克氏（W. E. Hick）曾經探討刺激／反應數目與反應時間的關係。他將十個形成不規則的圓環上的小燈，每個小燈有一相對的反應按鍵，要求受測者在燈亮時按下反應鍵，以求出反應時間。他發現反應時間與刺激數目的對數成正比。

$$RT = a + b \log_2(N) \qquad [4\text{-}1]$$

公式[4-1]中，RT為反應時間，a、b為常數，N為刺激數目。

在希克氏的實驗中，所有的刺激皆相同；雖然依據資訊理論所傳遞的資訊不僅是刺激與反應的函數，而且還是準確性與刺激機率的函數，但是如果能將部分刺激發生的機率增加，或在不同測試中加入連續性依賴關係，以降低整體的不準確性時，平均反應時間仍為資訊數目的函數。希克氏與海曼氏的實驗結果可以下列希克—海曼公式（Hick-Hyman equation）表示：

$$RT = a + b[T(S:R)] \qquad [4\text{-}2]$$

公式[4-2]中，a為反映感測與行動的常數，b為傳遞1位元（bit）資訊所需的時間，T(S：R)為所傳遞的資訊。

在選擇反應中，失誤是不可避免的。如果不要求準確性，只要求速度，任何人在感測刺激後，僅憑臆測所作出的反應，速度雖快，但是失誤機率卻高；相反的，如果等到完全辨認刺激之後，再進行反應時，速度自然較慢，但是準確性卻相對提高。**圖4-13**顯示準確度與平均反應時間的關係，此關係圖稱為「速度—準確度取捨圖」（speed-accuracy trade-off）。如果雇主要求員工不得發生任何失誤時，絕大多數的員工會非常小心，他們會等到所有的疑慮與不可知的條件皆不存在時，才作出反應，準確度雖高，但工作效率卻低，時間的喪失往往超過準確度提高所帶來的利益；而且如果不允許失誤發生時，絕大多數的人不可能表現優

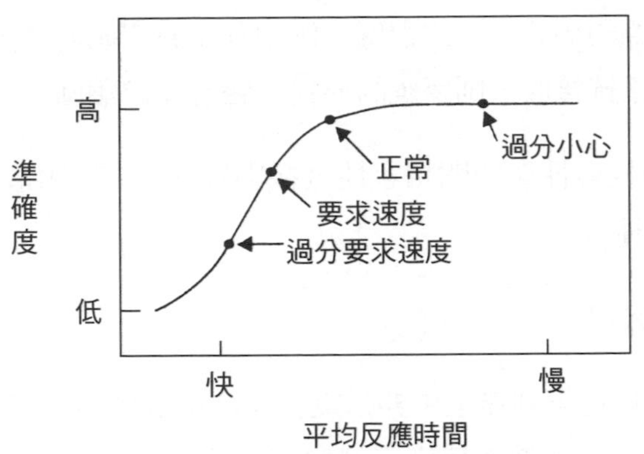

圖4-13　速度—準確度取捨圖

資料來源：參考文獻[17]，經同意刊登。

越，寧可抱著「不做不錯」、「多做多錯」的心理。政府機關或任何大型公司中皆存有此種心態；因此，在工作要求上，至少應允許2%左右的失誤[25]。影響反應選擇時間的主要因素為：(1)相容性（compatibility）；(2)練習。這兩點將於下兩節內討論。

4.5.2 刺激—反應相容性

相容性為刺激與反應之間的一致程度，可分為下列四種類型[9]：

1.概念相容性（conceptual compatibility）：代表刺激的符碼與人的概念聯想相符合的程度，例如以飛機的形狀代表地圖上的飛機場，遠比以顏色方塊表示者為佳。

2.移動相容性（movement compatibility）：控制器或顯示器的移動與所欲控制或顯示之系統的反應一致的程度。

3.空間相容性（spatial compatibility）：「刺激—反應」或「顯示—控制」之空間安排的一致程度。

4.感覺形式相容性（sensory modality compatibility）：刺激的感覺形

式與反應的形式之一致程度，例如刺激為口頭命令，刺激（命令）經聽覺系統接收，則反應的形式以聲音（口頭回答）較為合適。

由於移動相容性與空間相容性直接與顯示—控制相關，因此將先討論此兩種相容性。

(一)移動相容性

移動相容性在下列作業中非常重要：(1)追蹤作業；(2)移動控制器，以達到某種功能、溫度或反應，例如轉動收音機旋鈕，以調節音量、頻率，或轉動方向盤，以矯正汽車的方向等。

絕大多數的人直覺上認為控制與顯示的移動相互關聯，將控制桿向右移動，顯示器上的指針也應向相同方向移動，此種關聯為「群體定型」（population stereotype）的一種，茲將一些決定群體偏好的關係原理列出，以供參考[16]：

1. 順時鐘向右或向上原理：控制鈕順時鐘方向旋轉時，人期望顯示器的指針會向上或向右移動。
2. 順時鐘—增加的原理：旋鈕順時鐘方向轉動時，會增加顯示器的刻度指示（如音量、電流、強度的增加）。
3. 順時鐘—遠離原理：當控制器在顯示器的上方或下方時，順時鐘方向轉動意指指針向遠離控制器的方向移動。
4. 量計邊側原理：顯示器上的指針應隨著顯示器旁側的控制器移動的方向移動。
5. 瓦瑞克原理（Warrick's principle）：當控制器在顯示器側邊時，顯示器的指針應隨著鄰近之控制器的方向移動。

(二)空間相容性

費茲（P. M. Fitts）與西格（C. M. Seeger）二氏發現，當刺激與反應的幾何配置直接對應一致時，反應時間最短，刺激—反應的空間相容性不僅與刺激或反應的空間配置有關，而且受配置的關係影響[27]。

莫閏（R. E. Morin）與格蘭特（D. A. Grant）的實驗結果指出，當受測者可以很快地將刺激與反應之間的空間關係找出時，反應時間較快，反之則較慢。

刺激—反應的空間相容性的研究結果可應用於顯示與控制裝置的設計，由查潘尼斯、林登堡（L. E. Lindenbaum）二氏所做的有關廚房爐具與控制的相對位置的研究可知（如**圖4-14**），當控制鈕與爐具的位置相互對應時（如**圖4-14a**），使用者的失誤率較低，反應速度亦較快，也較受使用者愛好。

(三)概念相容性

即使刺激與反應之間沒有空間對應的關係時，相容性的關係也會存在；例如以左、右、上、下的語音或單字為刺激，相對於物理形式的

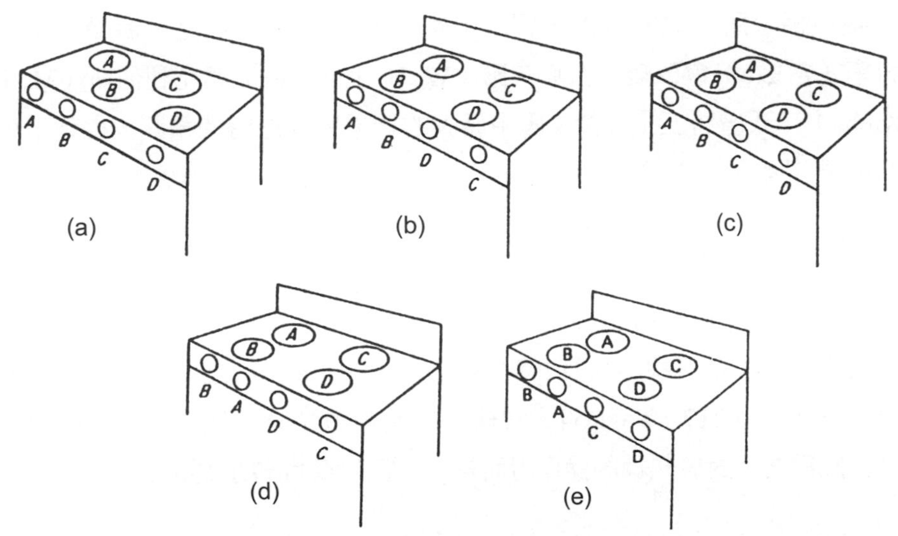

圖4-14　控制鈕與爐具的相對位置

資料來源：參考文獻[29]，經同意刊登。

左、右、上、下的反應，此種相容性稱為「概念相容性」。如果刺激與反應的符碼愈類似時，相容性愈高，反之則愈低。概念相容性的觀念綜合所有空間相容性、移動相容性的研究結果。

針對某一特殊刺激而選擇適當反應所需的時間，也會受到其他反應的影響。當兩種反應（機械上或物理上）相互抵制或對立時，反應會遲緩，此種現象稱為「反應—反應相容性」（response-response compatibility）效應，例如要求左、右手分別做出不同的動作。因此在同一任務下所有的反應動作之間，也必須相容，才可提高效率，減少錯誤。練習固然可以降低相容性的影響，但是由於人的心智表現一直影響刺激與反應的轉譯，因此，不相容的顯示—控制的配置仍會造成長期表現結果的退步。

4.5.3 練習與反應時間的關係

練習不僅可以加速反應時間，而且可以促使使用者或操作者去除由於不相容所造成的困擾，經由不斷地練習之後，希克—海曼公式的斜率（常數b）會改變。台克奈爾（W. H. Teichner）與克利伯斯（M. J. Krebs）二氏曾將五十九個文獻中發表的結果與反應時間繪圖，得到下列的結果[28]：

$$RT = K \log_{10} NT + a \qquad [4\text{-}3]$$

公式[4-3]中，NT為練習的次數，a為常數。選擇的數目愈多，練習的效果愈大；當選擇數目為2時，K＝－0.099，a＝0.725；當選擇數目為8時，K＝－0.217，a＝1.54。當練習的次數愈多時，反應時間的函數愈平；換言之，對於熟練的操作者而言，其反應時間幾乎為常數[25]。

4.6 結論

人的資訊處理系統可以應用知覺、認知與行動等三階段模式表示。每一個階段又可分成幾個子系統，由人的行為針對刺激的測試與表現，可以推斷這些子系統的特性與組織。許多測試方法可以用來分析人的資訊處理系統，反應的準確性可以使用傳統的絕對閾技巧與訊號偵檢理論檢驗。

外界的刺激經知覺系統接收，經編碼後，傳至認知階段。認知階段不受外界的影響，經過資訊的檢索、比較、運算、解題、決策等過程，然後在行動階段中，進行反應的選擇、準備與起動，最後再經肌肉神經的控制，表現於行動之中。本章簡述每一階段中影響資訊處理的子系統的特性、模式，期以協助瞭解人的資訊處理歷程，並提出有關人為因素的議題。探討人的資訊處理方式，不僅可以協助瞭解人的思考能力與缺失，進而可以協助改善人為表現，提高生產力，並降低錯誤的產生。

參考文獻

1.B. H. Kantowitz, The role of human information processing models in system development, *Proceedings of the Human Factors Society, 33rd Annual Meeting*, pp. 1059-1063, 1989.

2.R. W. Bailey, *Human Performance Engineering,* Chapter 7, pp. 108-110, Prentice Hall, Englewood Cliffs, N. J., USA, 1989.

3.I. Kohler, Experiments with goggles, *Scientific American, 206*(5), pp. 62-72, 1962.

4.I. Kohler, The formation and transformation of the perception world, *Psychological Issues, 3*(4), Monograph 12, 1964.

5.R. W. Proctor and T. Van Zandt, *Human Factors in Simple and Complex Systems,* Chapter 9, pp. 194-198, 1994.

6.D. E. Broadbent, *Perception and Communication,* Pergemon Press, Elmsford, N. T., USA, 1958.

7.A. M. Triesman, Verbal cues, language, and meaning in selective attention, *Am. J. Psychology, 77*, pp. 533-546, 1964.

8.Y. M. Yerkes and J. D. Dodson, The relation of strength of simulation to rapidity of habit formation, *J. Comp. Neurology of Psychology, 18*, pp. 459-482, 1908.

9.Mark S. Sanders, Ernest J. McCormick, *Human Factors in Engineering and Design,* 7th ed., McGraw-Hill。許勝雄、彭游、吳水丕譯（2000），台中：滄海。

10.D. Kahneman, *Attention and Effort,* Prentice Hall, Englewood Cliffs, N. J., USA, 1973.

11.C. D. Wickens, Processing resources in attention, In R. Parasuraman & R. Davis (editors), *Varieties of Attention*, pp. 63-102, Academic Press, 1984.

12.C. D. Wickens, The structure of attentional resources, In R. S. Nickerson (editor), *Attention and performance* VII, pp. 239-257. Lawrence Erlbaum, Hillsdale, N. J., USA, 1980.

13.A. Chapanis, J. V. Moulden, Short-term memory for numbers, *Human Factors, 32*, pp. 123-138, 1990.

14.R. W. Bailey, *Human Performance Engineering,* Chapter 8, pp. 134-137, Prentice

Hall, Englewood Cliffs, N. J., USA, 1989.

15.A. D. Baddeley, *Human Memory: Theory and Practice,* Allyn and Bacon, Boston, USA, 1990.

16.R. W. Proctor, T. Van Zandt, *Human Factors in Simple and Complex Systems,* Chapter 13, Allyn and Bacon, Boston, USA, 1994.

17.R. W. Proctor, T. Van Zandt, *Human Factors in Simple and Complex Systems,* Chapter 11, pp. 225-249, Allyn and Bacon, Boston, USA, 1994.

18.L. S. Shulman, M. J. Loupe, R. M. Piper, *Studies of the Inquiry Process: Inquiry Patterns of Students in Teacher-training Programs*, Ed. Pub., Service, East Lansing, MI, USA, 1968.

19.H. R. Ramsey and M. E. Atwood, Human factors in computer systems: A review of the literature, Sci. App., Inc, Englewood, Co., 1979.

20.D. Kahneman and A. Tversky, Propect theory, *Econometrika, 47*, pp. 263-292, 1979.

21.D. Von Winterfeldt and W. Edwards, *Decision Analysis and Behavior Research*, Cambridge Univ. Press, New York, USA, 1988.

22.J. Liebowitz, *The Dynamics of Decision Support Systems and Expert Systems,* Dryden Press, Chicago, USA, 1990.

23.R. Glaser and M. T. H. Chi, Overview, *The Nature of Expertise* (M. H. H. Chi, R. Glaser,M. J. Farr, editors), pp. xv-xxviii, Lawrence Erlbaum, Hillside, N. J., USA, 1988.

24.K. Paraye and M. Chignell, *Expert Systems for Experts,* John Wiley & Sons, New York, USA, 1987.

25.B. H. Kantowitz, R. D. Sorkin, *Human Factors: Understanding People-Systems Relationships,* Chapter 5. John Wiley & Sons, New York, USA, 1983.

26.K. H. E. Kroemer, H. B. Kroemer, K. E. Kroemer-Elbert, *Ergonomics,* Chapter 3, Englewood Cliffs, N. J., USA, 1994.

27.P. M. Fitts and C. M. Seeger, S-R compatibility: Spatial characteristics of stimulus and response codes, *J. Exp. Psychology, 46*, pp. 199-210, 1953.

28. W. H. Teichner, M. J. Krebs, Law of visual choice reaction time, *Psychological Rev., 81*, pp. 75-98, 1974.

29. A. Chapanis, L. E. Lindenbaum, A reaction time study of four control-display linkages, *Human Factors, Vol. 1*, No. 4, pp. 1-7, 1959.

30. R. W. Proctor, T. Van Eandit, *Factors in Simple and Complex Systems,* Chapter 10, p. 211, Allyn and Bacon, Boston, USA, 1994.
31. R. N. Shepard and M. M. Sheenan, Immediate recall of numbers containing a familiar prefix or postfix. *Perceptual and Motor Skills*, *21*, 263-273, 1965.

Chapter 5

人的體力活動與運動控制

5.1 前言

任何一個行動的執行皆需不同肌肉與控制神經的相互協調和配合，神經系統不僅激發肌肉，還必須視情況的需要，將外界的資訊與變化回饋，以調整、改善進行中的行動，並維持身體的平衡[1]。

圖5-1顯示一個描述運動行為的功能與神經機制的模式，將刺激的感覺至行動的控制之間的神經歷程顯示出來。無論在知覺、行動控制與反應的執行階段，回饋皆占有舉足輕重的地位。本章首先複習人體的基本結構、神經系統等生理背景，然後再介紹運動控制。

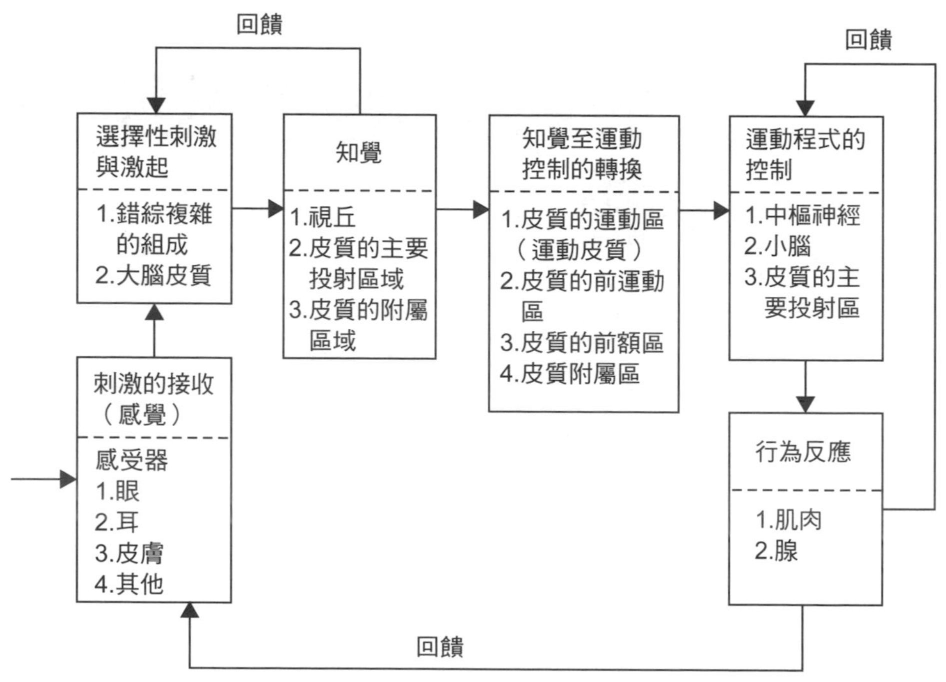

圖5-1　運動行為的功能與神經機制模式

資料來源：參考文獻[2]，經同意刊登。

5.2 神經系統

5.2.1 分類

人體的神經系統依解剖的觀點，可區分為下列三個部分[4]：

1.中樞神經：包括腦與脊髓，主司控制功能，腦及腦幹內之中樞可調節脊髓內的反射動作，可送出促進或抑制訊號[3]。

2.周邊神經系統：包括腦蓋骨與脊髓神經，主司訊號的傳導。

3.自主神經系統：包括交感神經（sympathetic nerves）與副交感神經（parasympathetic nerves）兩種，負責內臟如心、胃的肌肉調節與運動、血液循環、消化、肝的分泌等。自主神經不隨人的意志控制，但可產生「驚嚇」、「戰鬥」、「逃逸」的反應，夜行時，如遇突發狀況，我們不僅會感到恐懼，而且還會發生心跳加速、全身冷汗直流的現象。由於自主神經系統與人的隨意運動無關，不在此詳細討論。

神經系統依功能、觀點，可區分為自主神經系統與人體神經系統（somatic nervous system），人體神經系統控制人的思想活動與骨骼、肌肉。

5.2.2 腦

腦可分為前腦、中腦與後腦三部分（如**圖5-2a**）。大腦位於前腦，由兩個半球所組成，每個半球又可分成四個腦葉，主司知覺、思考、情緒、自主行動等功能。大腦由皮質組織所包覆，呈灰白色，表面凹凸不平，皮質主要是由神經元的細胞體所構成，其中以運動、前運動與輔助運動皮質等三區域主控人的運動，此三區位於腦的前葉上（如**圖**

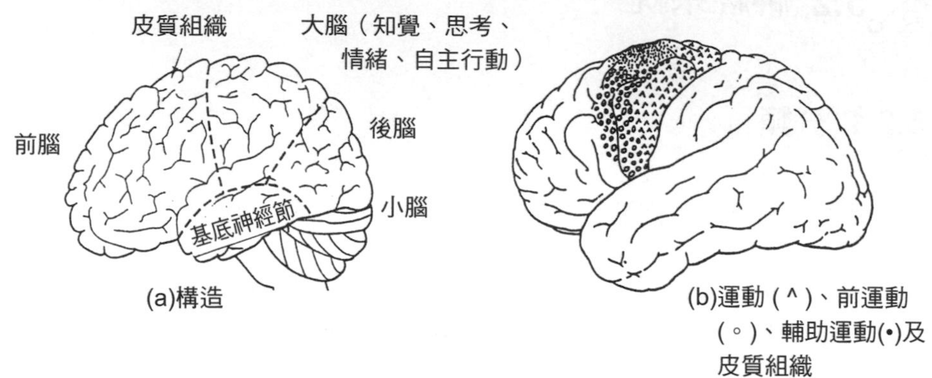

圖5-2　腦的示意圖

資料來源：參考文獻[1, 4]，經同意刊登。

5-2b）。運動皮質區呈帶狀分布，可受大腦皮質的其他感覺區激發，將運動的命令傳至骨骼肌細胞，以引起運動。運動皮質區內又區分為許多小區，每一區控制身體不同部位的活動（如**圖5-3**）。運動區的面積與所控制的器官無關，而與該器官運動時的精密與複雜性成正比。手指與臉的運動皮質區較大，其他如肩、腿、足等器官較小。它的神經細胞對方向的敏感度高。

運動皮質區的前方有帶狀的前運動區，負責協調人體一連串的行動、視覺—運動的整合、軀體的定位，與運動前的準備；前運動區可投射至運動皮質上主管軀體與肩膀的神經。輔助運動皮質組織中的細胞，可於運動起始之前一秒鐘，發出調節訊號，與特殊技能（如彈奏鋼琴、打太極拳）的步驟與企劃有關[1, 15]。如果以電刺激左腦的輔助運動區，眼、頸、頭等部位會同時扭轉至右側，手腳也會朝右側方向伸直，左手、左腳會彎曲與鬆弛，如刺激右腦輔助運動區，則會產生相反的姿勢，由此可知輔助運動區的功能為在與運動區共同協力之下，牽引其他部位的肌肉，以產生全身性動作[15]。

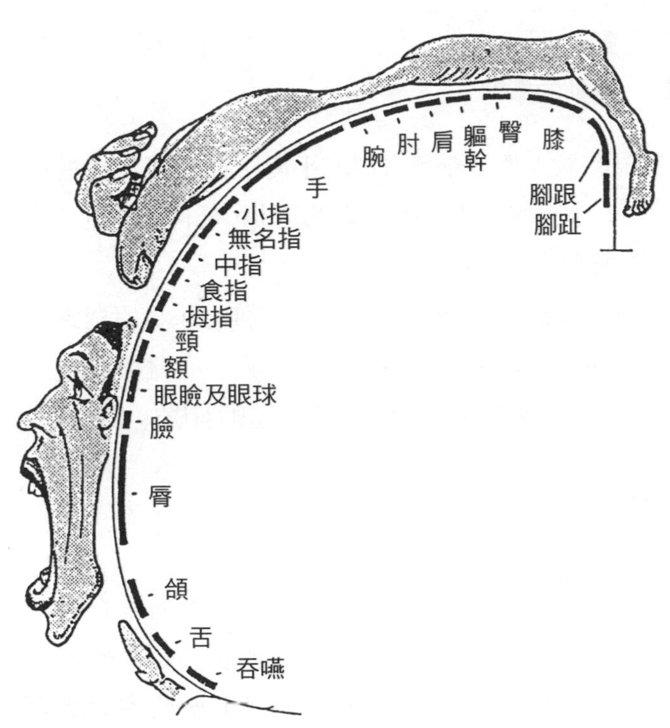

圖5-3　運動皮質上各區控制身體不同的部位（按身體之倒立排列）

資料來源：參考文獻[3]，經同意刊登。

基底神經節（basal ganglia）位於中腦，與運動計畫的激發與檢索、行動幅度的大小、知覺—運動的整合有關，主司緩慢、平穩的運動（如步行、調整姿勢等）與力量大小的控制。如果基底神經節受傷，視部位不同會產生亨丁頓氏病（Huntington's disease）與帕金森氏症（Parkinson's disease），無法如常人一般隨意控制肌肉，難以順利進行簡單的肢體行動。

小腦位於後腦，可將大腦各部分所傳出的神經脈衝整合與分配至脊髓中的運動神經。小腦不僅與肌肉的狀態和身體的平衡有關，而且還具有下列功能：

1.行動順序的快速協調。

2.運動企劃。

3.知覺—運動的學習。

小腦受傷的病人無法維持身體的平衡，而且難以把握行動的順序與時間的配合[1]。小腦的功能在意識範圍之外，任何訊號進入小腦後，不會產生意識內的感覺[4]。

腦幹（brain stem）包含十二對頭蓋骨神經，負責對頸、頭、咽喉、心肺與其他內臟的神經傳導，腦幹支配呼吸、心跳與血壓，可調節伸展反射迴路的敏感度，腦幹亦與視覺系統的運動有關。

5.2.3 脊髓

脊髓上連延腦，位於脊椎管內，中央管內含有腦脊液、白質、灰質等部位，腦脊液與大腦的腦室相連，白質內含神經纖維，以連絡腦部及脊髓內之各部分，灰質含神經元，由內含運動細胞體的前角將運動命令輸出至隨意肌，由後角輸入神經纖維，與腦相接。

脊髓神經共有三十一對，分布於全身，它們是感覺與運動訊號的傳導路徑，可將自主與人體神經訊號於脊髓與肌肉、皮膚、關節、內臟器官之間相互傳遞。

脊髓神經與中樞神經相互作用，以控制人的行動。雖然腦中的高層中心可以在脊髓骨與運動末梢之間發出偏差訊號（反射迴路），以影響脊髓神經細胞的活動，但是人體主要的行動受制脊髓。脊髓以脊髓反射作用控制某些行動。反射作用毋須經大腦的思想活動，可由脊髓發出訊號，當皮膚、肌肉、腱、關節內的感受體感受特殊刺激，將刺激訊號迅速傳至脊髓。脊髓馬上產生行動訊號，再傳回相關的肌肉。脊髓的反射作用可在千分之一秒內激發反應動作，例如腳踢到牆板時，可以迅速縮回，毋須經由思考刺激。各種主要的功能如呼吸、消化皆由反射控制。四肢的活動如行走、揮手、跳躍是由腦部的活動所起始的，但是起始之後，即由脊髓所控制。由許多研究的結果，似乎可以認為脊髓可以控制許多複雜的四肢活動[5, 6]。

5.2.4 運動的神經基礎

腦是控制運動的企劃與執行等的最高層次的部分；中層部分由脊髓控制，肌肉神經纖維與個別運動單元則控制最低層的部分；例如肌肉的伸縮，在不同層次之間存在著許多交互作用與連接。

5.3 人的骨骼

人的骨架是由二百零六塊骨骼所組成（如**圖5-4**），骨骼之間以關節韌帶（連接組織）相結合。骨架的主要功能為身體的支撐，骨骼內的鈣質成分高，性質硬而堅強，可以承受很大的扭曲與應變，而不會輕易變形。小孩子的骨骼所含的礦物質低，彈性較大，老年人骨內礦物成分高，彈性小而且易脆。骨骼並非實心，內含骨髓，骨的殼壁會隨年齡的增加而降低，老年人的骨壁多孔易脆[4]。在人的一生中，骨骼會不斷地再生與重建，局部的張力會促進骨的成長，張力過高時，會造成損傷。

兩塊硬骨相連接處稱為關節，是肢體運動的支點，關節可分為下列七種（如**圖5-5**）：

1.蝶狀關節：肘部。
2.屈戎關節：膝部。
3.橢圓關節：腕部。
4.球狀關節：肩部、股部。
5.平面關節：手指、腳趾。
6.車軸關節：頸椎。

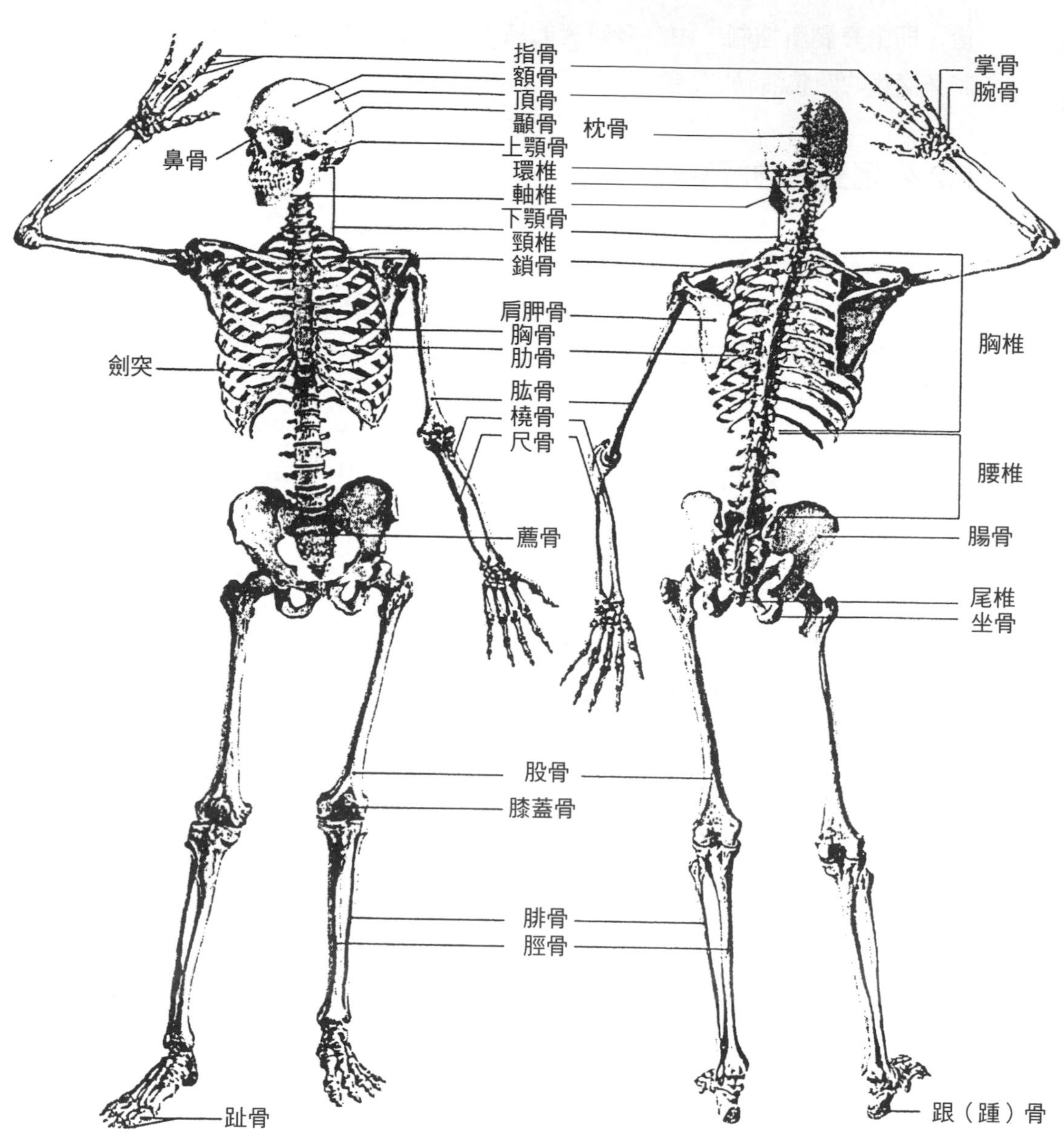

圖5-4　人體的骨架

資料來源：參考文獻[15]，經同意刊登。

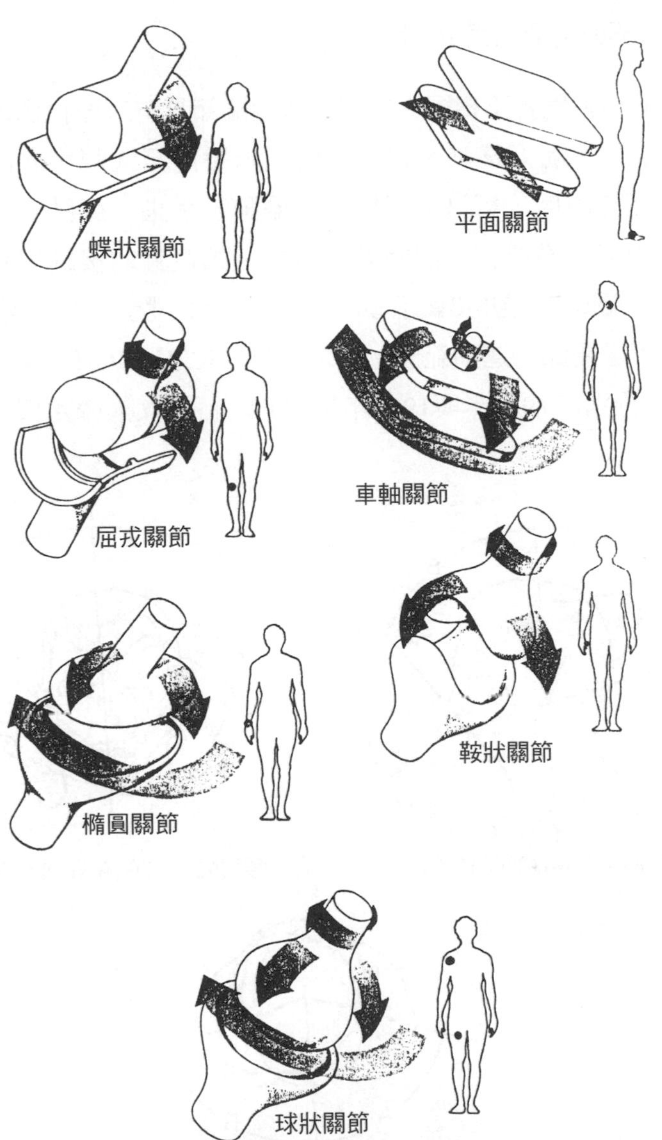

關節的運動：肘部的蝶狀關節，使手腕能夠伸屈。膝部的屈戌關節，除了有伸屈外，尚能做若干程度的迴轉。腕部的橢圓關節，只能做圓周運動而不能迴轉。肩胛骨的球狀關節，能使運動發揮至極限。相對的，足指頭的平面關節，只能夠滑動而已。寰椎和樞椎等兩頸椎間的車軸關節，使頭部能夠迴轉。拇指和手間的鞍狀關節，其活動的能力可與肩胛骨相匹敵。

圖5-5　關節的種類

資料來源：參考文獻[15]，經同意刊登。

7.鞍狀關節：拇指與手之間。

關節的移動性各不相同。肩部的球狀關節具有三個自由度（degrees of freedom）可隨意移動、轉動，使運動發揮至極限，腕部的橢圓關節具有二個自由度，可以上下與左右擺動，手指、腳趾的平面關節僅有一個自由度，僅能在一個平面上活動。頭蓋骨的接縫固定，無法移動。**圖5-6**、**圖5-7**、**圖5-8**顯示頭部、手（含肩、腕、肘）與腿（含臀、膝、踝）等處關節的運動範圍。史塔夫氏（K. K. Staff）與休依氏（D. R. Houy）分別於1983年與1972年量測的一百個女大學生與男大學生的

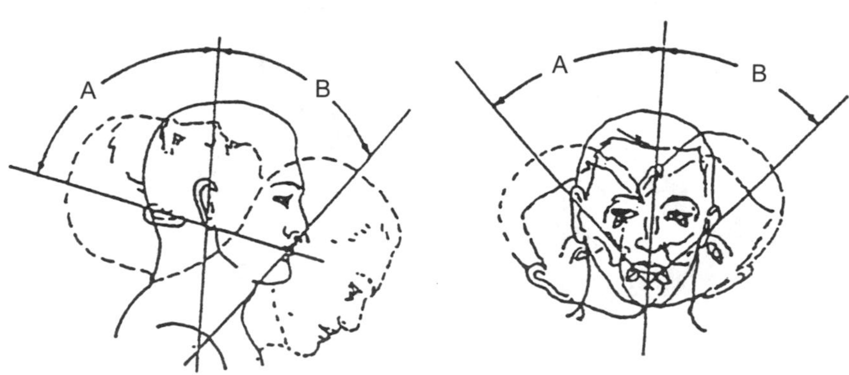

頭屈曲：向後(A)與向前(B)

頸屈曲：向右(A)與向左(B)

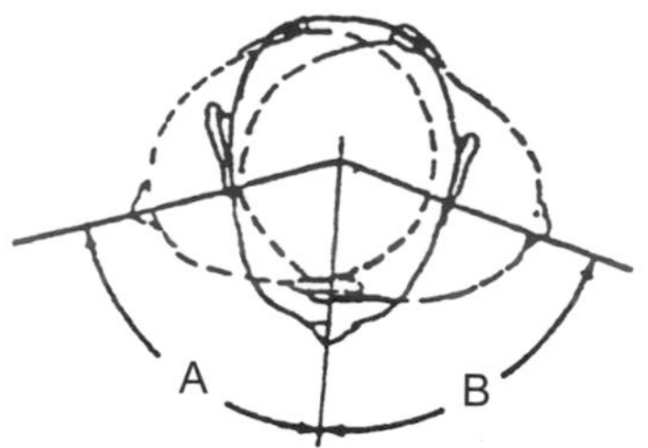

頸旋轉：向右(A)與向左(B)

圖5-6　頭部關節的彎曲與轉動

資料來源：參考文獻[9]，經同意刊登。

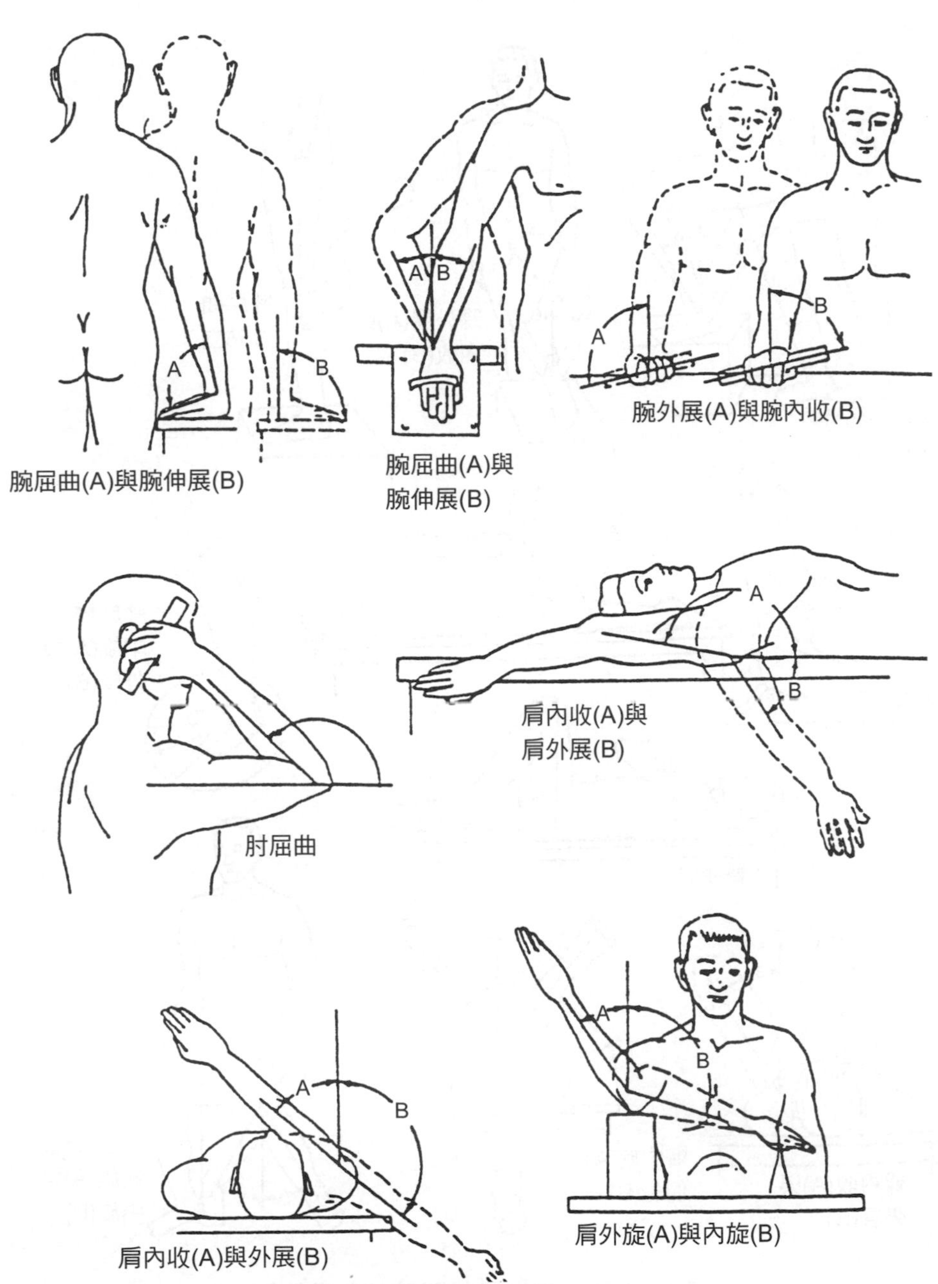

圖5-7　腕、肩與肘部關節的移動範圍

資料來源：參考文獻[9]，經同意刊登。

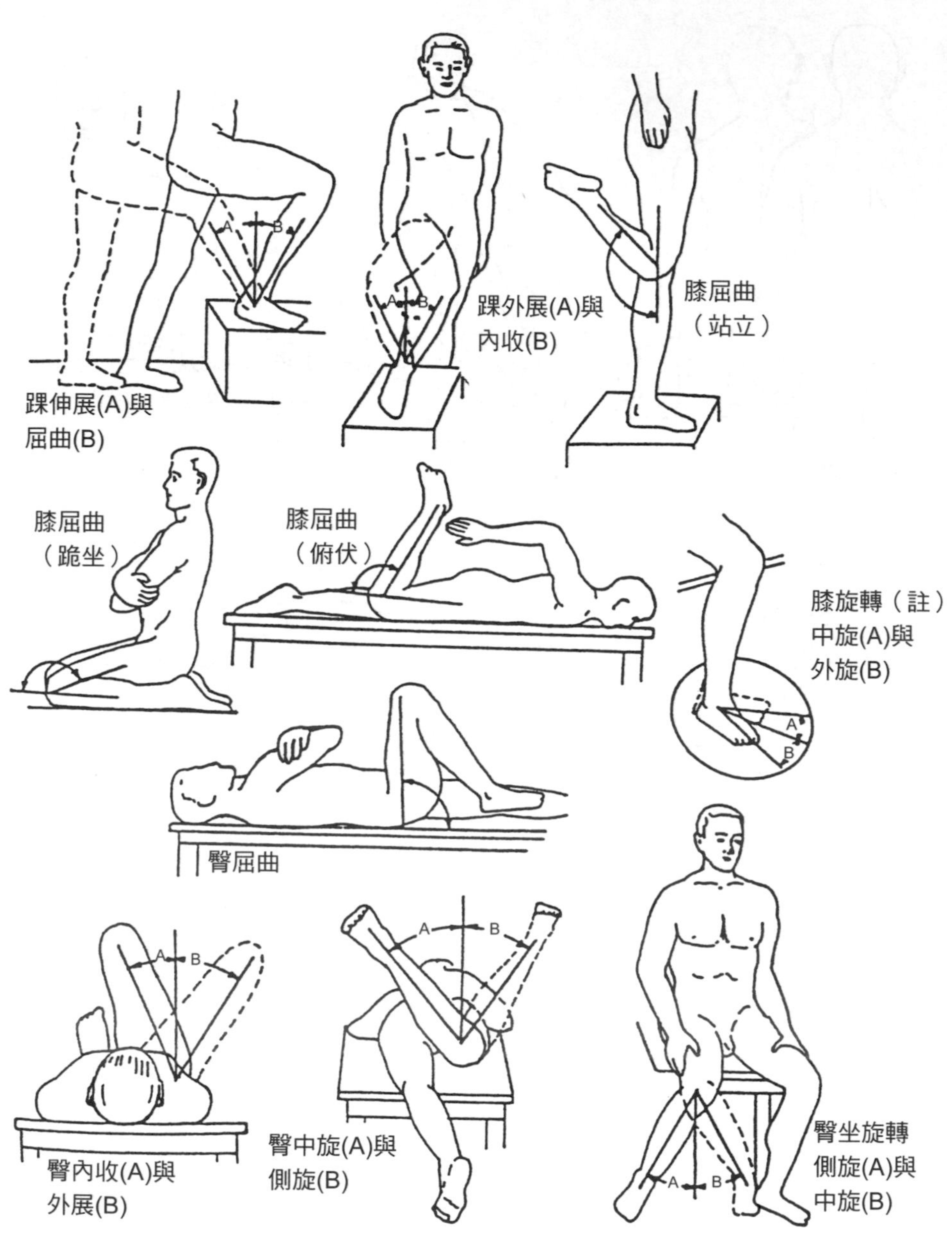

圖5-8　膝、踝與臀部關節的移動範圍

資料來源：參考文獻[9]，經同意刊登。（作者註：依圖面所示，恐為踝旋轉而非膝旋轉）

三十二部位的轉移性，發現女人在二十四個部位領先，男人僅於膝的彎曲與手腕的收展兩項領先[8]。

5.4 肌肉

手臂肌肉的強壯與堅實程度，直接反映臂力的強弱，因此，古希臘人不僅以肌肉發達的年輕健壯男子作為力的象徵，而且早在第三世紀即開始研究肌肉，蓋倫醫生（Galon, 129-199）當時已瞭解肌肉是由肌束所組成的。

肌肉約占人體35～40%的重量，依肌肉纖維構造的特性，可分為以下三類[15, 16]：

1.心肌（cardiac muscle）：呈分叉狀，多核，心室周圍的心肌束，呈螺旋狀，可快速傳達脈衝，以維持心室各部同時收縮，是構成心臟的肌肉，不隨意志支配，屬於不隨意肌。

2.平滑肌：表面平滑，是血管、腸、胃等內臟器官的一部分，受自主神經系統支配，不受意志所控制，平滑肌細胞細長，相互平行，各細胞皆為單核。

3.骨骼肌：附著在骨骼上，能牽動骨骼而運動，受中樞神經控制，為隨意肌，表面有明帶與暗帶交叉，呈橫紋狀，又稱橫紋肌。

5.4.1 骨骼肌功能

骨骼肌共有二百一十七對，分布於人體骨骼上（如圖5-9），主要功能為：

1.運動：肌肉的收縮與弛放，使骨骼在關節處活動，以手肘部的關節

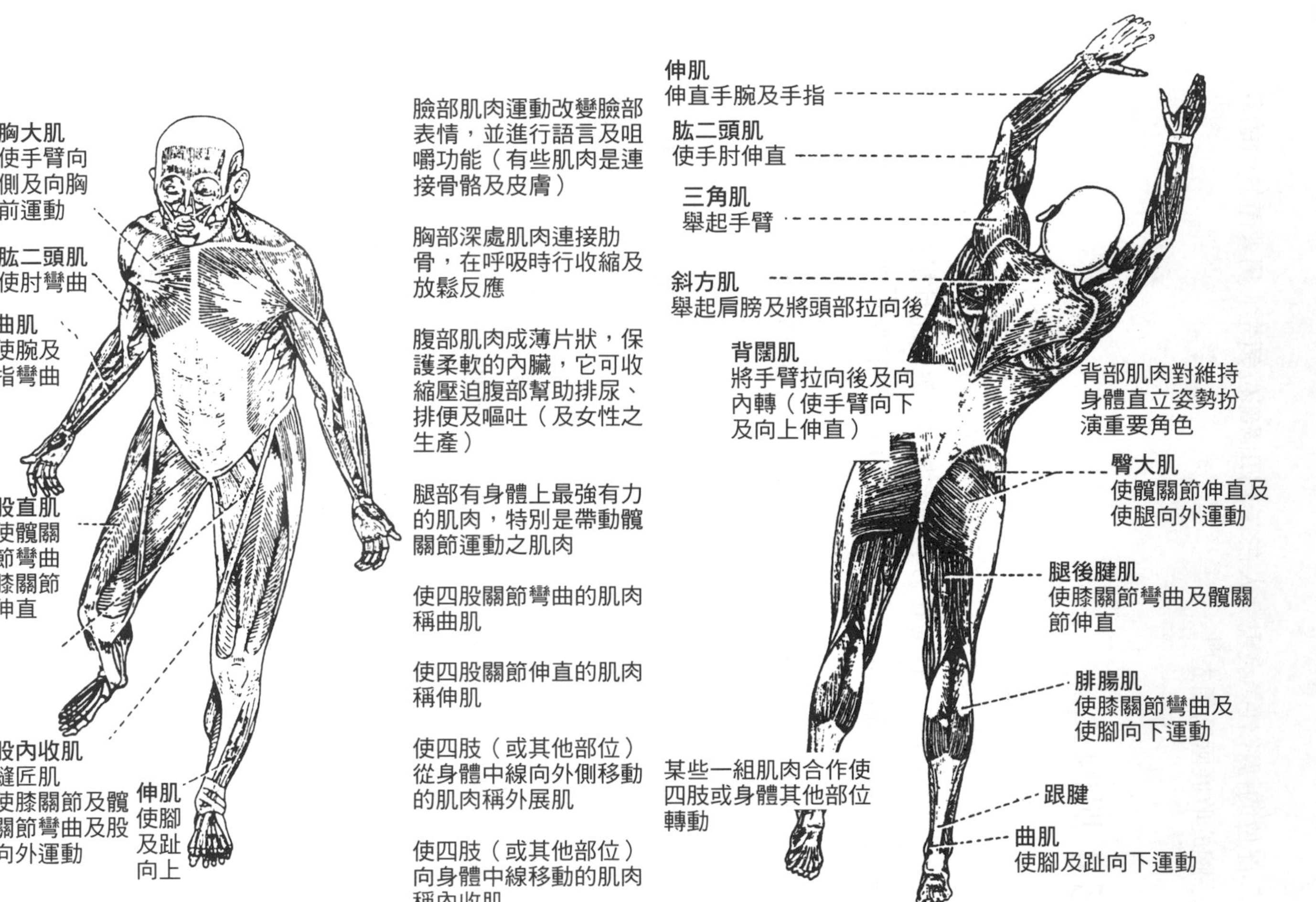

圖5-9　骨骼肌的分布

資料來源：參考文獻[3]，經同意刊登。

運動為例，肘關節彎曲時，肱二頭肌（biceps）收縮，對側的肱三頭肌（triceps）逐漸放鬆，以提供煞車功能，控制運動的平穩與適當；當肘關節伸直時，肱三頭肌收縮（催動肌），肱二頭肌放鬆（拮抗肌）；催動與拮抗兩種相反作用的肌肉相互配合，產生關節的運動（如**圖5-10**）。

2.維持姿勢：肌肉持續性收縮，可維持姿勢的平衡。

3.維持體溫：骨骼肌產生的總能量約1,000千卡／日，較其他器官的活動如肝臟（368千卡）、腎臟（78千卡）或肺臟（100千卡）多，是維持體溫的主要因素之一[16]。

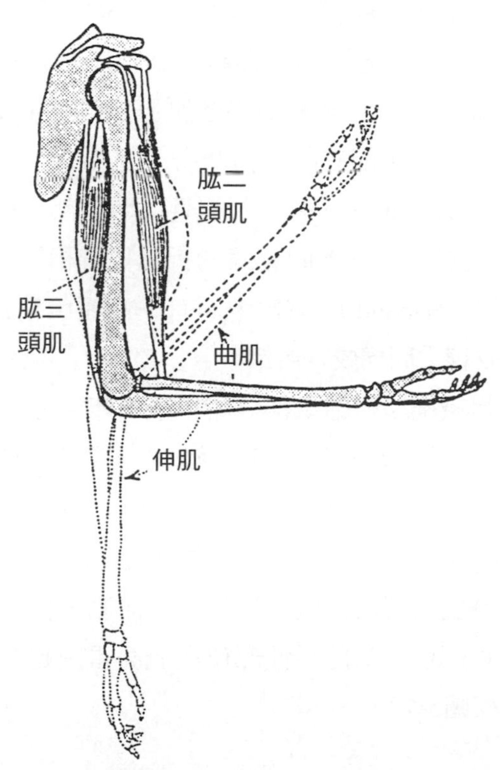

圖5-10　以肘關節為支點彎曲、伸展時肌肉的活動

資料來源：參考文獻[3]，經同意刊登。

5.4.2 骨骼肌構造

水是肌肉最主要的成分，占75%，其次為蛋白質，約20%，肌肉中的蛋白質是由肌凝蛋白（myosin）與肌動蛋白（actin）所組成，兩者各自形成圓柱狀纖維分子，重重排列，造成橫紋。

骨骼肌的長短不一，短約2.5公分，長至30公分不等，上有神經末梢與血管通過。肌肉是由肌纖維所組成，十個至一百五十個不等的肌纖維組成原肌束（primary bundles）。許多原肌束由肌膜包覆成次肌束、三級肌束等，最後形成肌肉。肌肉的力量與肌肉纖維的數量與類別有關（如**圖5-11**）。

肌纖維的直徑為10～80微米，長度在1～50毫米之間。每一個肌纖維皆為一個含有數百個細胞核的大細胞，細胞核之間的距離相等，分布於靠近肌膜的邊緣地帶。肌纖維由許多肌原纖維（myofibrils）組成，由許多肌節組成，每一肌節有明帶與暗帶交叉橫行。暗帶部分稱為A帶（Anisotropic band, A-band），具重折光性，明帶部分稱為I帶（Isotropic band, I-band），對來自不同方向光線的折光性皆相等。A帶中央顏色較淺的部分稱為H帶（H-band），I帶中間有一條顏色較深的縱線稱為Z線（Z-line），兩個Z線之間構成一肌節[17]。

肌原纖維由粗纖維絲與細纖維絲所組成。粗纖維絲的主要成分為肌凝蛋白，是形成A帶的主要成分，粗纖維絲在A帶中點彼此依靠橫橋排列成行，每一肌凝蛋白絲是由細肌凝蛋白（light meromyosin）與粗肌凝蛋白（heavy meromyosin）所構成，彼此環繞成雙螺旋狀。形成I帶的細纖維絲的主要成分為肌動蛋白，扭成螺旋狀，肌動蛋白上附有腺苷二磷酸（ADP），為活性部位，當此活性部位與肌凝蛋白起交互作用時，會促使肌肉收縮[16]（如**圖5-12**）。

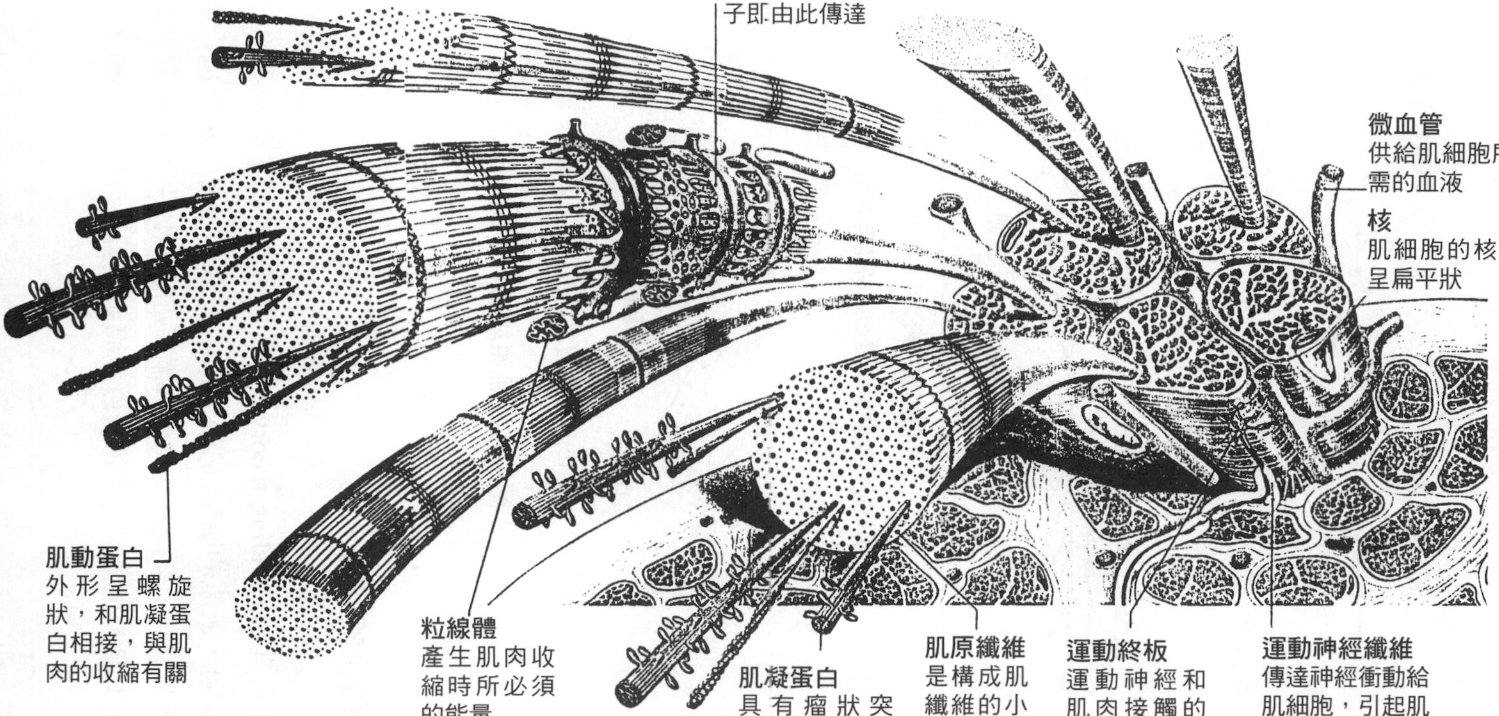

圖5-11　肌肉的剖面

資料來源：參考文獻 [15]，經同意刊登。

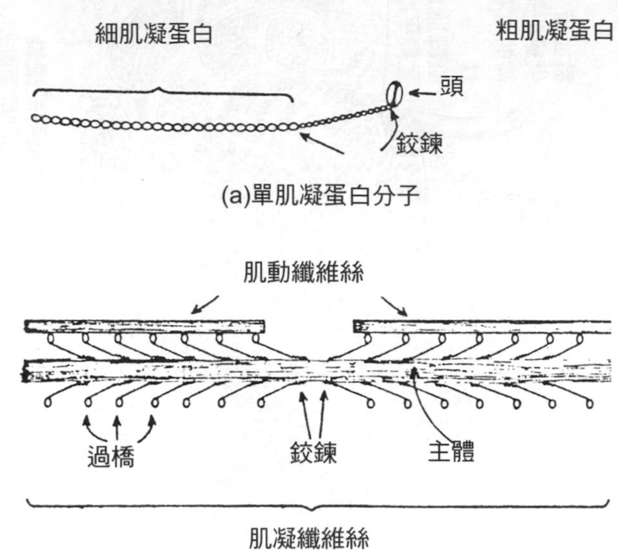

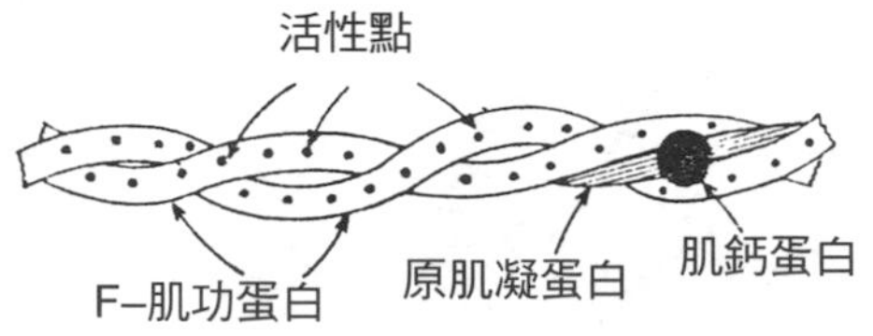

(c)肌動纖維之組成

圖5-12　肌原組織

資料來源：參考文獻 [16]，經同意刊登。

5.4.3 骨骼肌的收縮

依據滑行理論（sliding theory），當肌肉收縮時，細纖維絲沿粗纖維絲向內滑過，肌原的明帶（I帶）長度縮短，暗帶（A帶）不變，肌肉伸展（牽張）時，細纖維絲向外滑過（如**圖5-13**）。當肌肉休息時，細纖維絲上的肌動蛋白中的肌鈣蛋白與原肌凝蛋白分開，收縮時，肌鈣

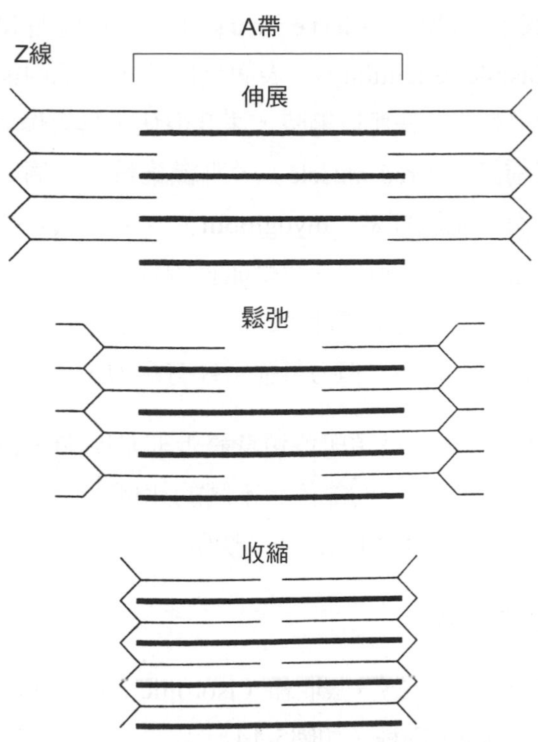

圖5-13　肌肉伸展——鬆弛與收縮時肌動纖維（細線部分）與肌凝纖維（粗線部分）的相互變化

資料來源：參考文獻[1]，經同意刊登。

蛋白與原肌凝蛋白則被拉開，肌動蛋白與肌凝蛋白暫時相接，形成過橋（cross-bridge），有如高爾夫球上的交叉圖案。

(一)骨骼肌的種類

骨骼肌大小不一，由最小的鐙骨肌到最大的四頭肌。肌肉收縮的能量隨肌肉的不同差異甚大，導致肌肉的活動快慢，依收縮的速度，骨骼肌又可分為快肌（fast acting muscle）與慢肌（slow acting muscle）兩種[16]：

1.快肌：又稱白肌（white muscle），具有廣泛的肌漿網（sarcoplasmic reticulum），表面呈白色，快肌內纖維受同一神經支配的數目較少，快肌收縮時，速度很快，具有爆發力。

2.慢肌：又稱紅肌（red muscle），肌纖維較小，周圍部分有許多微血管，含有大量肌紅素（myoglobin），可與氧氣結合，將氧氣儲存於肌內之中。由於肌紅素與微血管內紅血球影響而呈淡紅色；慢肌受同一條神經支配的數目較多，每一運動單元可支配許多肌纖維，其收縮速度較慢，但力量強，較有耐力，可作長期間收縮。

快肌與慢肌的分布在鳥類與魚類身體上非常明顯，在人類的身體上快肌與慢肌不易區分，不同的部位有不同的比例，比目魚肌所含的慢肌較多，腓腸肌則相反[16]，眼肌內則多為快肌。

(二)肌肉的收縮方式

肌肉的收縮方式可分為等張收縮（isotonic contraction）與等長收縮（isometric contraction）兩種（如**圖5-14**）：

1.等張收縮：肌肉受刺激後，長度縮短，但其張力不變，如**圖5-14b**，肌肉的一端固定，另一端則可自由活動，可以作功，也可產生熱能[16]

2.等長收縮：肌肉受刺激時，兩端固定，肌肉的長度不變情況下，內部張力增加的收縮，由於肌肉收縮的結果無法導致長度的變化，如**圖5-14a**所示，因此不能作功，但能產生熱能。

人體運動時不僅所相關的肌肉不只一種，而且很少純為等張或等長收縮，大部分肌肉的收縮皆為兩者的混合。賽跑時，等張收縮促使腿部的移動，等長收縮則可使腿著地時變得堅硬[16]。

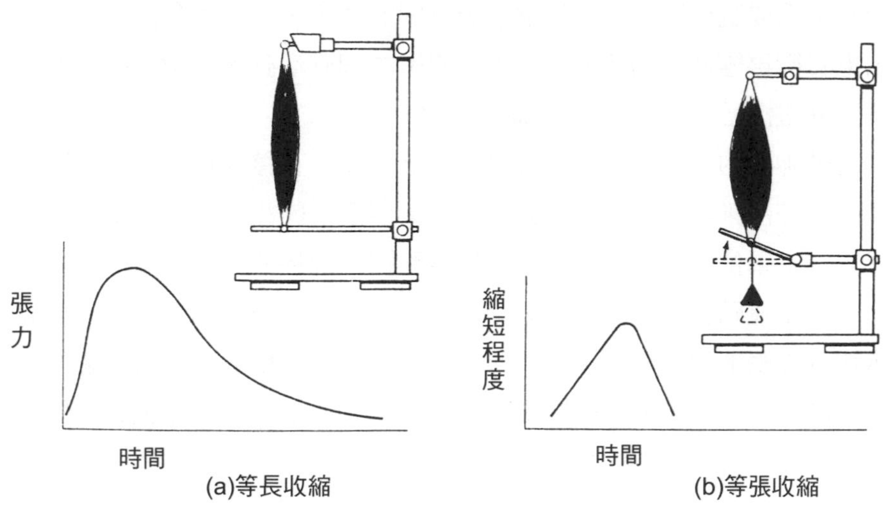

圖5-14　等長與等張收縮

資料來源：參考文獻[17]，經同意刊登。

5.4.4 骨骼肌運動的控制

每一個肌肉皆由許多肌纖維與神經纖維組合而成。肌肉上的神經纖維包括感覺神經纖維與運動神經纖維等兩種，二者合稱為「肌體纖維」。每一個運動神經纖維可激發許多肌纖維，而一個運動神經的神經元與其所支配的一群肌纖維合稱為一個運動單位（motor unit）。運動單位中的肌纖維數量不一，控制眼球轉動的微細動作的肌纖維僅有七個，而產生大體運動的肌纖維數多達數百個。神經元與肌纖維相近的地方稱為「神經肌肉接合點」（neuromuscular junction）。神經元細胞與包覆肌纖維的肌漿膜並不直接接觸，兩者之間尚有微小的間隔。

當神經脈衝傳至神經肌肉接合處時，由於神經元與肌纖維並不相連，不能直接激發肌肉的運動。此時，神經元末梢釋放出一種神經傳遞物質──乙醯膽鹼（acetylcholine）。此物質擴散至肌漿膜上的乙醯膽感受器，造成肌漿膜對鈉、鉀離子透析度的變化，而產生刺激性的電脈衝，電脈衝再經過膜的傳導，產生一連串的細胞活動所累積成的粗細肌原纖維束的相互作用，最後造成肌肉的收縮[17]。

運動神經的傳導路徑可分直接與間接兩種。直接路徑由大腦皮質的高級中樞經由錐體系的大運動神經元向下傳遞，經小路徑激發下運動神經元至運動單位，為隨意運動神經傳導路徑。間接路徑則由高級中樞，經小腦、小運動神經元傳至肌纖維，肌束收縮牽扯環繞神經末梢，激發或增加神經脈衝再經神經纖維的傳導至脊髓。此一反射作用所引起的下運動神經元，所產生的神經脈衝，引起肌肉的收縮。間接路徑與直接路徑相互聯合，以控制運動的精確與維持姿勢的平衡[3]。

5.5 新陳代謝系統

人體在大部分的時間內，維持一定的能量平衡。我們每天攝取食物中的養分，儲存於身體之中（能量的輸入），同時又消耗能量，進行各種體內（如呼吸、循環、消化）與體外（如打球、步行、寫字、工作等）的活動（能量輸出）。能量的輸入與輸出不平衡時，會產生異常現象。飽食終日無所事事，難免造成體重上升；營養不良，則面黃肌瘦、手足無力。人體的運行與汽車類似，兩者相似點如下[11]：

1.肌肉纖維：引擎汽缸與活塞。

2.骨骼、關節：排檔。

3.食物中所含的碳水化合物（carbohydrates）與脂肪：燃料。

4.新陳代謝所產生的副產品（呼出氣體、排泄物）：燃燒廢氣。

5.5.1 能量的來源

食物中的碳水化合物、蛋白質、脂肪與醇類提供人類新陳代謝所需的能量，它們的平均能量值如下：

1.碳水化合物：4.2千卡／公克。
2.蛋白質：4.5千卡／公克。
3.脂肪：9.5千卡／公克。
4.酒精：7千卡／公克。

碳水化合物存在於米、麥、玉米等穀類之中，多由碳、氫、氧三個主要元素構成。人體消化作用將其分解成葡萄糖等單糖分子，再經腸壁吸收至血液之中，經血液的循環送至中樞神經系統（腦與脊髓）或肌肉中使用。

三酸甘油酯是脂肪的主要成分，是由甘油與三個脂肪酸所組成，可經小腸的消化作用，分解為甘油與脂肪酸，再經細胞膜的吸收。水溶性的甘油隨血液循環，不溶於水的脂肪酸則被淋巴（lymph）所吸收。脂肪儲存在脂肪組織之中，視情況需要，轉換為能量。

蛋白質是由氨基酸所構成，經消化、分解、產生氨基酸後，被血液吸收，再經組合形成人體中的酵素、紅血球、抗體、荷爾蒙等人體必需的化學物質，亦可作為能量使用。

人體內所儲存的能量大部分為脂肪，占體重的15～30%。糖原（glycogen）又稱肝醣，由葡萄糖轉化而成，以儲備糖的形式儲存於肌肉和肝臟之中，含量分別為400公克與100公克，僅具2,200千卡的能量。

5.5.2 能量的使用

人體可將儲存於身體內的有機物質分解，以產生能量。如果使用化學的語言，則為打斷有機化合物中的化學鍵，放出鍵能。以葡萄糖的分解為例，葡萄糖氧化產生二氧化碳、水，並放出能量：

$$C_6H_{12}O_6+O_2 \rightarrow 6CO_2+6H_2O+690\text{千卡（能量）} \quad [5\text{-}1]$$

5.5.3 能量的釋放

細胞中所含的「快速釋放的能量」是以腺苷三磷酸（adenosine triphosphate, ATP）的形式儲存。腺苷三磷酸是新陳代謝作用中主要的高能量化合物，可經水解，放出能量：

$$ATP+H_2O \rightarrow ADP+\text{能量} \quad [5\text{-}2]$$

ADP為腺苷二磷酸（adenosine diphosphate）的簡稱，可與磷酸肌酸（creatine phosphate, CP）化合形成ATP：

$$ADP+CP+\text{能量} \rightarrow ATP+H_2O \quad [5\text{-}3]$$

肌肉中ATP所提供的能量僅能維持數秒鐘肌肉的劇烈運動。使用殆盡之後，必須依靠細胞中所儲存的肝醣、脂肪酸的分解所產生的能量，以再生ATP。

當肌肉開始收縮的前兩秒鐘，由ATP水解產生的能量供應，然後磷酸肌酸（CP）與ADP化合，產生ATP。由於ADP的數量為ATP的三至五倍，足以產生足夠的ATP。由於ADP／ATP之間的作用不需氧氣的存在，可稱為「無氧程序」（anaerobic process）。十秒鐘之後，必須依賴體內所儲存的葡萄糖氧化分解所產生的能量以維持ADT／ATP的轉換作用；因此，氧氣是否充足是維持活動水準的必要條件。在氧氣供應充足的條件下，1摩爾（mole）的葡萄糖可產生690千卡能量，足以再生36摩爾的ATP。無氧狀態下，僅能再生2摩爾的ATP，與大量的乳酸。脂肪經過複雜的程序，氧化後產生2,340千卡／摩爾的能量，足以再生130摩爾的ATP。

5.5.4 能量的需求

人的四肢與身體即使在完全靜止的狀態之下，也必須消耗定量的能量，以維持體內器官的運轉。此一最低或基本能量需求每小時約1千卡／公斤（1kcal/kg）。一個體重六十公斤的人每小時約需60千卡，一天約需1,240千卡。休息時的能量需求（指每天工作前的狀態下）較基本需求多10～15%。

運動時的新陳代謝遠較休息時劇烈。**表5-1**列出運動30分鐘消耗熱量表，**表5-2**列出不同體力工作的額外能量需求，**表5-3**則列出不同工作每天所需的能量，以供參考。

表5-1　運動30分鐘消耗熱量表（千卡）[11]

	50公斤	55公斤	60公斤	65公斤	70公斤
騎腳踏車（8.8公里／小時）	75	82.5	90	97.5	105
走路（4公里／小時）	77.4	85.2	93	100.8	108.6
伸展運動	63	69	75	81	87
高爾夫球	92.4	101.7	111	120	129.6
保齡球	99.9	110.1	120	129.9	140.1
快走（6公里／小時）	110.1	120.9	132	143.1	153.9
划船（4公里／小時）	110.1	120.9	132	143.1	153.9
有氧舞蹈	126	138	150	162	177
羽毛球	127.5	140.4	153	165.9	178.5
排球	127.5	140.4	153	165.9	178.5
乒乓球	132.6	145.8	159	172.2	185.4
網球	155	170.4	186	201.6	216.9
溜直排輪	201	219	240	261	279
跳繩（60～80下／分鐘）	225	247.5	270	292.5	315
慢跑（145公尺／分鐘）	235	258.5	282	305.5	329

註：本表係因每個人身體狀況及基礎代謝率不同而訂出熱量消耗量，僅供參考。

表5-2　各種不同工作類型的額外能量需求

工作類型	能量需求（千卡／分）
坐著穿針、剪紙	1.6
坐著使用工具	2.2
坐著使用儀器量測	2.7
坐著釘釘子或敲擊	3.0
站著砌磚	4.0
開拖曳機	4.2
推負重115公斤的單輪車，以2.5公里時速行走	5.0
站著鋸木	6.8
站著推割草機	7.7
站著砍樹	8.0
站著鏟土（鏟子上土重7.5公斤）	8.5
手提8公斤重物，以每分鐘8公尺以上的速度爬梯	9.0
站著將煤鏟至爐床之中	10.2
肩負10公斤重物，以每分鐘16公尺速度行走	16.2

資料來源：參考文獻[12, 13]，經同意刊登。

表5-3　不同工作或行業所需的日能源需求

行業	日能源需求（千卡／日）		
	平均	最低	最高
男人			
實驗室技術員	2,840	2,240	3,820
年老工業作業員	2,840	2,180	3,710
大學生	2,930	2,270	4,410
營建工人	3,000	2,440	3,730
鋼鐵工人	3,280	2,600	3,960
老農（瑞士）	3,530	2,210	5,000
農夫	3,550	2,450	4,670
礦工	3,660	2,970	4,560
林業工人	3,670	2,860	4,600
女人			
年老的家庭主婦	1,990	1,490	2,410
中年主婦	2,090	1,760	2,320
實驗室技術員	2,130	1,340	2,540
大學生	2,290	2,090	2,500
工廠女工	2,320	1,970	2,980
老農（瑞士）	2,890	2,200	3,860

資料來源：參考文獻[11]，經同意刊登。

圖5-15顯示人在進行穩定工作時，能量消耗與心跳速率。工作開始時，氧氣需求量遠超過氧氣的吸入量，是在缺氧狀態進行，能量的釋放多為無氧程序；不久心跳加速，氧氣的供應量隨之增加，工作開始初期所缺的氧氣必須在休息時補充，所補充的氧氣量（氧債）遠大於缺氧量。正常人所能負擔的氧債約3～5公升，受過特殊訓練的人可達此數值的三至五倍。如果一個人工作負荷需求低於他的最大氧氣攝取量（oxygen uptake，即工作時所攝取的氧氣量）的一半時，其氧的攝取、心跳速率、心臟輸出等最後可以到達一穩定狀態（steady state），而且可以維持此水準至很長的時間。

如果人的工作負荷需求超過他的氧攝取量的一半時，無氧的能量產生程序所擔任的任務逐漸增加，鉀、乳酸等無氧新陳代謝作用的副產品逐漸累積。傳統觀點認為乳酸與鉀的累積是造成肌肉疲乏的主要原因，

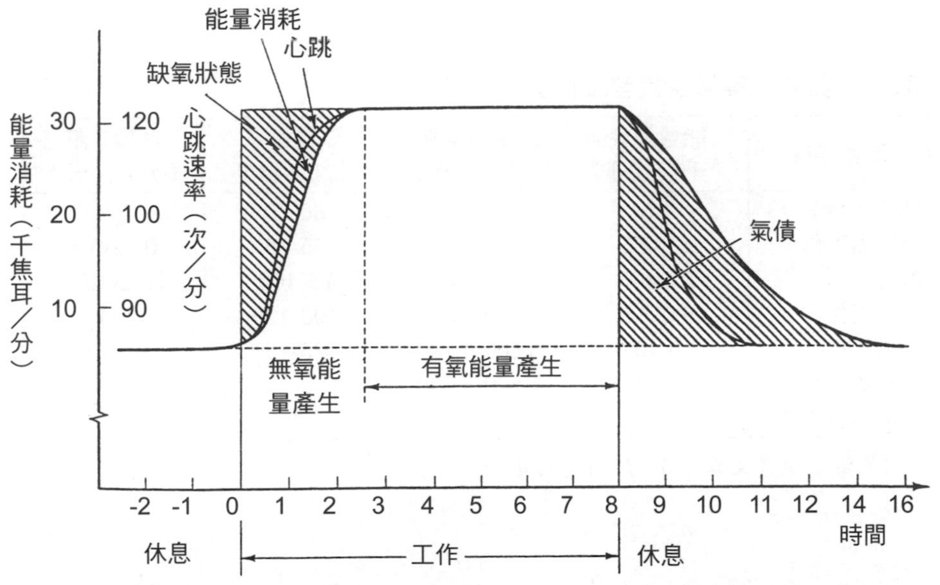

圖5-15　持續工作時的能量消費、心跳速率與時間的關係

資料來源：參考文獻[8]，經同意刊登。

因為當人感覺疲乏時，肌肉中所含的肝醣、血液中所含的葡萄糖的濃度降低，血液中所含的乳酸鹽則隨之上升。然而，有些意志堅強的人可以忍受疲乏的感覺，在很長的時間內從事高氧攝取量的工作，但是大多數人在感覺疲乏後必須停止或降低活動程度。吾人至今仍未完全瞭解造成疲乏的真正程序與原因。

當工作負荷過重，超過他的能量容量時，缺氧情況持續發生，乳酸不斷的增加時，氧氣的供需無法平衡，穩定狀態也無法達到。此時必須休息一段時間，以便於體力的恢復。多次短時間的休息遠較一次等量長時間休息有效。

表5-4列出美國工業衛生協會（American Industrial Hygiene Association, AIHA）以能量消耗的觀點所區分的七個不同的等級，每八小時工作所消耗的能源低於2,400千卡視為輕度工作，3,600千卡以上視為粗重工作，超過6,000千卡則為過重工作。

表5-4　美國工業衛生協會工作區分標準

工作等級	能量消耗（千卡／分）	八小時能量消耗（千卡）	心跳速率（次／秒）	氧需求量（公升／分）
休息（坐）	1.5	＜720	60-70	0.3
極輕微工作	1.6-2.5	768-1,200	65-75	0.32-0.5
輕度工作	2.5-5.0	1,200-2,400	75-100	0.5-1.0
中度工作	5.0-7.5	2,400-3,600	100-125	1.0-1.5
粗重工作	7.5-10.0	3,600-4,800	125-150	1.5-2.0
極粗重工作	10.0-12.5	4,800-6,000	150-180	2.0-2.5
過度粗重工作	＞12.5	＞6,000	＞180	＞2.5

資料來源：參考文獻[14]，經同意刊登。

參考文獻

1.R. W. Proctor, T. Van Zandt, *Human Factors in Simple and Complex Systems,* Chapter 14, pp. 297-320, Allyn and Bacon, Boston, USA, 1994.

2.G. H. Sage, *Motor Learning and Control: A Neuropsychological Approach,* W. C. Brown Publisher, New York, USA, 1984.

3.范永達譯（1988）。《圖解生理學》，第九章，頁224-225，徐氏基金會。

4.K. H. E. Kroemer, H. B. Kroemer, K. E. Kroemer-Elbert, *Ergonomics,* Chapter 3, pp. 134-136, Prentice Hall, Englewood Cliffs, N. J., 1994.

5.S. Grillner, Locomotion in vertebrates: Central mechanisms and reflex interaction, *Physiological Reviews, 55*, pp. 247-304, 1975.

6.R. A. Schmidt, *Motor Control and Learning: A Behavioral Emphasis,* 2nd Ed., Human Kinetics, Champaine, Il. USA, 1988.

7.E. Amstrong, A comparative review of the primate motor system, *J. Motor Behavior, 21*, pp. 493-517, 1991.

8.K. H. E. Kroemer, H. B. Kroemer, K. E. Kroemer-Elbert, *Engineering, Physiology,* 2nd Ed., Van Nostrand Reinhold, 1990.

9.H. T. E. Hertzberg, Engineering anthropology, In V. P. Van Cott, R. G. Kinkade, (editors), *Human Engineering Guide to Equipment Design,* pp. 467-584, U. S. Government Printing Office, Washington, D. C., USA, 1972.

10.S. F. Wiker, G. D. Langoff, D. B. Chaffin, Arm posture and human movement capability, *Human Factors, Vol. 31*, No. 4, pp. 421-441, 1989.

11.衛生福利部國民健康署（2015）。「各類運動消耗熱量表」。台北市。http://www.hpa.gov.tw/BHPNet/Web/Act/ConsumerCalories.aspx

12.E. E. Gordon, The use of energy costs in regulating physical activity in chronic disease, *Archives of Industrial Hygiene, 16*, 1957.

13.Mark S. Sanders, Ernest J. McCormick, *Human Factors in Engineering and Design,* 7th ed., McGraw Hill。許勝雄、彭游、吳水丕譯（2010），第四版。滄海書局。

14.AIHA, Ergonomics guide to assessment of metabolic and cardiac costs of physical work. *Am. lnd. Hyg. Assoc. J., 32,* 560-564, 1971.

15.王欽任譯（1981）。《人體探索：身與心的世界》，三版。台北：自然科學文化。

16.李弘裕編譯（1985）。《基礎生理學》，第三章。高雄：生合成。

17.A. P. Spence, E. B. Mason, *Human Anatomy and Physiology,* Benjamin / Cummings Publishing Co., San Francisco, 1983.

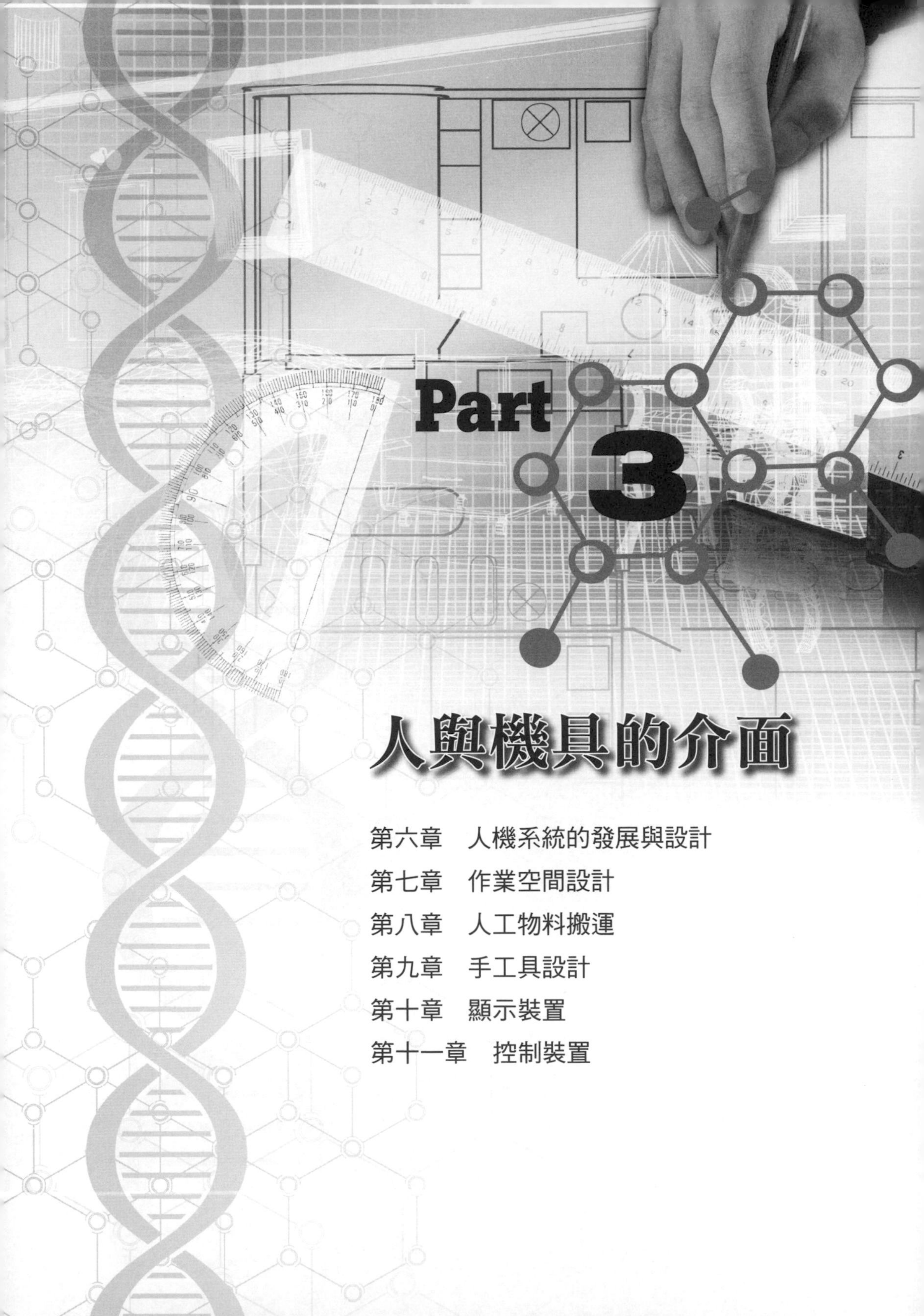

Part 3

人與機具的介面

人機系統的發展與設計

6.1 前言

自遠古以來，人類就已開始利用工具，以擴展人的能力。工業革命發生以後，機具普遍應用於人的世界中。在現代化社會中，無論在日常生活起居或工商業活動之中，人與機具息息相關。由於機具的設計目的是協助人類達到某些特定的目標，機具的設計必須考慮人因，否則所設計出的機具難以適用於人，因此，無論由設計或操作的觀點而論，必須將人與機具相提並論。換言之，也就是將人與機具考慮為一個獨立的人機系統，在此系統中人與機具相互作用，以完成系統目標。

6.2 系統

系統是由一群（組）本身與屬性皆相互關聯的物件所組成[1, 2]，系統包括下列三個主要部分[8]：

1.成分（components）：系統組成的單位，每一個成分具備一種或多種能力，可描述系統的狀態。
2.屬性（attributes）：系統成分物件的特性或可辨別的顯示。
3.關係（relationships）：成分物件與屬性之間的聯繫。

系統的成分不僅具有共同的目標，而且其性質直接影響整個系統。

系統依其來源區分，可分為自然與人為兩種系統。自然系統如宇宙、太陽系、食物鏈等，它們具有高度的秩序與平衡。每一個事件的發生皆緊隨著適當的調整，質量與能量的轉換生生不息。人為系統係由人類所造成的系統，例如都市、交通系統等。由於人類在設計發展人為系統時，僅以功能與所欲達成的目標為出發點，並未全面考慮其對自然環境的衝擊；因此，人為系統往往會破壞自然界的平衡。

系統依其活動型態可分為靜態與動態系統。靜態系統如橋樑、紀念碑等，僅具結構而無任何活動；動態系統除了具備結構物之外，還包含活動，例如學校除了校舍之外，還包含老師、學生、課程等，動態系統的狀態不斷地隨著時間改變。

系統依其與環境的關係，可分為關閉與開放系統。關閉系統與周圍環境的交互作用低，本身不受環境影響，可維持系統的平衡，例如密閉的反應器中的化學品，本身形成一個獨立的關閉系統，反應器內的成分與反應過程可由其起始狀態與條件所預料，其反應過程不受外界影響。開放系統則與周圍環境交互作用，可允許質量、能量與資訊的輸入和輸出。

6.3 人機系統

6.3.1 人機系統的迴路

人機系統是人員與機具所組成的系統。在此系統中，人員與機具相互作用，以完成系統的目標，**圖6-1**顯示人機系統的迴路，圖的右側為機具的次系統（machine subsystem），它包括[2]：

1.顯示（display）：含視覺、聽覺或其他顯示裝置，將機具的內部狀態以人可理解的型態呈現出來。
2.控制（controls）：含按鈕、方向盤、開關、輸入裝置等控制設備，以便於操作人員調整、改變機具內部的狀態或所發揮的功能。
3.機具內部構造。

圖6-1的左側為人員次系統，由機具分系統的顯示裝置所提供的資訊由感覺系統所接收，經知覺後，再傳至資訊處理系統（大腦）中，進行

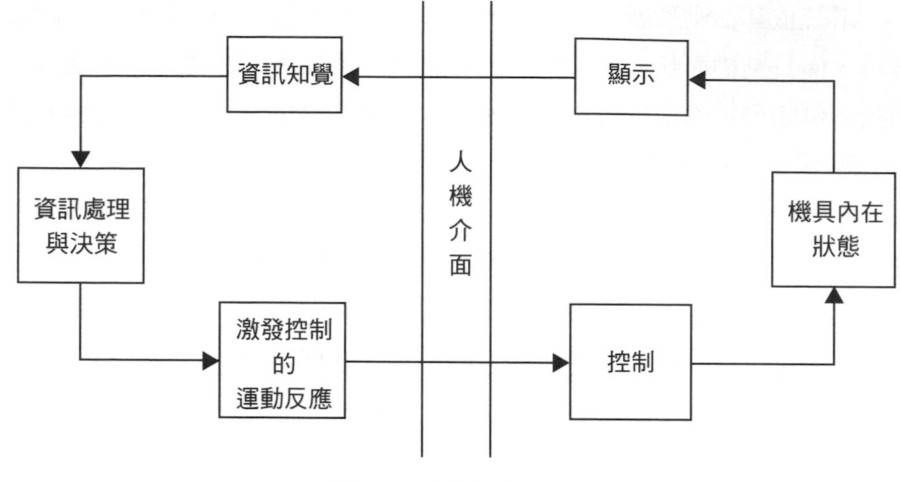

圖6-1　人機系統迴路

資料來源：參考文獻[2]，經同意刊登。

分析、判斷與決策，然後經過運動反應，改變或調整控制器的設定值。

6.3.2 人機系統的特徵

人機系統具有下列五個特徵[3]：

1.系統的績效是以達成特定目標的程度而決定，人機系統是由人所創造，其目的在於執行特定功能與目標。

2.人與機具皆為不可缺少的部分，而且人與機具相互作用。

3.系統具備輸入（資訊或物件）、認知與決策、輸出（資訊、物件、功能行動等）等功能，而且必須達成設計的目標。例如電話公司是交通系統之一，電話公司不僅聘僱許多專業人士，並且擁有眾多通訊設備，每天必須處理千萬通國內外電話，而不致混淆、中斷。

4.人機系統受限於所存在的環境之中，例如台北市公車系統的表現受限於台北市的道路與車數。

5.人機系統本身為一個具備回饋的關閉系統，任何人或機具的變化皆會產生回饋。

6.3.3 人機系統的分類

人機系統可依其技術層次的高低分為下列四種：

1.手動式人機系統（manual system）：在手動系統中，人提供所有的動力、資訊處理、感覺，而機具僅為延長或伸展人的基本能力的輔助器具（如**圖6-2**），使用非動力工具的作業如切割、鋸、砍、鎚擊等皆屬於此系統。

2.機械化人機系統（mechanical system）：自從瓦特發明蒸汽機之後，人類開始利用機械來進行各種粗重的工作，在機械式人機系統中，動力是由機械所提供，人則負責感覺、資訊處理、決策與控制（如**圖6-3**），例如使用電鋸、電鑽、駕駛汽車、控制怪手或傳統工作母機等，皆為機械系統。

3.半自動化人機系統（semi-automatic system）：半自動化系統如**圖**

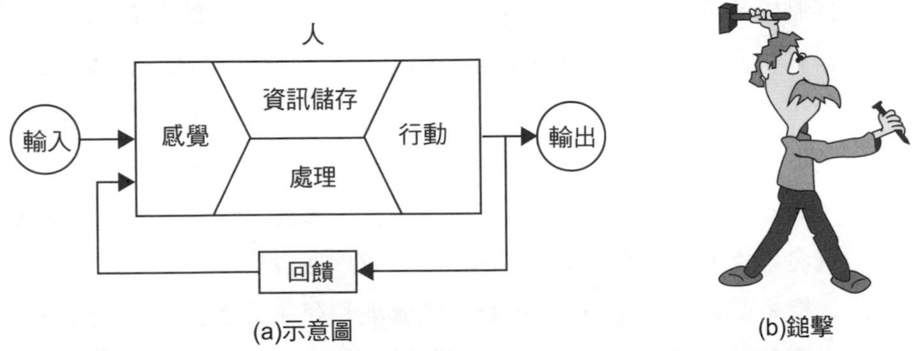

(a)示意圖

(b)鎚擊

圖6-2　手動式人機系統

資料來源：參考文獻[2,4]，經同意刊登。

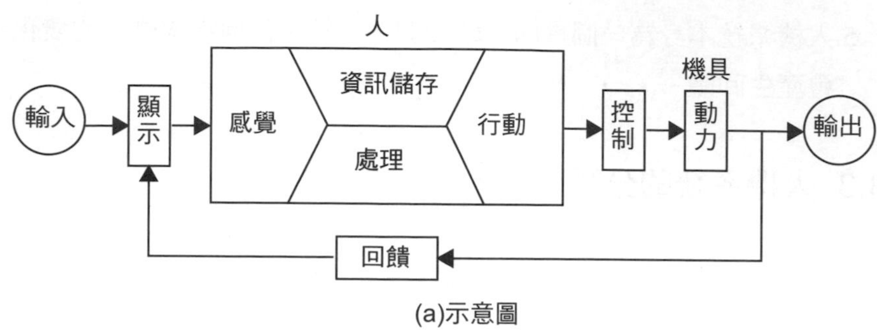

(a)示意圖

(b)動力機械

圖6-3　機械式人機系統

資料來源：參考文獻[2, 4]，經同意刊登。

6-4所顯示，機具不僅提供動力，而且還具備資訊處理的能力與複雜的製程，可在一定的條件之下，達成特定的任務，人的作用僅為控制機具或設定目標。一般紙廠、化工廠的製程皆屬此類系統。

4. 自動化人機系統（automatic system）：在自動化系統（如**圖6-5**）中，機具幾乎完全可取代人力，可自行進行資訊處理、控制與行動的任務，人退居至監視的地位，例如，波音757飛機在自動飛行（auto-pilot）模式下，飛機可自行飛行，駕駛員僅於緊急或特殊狀況發生時，才切入更換為人為控制。雖然在自動化系統中，人的介入機率與時間非常短暫，但是人的參與和存在仍是必須的，由美國太空飛行計畫中可知，突發狀況仍然隨時可能發生，太空人可隨時進行緊急應變措施，並進行維修、調整，否則僅憑地面上的遙控，無法達成預期目標。

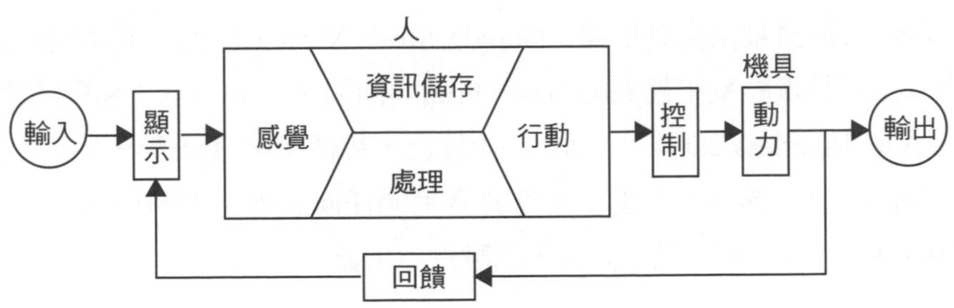

圖6-4　半自動人機系統示意圖

資料來源：參考文獻[2, 4]，經同意刊登。

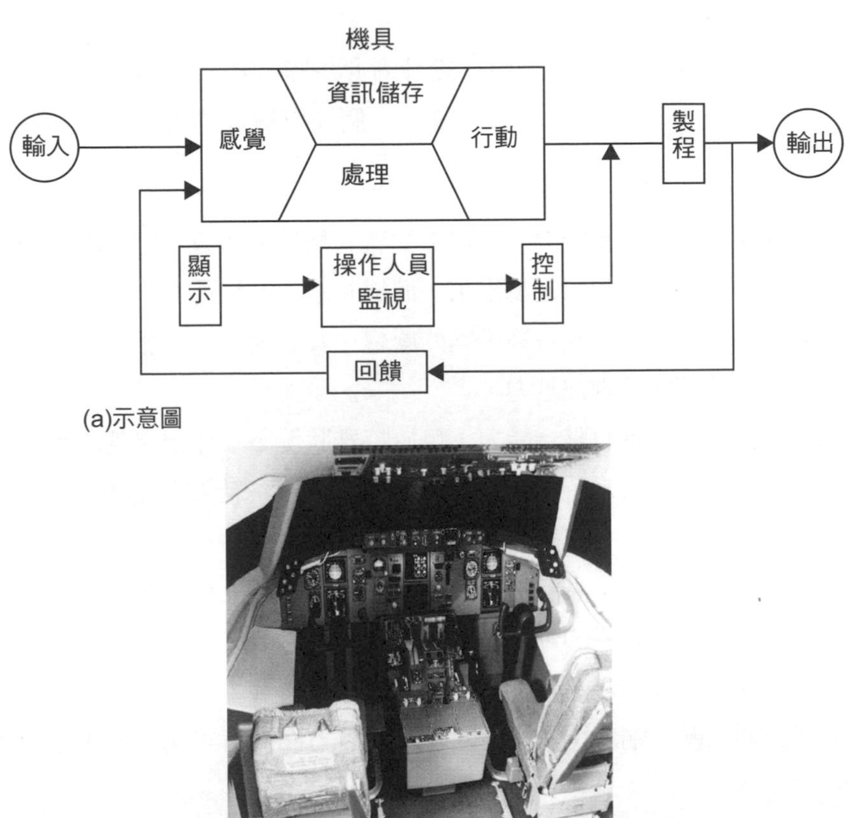

(a)示意圖

(b)應用於波音757/767駕駛艙內的Honeywell飛行管理系統

圖6-5　自動化人機系統

資料來源：參考文獻[2, 4, 10]，經同意刊登。

Google即將推出街景地圖（Google Street View）部門，並與史丹佛大學人工智慧實驗室主任Sebastian Thrun共同開發Google無人駕駛汽車（Google driverless car）。至2012年9月止，每輛測試車已經安全行駛了至少30萬英里（約48萬公里），沒有發生過任何意外。美國加州、內華達與佛羅里達等三州也已准許無人駕駛汽車上路。

6.4 人機系統的比較

在設計與發展人機系統之前，設計者必須瞭解與設計有關的人之基本能力和限制，以及人與機具的比較。一個操作機具的人具有下列特殊能力[11]：

1.複雜環境中的知覺能力：人可在複雜且擁擠的視覺、聽覺環境中，快速地將重要的資訊過濾出來，而機具缺乏此種能力。

2.外管道知覺：人具備各種不同的感覺，其敏銳度亦不相同，使人在極短的時間內集中注意力。

3.管理控制：人具有整合能力，可於特殊狀況下，作出優越的判斷與決策。在機具失常時，操作人員可以憑著觀察結果與經驗，進行緊急因應措施。

4.記憶與檢索能力：人能由過去的經驗中，累積大量資訊，而且可在需要時檢索出有關的資訊。機具雖可儲存大量資訊，但檢索的能力遠較人差。

5.多方面的輸入輸出：人可在同時接受多方面的資訊輸入，並進行行動反應。

6.較佳的全面可靠度：機具失常時，很快地會繼續惡化下去，難以補救其失誤。人雖然在壓力、疲倦狀況下會產生失誤，但不致於全面失敗。

7.可靠度的改善：人可以發展出平行並聯的可靠度。

表6-1列出人與機具的比較。

表6-1　人與機具的比較

功能	人	機具
數據輸入	•可監測低機率事項，但不適於自動系統 •在正常狀況下，敏感度的絕對閾很低 •可在重疊噪音頻譜下，有效地偵測出有意義的訊息 •可以取得及報導與主要活動無關的意外資訊 •難以一般方法阻礙資訊的輸入	•多限於輸入資訊的複雜性，無法接收非預期性的數據 •一般而言，機具的絕對閾較人高 •在重疊噪音頻譜下，偵檢能力甚差 •難以發現與設計功能無關的意外資訊 •可使用干擾與噪音阻礙輸入
資訊處理	•可辨識、使用實際世界中的資訊與模式，以簡化複雜的情況 •以不同方法來完成同一目的的可靠度甚佳 •可做出歸納性的決策 •計算能力差，準確度低，而且決策不受情緒影響 •資訊處理的數量與管道有限，無法處理大量資訊 •可承受多種瞬間與永久的過量負荷，而不致崩潰 •短期記憶容量有限	•不具備辨識空間或凡俗的模式的能力 •高準確度所需投資與複雜性亦高，較適於重複性任務 •無法創新與歸納 •計算能力與準確度皆高，可以經由人設計，促使其應用機率最高的最佳策略 •可以擴充輸入與處理容量 •瞬間或永久的過量負荷會導致系統的崩潰 •短期記憶容量大
資訊傳遞	•只能在短時間內承受低的力量 •追蹤能力差 •由於厭煩、疲勞、注意力減低等原因而降低績效；休息或睡眠之後可恢復績效 •反應潛伏高	•可長期承受很大的力量 •追蹤效果佳 •績效會隨時間逐漸降低，必須維修保養與控制 •反應潛伏低
經濟特性	•供應量多，但必須訓練 •體重輕，身材小，動力需求低於100瓦 •無法隨意棄置，而且對個人生存有興趣，情緒化	•複雜性與供應性受費用與製造時間所限 •複雜機具所占體積大，重量高 •可棄置、消滅，不具人性，不會產生情緒化反應

資料來源：參考文獻[6]，經同意刊登。

6.5 系統發展的歷程

設計一個新的系統時，除了硬體設備之外，還必須考慮許多相關因素，例如：

1.系統使用對象。
2.環境的影響。
3.系統的應用模式。
4.使用者的素質。
5.其他相關因素，如使用期限、限制範圍等。

因此宜採用總體系統設計（total system design）方式。總體系統設計是以一系列明確界定的發展階段為基礎的設計發展方法，首先界定問題（problems）或所欲達成的目標（objectives），再進行企劃，找出可能發生的問題與障礙，研擬適當的策略與步驟，最後才執行達成目標所必須的任務[8, 9]。

為了便利作業，必須將系統發展歷程分為一系列相互關聯的階段（stages），每個階段包含一組活動（activities），這些活動必須完成後，才可進行下一個階段，有時，階段與階段之間相互重疊，難以決定起始與終止，不過只要階段中所有的活動皆已完全，階段即已完成。總體系統設計可分為下列六個階段[7, 9]：

1.系統目標、使命（mission）與績效規範（performance specifications）界定。
2.系統內涵（輸入、輸出與功能）的界定。
3.基本設計（basic design）。
4.介面設計（interface design）。
5.輔助系統（執行步驟、訓練、輔助器材）設計。

6.測試與評估。

圖6-6顯示系統發展／設計歷程。

6.6 結論

人機系統的發展宜採取總體系統設計方式，以確保所有系統的成分如操作／使用人員、硬體設備與軟體（手冊、步驟或電腦程式）皆能在發展設計中充分考慮。由於人是人機系統中不可缺少的一部分，宜將人的參與和操作視為一個次系統，應用美國空軍所發展的「人員次系統」觀念，以確保所發展的系統能與使用者充分配合。

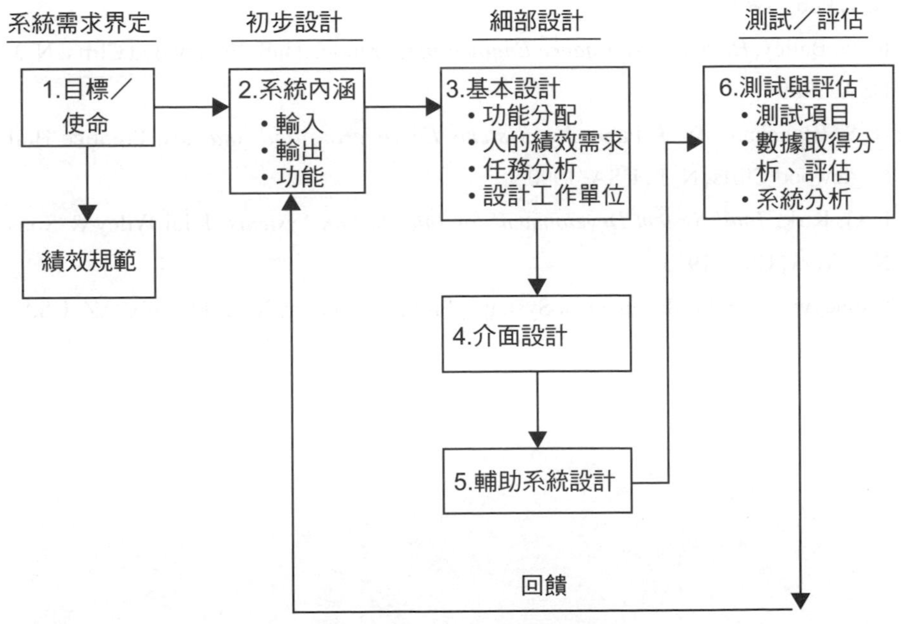

圖6-6　總體系統設計歷程

資料來源：參考文獻[9]，經同意刊登。

參考文獻

1.A. D. Hall, R. E. Fagen, Definition of system, *General System Yearbook of the Society for the Advancement of General Systems Theory*, pp. 18-28, 1956.

2.B. H. Kantowitz, R. D. Sorkin, *Human Factors: Understanding People-System Relationships,* John Wiley & Sons, New York, USA, 1983.

3.D. Meister, *Human Factors: Theory and Practice,* Chapter 1, John Wiley & Sons, New York, USA, 1971.

4.M. S. Sanders, E. J. McCormick, *Human Factors in Engineering and Design,* McGraw-Hill, 1987.

5.R. D. Huchingson, *New Horizons for Human Factors in Design,* Chapter 2, McGraw-Hill, 1981.

6.W. E. Woodson and D. W. Conover, *Human Engineering Guide for Equipment Design*, NEL Pub., 1966.

7.R. W. Bailey, *Human Performance Engineering,* Prentice Hall, Englewood Cliffs, N. J., USA, 1989.

8.B. S. Blanchard, W. J. Fabrycky, *Systems Engineering and Analysis,* Prentice Hall, Englewood Cliffs, N. J., USA, 1990.

9.F. G. Kirk, *Total System Development for Information Systems,* John Wiley & Sons, New York, USA, 1973.

10.Honeywell, Flight Management Systems, Product Catalog, 2012, Phoenix, AZ, USA.

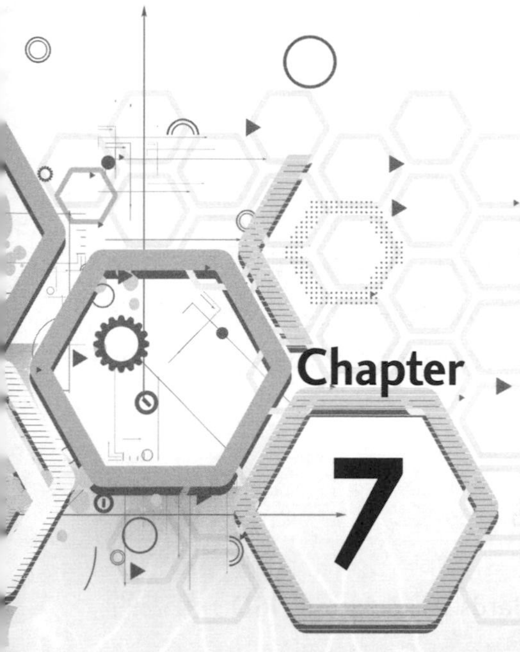

Chapter 7 作業空間設計

7.1 前言

作業空間是否適合工作人員的體型、體力，不僅直接影響工作績效的好壞，而且還會影響人的健康狀況。許多職業病症的發生皆由於作業空間設計不佳所造成的。無論從工作績效或職業安全的觀點而論，工作場所的設計必須適應人的體型與體能。

7.1.1 作業空間設計應注意的特點

國際標準協會（International Standards Association, ISO）發表的 ISO6385 [3]特別強調此點：

(一)工作場所必須適合操作人員

1.作業表面的高度必須依據人的體型與所從事的工作而調整。

2.座椅的安排應依個人需求而調整。

3.必須提供足夠的身體運動空間。

4.控制器必須裝置於手、腳可觸及的範圍之內。

5.把手與抓柄必須適合手的大小。

(二)工作必須適合操作人員

1.避免對人體部位造成不必要的壓力。

2.所需施力的大小必須在可行範圍之內。

3.所需人體的移動必須合乎自然節奏。

4.姿勢、力量與移動必須調和。

(三)特別注意事項

1.坐姿與立姿應相互交替。

2.應盡可能選擇坐姿（如果必須選擇的話）。
3.通過身體的力量的連續動作應保持簡單而短暫。
4.提供適當的支持，以維持合適的身體姿勢。
5.如果所需力量過大時，提供輔助總量。
6.避免靜止不動，寧可運動。

7.1.2 影響作業空間設計的因素

影響作業空間設計的因素[1]為：

1.所需操作的硬體設備。
2.顯示與控制的位置。
3.物理環境（如溫度、照明、噪音、振動等）。
4.工作性質。
5.組織（如工作內容、效率、工作方法）。
6.軟體設備（如手冊、指示板、圖表、資訊、電腦軟體程式等）。
7.工作人員素質、年齡、身材、性別等。

7.2 設計步驟與原則

7.2.1 設計步驟

一個良好的設計除了應用人體量計、生物力學的數據之外，還必須經過許多階段的發展與評估，再將構想依比例繪製成圖或製作成模型。羅巴克（J. A. Roebuck）、克洛模爾（K. H. E. Kroemer）與湯姆森（W. G. Thomson）三氏所發表的十四項步驟[4]，普遍為設計者所採用，謹列於後，以供參考使用：

1.建立需求：設定系統目標與相關需求。
2.界定與描述使用對象：界定使用對象母體群，並描述對象組成、人體量計數據等。
3.選擇設計極限：決定適用母體群百分數範圍。
4.確定基本人體尺寸：繪製基本人體圖形。
5.製作小型人體模型。
6.作業空間配置：應用靜態與動態人體量計數據，決定功能性配置，以決定控制器的位置。
7.數學分析：應用生物力學模式，進行數學分析，以補圖示人體位置的不足。
8.製作小型設計模型。
9.研擬測試需求。
10.製作原型模型：製作出實際大小尺寸的原型模型，以供試用。
11.實地試用，以確定手、足觸及範圍與空間需求。
12.準備特殊量測工具：每一個作業空間皆可能有某些特定條件或需求，必須找出測試工具，以確定原型設計是否合乎需求。
13.測試測計原型。
14.紀錄存檔：設計完成後，將設計原則、考慮項目、決策效標、測試結果等作成完整的紀錄後，呈送決策單位。由於決策者或顧客可能基於經費或其他非技術性考慮因素，無法接受原有設計，必須依其要求修改，因此完整的檔案可作為改善、修改的依據。

7.2.2 設計原則

在設計過程中，設計者應遵守下列的一般性原則[5]：

1.避免靜態的工作。
2.避免扭曲關節。

3.避免肌肉超載。

4.施力時，以產生最佳機械優勢為目標。

5.避免不自然的姿勢。

6.維持適當的坐姿。

7.允許姿勢的改變與調整。

8.適合大小不同身材者使用（身材矮小者可輕鬆觸及，同時也可適合於身材高大者的體型）。

9.訓練操作人員使用。

10.工作需求配合操作員的能力。

11.允許操作員維持直立與臉面向前的工作姿勢。

12.將所需目視的物體、設備放置於身體與頭直立時或頭部稍微傾斜即可看到的地方。

13.避免所執行的任務在心臟或較心臟高的位置。

7.3 工作姿勢

立姿與坐姿是最主要的兩種姿勢，其他姿勢如仰、躺姿勢等，僅在特殊工作場所才使用。修護車輛時，如不將車體升高，只好平躺在車底執行任務。米開朗基羅在繪畫聖彼得大教堂內頂時，必須仰起頭來繪圖。在選擇工作姿勢時，宜針對人體生理、心理因素與工作需求而評估，不同的專業有不同的重點[6]。

一般而言，立姿較坐姿所消耗的能量多，易於疲倦，但是可充分運用手與手臂的力量，進行動態打擊、扭轉等施力工作，而且可以自由移動。坐姿受限於固定的範圍之內，僅雙手可自由移動，舒適度高。

工作人員的舒適度高時，對工作較為專心，效率也可提高。

選擇工作姿勢時，宜考慮人體運動的經濟原則[8]：

1.應用對稱、同時由外向內或由身體向外的雙手動作。
2.以連續性、曲線動作取代不時變化方向的直線動作。
3.盡可能將肘部靠近身體，手指的動作較手臂與身體的動作節省能量，盡可能以腳部或其他身體部位取代手部執行任務。
4.調整工作方式，以配合自然節奏與降低困難度，連續性動作應妥善規劃，以易於動作的交替。
5.提供放置零件、工具的處所，盡可能避免以手抓持零件，同時避免長時間靜態工作。
6.提供物件傳遞設施如輸送帶、投遞箱等，以避免不必要的身體移動。
7.調整作業空間，以避免任何動作直接與重力衝突。
8.零件、工具設置於易於觸及的地方。
9.工具、材料應放置於固定場所，避免使用時尋找。
10.某些特殊的工作必須考慮坐姿與立姿的交替。
11.調整作業空間與座椅的高度，以增加工作者的舒適程度。
12.調整作業空間，以便於必須目視或控制的物件易於看見或觸及。
13.提供動力工具與物料搬運設備。
14.保持作業場所舒適與安全。
15.定期休息，以恢復疲勞並避免厭煩。
16.保持環境整齊、清潔。

7.4 作業平面的設計

7.4.1 水平作業平面

人的雙手可以從事許多不同的活動，由精細圖案的繪製、精密元件的組合安裝，至粗重的推舉、施力等；因此，水平作業平面必須具備足夠的空間，以允許雙手在此範圍內自由活動。無論人以坐姿或立姿工作時，手的最鬆弛的位置是平放於水平的桌、檯之上，雙肘關節幾乎與桌、檯邊接觸。在此姿勢之下，雙手可隨意活動，可以進行準確性、快速的動作。如**圖7-1a**所顯示，雙手在距離桌、檯邊30公分的範圍之內，手可輕易觸及任何物件，此範圍稱為「正常範圍」。有些工作必須單手或雙手施力、按觸，例如改變控制桿、按觸開關等，為了避免控制器、鈕、桿影響主要工作區域，這些設施宜設置於正常範圍之外，但不可超出手臂伸直時的最大距離，此距離約50公分（如**圖7-1b**）。此範圍稱為「最大區域」，必要時可將工作所需的零件、控制器放置於50～80公分處，而不致產生不良影響。

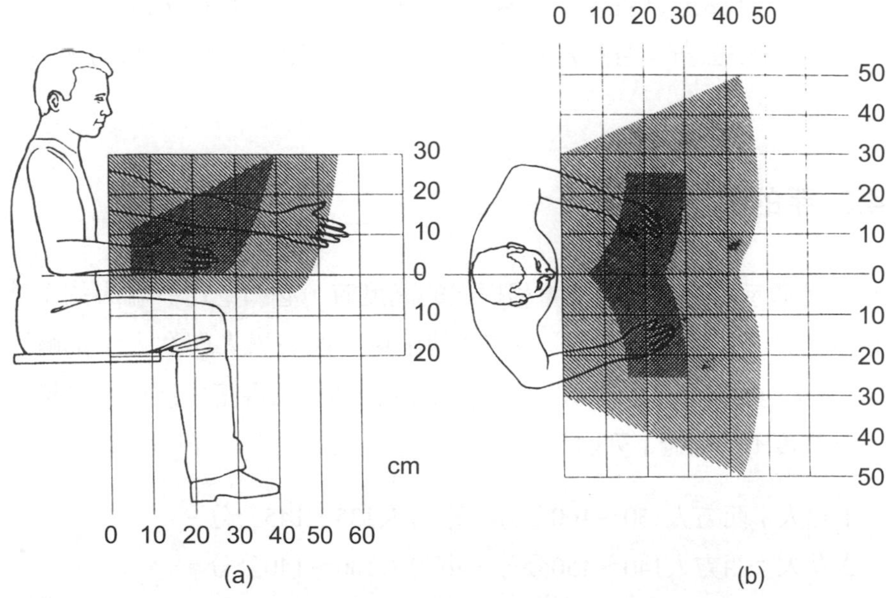

圖7-1 水平作業平面的正常範圍與最大區域

資料來源：參考文獻[6]，經同意刊登。

7.4.2 垂直抓握範圍

控制桿、器不一定放置在水平作業平面上，也可視空間的有無，裝置於作業員的正面空間中人的手臂可輕易觸及的地方。由於握拳姿勢較易於施力，因此，垂直抓握的範圍是以肩為軸、舉手握拳由上而下的半圓空間。為了適應大多數人，宜以5%的手臂伸直觸及長度為設計基準[9]：

1.站姿肩的高度：身材矮小的男人——西方人131.5公分、東方人125.0公分；身材矮小的女人——西方人121.5公分、東方人107.5公分。
2.坐姿肩高：身材矮小的男人——西方人54.0公分、東方人54.0公分；身材矮小的女人——西方人50.5公分、東方人50.5公分。
3.手臂觸及長度（握拳）：身材矮小的男人——西方人61.0公分、東方人56.5公分；身材矮小的女人——西方人55.5公分、東方人51.5公分。

7.4.3 手的觸及高度

設計顯示器、控制器、書報框架的高度時，必須應用有關人的手部可以觸及的最高長度的數據。**表7-1**列出東、西方男人與女人手部觸及上限。如果必須看清楚書架上所欲抓取的物品（如書籍、酒瓶）之標示時，其高度不得超過下列數值：

1.男人：西方人150～160公分、東方人135～145公分。
2.女人：西方人140～150公分、東方人130～140公分。

表7-1　男人、女人手部觸及上限

		百分數	至手指頭（公分）		抓握高度（公分）	
			西方人	東方人	西方人	東方人
男人	高	95	231.0	207.5	219.0	197.5
	平均	50	218.0	194.0	206.0	184.0
	矮	5	204.0	180.5	192.0	170.0
女人	高	95	212.0	191.0	202.0	181.0
	平均	50	200.0	179.5	190.0	169.5
	矮	5	189.0	168.0	179.0	158.0

註：東方人部分為日本人體量測數值。
資料來源：參考文獻[9]，經同意刊登。

7.4.4 腿部作業空間

從生物力學的觀點而論，腳運動所需的能量遠比手多，所施展的力量也較大，但是僅能從事粗重的施力、壓按的動作，無法如手一般，可執行精密的任務。當人站立時，盡可能減少腿或腳的動作，因為站立時，雙腳必須維持身體的平衡。如果腳部的動作需求太多時，單腳難以長期或經常維持身體的直立與平衡。一個坐著的操作員，身體的平衡由臀部與背部所維持，雙腿可以自由活動，可以施展出較大的能量[6]。

圖7-2顯示坐姿時腳部的活動空間。

7.4.5 坐姿作業平面高度

作業平面的高度直接影響人的上肢，如肩、背、頭部。作業平面太高時，頭部、背部必須直挺，肩膀抬高，手臂肌肉處於緊張狀態，會引起肩、頸、手臂的痠痛。作業平面太低時，背部必須彎曲，頭部前傾，也會造成背部、頸部的不適。

表7-2列出作業平面的適當高度，以供參考。

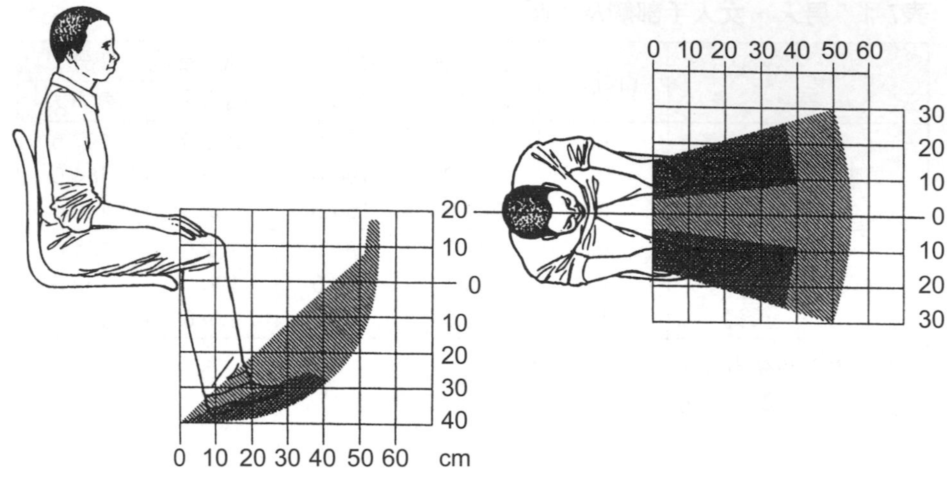

圖7-2 坐姿腳部活動空間

資料來源：參考文獻[6]，經同意刊登。

表7-2 作業平面的高度（公分）

任務	坐姿		立姿[4]		立姿[6]	
	男	女	男	女	男	女
細小物件裝配	99～105	89～95	—	—	—	—
精確性工作	89～94	82～88	109～119	101～113	100～110	95～105
書寫或輕度裝配工作	73～79	70～75	99～109	87～98	90～95	85～90
粗重或中度裝配工作	68～72	66～70	85～100	79～94	75～90	70～85

資料來源：參考文獻[6, 7]，經同意刊登。

7.4.6 立姿作業平面高度

立姿作業平面高度對人體的影響與坐姿相同，其高度以肘高為基準，再視工作性質而調整。格蘭金氏（E. Grandjean）認為[9]：

1.從事精確性工作如繪圖等，肘部宜緊靠桌檯面，以減少背部肌肉的壓力，桌檯面的最適高度應略高於肘高5～10公分。

2.執行一般性的手工作業時，必須預留工具、材料或容器的空間，因此，作業平面宜低於肘高10～15公分。

3.執行粗重性工作，手臂必須施力，所需空間更大，宜低於肘高15～40公分。

圖7-3顯示立姿作業平面高度。**表7-2**中所列出的高度係由阿游布氏所建議，卻較格蘭金氏的數據高出10公分左右。其基本概念與格蘭金相同，只不過所採用的肘高人體量測數據不同罷了。由於個人身材差異大，任何建議皆難以滿足大多數人，最適當的方法為提供可調整式的桌檯面，例如繪圖桌的高度即可調整，或提供墊塊，以供矮小者使用。

7.4.7 特殊工作場所的空間

有時，人必須在特殊工作場所執行任務，身體必須以俯、仰、臥、跪等姿勢工作，或通過狹小的走道、人孔、艙口。各種不同特殊場所空間下限需求，請參考拙作《人因工程學》第七章**圖7-14**至**圖7-18**。

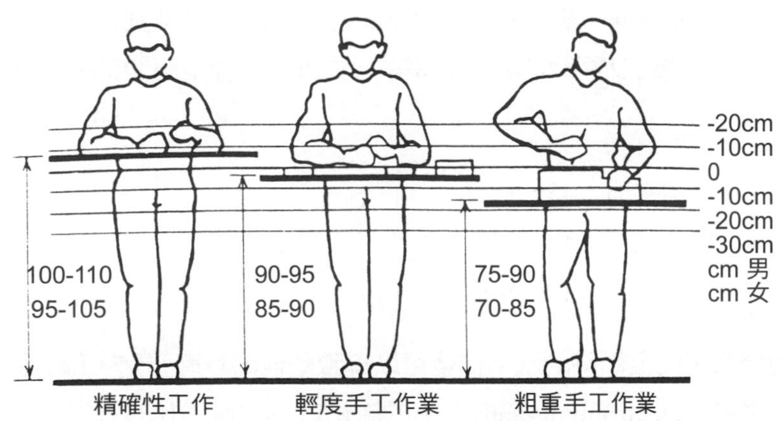

圖7-3　立姿作業平面高度

資料來源：參考文獻[6]，經同意刊登。

7.4.8 坐、立交替

無論由生理學或骨骼的觀點而論，允許工作人員變換坐、立姿勢，遠較固定立姿或坐姿合乎衛生健康的需求。人站立時間太多時會覺得疲勞，但是長時間坐著工作也會引起背、腰部的痠痛。變換工作姿勢不僅可紓解背、腰、腿部的壓力，還可免於單調厭煩。無論由坐姿轉換為立姿或由立姿換為坐姿，輸送至脊椎骨之間骨盤的營養會發生變化，間接對人體健康有利。一個坐、立姿交替的設計，相關數據如下：

1.水平膝蓋空間30×65公分。
2.作業平面至椅面高度30～60公分。
3.作業平面高度100～120公分。
4.椅面高度（可調整式）80～100公分。

7.4.9 傾斜作業平面

在傾斜作業平面作業時，軀幹的傾斜度略較水平作業平面低，伊斯曼（M. C. Eastman）與卡蒙（E. Kamon）二氏曾經測試過傾斜度為水平、12度、24度三種平面時，腰部第十二塊脊椎骨至眼睛的平面與垂直面的角度：

1.水平作業平面：45～55度。
2.向上傾斜12度：42～53度。
3.向上傾斜24度：40～50度。

他們發現向上傾斜的水平作業可以導致較佳的身體姿勢。軀幹傾斜度低，肌電圖（electromyography）上的脈衝較小（肌肉比較鬆弛），可減少背痛[13]，而且有助於視力。傾斜度超過10度以上時，書籍、文件或物件易於滑落，必要時，宜在旁側加設一水平桌面，以放置工作必需的用品。

圖7-4顯示可調整式繪圖桌的設計。此設計係以身材矮小者（5%母體群）的最大觸及範圍為基準所設計的。

7.5 座椅設計

7.5.1 背景

人清醒時所從事的活動，無論是書寫、閱讀、搭乘交通工具、休

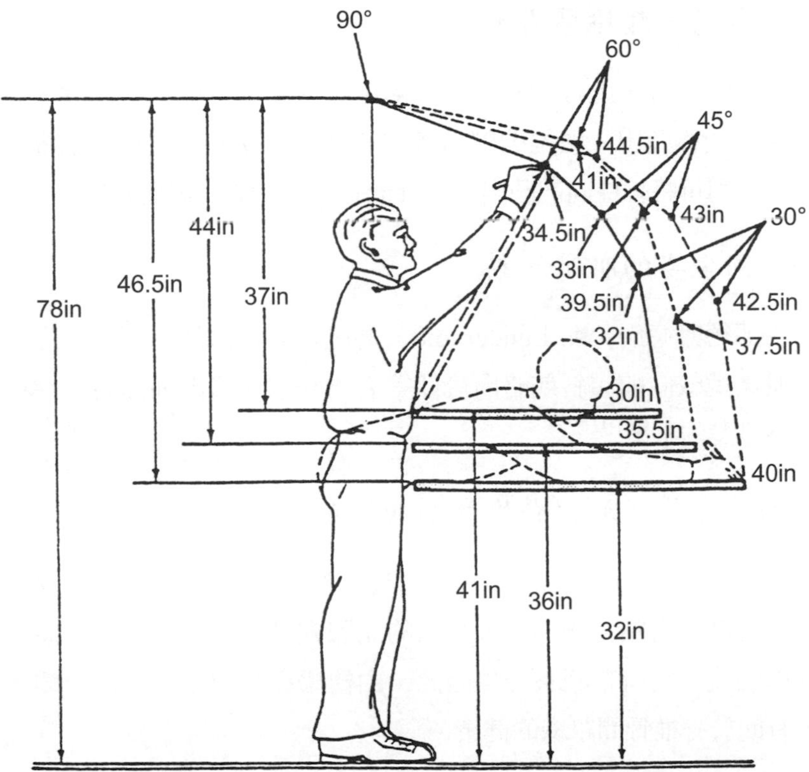

圖7-4　可調整式繪圖桌（以矮小者最大觸及範圍為設計基準）

資料來源：參考文獻[10]，經同意刊登。

閒、工作、飲食、觀賞電影、電視等，皆以坐姿方式進行。坐著的時間遠超過其他姿勢，座椅的設計是否良好，不僅對背、腰、臀部的健康影響很大，而且會影響工作情緒與效率。自古以來，上半身直立的坐在木製的太師椅上一直是公認的標準坐姿；然而，此種看法著重於姿態的端莊與否，並未考慮人的生理狀態與健康。自從十九世紀一些生理學家與骨科醫生發表出上身直立的坐姿是最健康的姿勢以後，普遍為大眾所接受，過去百年來，座椅的設計也以此理論為基礎，一直到最近一、二十年，才有新的理論出現。在討論座椅設計原則之前，應先瞭解坐姿時，脊椎骨與肌肉所受的影響[6]。

(一)坐姿時，腰椎壓力增加

當人坐下時，上身的體重直接傳至座椅上，骨盤向後旋轉，尾椎直立，腰椎向後凸出，腰椎的壓力較立姿增加40%。如果在腰部提供適當的支撐，則可將脊柱向前凸出，以降低腰椎的壓力（如**圖7-5**）。

(二)不同坐姿的肌電活動

由郎德弗德氏（A. Lundervold）的肌電圖測試研究可知，上身直立時，肌肉遠較向前傾斜或略向後仰等姿勢緊張。略向前傾時，軀幹較易於維持身體的平衡[11]。

(三)調整姿勢可加強脊椎骨間組織的養分

脊椎骨之間的盤形組織中心並無血管，必須依賴外環纖維所擴散的養分滋潤。當壓力增加時，組織的流體向外流出，壓力降低時，則由外向內回流，同時帶回養分；因此，由醫學觀點而言，偶爾改變上身姿勢，有助於脊椎骨間組織的健康。

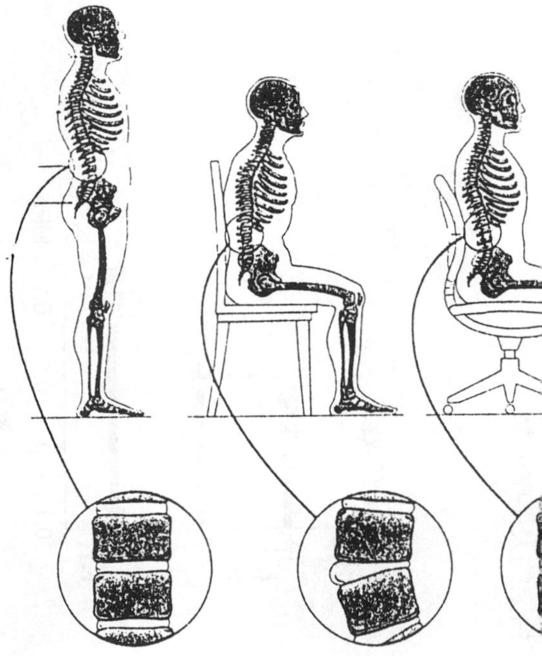

(a)立姿、坐姿

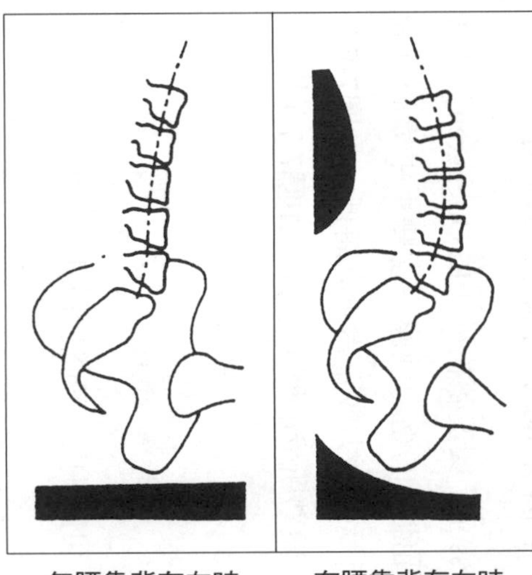

(b)有、無腰靠背坐姿

圖7-5　脊椎骨、椎間盤與骨骼的形狀

資料來源：參考文獻[6]，經同意刊登。

(四)增加座椅的角度，降低脊椎骨間盤墊的負荷

安德生（B. J. G. Andersson）與奧藤格林（R. Ortengren）二氏曾經研究過不同坐姿對於脊椎骨間盤墊的壓力效應。當雙手平靠於桌面上時，身體前傾或後仰時，盤墊所受的壓力較正常直立時低（如**圖7-6**），腰椎處的支撐愈高、角度愈大，盤墊所受的壓力愈低（如**圖7-7**）[12]。

7.5.2 設計原則

依據過去研究的結果，可歸納出下列設計原則[13]：

1.坐在椅子上時，大腿的施力應降至最低。
2.腰椎部位必須支撐。
3.身體的重量應由臀部坐骨結節支撐。
4.腳部應平放於地板或腳墊之上。
5.允許坐於座椅上的人調整姿勢。

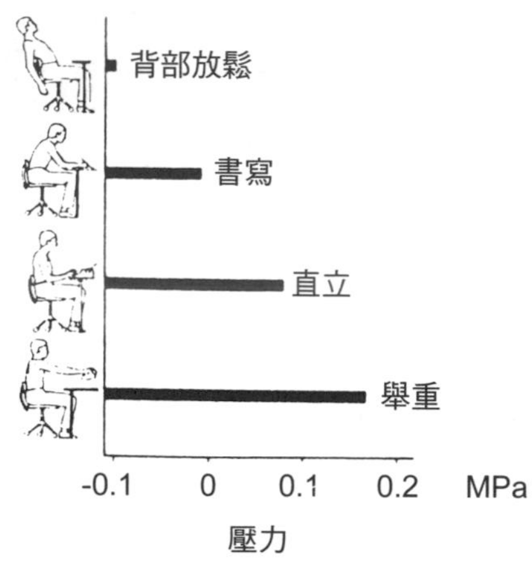

圖7-6　不同坐姿對脊椎骨間盤墊效應

資料來源：參考文獻[12]，經同意刊登。

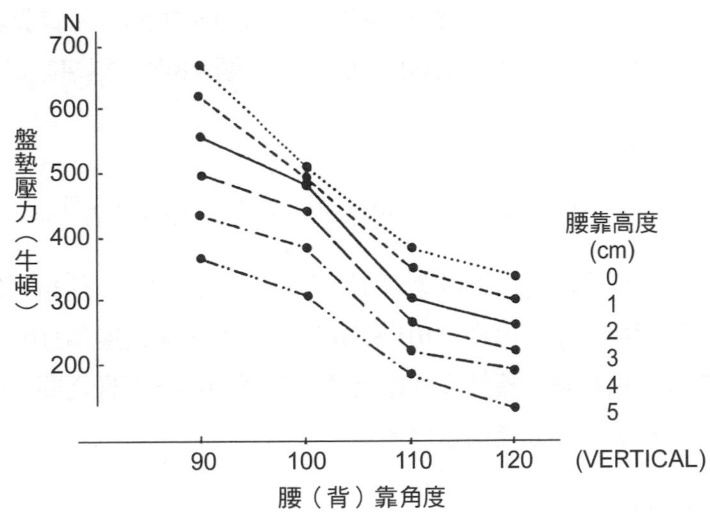

圖7-7　不同高度的腰靠與角度對盤墊壓力的效應

資料來源：參考文獻[12]，經同意刊登。

6.椅面深度必須適合矮小者，以免觸壓至膝蓋附近肌肉。

7.椅面寬度必須適合身材高大的人。

7.5.3 不同用途座椅設計

(一)電腦或辦公用椅

椅面必須具有足夠的彈性與起伏，以避免產生壓力點。輪廓化椅面可將體重平均分配至整個臀部，但是過分輪廓化會妨礙人的移動性。椅面高度應可由38～50公分之間調整，椅面深度約38～42公分，寬度約45公分，前緣必須圓滑，以免造成大腿的壓力，周圍較中心略高。

椅面可向前或向後略為傾斜，靠背約85公分高，至少30公分寬，可提供由頭、頸部一直到腰部的支撐。背靠表面略為輪廓化，以配合背部的形狀。為了增加腰椎的支撐，可在腰部、頭部、背部處加襯墊，腰墊約13～23公分高於椅面，頸部襯墊高度約50～70公分。背靠與椅面的角度應可視個人情況在95～120度之間調整。**圖7-8**顯示標準座椅的設計。

(二)休閒用椅

格蘭金氏由骨骼與醫學的觀點，歸納出下列的建議[9]：

1.椅面向後傾斜，以避免臀部向前滑動，後傾角度約14～24度。
2.靠背與椅面的角度為105～110度，與水平面角度為110～130度。
3.宜提供腰墊，腰墊高度必須觸及第三至第五腰椎之間，約10～18公分高，頸部亦提供頸靠。

(三)自由姿勢座椅

1962年李門氏（G. Lehmann）顯示五個人在水中放鬆的輪廓（如**圖7-9**），此姿勢與十六年之後美國太空總署報告中太空人在無重力狀態下的姿勢類似（參照十三章之**圖13-20**），似乎可以假設人在這兩種姿勢下，身體組織與關節所受的壓力最低。依此類姿勢設計的座椅應該最合

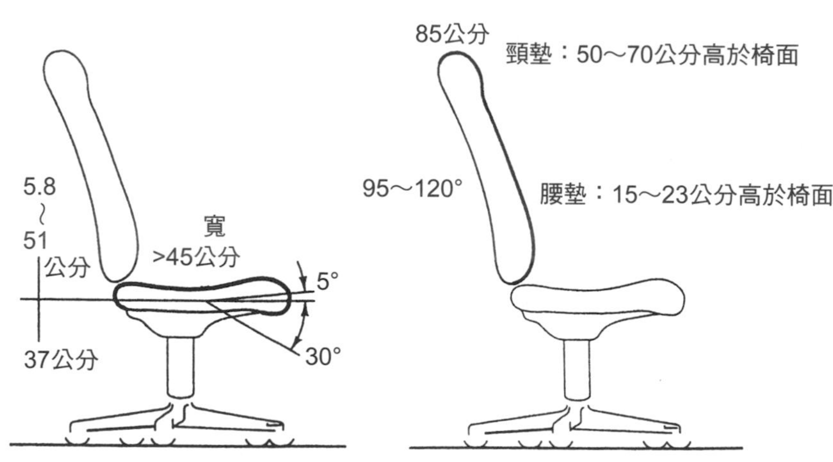

圖7-8　辦公或電腦用椅尺寸

資料來源：參考文獻[6]，經同意刊登。

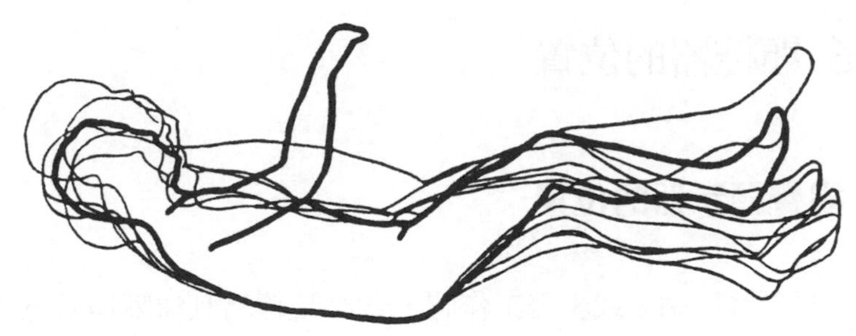

圖7-9　人在水中放鬆時的姿勢

資料來源：參考文獻[21]，經同意刊登。

乎生理學與醫學[21]。

「自由姿勢」設計原則為[9]：

1.允許使用者自由調整姿勢、高度與移動。

2.配合使用者的需求與工作環境。

3.將新科技與新產品融入設計之中。

(四)同頂式座椅

目前，最複雜的座椅為同頂式座椅（syntop model），是荷特氏（E. Hort）於1984年所發表的。這種座椅的靠背可以隨靠背的角度變化而滑動，可以彌補一般座椅的缺點。當人向後仰、靠背的角度由90度增至105度時，靠背並未支撐於腰椎處，導致腰椎的壓力增加，因此荷特氏將靠背改為滑動式，可隨靠背的仰角變換位置，靠背向後傾斜時，會向下滑動，以支撐腰椎[14]。

7.6 顯控器的位置

7.6.1 視覺顯示器的位置

操作員無論以站姿或坐姿工作時，皆必須輕易且清晰地看見視覺顯示器或板上的指針、數字或符碼，以作出適當的回應；因此，視覺顯示器應設置於操作員的視線與視場範圍之內。

當人放鬆時，人會以下列兩種姿態之一出現：

1.人的頸部直立，頭略向前傾斜。
2.頭部直立，頸部略向前傾。

頭與頸的角度約在10～15度之間，此時，人兩眼平視的正常視線與水平線之間的角度，約10～15度，眼睛放鬆時的正常視線則低於水平線25～30度，在此視線範圍之內的顯示器可以將眼睛與頭、頸部的疲勞降至最低。

當頭部固定，雙眼平視時，上下45度、左右95度之內的空間物體，皆可映入眼簾；然而，僅視場中央部分較可以引起人的注意力，周邊部分則較模糊。換言之，人的視場雖大但功能性視場僅局限於中央區域。當頭部轉動時，視場隨之改變，功能性視場範圍也可隨著頭部的旋轉而擴大；因此，宜將最主要的視覺顯示器配置於頭、頸部固定不動時的中央視場之內，次要顯示器設置於眼球轉動即可看清楚的位置，而其他的顯示器設置於必須轉動頭部才可看見的地方[2]。

7.6.2 控制器的位置

主要手控器、桿必須設置於作業員面前手可觸及的三度空間之內。此三度空間可綜合水平作業平面的最大區域（如**圖7-1**）、坐姿手臂的垂直抓舉弧度、立姿手觸及高度與動態人體量測數據而得。在配置手控制器時，宜將作業平面高度、單手或雙手的運用、是否穿著厚重衣裳與安全因素考慮在內。**圖7-10**顯示矮小女性工作者的目視舒適與手觸及範圍，可供設計參考。

腳控器宜參考腳部作業空間範圍與施力需求而設置，請參閱7.4.4中的介紹。

7.7 特殊作業空間設計

7.7.1 電腦工作站

電腦是現代化辦公室不可缺少的工具，舉凡行政、會計、工程設計、資料蒐集、規劃、廣告文宣、通訊等工作皆需電腦才可完成。電腦工作站的人因設計一直是熱門的研究課題；然而，大部分的辦公室內，行政人員為了方便與節省成本，僅將電腦放置於一般桌面之上，鍵盤置於桌面前，再配置一張普通的辦公座椅，並未考慮設計對於電腦操作人

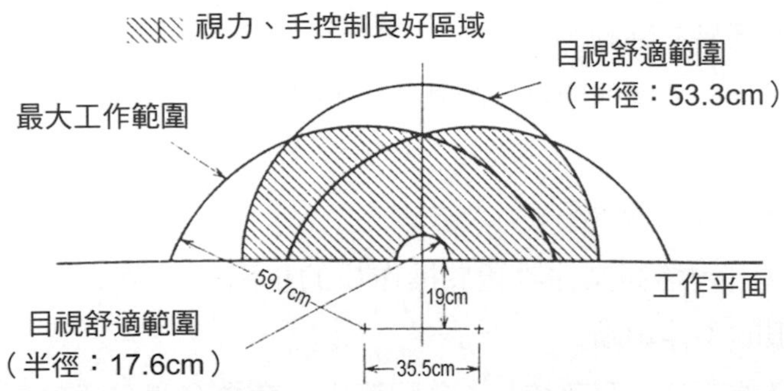

圖7-10　身材矮小女性工作者（2.5百分數）的目視舒適與手觸及範圍

資料來源：參考文獻[13]，經同意刊登。

員的生理與職業安全的影響。

依據過去調查的結果，可知在下列情況之下，頸、肩與手臂的壓力會增加[9]：

1.鍵盤高度太低。
2.前臂與腕部支撐不足，無法放鬆。
3.鍵盤過高，遠高於桌面。
4.操作員頭部傾斜度大。
5.由於足部空間不足，股部必須傾斜。

依據研究的結果，可以導出下列基本設計準則[6, 9]：

1.桌、椅、鍵盤、顯示器應可隨使用者的意願調整，調整幅度為：
  (1)鍵盤高度（高於地板平面）：70～85公分。
  (2)顯示器中心高度：90～115公分。
  (3)顯示器的傾斜度（與水平面角度）：88～105公分。
  (4)鍵盤至桌邊距離：10～26公分。
  (5)顯示器至桌邊距離：50～75公分。
  (6)座椅表面高度：37～50公分。
  (7)桌面：53～70公分。
2.調整器應易於轉動。
3.桌邊與背後牆壁的距離下限為：
  (1)膝部：60公分。
  (2)腳部：80公分。
4.顯示器、鍵盤與文件設置於操作員的正面，以免造成身體扭曲與頭、眼的不停轉動。
5.照明必須充分，避免炫光（參閱第十二章中有關電腦辦公室內照明設計）。

7.7.2 交通工具上的座椅

(一)駕駛座

飛機、汽車、卡車的駕駛員必須在狹小的空間之內，長時間專心駕駛，駕駛座椅不僅必須提供足夠的舒適程度，還必須滿足下列條件：

1.駕駛員具備適當的視線，以便於目視擋風窗板外的景觀與艙內的儀表顯示裝置。

2.駕駛員可輕易觸及控制器、桿、鈕等。

3.安全設施如汽車內緊急氣囊、安全帶，戰鬥機上的緊急外彈裝置等。

駕駛座的設計宜先由駕駛員眼的理論設計觀點開始，首先求出如**圖7-11**顯示飛機駕駛艙前窗上的視界，再根據必須裝置於窗前的物件位置而調整，其次選擇適當百分數的眼高（坐姿），再根據人實際坐在駕駛座的姿勢調整，由於駕駛員上半身並非完全直立，而且座椅的角度並非水平，椅墊具有彈性，其差距可能高達5公分左右[2]。**圖7-12**顯示麥道飛機公司所製造的DC-8商用客機駕駛座模型與測試眼睛位置的座標方格。

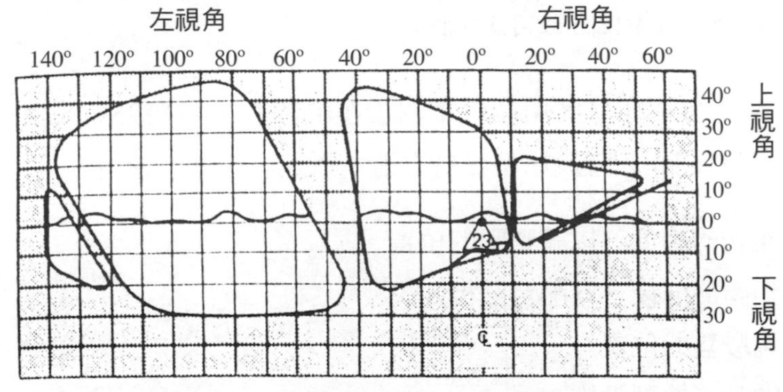

圖7-11　飛機駕駛艙前窗上的視界

資料來源：參考文獻[4]，經同意刊登。

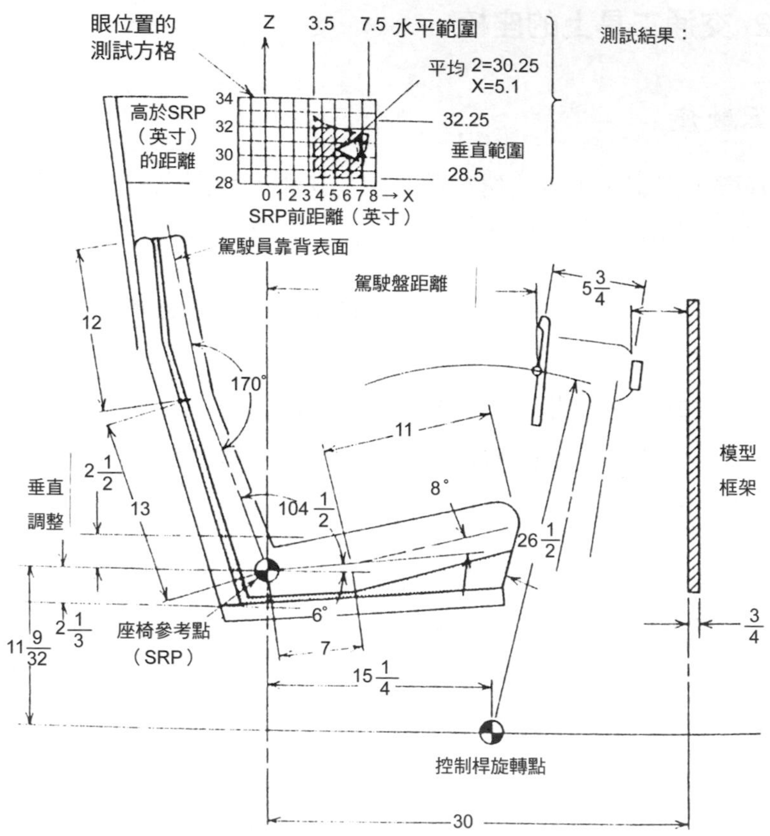

圖7-12　DC-8駕駛座模型與眼位置測試座標方格

資料來源：參考文獻[4]，經同意刊登。

同樣的步驟亦可應用於汽車駕駛座的設計，可將95%的美國男人與5%女人身材的假人置於原型設計之上，以允許設計者進行下列的調整：

1.座椅的高低，以調整眼的位置。

2.座椅的前後，以配合踏板。

3.駕駛盤的位置。

4.顯示／控制設施。

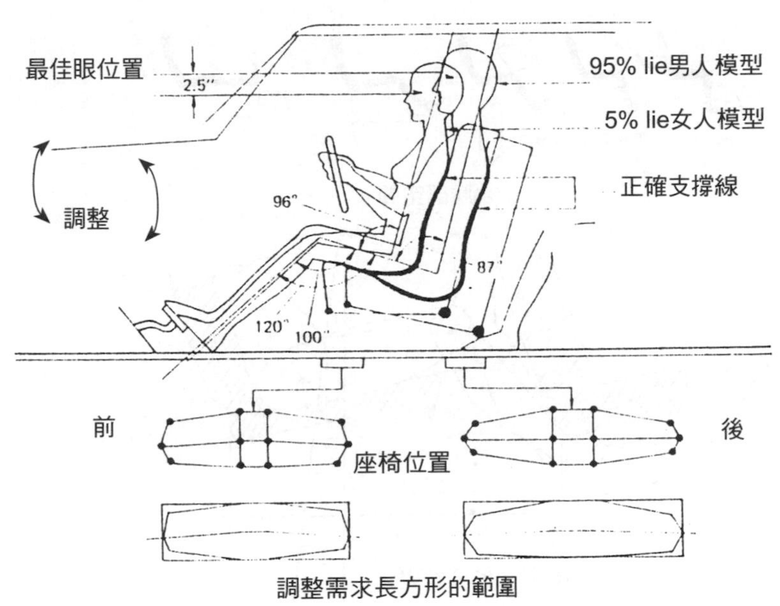

圖7-13　汽車駕駛座的調整設計

資料來源：參考文獻[15]，經同意刊登。

圖7-13顯示汽車駕駛座設計與調整範圍。

(二)乘客座椅

同型的飛機客艙可因座椅的設計差異，乘載數量不同的乘客，在載重的限制之內，座椅的空間愈小，所能乘載的客人愈多，愈合乎經濟原則。一般大型的波音747客機約可安置四百人，但是八○年代日本航空公司的客機卻可乘載五百人以上，其座椅僅略小於一般客機座椅，對於身材高大的歐美人士，難免不適，但對於身材較為矮小的日本人，影響不大，1985年日航的空難發生以前，日本乘客甚少抱怨。

客機乘客座椅的設計步驟為[15]：

1.決定所欲乘載的人數。

2.選擇座椅可調整的姿勢與每排座椅所占的空間（如**圖7-14a**）。

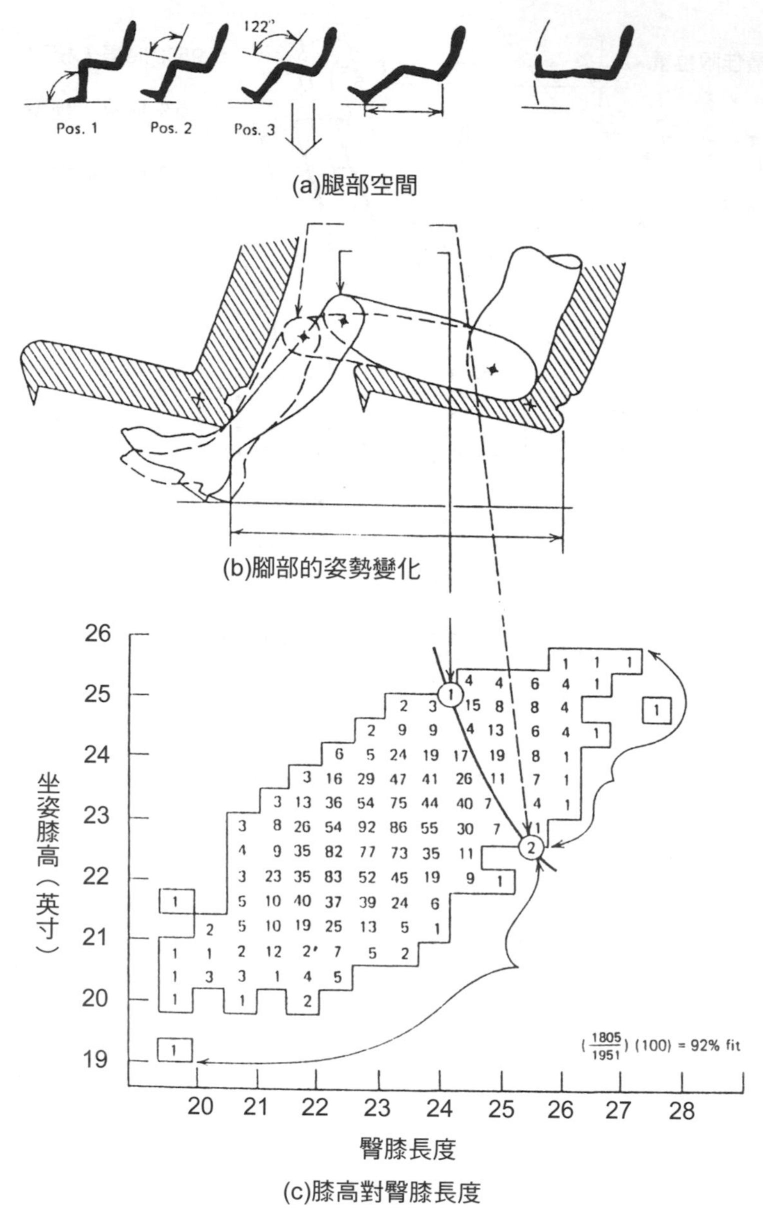

圖7-14　估算可調整式座椅腿部空間方法

資料來源：參考文獻[15]，經同意刊登。

3.決定座椅排放。

4.乘客腿部姿勢的變化（如**圖7-14b**）。

5.以膝高對臀膝長度繪圖，以決定適用百分比（如**圖7-14c**）。

6.應用肩寬量測數據，設計每一個座椅空間，由於肩寬通常大於臀寬，以肩寬為基礎的分析一定能適合臀寬，當座椅寬度為19英寸時，98%的人皆可坐入無礙。

公共汽車車廂的設計遠較飛機客艙複雜，主要的原因是由於公共汽車是都市大眾不可缺少的交通工具。許多國家的公車系統是由公營公司或市政當局所經營，必須照顧到社會每一階層，尤其是中下階層與年老、行動不便者。

圖7-15列出布魯克氏（A. Brooks）的設計流程，第一部分是依據兩百個老人與殘障者的人體量計數據而設計，並且使用木製模型；第二部分則使用較新型的模型與裝置特殊儀器的公車。此研究計畫並依據過去有關意外的調查結果，以改善設計，如**圖7-16**顯示的Ⓐ可縮回的踏板，以協助行動不便的人上下車，Ⓑ門的寬度與扶手，Ⓒ頭部空間，並改善加速或減速時所產生的問題。

7.8 工作場所的布置

工作場所內各部門的相關位置與機具的布置，直接影響工作效率與工作品質，不僅一貫作業的工廠必須妥善規劃，即使是一般辦公室也應重視，以便利公文、行政作業的流通，進行場所布置之前，首先應分析各部門（區域）的相互關係，然後進行環節分析（link analysis）。

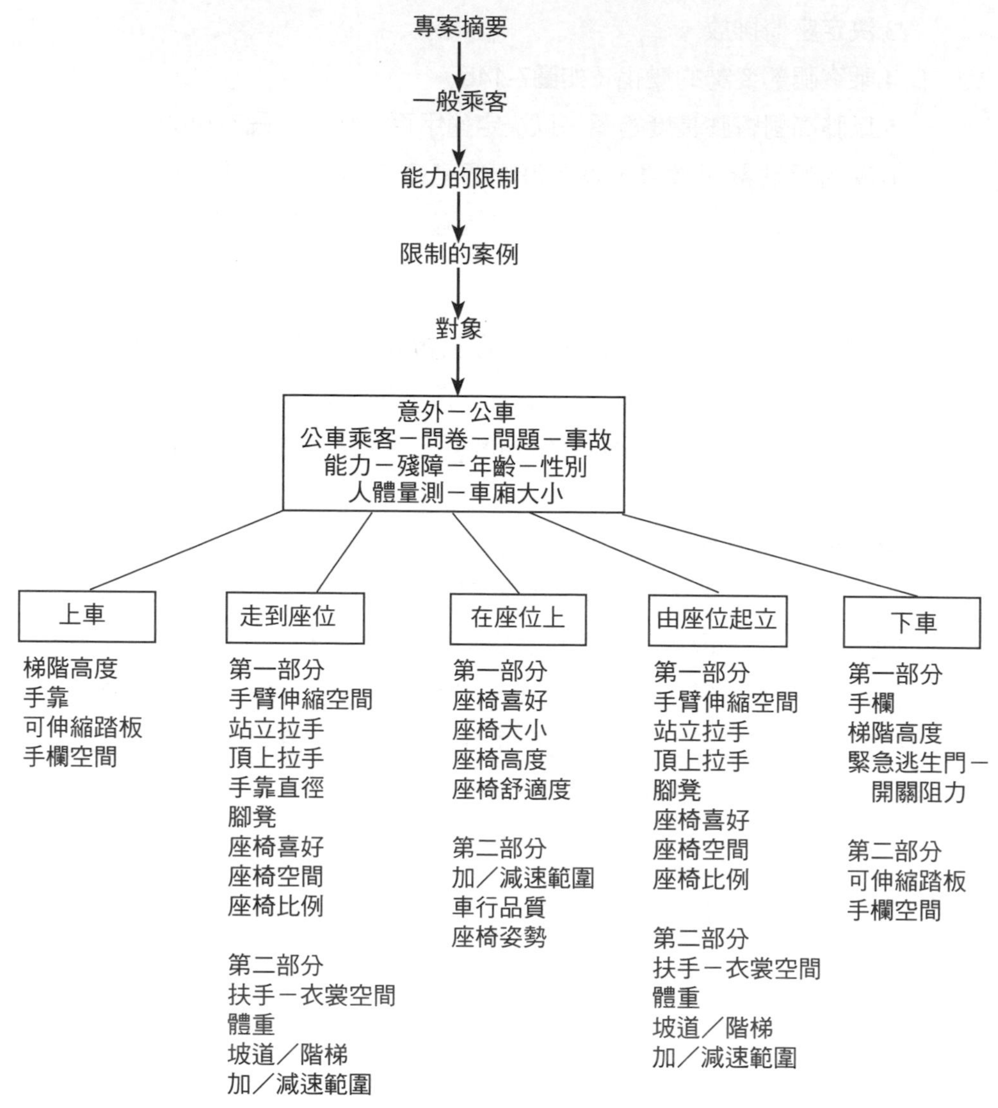

圖7-15　公共汽車車廂設計流程

資料來源：參考文獻[16]，經同意刊登。

圖7-16　公車改良設計

資料來源：參考文獻[16]，經同意刊登。

7.8.1 活動間互相關係

各種不同活動（部門）之間的相互關係，可應用下列兩個圖來分析：

(一)活動關係圖

活動關係圖（activity relationship chart）如**圖7-17a**所顯示，可以表達某一個活動與其他活動之間的相互重要性。圖中使用A（絕對需要）、E（特別重要）、I（重要）、O（一般）、U（不重要）、X（避免接觸）等六個字母表示相互關係。

(二)活動介面頻率圖

活動介面頻率圖（activity association chart）如**圖7-17b**所顯示，有如地圖上各都市之間的距離圖，僅不過將里程以頻率取代。兩個活動區域之間的活動頻繁時，表示兩者關係密切，應設法配置在附近。

這兩個圖表提供環節分析基本數據。

7.8.2 環節分析

一個環節是人與設備、人與人或設備與設備之間的連接。環節可能是視覺（如顯示器上的指示）、聽覺或是直接的行動（如與人相互交談時必須走到對方面前）。茲列出湯姆森氏（R. M. Thomson）所發表的環節分析步驟[18]，以供參考使用：

1.將系統中的每一個人以圓圈表示，並以一個號碼代表。

2.將系統中的設備以方塊表示，並以一個號碼代表。

3.將每一個操作此系統的人之間以直線相連。

4.將人與其所操作的機器設備以直線相連。

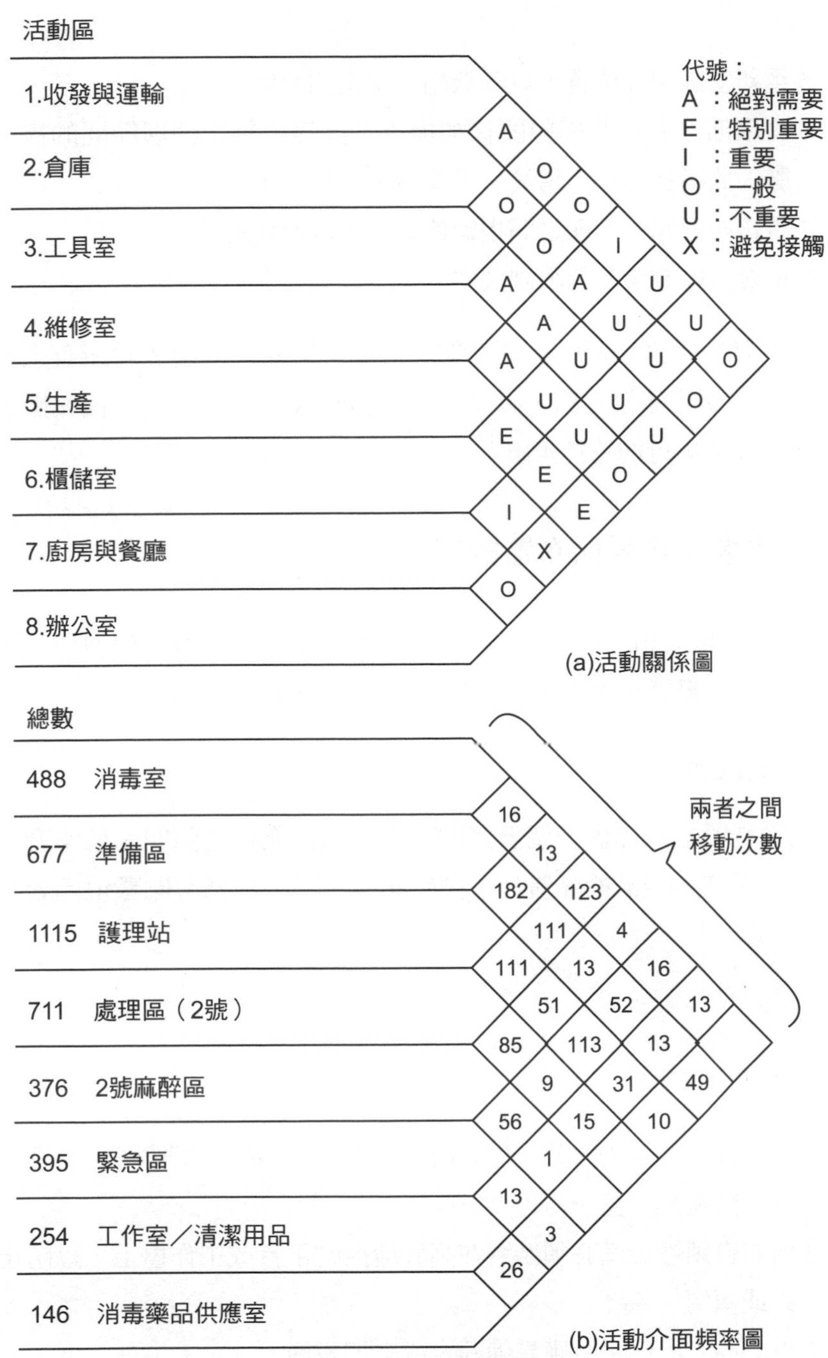

(a)活動關係圖

(b)活動介面頻率圖

圖7-17　活動關係圖

資料來源：參考文獻[19, 20]，經同意刊登。

5.重新安排相互位置，以降低相互交錯的直線。

6.將環節之間的頻率與關係加權後，計算出每一個環節間的複合指數，此指數稱為「用途—重要性環節值」。

7.重畫布置圖，環節之間指數值愈高，其距離愈近。

8.依實際場地大小與限制調整。

圖7-18顯示調整前、後的布置，修改過的布置不僅去除所有人、機或人、人之間的連接交錯，降低執行任務時人與人之間的互撞與衝突，而且還可減少步行的路徑距離[17]。

7.8.3 影響工作場所布置的因素

設計工作場所時，必須考慮環境效應；安全；人數、體型與動態關係；設備；視覺需求；通訊與溝通；儲存等七個主要因素。

(一)環境效應

工作場所必須提供一個舒適的環境，例如充足的照明、低噪音、適當的溫、濕度與空氣的品質等，請參閱第十二、三章有關環境因素的討論。

(二)安全

基本安全準則如下[18]：

1.所有設備的移動部分，例如履帶、滑輪、齒輪、鋸齒等，必須安裝安全防護套、蓋。

2.所有自鎖性設備必須裝置在高於地板的平台或工作檯上，以防止意外或傾倒。

3.重心高的設備平台應具備固定或牢扣設施。

4.緊急逃生出口應設置於顯而易見與易及地區，需要時可易於開啟。

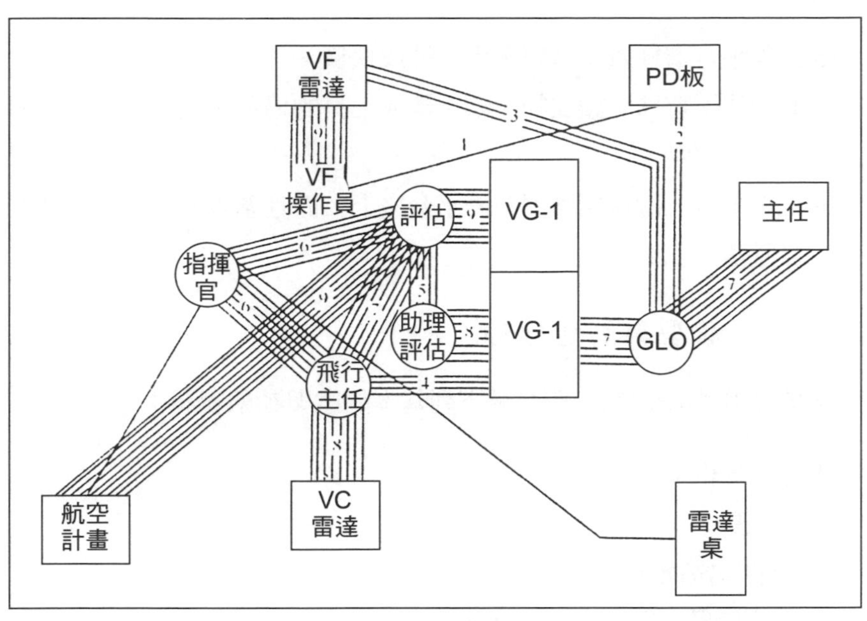

(a)分析前

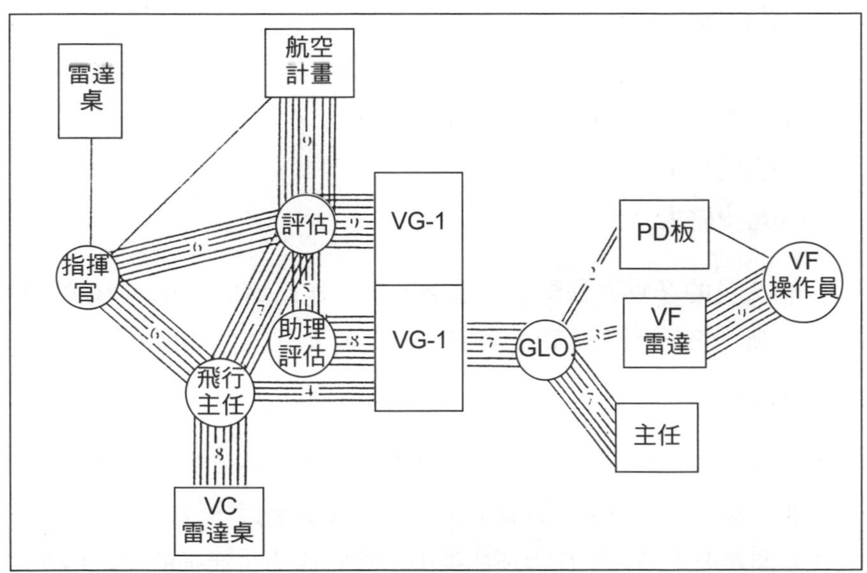

(b)分析後

圖7-18　位置圖比較

資料來源：參考文獻[17]，經同意刊登。

5.工作平台階梯處安裝安全桿、鍊或扶欄。

6.必須使用特殊防護衣物、帽、盔或工具的場所應安裝明顯的標示。

7.充足的照明。

8.工作平台上的扶欄應固定於平台之上，而且圍繞於四周，以防止人員墜落。

(三)人數、體型與動態關係

設計工作場所之前，應具備下列基本靜態與動態資訊：

1.靜態資訊：

(1)人數。

(2)體型數據。

(3)設備尺寸與操作、維修所需空間。

(4)儲存需求。

2.動態資訊：

(1)工作人員的互動關係、行動頻率。

(2)視覺需求。

(3)聽覺需求。

工作人員的多寡與移動頻率直接影響工作區域的大小、形狀與設計特徵，人數愈多，所需移動的頻率與範圍愈大，工作場所空間需求亦愈多，人數增加時會影響：

1.通訊與溝通：人數眾多時，口語交談的效率降低，必須使用電話、對講機等通訊設備，以輔助人與人之間的溝通。

2.空間需求：多人工作場所的進出、暫時休閒、活動的需求增加。

3.環境條件：照明、噪音控制、空調等需求增加。

4.視覺需求。

(四)設備

估算設備的空間需求時，除了本身尺寸之外，還必須考慮操作、維修所需空間與導線，公共設施如水管、蒸汽管、通風管的空間，其他設計原則如下：

1.間隔、托架不應妨礙設備覆蓋的移動或開啟。
2.具備足夠的空間，以便於維修檢視。
3.設備之間應具備足夠的空間，以便於維修、檢視時設備的移動。
4.當兩個或數個設備前後放置時，應將最常用的設備放置於最容易接近的地方。
5.覆蓋與屏遮的設計應考慮下列因素：
 (1)不可干擾或遮避控制／顯示器、測試點。
 (2)設備運轉時，覆蓋或屏遮應固定於定點，不致搖擺或移動。
6.電纜與儀器用導線的安裝宜考慮下列因素：
 (1)提高效率。
 (2)易於維修。
 (3)每一個功能單元可於便利處檢視。
 (4)測試時避免移動或拆除某些元件的裝配。

(五)視覺需求

視覺需求是決策工作區域大小與形狀最主要的因素之一。視覺顯示器的表面宜設置於操作員的60～90度視角範圍之內，切勿裝置於小於視角45度的處所。供多人觀視的顯示裝置宜設置於V字型或長方形的區域之內，操作員座位之間的距離宜降至最低。鄰座操作人員也可清晰地看到顯示器上的數字或指針位置，盡可能將操作人員的座椅安排為一列，以便利溝通。下列三種安排方式可有效解決整排人員的視覺需求：

1.兩側邊的操作人員的視角相同。
2.提供側邊操作員輔助視覺顯示器。
3.將兩側邊的操作員移至第二排。

當操作員的位置必須縱向排列時，可採用下列方式：

1.前排操作員可坐在較低的座椅之上。
2.第二排人員坐在標準座椅上。
3.第三排人員可站立或坐在高腳凳椅之上。
4.縱向站立操作員之間高度差異不宜低於50公分，前後距離下限為1.2公尺。

(六)通訊與溝通

輔助通訊器材（如電話、對講機、無線電話等）宜裝置於適當、安全處所，以免影響工作的執行或遭到損壞，避免妨礙人員的移動，而且易於看見及接觸，並且提供給所有的工作人員。視覺溝通裝置幾乎不產生噪音，也不會影響工作的執行，適於一般性的通告與狀況的顯示，但是較不易引起操作人員的注意。聽覺式溝通裝置價格較低，而且易於引起眾人的注意，適於行程的改變告示與緊急或特殊狀況的溝通，其缺點為音響過高或發生次數頻繁時，易擾亂工作的進行。部門或組、室之間的溝通，可使用傳真、電腦網路與一般電話，在露天、範圍廣大的工廠區內可使用無線電話作為溝通的工具。

(七)儲存

工作場所內應設置足夠框架、儲櫃或倉儲等裝置，以作為工具、器材、參考手冊的存放。框架上的物件應易於取放，框架、儲櫃的位置應放置於場所的邊、牆處，以免妨礙人、車或設備的移動。倉儲與工作區域之間應預留足夠空間，以便於物料的搬運，同時避免物料搬運時，影響工作的執行。

7.8.4 人員配置

當下列情況存在時，必須將兩個或兩個以上的人安排在同一區域之內：

1.兩個或兩個以上的人必須使用相同的設備或監視同一顯示器。
2.面對面的交談與協商的次數頻繁時。
3.兩個或兩個以上相關的設備必須同時運轉時。
4.一個設備必須多人同時操作、使用時。
5.一個主管必須同時督導眾人工作時。
6.空間狹小。

多人工作區域的配置宜遵照下列基本原則：

1.盡可能將所有相關人員集中於同一大樓、房間或區域之內。
2.依工作流程的方向安排人員的位置。
3.盡可能將相關作業、活動聚集在同一區域之內。
4.主管辦公室宜具隱私性。
5.主管辦公區域與所督導的工作人員位置鄰近，以便於指揮、協調。

7.9 大型自動化辦公室

在租金高昂的大都市中，如何兼顧人性需求、技術與經濟許可，是行政部門的一大挑戰，在此提供一些簡單的原則。

7.9.1 空間配置

設計者應考慮下列因素[22]：

1.工作任務。

2.所需儲存物品、樣品、文件的空間。

3.會議室需求（品質、大小等）。

4.設備限制，例如是否需要特殊空調設備等。

5.員工溝通需求。

6.費用。

7.9.2 配置方式

辦公室配置方式有下列三種：

(一)封閉式

封閉式為傳統配置方式，是由許多小辦公室所組成，每一房間內視需要與階級配置1～5人。此種配置方式的優點為安全、隱密，員工較不受他人影響，可專心工作，而且滿足主管對於個人地位、階級的心理需求；其缺點為缺乏彈性、所需面積大與隔間裝潢費用高。人與人之間的交互作用會受到門、牆、間隔的影響而減少。

(二)開放式

開放式配置以隔板將部門與個人工作空間分隔，除了外牆與少數經理人員的辦公室之外，沒有任何固定、永久的走道與牆壁（如**圖7-19**）。其優點為彈性大，易於隨任務需求與員工人數多寡而調整，空間需求較少，裝潢費用較低；主要缺點為缺乏隱私性，員工較易受其他人員活動影響，不易專心。由於辦公室的大小、裝潢反映個人的地位，經理人員失去辦公室之後會產生「身分地位喪失」的感覺。依據美國水牛城社會與技術創新組織（Buffalo Organization for Social and Technological Innovation）的研究，由封閉式改變成開放式之後，員工的工作績效與滿意程度降低[23]。

圖7-19　開放式辦公室

(三)組合式

許多公司發現將開放式與傳統封閉式配置方式組合，較能符合需要，人與人溝通、相互作用頻繁的部門或任務採取開放式配置，需要專注性、腦力思考的工作則採用傳統關閉式配置。

無論採用任何方式，辦公室的配置必須滿足兩個基本目標：

1.加速人與人、部門與部門之間的工作流通。
2.降低員工的干擾。

下列幾項原則可協助設計者選擇最適當的配置方式：

1.工作性質相近，必須經常溝通、合作的員工應放置於鄰近地區。
2.經常有訪客或常與外界來往的員工的辦公室宜放置於接待室附近。
3.每一個工作站或辦公區皆具備某種程度的聲學與視覺隱密性。
4.公共區域如電梯、廁所、影印室應設置於一起，而且易於接近。
5.儀器、設備、檔案櫃宜設置於使用者鄰近區域。

參考文獻

1.T. S. Clark, E. N. Corlett, *The Ergonomics of Workspace and Machines,* Chapter 17, Taylor and Francis, London, UK, 1984.

2.R. W. Proctor, T. Van Zandt, *Human Factors in Simple and Complex Systems,* Allyn and Bacon, Boston, USA, 1994.

3.International Organization for Standardization, ISO 6385: 2004, Ergonomic principles in the design of work systems, Geneva, Switzerland.

4.J. A. Roebuck, K. H. E. Kroemer, W. G. Thomson, *Engineering Anthropometric Methods,* John Wiley & Sons, New York, USA, 1975.

5.M. M. Ayoub, M. Miller, Industrial Workplace Design, In A. Mital and W. Karwowski (editors), *in Workspace Equipment and Tool Design,* pp. 67-92, Elsevier Science Pub., 1991.

6.K. Kroemer, H. Kroemer, K. Kroemer-Elbert, *Ergonomics,* Prentice Hall, Englewood Cliffs, N. J., USA, 1994.

7.K. H. E. Kroemer, Pedal operation by the seated operator, SAE paper 72004, Soc. Automotive Engineers, New York, USA, 1972.

8.B. W. Niebel, *Motion and Time Study,* 5th Ed, Richard D. Irvin, Inc., Homewood, IL., 1972.

9.E. Grandjean, *Fitting the Task to the Man,* Chapter 5, Taylor and Francis, London, UK, 1979.

10.H. P. Van Cott, R. G. Kinkade, *Human Engineering Guide to Equipment Design,* US. Government Printing Office, Washington, D. C., 1972.

11.A. Lundervold, Eolectromyographic investigations of positions and manner of working in typewriting, *Acta Physiological Sandinavia, 84*, pp. 171-183, 1951.

12.B. J. G. Andersson, R. Ortengren, Lumbar disc pressure and myoelectric back muscle activity during sitting, studies on an office chair, *Scandinavian J. Rehabilization Medicine, 6*(3), pp. 115-121, 1974.

13.B. H. Kantowitz , R. D. Sorkin, *Human Factors: Understanding People-System Relationship,* Butterworths, Kent, UK, 1983.

14.E. Hort, A new concept in chair design, *Behavior and Information Technology, 3*, pp. 359-362, 1984 .

15.F. W. Babbs, A design layout method for relating seating to the occupant and vehicle, *Ergonomics, 22*, pp. 227-234, 1979.

16.R. B. Brennan, Trencher operator seating positions, *Applied Ergonomics, 18*, pp. 95-102, 1987.

17.A Chapanis, *Research Techniques in Human Engineering,* John Hopkins Press, Baltimore, 1959.

18.R. M. Thomson, Design of multi-man machine work area, In H. P. Van Cott, R. G. Kinkade (editors), *Human Engineering Guide to Equipment Design,* US Government Printing Office, Washington D. C., 1972.

19.J. M. Apple, *Plant Layout and Materials Handling,* 3rd Ed., Krieger Pub Co, New York, 1991.

20.B. Whitehead and M. Z. Eldars, An approach to the optimum layout of single-story buildings, *The Architects J.*, pp. 1373-1380, June 17, 1964.

21.G. Lehmann, *Praktische Arbeitsphysiologie*, 2nd Ed., Thiewe, Stuttgant, Germany, 1962.

22.M. Joyce and U. Walleresteiner, *Erogonomics: Humanizing the Automated Office*, South Western Cincinnati, Ohio, USA, 1989.

23.BOSTI-Buffalo Organization for Social and Technological Innovation, The impact of office environment on productivity and quality of working life: comprehensive findings, Buffalo, NY, BOSTI. 1981.

Chapter

8

人工物料搬運

8.1 前言

物料搬運包括舉、放下、提攜、推、拉等動作，是我們每天無論家居、工作時必須執行的日常活動。依據美國國家安全委員會與工業衛生專家的調查，不當的人工物料搬運所造成的職業傷害占總數的25～30%，不僅每年損失高達數十億美元，而且造成數十萬人長期性的背痛、脊椎骨受傷、骨折、肌肉痠痛、瘀傷等。20%德國工人缺席與50%的提前退休是由於搬運不當所造成的椎間盤墊的損傷所引起的[1, 2, 3]。為了降低搬運對人體的損害，人因工程學家與職業衛生專家無不致力於建立合理、衛生的工作準則、行動限制與方法。本章首先介紹不當人工搬運所造成的身體損害，然後討論正確、適當的搬運方法與限制。

8.2 對人體的影響評估

8.2.1 評估方法

以人力搬運物料時，人必須施力以抬舉、推動、提攜或維持物料的重量，所施的力量或能量來自人體，如果人必須長時間重複地執行類似的抬、舉、推、拉、提等動作時，他的能力受限於此人的新陳代謝與循環系統的功能，1981年美國國家職業安全與衛生研究院（National Institute for Occupational Safety and Health, NIOSH）所公布的「抬舉作業準則」（Lifting Guide）即以生理衛生的觀點與方法為基礎研擬而成。如果此類搬運工作僅為偶發性，甚至在很長的時間之內，僅需從事一次時，例如出國旅行前，將沉重的大行李搬上車的後倉，搬運的能力與搬運者的生理狀況的關係不大，與其所能發揮出最大的力量，卻有直接的關係。為了避免造成對身體的傷害，國際勞工組織（International Labor

Organization, ILO）公布了最高抬舉重量限制，以供職工參考。

事實上，在一般工作場所中，長時間以人力執行主要的搬運工作的情況並不多見，大部分的搬運工作的頻率在兩者之間，既非長期性施力，也非長期之內偶爾為之，純以生理觀點或以人體、骨骼、肌肉所能發揮最大的力量評估其得失，並非可靠、有效的方法，一般學者皆以心理物理學或生物力學的方法，進行評估。

心理物理學的基本假設建立於人在執行工作時，可以感覺與綜合身體各器官、部位、骨骼與肌肉的負荷知覺，以判斷是否具備搬運的能力，可以填補新陳代謝、循環等生理能力與肌肉力量評估之間的差異，因此，已成為研究人的搬運能力中重要的方法。過去二十年以來，以生物力學方法評估人體在搬運時所受的壓力與人的搬運能力，已普遍為學者所應用，當人在進行抬舉、推、拉時，脊椎骨與椎間盤首先遭受壓縮，如果姿勢或動作不當時，易於造成損傷，因此，早期的研究重點偏重在對於脊椎骨的效應，其次才考慮到軀體下半部背部肌肉的影響與腹部內部壓力。

8.2.2 生物力學方法

下列三種方法可應用於評估搬運對背部所產生的影響：(1)以生物力學模式推測腰椎壓力；(2)腹部內部壓力的量測；(3)脊椎間盤壓力量測。

(一)腰椎壓縮力的預測

評估脊椎骨與椎間盤的生物力學模式眾多，其中以查飛（D. B. Chaffin）與安德生（G. Andersson）二氏所發展的模式最為出名，他們應用臂部力矩以推測腹部壓力、椎間盤的壓縮與剪力，其方法及結果詳述於《職業生物力學》（*Occupational Biomechanics*）一書中[4]，此處僅摘要其主要結果。

腰椎L5 / S1之間的壓縮力量與脊椎及所施力的手之間的距離有直接的關係（如**圖8-1**）。當所欲抬舉的負載增至200牛頓（newtons）時，椎間壓縮力量增加1,400牛頓，當負載的距離增加時，壓縮力也隨之提高，當距離由30公分增至40公分時，壓縮力會提高1,000牛頓[4, 5]。為了降低腰椎間的壓縮力，抬舉物件時，宜盡可能將物件靠近軀體。查飛與安德生發現抬舉大型物件時，弓身取物較蹲著抬舉適當，因為弓身取物所產生的腰椎壓縮力較低，然而依據生物力學的分析，身體屈曲（弓身）時所產生的剪力較高，因此在搬運物件時，盡可能維持軀體的直立，以減少剪力。

麥陶（A. Mital）等人的三度空間動態生物力學模式的分析結果指出，不僅抬舉加速時，慣性力量會增加L5 / S1椎間盤的壓縮力量，而且在不對稱的情況下抬舉（如必須扭轉軀體）或不使用把手搬運體積較大的物件時，也會增加腰椎的壓力[6]。

(二)腹內壓力量測

抬舉作業時，由於背部與腹部肌肉的壓縮，腹部內部壓力大幅增加，腹部壓力與脊椎的壓力直接有關，因此可由腹部內部壓力的大小，

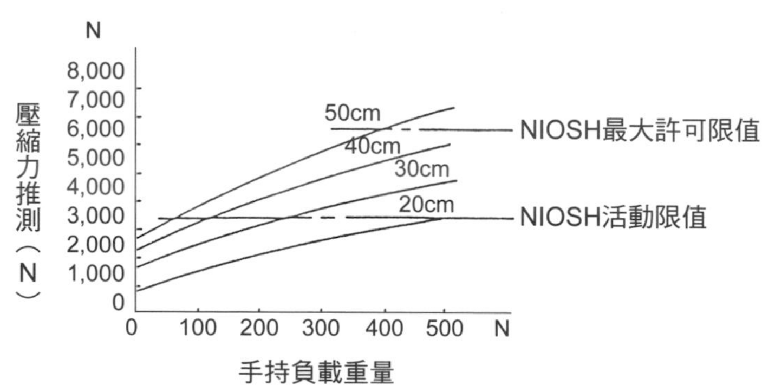

圖8-1　重量與距離對於腰椎L5 / S1的壓縮力

資料來源：參考文獻[4]，經同意刊登。

推測脊椎的壓力，戴維斯（P. R. Davis）與史塔伯斯（D. A. Stubbs）發現搬運工人的腹部內壓力超過100毫米水銀柱時，受傷的機會大增，他們建議任何搬運工作所產生的腹部內部的壓力應低於90毫米水銀柱，不過在一般搬運作業中，超過150毫米水銀柱的情況，比比皆是[4, 7]。

(三)脊椎間盤壓力量測

圖8-2顯示抬舉姿勢直接影響脊椎間盤的壓力。背部屈曲時，脊椎間盤間的壓力遠較上身直立大，因此應儘量保持上身的直立，當背部彎曲時，腰椎也隨之彎曲，物料重量對於腰椎所造成的壓力不僅增加，而且分配不均勻，前端所承受壓力遠較後端大（如**圖8-3**），不僅會磨損纖維質環狀組織，而且會導致椎間盤中流體向側邊流動，造成流體流至脊髓。

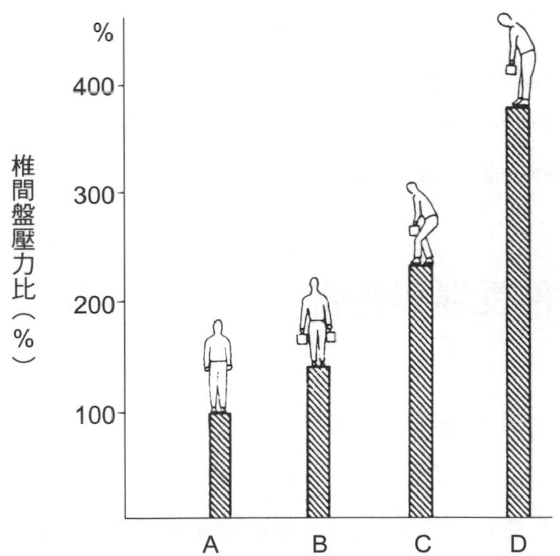

A：直立；B：直立，雙手各持10公斤；C：上身直立，膝屈曲，雙手各持10公斤；D：上身屈曲，膝直立，雙手各持10公斤。

圖8-2　不同姿勢與負載所產生的椎間盤壓力

資料來源：參考文獻[8]，經同意刊登。

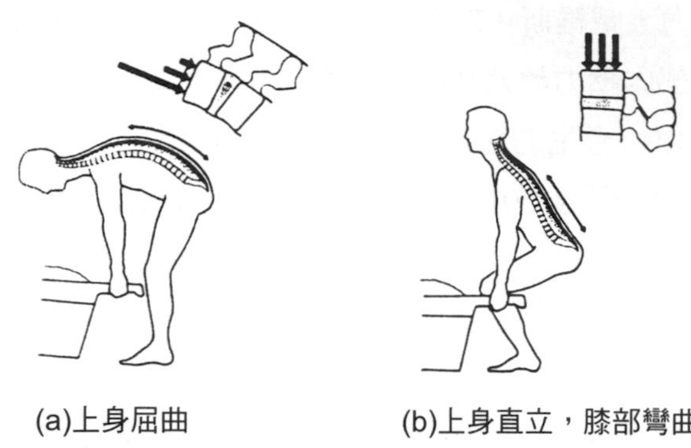

(a)上身屈曲　　(b)上身直立，膝部彎曲

圖8-3　不同姿勢下對脊椎骨所產生的壓力分配

資料來源：參考文獻[5]，經同意刊登。

當人直立時，腰椎所承受的壓力最低，約860牛頓。上半身與雙腳形成直角時，上半身的體重（約40～45公斤）與力臂（約30～35公分）所產生的力矩在1,200～1,600牛頓．公尺之間。此時如再提、抬重物時，會對腰椎產生3,000～4,000牛頓．公尺的力矩。**表8-1**列出不同姿勢對於第三腰椎與第四腰椎骨之間的盤墊所造成的力量。

8.3 背部受傷與背痛

脊椎間盤與關節面皆無痛感神經，受傷的當時不會感到疼痛，但是每一次的損傷皆會促成組織的退化。在許多狀況下，痛楚癥候在受傷後數日或更長的時間才開始發生；因此，難以確定造成背痛的真正原因。背痛似乎是由於椎間盤的退化或變形、軟骨尾盤的破裂而造成的。椎間盤的壓力增加時，會逐漸磨損盤墊，起初，盤墊會變為扁平狀，逐漸影響脊椎骨的活動，最後會造成脊椎的移置。椎間盤破裂後，會造成神經根部的壓縮與關節韌帶的扭曲。椎間盤繼續退化後，任何作用於盤上的力量皆可能使盤

表8-1　不同姿勢與任務下，第三與第四腰椎間盤墊所承受的力量

姿勢／活動	力量（牛頓）
站立	860
慢走	920
軀體側向傾斜20度	1,140
軀體扭轉45度	1,140
軀體向前傾斜30度	1,470
軀體前傾30度，抬舉20公斤物件	2,400
雙手各持10公斤物件站立	1,220
雙手各持10公斤，上身直立，膝部彎曲	2,100
上身直立，膝部直立	3,270

資料來源：參考文獻[8]，經同意刊登。

內黏性流體由外環的裂口擠出，而造成脊髓與神經壓力的增加，最後椎間盤會脫離其原有的位置，使脊椎骨之間的距離縮短，拉擠鄰近的組織與韌帶，產生肌肉痠痛、抽筋或腰椎與尾椎間的麻痺。

依據美國的統計資料可知，50%在工作中背部受傷的人在意外發生後一星期內會回到工作崗位，休養的時間愈長，返回工作的比例愈低，儘管90%的人最後仍希望繼續工作，但是許多人由於身體狀況，僅能從事影響背部較輕的輕度勞動工作。

8.4 抬舉作業

將物料由地面、設備、桌檯上抬起或放置的作業，其在所有的人工物料搬運作業中所占的比例最高。抬舉與放置通常是物料搬運過程中最初或最終的工作，也是少數必須經由人力完成的工作。抬舉作業往往是搬運過程的瓶頸，其速率直接影響整個流程所需的時間與效率。由於必須仰賴人力，不僅工作績效難以有效控制。如果執行不當，還易於造成職業病痛，影響作業人員的健康。

當人抬舉或放置物料時，以下列三種力矩最為重要[9, 10]：

1.矢狀面力矩（sagittal moment）：在矢狀平面（或中央平面）的向下力矩，例如將放置於地面上的物件抬起時，或將高處的物件放置於地上時，人必須克服中央平面（垂直於臉、身體的平面）方向的力矩（重力與力臂的乘積），如果物體的質量愈大，所需力量愈大，人與物體之間的距離愈長時，所需的力量亦愈大。

2.側向力矩：當重量由左腳移至右腳或由右腳移至左腳時，側向平面（與身體平行平面）的向下分力矩。

3.扭轉力矩：抬舉或放置物件過程中，如果必須移轉方向，腰部所承受的扭轉力矩。

這三種分力矩皆會壓抑脊椎骨與身體其他的關節，因此必須謹慎，切勿過分逞強，以免損傷身體。

8.4.1 NIOSH（1991）準則

NIOSH（1981）準則假設抬舉時矢狀平面的左右兩側施力相同，然而，在許多工業場合中，抬舉施力並非左右對稱，而且重心也不在人體的質量中心，例如人以單手提起重物時，左右兩手的施力並不相同。當物件的重心在人體的中心線時，人可抬舉較重的物件，當重心移至左或右側時，所抬舉的重量降低約2公斤左右。

1991年美國國家職業安全與衛生研究院（NIOSH）重新修改人工抬舉的極限，新的文件中僅包含一個推薦重量限值（Recommended Weight Limit, RWL），此數值代表90%的身體健康的美國男女工業從業人員所能抬舉及放下的最大重量。它的計算公式與行動極限值類似，但是包含了反映對稱與手—負載偶合情況的乘數。在最理想的條件之下，負載常數（Load Constant, LC）僅為23公斤，遠較NIOSH（1981）中的40公斤為低。RWL計算公式[13]如下：

$$RWL = LC \times HM \times VM \times DM \times AM \times FM \times CM \quad [8\text{-}1]$$

公式[8-1]中，

LC＝負載常數＝23公斤。

HM＝水平乘數＝25／H；H＝開始與結束間，手距雙膝中心的水平距離之差。

VM＝垂直乘數＝1－（0.003｜V－75｜）；V＝開始與結束間，手高於地板的高度之差。

DM＝距離乘數＝0.82＋（4.5／D）；D＝開始與結束間，垂直移動的距離。

AM＝不對稱乘數＝1－（0.0032A）；A＝不對稱的角度（0≦A≦135°）。

FM＝頻率乘數（如**表8-2**）。

CM＝手—負載偶合乘數（參閱NIOSH, 1981），NIOSH將手與負載之間的偶合情況分為佳、尚可與差等三種情況，偶合乘數如下：

偶合情況	V＜75公分	V≧75公分
佳	1.00	1.00
尚可	0.90	1.00
差	0.90	0.90

推薦重量限值（RWL）的基本假設與應用限制為：

1.未考慮負載是否過重、地面易於滑倒等情況，也不包含任何安全因數。

2.僅適用於19～26°C溫度範圍與35～65%濕度範圍內。

3.不適用於坐、蹲姿勢的單手搬運或在有限作業空間情況。

表8-2　頻率乘數（FM）

頻率（次／分）	≦8小時		≦2小時		≦1小時	
	V＜75	V≧75	V＜75	V≧75	V＜75	V≧75
0.2	0.85	0.85	0.95	0.95	1.00	1.00
0.5	0.81	0.81	0.92	0.92	0.97	0.97
1	0.75	0.75	0.88	0.88	0.94	0.94
2	0.65	0.65	0.84	0.84	0.91	0.91
3	0.55	0.55	0.79	0.79	0.88	0.88
5	0.35	0.35	0.60	0.60	0.80	0.80
8	0.18	0.18	0.35	0.35	0.60	0.60
10	0	0.13	0.26	0.26	0.45	0.45
12	0	0	0	0.21	0.37	0.37
15	0	0	0	0	0	0.28
＞15	0	0	0	0	0	0

資料來源：參考文獻[13]，經同意刊登。

4.假設此類抬舉、放下、推、拉、提等體力工作僅占整天工作的20%以下。

5.地面或地板與鞋底的靜態摩擦係數至少為0.4。

6.此公式適用範圍為：

(1)抬舉式放下。

(2)雙手持物，所耗費的時間約2～4秒。

(3)動作平穩而連續。

(4)不限制姿勢。

(5)雙手之間的距離小於65公分。

7.抬舉指數（Lifting Index, LI）為實際負載重量（ALW）與推薦重量限值（RWL）比值。當抬舉指數大於1時，下背部受傷風險增加；當抬舉指數大於3時，下背部受傷機率大增，應該重新調整任務需求。

8.4.2 其他有關抬舉／放下的極限值

1991年史諾克（S. H. Snook）與西瑞羅（V. M. Ciriello）二氏修改1978年與1983年兩人所發表的負載與施力極限值，他們不僅針對男性與女性的差異，並且列出適於90%、75%與50%的從業人員的極限範圍，對於不同的高度亦有區別，因此遠較NIOSH推薦值精細。**表8-3**與**表8-4**分別列出抬舉與放下作業的極限，其適用範圍為：

1.正面雙手對稱性抬舉／放下作業。
2.負載（物件）寬度低於75公分。
3.偶合條件如手與把手、鞋與地板摩擦力值。
4.自由姿勢。
5.適宜的工作環境：溫度攝氏21度，45%相對濕度。
6.其他工作皆為輕度體力性工作。
7.從業員身體健康，習慣於體力勞動。

國際職業安全與衛生資訊中心（International Occupational Safety and Health Information Center）鑑於年齡與性別的不同，所適於的最大抬舉重量亦有所差異，因此也建議最大抬舉極限值，以供從業人員參考（如**表8-5**），近年來，女性主義抬頭，同工同酬的要求日益普遍，許多以傳統男性員工為主的工作，也開始由女性員工擔任。由於女性的肌力僅及男性的58～74%，適於90%男性的體力工作往往僅有50%的女性得以勝任；因此，工作內容與工具的設計，有修改的必要，以適應女性員工。

8.4.3 安全抬舉作業基本準則

下列安全抬舉準則係依據一般工業經驗與科學研究的結果綜合而得，可作為一般抬舉作業的準則[5, 11]：

表8-3　史諾克與西瑞羅二氏發表的最大許可抬舉重量（公斤）

			地板至指節高度每次間隔時間								指節至肩高度每次間隔時間								肩至頭頂高度每次間隔時間							
寬度 (a)	距離 (b)	百分比 (c)	5 秒	9 秒	14 秒	1 分	2 分	5 分	30 分	8 時	5 秒	9 秒	14 秒	1 分	2 分	5 分	30 分	8 時	5 秒	9 秒	14 秒	1 分	2 分	5 分	30 分	8 時
	男性																									
34	51	90	9	10	12	16	18	20	20	24	9	12	14	17	17	18	20	22	8	11	13	16	16	17	18	20
		75	12	58	18	23	26	28	29	34	12	16	18	22	23	23	26	29	11	14	17	21	21	22	24	26
		50	17	20	24	31	35	38	39	46	15	20	23	28	29	30	36	36	14	18	21	26	27	28	31	34
	女性																									
34	51	90	7	9	9	11	12	12	13	18	8	8	9	10	11	11	12	14	7	7	8	9	10	10	11	12
		75	9	11	12	14	15	15	16	22	9	10	11	12	13	13	14	17	8	8	9	11	11	11	12	14
		50	11	13	14	16	18	18	20	27	10	11	13	14	15	15	17	19	9	10	11	12	13	13	14	17

(a)把手在操作員前。

(b)垂直抬舉距離（公分）。

(c)適於90%、75%、50%的工業從業人員。

資料來源：參考文獻[14]，經同意刊登。

表8-4　史諾克與西瑞羅二氏發表的最大許可放下重量（公斤）

			地板至指節高度每次間隔時間								指節至肩高度每次間隔時間								肩至頭頂高度每次間隔時間							
寬度 (a)	距離 (b)	百分比 (c)	5 秒	9 秒	14 秒	1 分	2 分	5 分	30 分	8 時	5 秒	9 秒	14 秒	1 分	2 分	5 分	30 分	8 時	5 秒	9 秒	14 秒	1 分	2 分	5 分	30 分	8 時
	男性																									
34	51	90	10	13	14	17	20	22	22	29	11	13	15	17	20	20	20	24	9	10	12	14	16	16	16	20
		75	14	18	20	25	28	30	32	40	15	18	21	23	27	27	27	33	12	14	17	19	22	22	22	27
		50	19	24	26	33	37	40	42	53	20	23	27	30	35	35	35	43	16	19	22	24	28	28	28	35
	女性																									
34	51	90	7	9	9	11	12	13	14	18	8	9	9	10	11	12	12	15	7	8	8	8	10	11	11	13
		75	9	11	11	13	15	16	17	22	9	11	11	12	14	15	15	19	8	9	10	10	12	13	13	16
		50	10	13	14	16	18	19	20	27	11	13	13	14	16	18	18	22	10	11	11	12	14	15	15	19

(a)把手在操作員前。

(b)垂直放下距離（公分）。

(c)適於90%、75%、50%的工業從業人員。

資料來源：參考文獻 [14]，經同意刊登。

表8-5　國際職業安全與衛生資訊中心推薦的最大抬舉極限值

	年齡群					
性別	14～16	16～18	18～20	20～35	35～50	超過50
男性	15	19	23	25	21	16
女性	10	12	14	15	13	10

資料來源：參考文獻 [15]，經同意刊登。

1.上身直立，膝部彎曲，雙手抓取物件後才進行抬舉。
2.盡可能將物件靠近身體，抬舉前最好置於雙膝之間，以降低力臂。
3.抓取物件的高度不宜低於膝部，約50～75公分高於地面，如果由膝高處抓取後，可輕易抬舉至90～110公分的高度，甚至可高至肩部，超過肩高時，則必須額外施力。
4.如果物件沒有把手時，可使用繩索綑住後為之。
5.卸載坡道高度約50公分，適當的儲存高度在80～110公分之間。
6.送達與存放容器於適當高度。
7.避免旋轉或扭曲肢體。
8.盡可能應用輔助工具。
9.使用壓力腰帶（pressure belts）以維持腹部壓力。
10.養成相互協助的習慣，兩人抬舉體積較大的物件遠較單人容易。

美國國家職業安全與衛生研究院（NIOSH）所公布的人因工具箱的抬舉／放下任務的準則[17]為：

1.以下列方式改善工作場所中物料傳輸任務：
(1)儘量降低徒手抬舉的物料重量。
(2)設置足夠的接收、儲存與運輸的設施。
(3)在走道與緩衝區維持足夠的空間。
2.以下列方式去除徒手抬舉或放下的機會：
(1)限制所必須處理的物料重量。

(2)將原料或產品放置於棧板上後，以堆高機移動棧板。

(3)應用單位負載概念（在大型箱盒或容器內搬運）。

3.以下列方式減少物品的重量：

(1)減少容器的重量與體積。

(2)減少容器內的負載。

(3)限制每個容器內所裝載的物體數量。

4.以下列方式縮短身體至物品的距離：

(1)改變物品或容器的形狀。

(2)提供握柄或把手，以便於提攜。

5.以下列工具將抬舉、放下與提攜轉換為推／拉任務：

(1)輸送帶。

(2)球式輸送桌（ball caster table）。

(3)四輪推車。

8.5 提攜作業

將物件抬舉後，往往必須行走一段距離，至指定的地點後，才可將物件放下，此種作業稱為「提攜作業」，例如手提公事包（書包）上班（上學）、手提行李上下舟車、郵件的傳送、倉庫中物件的置放等等。提攜物件時，不僅雙手或單手必須抓緊物件，以維持其重量，同時還必須走動至指定的定點，所需的體能消耗遠較抬舉或放下的動作多，因此，提攜的最大重量遠低於提攜／放下最大重量。由於雙手抱持物件走動，不甚方便，一般人習慣以單手提攜小型物件，以便於行動。由於左右手的施力不平均，如果姿勢不正確或物件負載過高時，易對肩部、背部產生不良影響。

短距離提攜作業的最大重量極限，可參考史諾克與西瑞羅二氏所提供的限值（如**表8-6**），長距離提攜則可參閱**圖8-4**所顯示的限值，距離愈長時，所能提攜的重量愈低。

提攜物件的方式與姿勢很多，**表8-7**列出以各種不同方式提攜30公斤

表8-6　史諾克與西瑞羅所建議的提攜最大重量極限　單位：公斤

			每提攜2.1公尺的時間間隔						
	高度 (a)	百分比 (b)	6	12	1	2	5	30	8
			秒		分				時
男性	79	90	13	17	21	21	23	26	31
		75	18	23	28	29	32	36	42
		50	23	30	37	37	41	46	54
女性	72	90	13	14	16	16	16	16	22
		75	15	17	18	18	19	19	25
		50	17	19	21	21	22	22	29

(a)地板至手的垂直距離（公分）。

(b)適用於90%、75%與50%的員工。

資料來源：參考文獻[14]，經同意刊登。

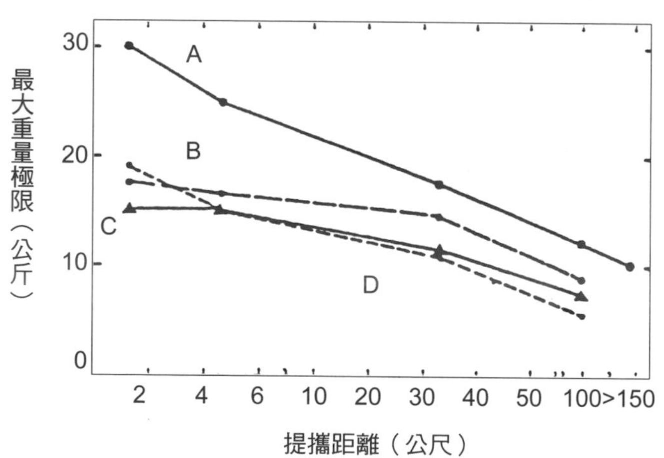

A：單手提物；B：雙手伸直；C：雙手彎曲；D：單手提攜體積大的物件

圖8-4　最大提攜重量極限與距離的關係

資料來源：參考文獻[12]，經同意刊登。

重物的比較。在設計提攜作業時宜考慮下列基本原則[11]：

1.應用較大的肌肉群施力，以避免疲乏。

表8-7　各種不同的提攜作業方式

提攜方式	能量消耗（千卡／分）	肌肉疲乏程度比較	局部壓力比較	穩定性	其他	適用範圍
單手	?	很高	很高	很差	易於作業與放下	適於快速、短程作業
雙手	很高；7	高	高	差		
雙手圍抱	?	?	?	?		
頭頂上，以手支持	低；5	高	?	很差	身體移動度降低	如果習以為常，適於提攜重而體積大的物件
頸部	5.5	?	?	差	影響姿勢	
單肩上	?	高	很高	很差	嚴重影響姿勢	適於短距離提攜重而大的物件
以扁擔肩挑	6.2	?	高	差	影響姿勢平衡	適於挑起大型重物，行走較長距離
背馱	5.3-5.9	低	?	差	上身彎曲，背後皮膚燥熱	適於長距離行走，包裝宜適當，避免產生壓力點
胸前	?	低	?	差	降低身體活動性	非常適於小型輕量物件提攜
分配於胸、背之上	4.8（最低）	最低	?	佳	降低身體活動性	非常適於負載，可平均分配／分割的情況，可行走長程
腰、臂之上	?	低	?	很佳	降低身體活動性	適於小型物件的提攜
臀	?	低	?	很佳	降低身體活動性	常用於暫時支持大型物件
腿	?	高	?	佳	手易於觸及，但會影響步行	必須在褲上加裝口袋或特殊裝置
腳	最高	最高	?	差	無實際用途	

資料來源：參考文獻[11]，經同意刊登。

2.盡可能將物件靠近身體，以維持平衡，降低體能消耗。

3.將物件與人體重心靠近，以維持較低的重心。

4.避免物件尖銳處與身體接觸。

5.確保肢體具有自由活動的空間。

6.盡可能應用推車或工具。

美國國家職業安全與衛生研究院（NIOSH）所公布的人因工具箱的抬舉／放下與提攜任務的準則[17]為：

1.重新規劃工作場所與應用下列機械輔助器具，消除不必要的物品移動需求：

(1)輸送帶。

(2)叉式起重車與手推車。

(3)工作站間安裝工作桌或滑道。

(4)四輪推車。

(5)氣動或重力推動的噴射輸送系統。

2.以下列方式減少提攜的重量：

(1)減少物品的重量。

(2)減少容器的重量。

(3)減少容器內所裝載的物品重量。

(4)減少容器內所裝載物品的數量。

3.以下列方式減少物品的體積：

(1)縮減物品或容器的形狀或大小。

(2)提供握柄或把手，以便於提攜。

(3)將任務分配給兩個或兩個以上的人共同承擔。

4.以下列方式，縮減身體至所提攜物品的距離：

(1)縮短接收、輸送、儲存等場所與生產場所的距離。

(2)應用電動或非電動的輸送器。

5.以推／拉取代提攜作業：

(1)應用非電動輸送器。

(2)應用手推車或四輪推車。

8.6 推／拉作業

推／拉作業時，不需克服重力的影響將物件抬起，僅需克服物體重量與地板或桌檯平面所產生的摩擦力，即可移動物件，比提攜作業省力，尤其適用於體積與重量龐大的物件搬運。其缺點為僅適於近距離的搬運，而且易於損壞物件的表面。**表8-8**、**表8-9**分別列出推動與拉曳的最大極限，一般而言，推動物件的能力遠較拉動大，而且較不易受傷。

美國國家職業與安全衛生研究院（NIOSH）所公布的人因工具箱的抬舉／放下與提攜任務的準則[17]為：

1.應用下列機械化輔助工具消除推／拉任務需求：

(1)輸送帶。

(2)升降台。

(3)滑道或斜坡。

2.減少推／拉所需的力量：

(1)減少物品或負載的側邊或重量。

(2)應用推車或四輪推車。

(3)應用非動力輸送帶。

(4)推車輪或輪腳必須(i)經常潤滑軸承(ii)定期維修(iii)應用較大直徑的輪軸或輪腳。

(5)維修地板，以消除孔洞與隆起物。

(6)進行的地板表面處理，以減少摩擦力。

3.縮減推拉的距離：

表8-8　史諾克與西瑞羅所建議的推動物件最大重量極限

單位：公斤

	高度(a)	百分比(b)	每推動2.1公尺的間隔時間 6秒	12秒	1分	2分	5分	30分	8時		高度(a)	百分比(b)	每推動30.5公尺的間隔時間 1分	2分	5分	30分	8時
男性	95	90	21	24	26	26	28	28	34	啟動力量	95	90	17	19	22	22	27
		75	28	31	34	34	36	36	44			75	21	24	28	28	35
		50	34	38	43	43	45	45	54			50	27	30	35	35	44
女性	89	90	14	15	17	18	20	21	22		89	90	12	14	15	16	18
		75	17	18	21	22	24	25	27			75	15	16	18	19	21
		50	20	22	25	26	29	30	32			50	18	20	21	23	26
男性	95	90	10	13	16	17	19	19	23	維持力量	95	90	8	10	12	13	16
		75	14	18	22	22	25	26	31			75	11	13	16	18	21
		50	18	23	28	29	33	34	40			50	15	17	20	23	27
女性	89	90	6	7	9	9	10	11	13		89	90	5	6	6	7	9
		75	8	11	13	13	15	16	19			75	8	9	9	10	13
		50	11	15	18	18	20	21	26			50	10	12	12	13	17

(a)地板至手的垂直距離（公分）。

(b)適於90%、75%、50%的工人。

資料來源：參考文獻 [14]，經同意刊登。

表8-9　史諾克與西瑞羅所建議的拉曳物件最大重量極限　單位：公斤

	高度(a)	百分比(b)	6 秒	12 秒	1 分	2 分	5 分	30 分	8 時
			每拉動2.1公尺的時間間隔						
男性	95	90	19	22	25	25	27	27	32
		75	23	27	31	31	32	33	39
		50	28	32	36	36	39	39	47
女性	89	90	14	16	18	19	21	22	23
		75	16	19	21	22	25	26	27
		50	19	23	5	26	29	30	32
男性	95	90	10	13	16	17	19	20	24
		75	13	17	21	22	25	26	30
		50	16	21	26	27	31	32	37
女性	89	90	6	9	10	10	11	12	14
		75	8	12	13	13	15	16	19
		50	10	15	16	17	19	20	25

(a)地板至手的高度（公分）。

(b)適於90%、75%、50%的工人。

資料來源：參考文獻[14]，經同意刊登。

(1)縮短接收、輸送、儲存等場所與生產場所的距離。

(2)改善生產程序，以消除不必要的物料處理。

4.優化推拉技巧：

(1)提供不同高度的把手，使任何高度的工作人員的肘部彎曲角度皆能維持於80～100度之間。

(2)以推動取代拉曳任務。

(3)應用坡度低於10度的坡道。

8.7 人工物料搬運的人因原則

克洛謨爾（K. H. E. Kroemer）等人所建議的人因原則，適用於一般工業環境中的物料搬運作業，茲將它們列出，以與讀者分享[11]：

1.基本原則：

(1)減少物料的體積、重量與所需施力範圍。

(2)容器、桶、盒宜設置把手，以便於抬舉、提攜。

(3)將物料置於正前方，盡可能靠近身體，避免扭曲肢體。

(4)保持適當的姿勢。

(5)設法減少必須移動的距離。

(6)宜水平方向移動，避免垂直方向移動。

(7)儘量將抬舉、提攜作業以推、拉取代。

(8)所有的動作應事先計畫，並保持平穩。

(9)切勿抬舉後又必須放下。

(10)設法降低或取消人工物料的搬運。

2.應用輔助器具，如抬舉桌、抬舉台、抬舉車、吊車、怪手、輸送帶，以取代人工抬舉。

3.改善作業空間配置，以降低物料搬運的距離。

4.改善設備及流程，以自動進料系統、輸送帶取代人工搬運。

5.保持工作環境的整潔，以減少不必要的物料移動與檢索。

8.8 結論

無論在日常生活或工業場所中，人工物料搬運是無法完全避免或免除的；然而，不良的姿勢或不適當的施力卻會造成脊椎骨與肌肉的損傷；因此，應儘量減少搬運的機會，設法以工具或機械化設備取代人力。本章雖介紹許多學者或美、英各國所推薦的最大搬運極限值，但是這些數據並不代表安全極限，它們僅具參考價值。人因工程師應定期評估工業流程中所需人工搬運的必要性，然後針對問題進行改善。

參考文獻

1.A. Mital, Special-issue preface, *Human Factors, 25*, pp. 471-472, 1983.

2.S. Pheasant, *Body Space: Anthropometry, Ergonomics, and Design,* Taylor and Francis, London, UK, 1986.

3.K. H. E. Kroemer, Was man von Schaltern, Kurbeln, Pedalen missen muss, Sonderheft der REFA-Nachrichten, Verband für Arbeitsstudien REFA e.V., Darmstadt, 1967.

4.D. B. Chaffin, G. Andersson, *Occupational Biomechanics,* John Wiley, New York, 1984.

5.E. Grandjean, *Fitting the Task to the Man,* Taylor and Francis, London, UK, 1979.

6.A. Mital, S. Kromodihardjo, Analysis of manual lifting activities, Part 2, Biochemical analysis of task variables, *Int. J. Ind. Ergonomics, 1*, pp. 91-101, 1986.

7.P. R. Davis, D. A. Stubbs, A method of establishing safe handling forces in working situations, *Int'l Symp. on Safety in Manual Material Handling*, NIOSH, 1977.

8.A. Nachemson, G. Elfstrom, Intravital dynamic pressure measurements in Lumber discs, *Scandinavian J. Rehabitation Med., Suppl.* 1, 1970.

9.E. Tichauer, *The Biomechanical Basis of Ergonomics,* John Wiley & Sons, New York, USA, 1978.

10.R. W. Proctor, T. Van Zandt, *Human Factors in Simple and Complex Systems,* Chapter 17, Allyn and Bacon, Boston, USA, 1994.

11.K. H. E. Kroemer, H. B. Kroemer, K. E. Kroemer-Elbert, *Ergonomics,* Chapter 10, Prentice Hall, Englewood Cliffs, N. J., USA, 1994.

12.Eastman Kodak Co., *Ergonomics Design for People at Work, Vol. 2*, Van Nostrand Reinhold, New York, 1986.

13.V. Putz-Anderson, T. Waters, Revisions in NIOSH Guide to Manual Lifting, paper presented at A National Strategy for Occupational Musculeskeletal Injury Prevention. Conference, Ann Arbor, MI, April, 1991.

14.S. H. Snook, V. M. Ciriello, The design of manual handling tasks: Revised tables of maximum acceptable weights and forces, *Ergonomics, 34*, pp. 1197-1213, 1991.

15.IOSHIC, *Manual Lifting and Carrying,* International Occupational Safety and Health Information Center, CIS Information Sheet 3, Geneva, 1962.

手工具設計

- 9.1 前言
- 9.2 手與前臂的基本解剖
- 9.3 手的基本動作
- 9.4 手工具的類別
- 9.5 手工具的設計原則
- 9.6 一般手工具的使用
- 9.7 設計案例
- 9.8 結論

9.1 前言

人類文明的進步與手工具有不可磨滅的關係。雖然鉗、鎚、斧、鋸、起子等工具是生活上不可缺少的工具，但是它們的基本設計改變得很少。我們現在所使用的鎚子、斧子的式樣，和博物館中陳列的差異並不大。在過去千、百年中，人類並未重視手工具的設計改善。由於設計的改善並不能達到量產的結果，儘管各種精巧的設備不斷地發展出來，常用的手工具發展仍停留在原始時代。

長期使用設計不良的手工具，對於手與手臂會產生不良的效應，易於發生意外或受傷。手工具所產生的受傷約占美國工業傷害的22.3%，手受傷比例較動力工具超出三倍以上。最容易造成受傷的工具反而是最簡單的手工具，如刀、鎚與板鉗[1, 17]等。這些傷害案件之中，除了偶發性的外傷外，還包括累積性的創傷，如腕道症候群（carpal tunnel syndrome）、腱鞘炎（tenosynovitis）、板機指（trigger finger）、局部缺血（ischemia）、振動所引起的白指病（vibration-induced white finger）與網球肘（tennis elbow）等[2]。

這些累積性的創傷不僅會降低生產效率與產品品質、增加缺席日數，而且還會引發出意外事故。如果將工作損失與醫藥費用相加，每年至少損失數十億美元。**表9-1**列出不良設計所引起的問題。

合理的手工具設計不僅必須具備機械的基礎，還必須由解剖學、運動神經學、人體量測、生理學與工業衛生的觀點考量。近二十年來，由於職業安全與衛生逐漸受到重視，人因專家開始投入手工具的設計，基本設計原則逐漸建立起來，許多標示著人因設計的工具開始上市。姑且不論設計新穎的手工具是否更為有效與實用，至少我們已經可以感覺到進步與改善的氣息。

表9-1　不良手工具設計所引起的問題

1.指尖或手指的擠、夾、衝撞、破碎、切割 2.碎片進入眼睛之內，可能會導致失明 3.肌腱的壓力增加或撕裂，造成長期性的疼痛與效能降低 4.腕／腱鞘與神經發炎，手腕難以移動或疼痛 5.肌肉疲乏，手的活動與工作能力降低 6.精神疲乏，工作遲緩，失誤率上升 7.延長訓練學習所需的時間 8.背痛，軀幹運動或抬舉困難

9.2 手與前臂的基本解剖

手的基本構造如**圖9-1**所顯示，包括骨骼、動脈、神經、韌帶與肌腱等，腕關節的骨骼與前臂的兩支骨骼——尺骨（ulna）與橈骨（radius）相互連接，橈骨為前臂的側骨，下端與小指邊的手腕連接，尺骨則與拇指邊手腕連接，這兩支骨骼皆與上臂的肱骨連接。手部包括八塊腕骨、五塊掌骨與十四塊指骨，腕骨排成兩列，拇指僅有二塊指骨，其餘各指含有三塊，這些指骨依其位置命名為前、中、末骨。

手與前臂共有四個主要的神經：正中神經（median nerve）、肌肉觸覺神經、尺骨神經與橈骨神經，主要功能為控制手與前臂肌肉的收縮與傳導皮膚的感覺。手臂的屈伸是由手臂肌肉所調節，當手臂伸展時，肱二頭肌將橈骨向肱骨相反方向牽拉。肱二頭肌亦可控制手腕的向外翻轉，如果將前臂在肘關節處彎曲成直角，將手腕向外側旋轉時，即可明顯地發覺肱二頭肌的收縮與鼓起[2]。

手指的伸展與彎曲是由前臂肌肉所調節，前臂肌肉通過腕關節道的肌腱與手指相連接。腕部管道的兩邊分別為手背的骨骼與橫腕韌帶。其截面呈卵形；正中神經、橈動脈與手指的肌腱由腕道通過。當手腕伸展或屈曲時，腕道的空間會減少，肌腱或腱鞘腫脹時，也會造成空間的縮小。

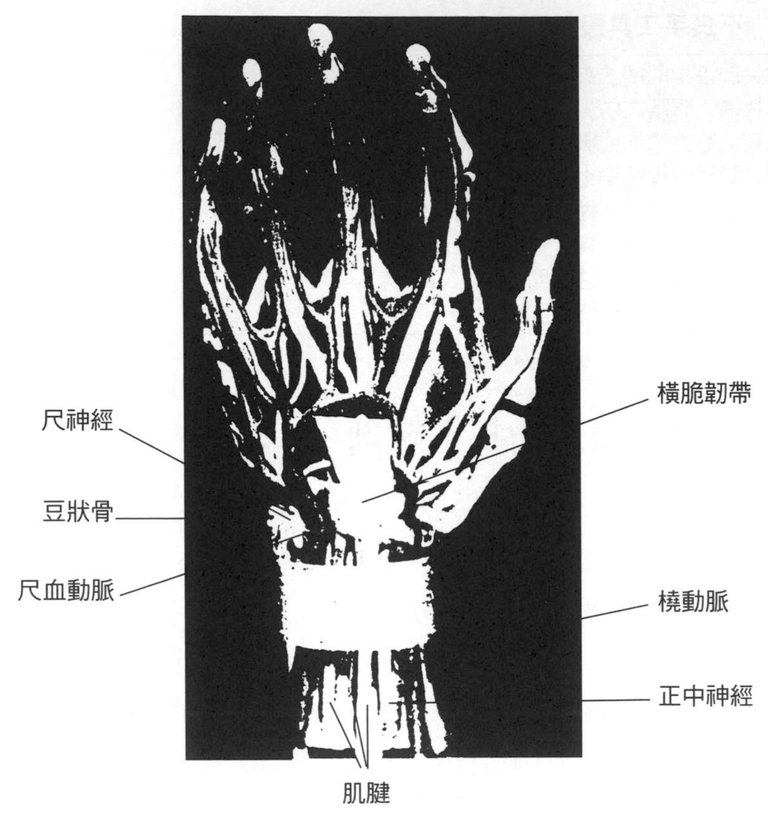

圖9-1　手的掌側圖

資料來源：參考文獻[2, 3]，經同意刊登。

9.3 手的基本動作

手的基本動作可分為下列五種[4]：

1.物件或工具的精巧操縱，例如刺繡、繪畫、書寫等，具高度準確性，施力與位移小。

2.物件的快速移動，例如扭動開關、門鈕等，具中度準確度，但施力小。

3.在多目標間經常性的移動，施力小但仍具準確度，譬如拆解或組裝機械設備。

4.位移小但施力大的工作，例如旋轉螺絲帽或釘釘子。

5.施力與位移皆大的動作，例如使用鎚子敲打。

執行上列五項動作時，手必須具備任務所需的準確度、施力大小與位移距離；手指最適於執行快速與準確度高的動作，因此無論執行任何任務或應用手工具時，必須依賴手指抓取工具或物件，否則手難以發揮功能。

依據奈皮爾氏（J. R. Napier）的分類[5]，抓取動作基本上可分為下列兩種（如圖9-2）：

1.動力抓取（power grip）：物件或工具的主軸與前臂垂直，手指與

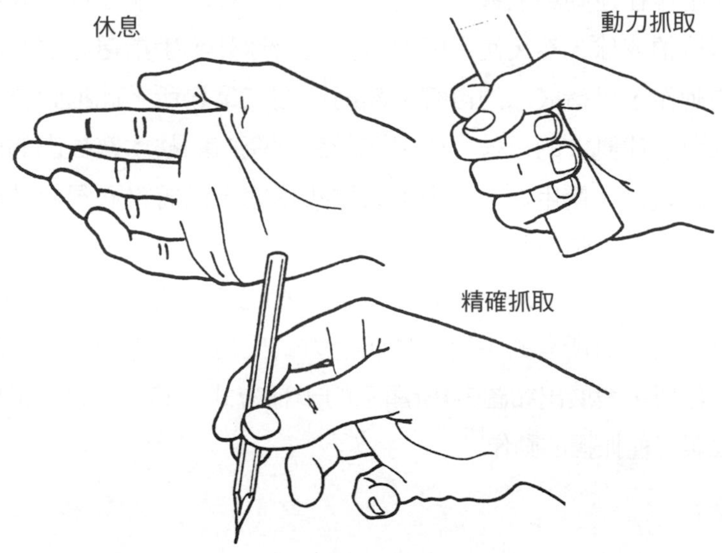

圖9-2　手休息、動力抓取與精確抓取時的姿勢

手掌各占工具或物件的兩邊，由於施力方向不同，動力抓取可分為三類：

(1)力量與前臂平行式抓取，例如抓取鋸子，進行鋸刻。

(2)力量與前臂形成一特定角度，例如使用鎚子。

(3)以前臂方向為軸扭轉，例如使用螺絲起子。

2.精確抓取（precision grip）：工具夾在拇指與其他各指之間，僅需使用手指的力量或腕部的動作即可執行任務，精確抓取依工具主軸位置可分為兩種：

(1)內精確抓取：工具主軸在手指之內，例如刀具的抓取即為內精確抓取，刀具把手深藏在手指之內。

(2)外精確抓取（external grip）：工具主軸在手指之外，例如執筆寫字時，手指僅抓住筆桿的下部，筆的主軸在外，與前臂方向垂直。

有些動作或任務必須組合動力抓取與精確抓取兩種方式，才可執行。此種動作在運動場上甚為普遍，棒球投手投球或網球選手發球時，除了抓緊球拍或球，然後使用臂力揮拍或投球外，手指還必須轉動或進行巧妙的動作，以造成球的自轉。然而，在工業場所，此種動作宜設法避免，以免加速肌肉的疲勞。使用塞鑽將酒瓶口的軟木塞拔出的動作，即為兩者的組合，使用者一方面用力拉拔木塞，同時又必須向外轉動前臂（如**圖9-3**）[3]，動作非常困難。

克洛謨爾氏（K. H. E. Kroemer）認為動力與精確抓取等兩種類別，並不足以完全代表所有的手與工具偶合方式。他依據手的部位與工具的幾何交互作用，發展出如**圖9-4**所顯示的十種方式，其中包括兩種觸摸、五種抓取與三種抓握的動作[7]。

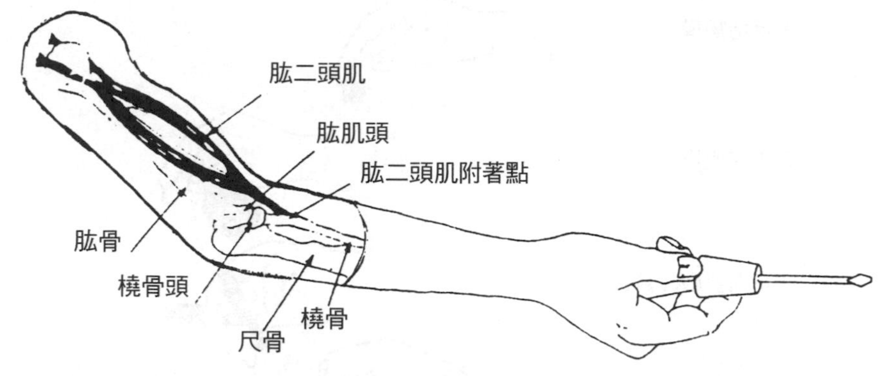

圖9-3　肘關節處肱二頭肌與尺骨、橈骨的連接圖

資料來源：參考文獻[3]，經同意刊登。

9.4 手工具的類別

以手驅動的工具可以分為下列六種[8]：

1.打擊式工具：如鎚子，人以單手或雙手握緊鎚柄，用力搖動打擊。

2.刮擦式工具：如鋸、銼、鑿、鉋等，人握住把手（柄），用力推、拉。

3.轉動式工具：如鑽、螺絲起子、板鉗、錐等，人握緊把柄，用力旋轉、推／拉。

4.擠壓式工具：如鉗、夾等，人用力握緊把柄鉗夾。

5.剪裁式工具：如剪刀，人夾住或抓住把手推拉。

6.切割式工具：如刀具，人握住把手，用力推拉。

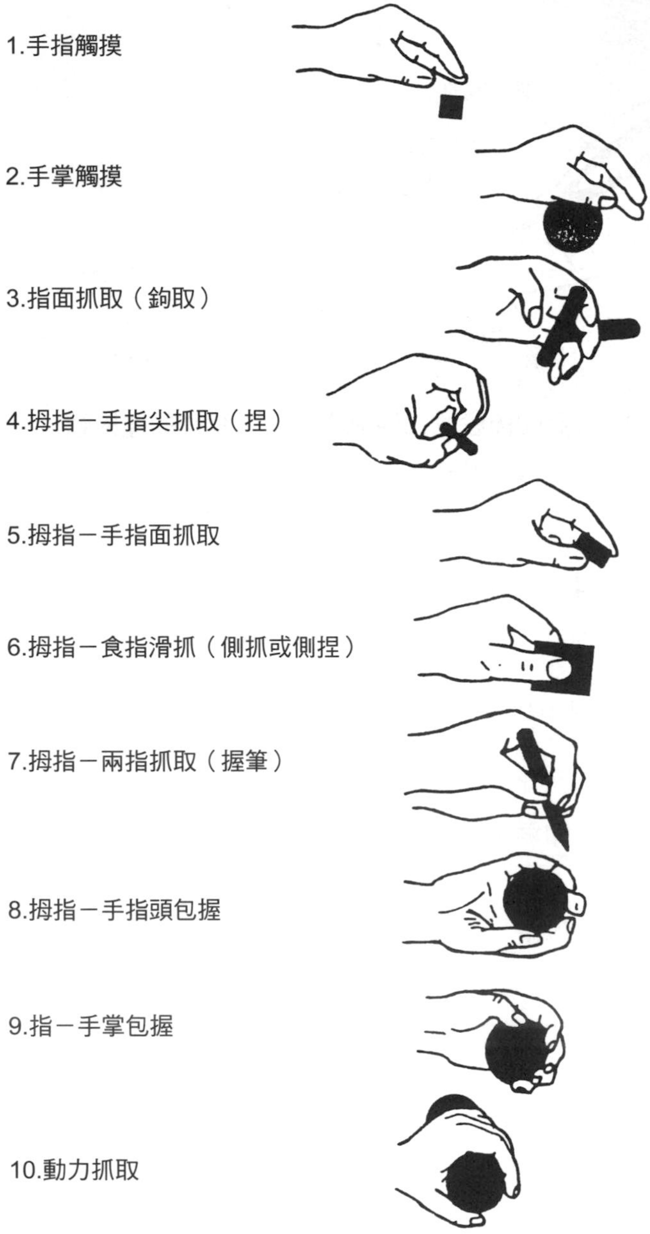

1.手指觸摸

2.手掌觸摸

3.指面抓取（鉤取）

4.拇指－手指尖抓取（捏）

5.拇指－手指面抓取

6.拇指－食指滑抓（側抓或側捏）

7.拇指－兩指抓取（握筆）

8.拇指－手指頭包握

9.指－手掌包握

10.動力抓取

圖9-4　手與工具把手之間的偶合

資料來源：參考文獻[4]，經同意刊登。

9.5 手工具的設計原則

9.5.1 需求

設計良好的手工具除了使用方便與有效之外，還必須滿足其他的需求[9]：

1. 工具必須能有效達到設計的功能與目的，例如鎚子的設計，必須能將最大的動能轉變為有用的功。
2. 手工具的大小、尺寸必須與使用者的肢體大小成正比。
3. 手工具的重量與所需施力大小必須適於使用者的肌力與工作容量，設計時必須考慮使用者的性別、肌力、年齡與過去所受的訓練。
4. 工具不易造成疲勞。
5. 工具必須提供使用者適當的回饋，例如壓力、力量、表面結構、溫度等。
6. 價格低廉，易於保養。

9.5.2 設計原則

手工具的設計目標為：(1)儘量增加工具所產生的力量；(2)儘量減少對肢體所產生的物理壓力。

茲將有關手柄——抓取部位或一般性設計原則，摘述如後，以供設計者參考使用。

(一)手柄的彎曲角度

手柄或稱把手，是手部握持工具的部分，腕道、指節、手臂或肢體的其他部位之所以會受到創傷的原因，在於長期持續性的肢體扭曲或受到壓抑。為了降低手腕、手指、手臂所承受的壓力，手柄的基本設計原則在於設法避免手的彎曲或扭曲，即所謂「彎曲手工具而非彎曲手部」的理念。班奈特（J. Bennett）、密爾斯（S. Mills）與依曼紐（J. Emanuel）三氏將此理念應用於所有的手工具與運動器材之上，將手柄部分的曲度彎曲為19°±5° [6]，**圖9-5**顯示掃把與鐵鎚的設計，美國森林署曾經測試過刀、斧、鋤、鏟、大剪刀等十九種工具，初步結果顯示彎柄比直柄工具較受歡迎，而且疲勞程度也較低[4]。

蒂喬爾氏（E. R. Tichauer）曾經測試過兩組電子組裝線上的學員，一組使用直柄鉗，另一組使用彎柄鉗。十二個星期後，使用直柄鉗的學員中，有60%的人的腕部發生失調現象，而使用彎柄者中僅10%發生腕部不適現象[3]。**圖9-6**顯示，手持直柄鉗時，尺骨必須彎曲，而手持彎柄鉗時，手腕與前臂的姿勢比較自然。

休馬克林（R. W. Schoenmarklin）和馬拉斯（W. S. Marras）二氏曾經研討過手柄彎曲的角度時水平與垂直的鎚擊任務的效應，鐵鎚手柄的彎曲角度分別為0°、20° 與40°（如**圖9-7**）。他們發現使用彎曲角度為40°的鐵鎚時，手腕屈曲的程度最低，使用直柄（0°）的屈曲程度最高[12]。

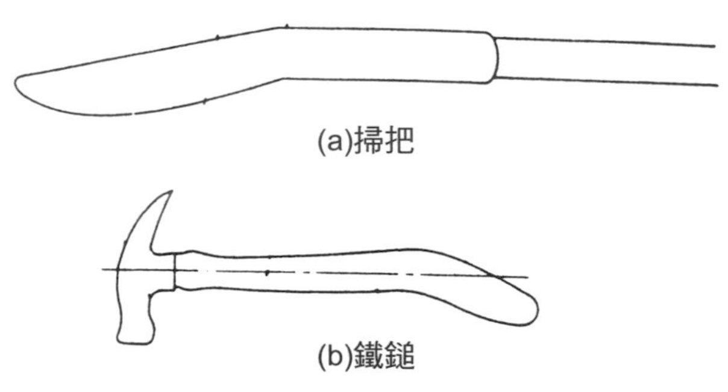

圖9-5　彎曲手柄示例

資料來源：參考文獻[6]，經同意刊登。

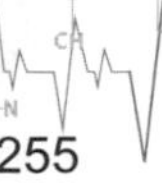

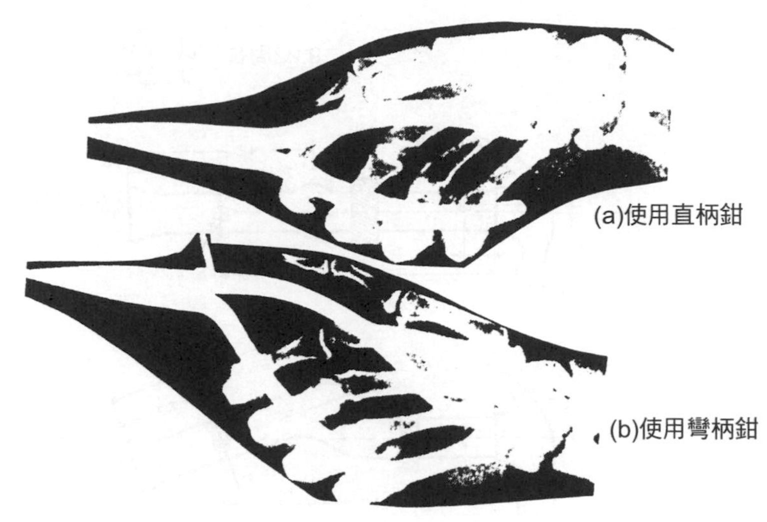

圖9-6　使用直柄鉗與彎柄鉗的X光片

資料來源：參考文獻[10]，經同意刊登。

(二)抓握部位厚度、形狀

手柄的抓握部位厚度、形狀與長度必須適當，其設計必須適合手工具所欲達成的任務。動力抓取工具的抓握部位厚度宜在25毫米與50毫米之間，肌電圖顯示，厚度為51毫米時，肌電活動力最低；然而，如同時考慮疲勞前所完成的次數與抓取力量對肌電活動力的比例時，則以38毫米為最佳選擇。

鉗、剪等工具的切、剪、碎等力量決定於使用者的抓握力量，抓握力量則與握軸（grip axis）之間的距離有關。格林伯格（L. Greenberg）與查飛（D. B. Chaffin）二氏發現握軸間距在75～80毫米之間時的握力最大；然而，其他學者發現握力與所握持的形狀亦有關聯。菲參（S. T. Pheasant）與史貴佛（J. G. Scriven）等氏的數據指出，45毫米與55毫米之間的間距會產生最大握力[11]。

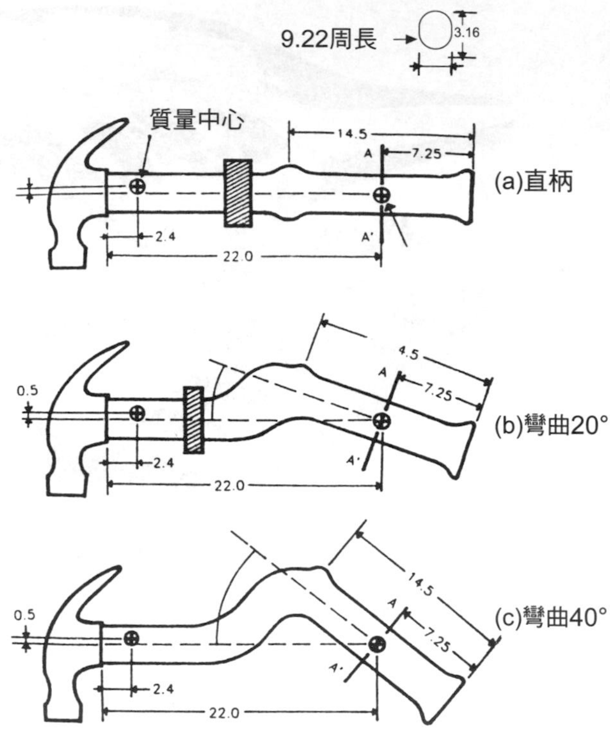

圖9-7　彎曲角度不同的手柄

資料來源：參考文獻[12]，經同意刊登。

工具的抓握部位是否與手指面符合亦很重要，抓握部位表面的形狀、構造會影響手指的舒適程度。鐵鉗曲狀表面與手指面形狀相仿，自然較直而均勻的表面適於使用。摩托車、自行車或推草機的把手亦具波浪、曲線狀，不僅配合手指的形狀，而且還可增加摩擦力，以避免手指施力時滑落。T字形把手適於推／拉動作，而D字形把手僅適於拉扯。

(三)手柄直徑

使用螺絲起子、T形板鉗等工具時，手必須抓握工具的手柄，然後施

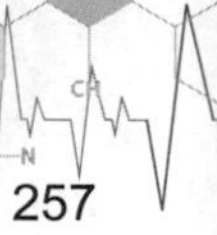

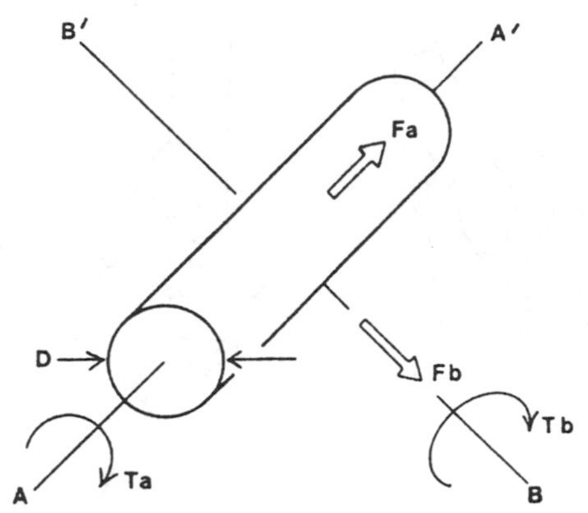

圖9-8　圓筒形手柄直徑（D），軸向方向（A－A'）與垂直方向（B－B'）

資料來源：參考文獻[13]，經同意刊登。

力旋轉。**圖9-8**顯示一個圓筒形手柄，使用螺絲起子時，手必須以A－A'為軸施力，而使用T形板鉗時，手必須以B－B'軸施力。由於使用T形板鉗時所產生的轉矩由動作的角度——轉矩曲線所決定，因此，在一定的範圍內僅與使用者所產生轉矩的能力有關，與手柄設計無關。

(四)一般性原則

麥考米克（E. J. McCormick）[2]、孔茲（S. Konz）[15]等氏皆曾經列出一些基本原則，可供設計者參考：

◆保持手腕正直

工具手柄的設計，宜儘量保持手腕與前臂正直，避免手腕彎曲、手部彎曲與尺偏。

◆避免對組織產生壓迫

使用手工具時，往往必須施展很大的力量。如果由於設計不良，使手指或掌心所承受的壓力、刺激過大時，會產生創傷，例如**圖9-9a**所顯示的傳統油漆刮刀刀柄，刀柄陷入掌心之內，阻礙尺動脈內血液的循

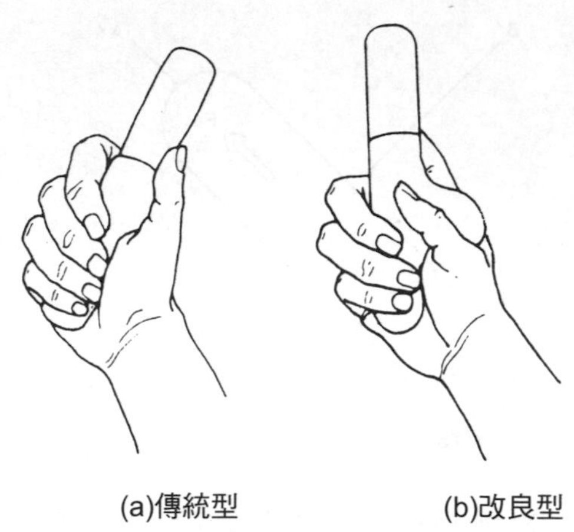

圖9-9　傳統型油漆刮刀柄與改良型刀柄

資料來源：參考文獻[14]，經同意刊登。

環，造成局部缺血或絕血，手指會麻木與刺痛，必須暫時停止工作。長期使用此類刀具，會導致尺動脈栓塞。蒂喬爾氏建議[10]，宜將握柄部位增闊，以增加手指的接觸面，將壓力分布到更廣大的區域，同時將手的壓力避開較為敏感的部位（如**圖9-9b**）[2]。

◆避免手指重複性動作

過度重複使用某一個手指，會造成該手指的變形或屈曲。從事文字工作的長期筆耕者的中指指節會凸起變形，經常射擊或以食指扣動設備開關的人，食指屈曲，無法自由伸展（板機指）。因此宜儘量避免過分使用單一手指，重複執行按壓、扣、拉等動作。拇指是由掌心的短狀肌肉所控制，較其他手指的活動力與力量大，可適度以拇指取代其他手指。一些開關或按鈕的表面面積可酌加大，以掌心或手指面按壓，以降低每一個手指所受的壓力。

◆安全考慮

手工具的設計應以操作安全為最優先的考量，避免在不留意情況下，割傷或夾到手指或手掌。工具的周緣必須光滑，避免光角或銳邊存在，動力工具必須有制動裝置，可快速制止刀片、鋸片或鑽頭的運動。開關可裝置保險裝置，以避免意外觸動開關而發動。

◆設計適於女性的工具

女性約占人口的一半，手長較一般男性短2公分，而且抓握力量僅及男性60～70%，使用適用於男性的傳統工具非常不便。約15～20%的美國空軍女性作業員對於航空電子、機械、金屬加工等工廠內所使用的工具不滿，認為難以使用。由於愈來愈多的女性從事過去以男性為主的職業，手工具的設計也應考量女性的體型、耐力與指力等人性因素。

◆設計左、右兩手皆可使用的工具

慣用左手的人約占人口中的8～10%。由於絕大多數的工具與運動器材僅適於大多數慣用右手的人，很難在市面上找到適於左手者揮桿的高爾夫球桿或使用的刀具。宜考慮設計雙手皆可使用的工具，除了提高左手者使用效能外，而且慣用右手者也可於右手疲勞時，以左手替換。

◆使用特殊用途的工具以取代一般性工具

雖然一般性工具可應用於許多任務之上，以節省初期投資費用，但所需完成任務的時間較長。以長期觀點而論，並不具經濟效益。更何況特殊用途的手工具，係針對某些特殊的任務所設計，比較適用而且效果較佳。

◆應用適當的肌肉群

工具的設計應考慮施力的肌肉群。由於手臂的肌肉較手指強壯，因此當所需施展的力量較大時，應使用手臂的力量，而且手指向內關閉的力量較向外張開的力量大。大型剪刀、鉗、夾等工具的手柄之間宜安裝彈簧，可自動張開，以減少張開時手指的施力。

◆足夠的活動空間

T字形或D字形手柄必須具備足夠的空間，以便於手指的出入。手提箱D形手柄之內空間不應小於110毫米×45毫米的長方形；單指出入的孔道直徑宜超過30毫米，以便於手指的出入、轉動。

◆盡可能使用馬達驅動的動力工具

機械較人力所能發揮的功能大而且機械不易疲勞。

9.6 一般手工具的使用

有關合乎人性因素的工具設計原則的資訊，已有二十年左右的歷史；但目前所使用的絕大多數的工具仍與數十年甚至數百年前的形式類似，並沒有太大的改善。人因設計的手工具很難在市場上出現；因此，有必要瞭解常用的手工具的性能與影響手的轉矩能力的因素。茲將有關此類的研究成果摘述於後：

1.一般男子可施展500牛頓左右的力量，女子僅能施展250～300牛頓，一般工具僅適於男子使用。男子的施展轉矩的能力（使用螺絲起子與板鉗）較女子高出10～56%。

2.年齡愈高抓握力量愈小，六十五歲時，其抓握力量會降低20～40%，施展轉矩的能力亦降低。

3.肩力與轉矩施展能力有關，肩膀寬厚、體格強壯的人所能施展轉矩的能力較一般人大。

4.少許姿勢偏差並不影響轉矩的施展，但是姿勢過分不正常時，例如仰頭直立或俯伏作業時，會產生很大的影響，較難轉動板鉗或螺絲起子。

5.經驗與技巧直接影響所產生的力量，有經驗的工人鎚擊時所施展出的力量，約為無經驗者的兩倍。

6.即使由使用者自行決定工作速率，四分鐘之後，使用螺絲起子或板鉗所能發揮的最大轉矩會降低38%。

9.7 設計案例

雖然大部分常用的螺絲起子、板鉗、鐵鎚的設計，數十年並未改變，工具生產廠家似乎並不重視人因學者或專家的研究成果，但並不表示人因的研究成果純屬學術性研究，在許多日常生活中所使用的產品上，我們已可看出許多設計上的改善。本節提出牙刷、刮鬍刀的人因設計，以供參考。

9.7.1 牙刷

自1780年第一把骨柄豬毛牙刷問世後，牙刷是每個人每天必須使用的手持工具。對於大多數人而言，近二百年來主要的改變僅為刷毛由豬毛改為尼龍絲，手柄材料由骨、木改為塑膠。雖然大多數市面上所出售的牙刷皆大同小異，但是仔細分析，仍可找出少數經過特殊設計考量的產品。茲介紹麗奇牌牙刷，以供參考。

郭佛耶氏（J. Guilfoyle）曾經詳細描述麗奇牌牙刷的人因開發與評鑑過程[19]；桑德斯與麥考米克二氏等所著的書中也曾討論過[2]，謹將其過程摘述如後：

此牙刷係由嬌生公司（Johnson & Johnson）所主導，委託應用人因公司（Applied Ergonomics, Inc.）設計，設計小組採取下列的步驟：

1.遍覽文獻，向牙醫師請教，確認牙刷的功能。

2.對三百位成人進行問卷調查，以協助設計師對基本牙齒保健問題的瞭解。

3.蒐集市面上出售的產品尺寸，及使用者群體手、牙、口部人體量計資料，並拍攝刷牙動作照片。

4.針對刷牙時間與刷毛直徑對齒斑消除程度，從事實驗研究。

5.綜合研究結果，製作出兩種原型（prototype），然後與兩種市售牙刷一起進行測試。

6.測試結果顯示，原型設計較市售牙刷消除齒斑功能優越，再經訪問受測者後，決定選出一種原型的刷頭配合另一原型刷柄，作為定案設計，此設計如**圖9-10**所顯示。

此新型設計命名為麗奇（Reach），其英文字義為「觸及」。換言之，此牙刷可觸及所有牙齒的任何部位，其主要特點為：

1.刷頭小，刷毛分為上下兩層，可集中於狹小的區域上。

2.刷柄與刷頭形成12度角，刷毛基座與刷柄的手持部分之間狹窄細長，具有彈性，以便於刷毛基座的彎曲。

3.刷柄具有拇指狀留駐區，易於握持。

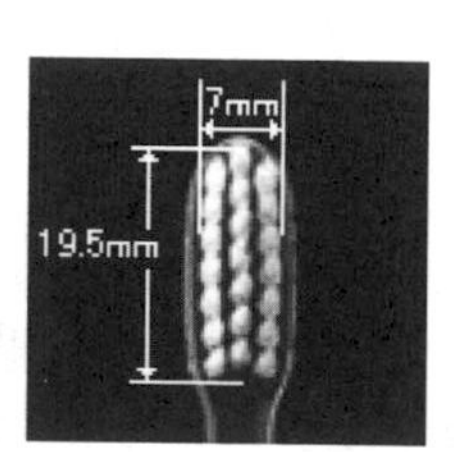

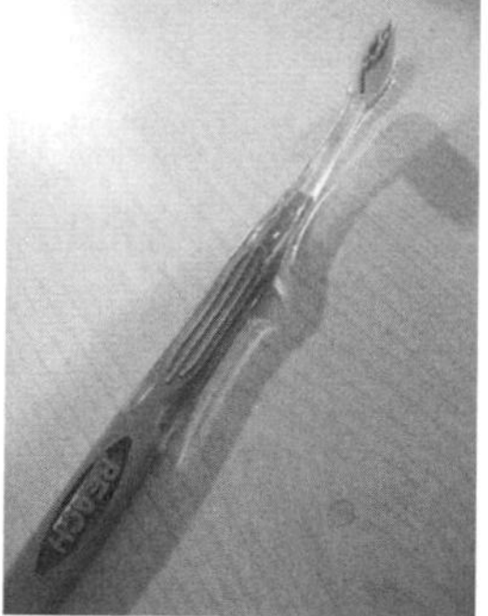

圖9-10　麗奇牙刷

由上述評鑑設計過程可知，文獻資料的蒐集，專家、使用對象的意見，客觀的實驗工作等是開發與設計產品中不可缺少的過程。

9.7.2 刮鬍刀

男人平均至少有七千五百根鬍鬚，多者可達二萬四千根；因此，刮鬍子是每個男人每天早上必須的工作。古人多留長鬍，以剪刀剪修，遠比以刀片刮鬍容易。自古以來，男人刮鬍歷程非常艱辛。

1901年美國波士頓居民吉列氏（K. C. Gillette）發明了第一把可替換刀頭的安全刮鬍刀。此刮鬍刀經過多次改良後，普遍為世人所愛用。1950年起德國百靈氏（Max Braun）推出第一把S-50刀網電動刮鬍刀，在法蘭克福商展中大放異彩，目前為美國紐約現代美術館（New York Museum of Modern Art）所收藏。

電動刮鬍刀雖然有許多優點，但是價格昂貴，刀頭更換價格亦貴，許多人仍然喜用傳統式吉列手動刮鬍刀。傳統式吉列刮鬍刀缺點為刀片與刀柄角度成正角，刀片為單一刀組，無法隨臉部曲度而變化，且易於刮傷柔嫩的臉皮。如果嘴唇上下或嘴角有突起部分或瘤、痣時更易受傷。

1980年代初期，吉列公司的研發部門鑑於傳統刀具的缺點，乃進行深入的研究，總共投資兩億美元以上的研發費用與五年的光陰，發展出最新型的感應（Sensor）型刮鬍刀（如圖9-11）。它具有下列優點：

1.刀鋒前配置一組細小柔軟、具彈性的感應鰭，可輕拉臉皮使鬍根突出。
2.刀片座與刀柄可分離，便於替換。
3.刀片座上共有兩片刀片，每片寬度約1毫米，長度約3.3公分，刀片可隨臉部曲線上下前後移動，刀片雖然鋒利，但不致於刮傷臉皮。
4.刀柄平直部分長度約11公分，為橢圓長形設計，兩邊具凸起部分，可防止手指捏持的滑落。

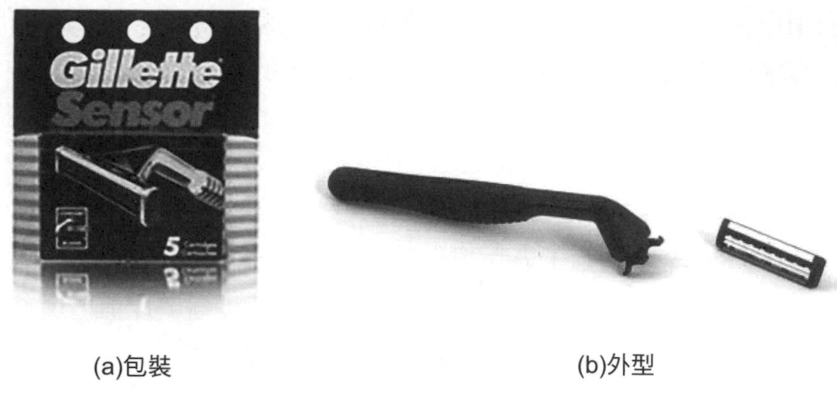

(a)包裝　　(b)外型

圖9-11　吉列感應型刮鬍刀

此產品於1990年推出後，轟動一時，以後又陸續推出：1998年的鋒速3（MACH3）、2007年之5刀片的鋒隱（Fusion）等產品，銷售金額超過數十億美金以上，是世界上最普遍使用的手持刮鬍刀品牌。

圖9-12顯示出三種人因筆，設計者在圖(a)與(b)筆的手指夾握的部位安裝矽膠或橡膠等彈性套夾，可以降低中指左側所受的壓力，在圖(c)的筆尖上端安裝套環，使用者可將食指插入套環中。**圖9-13**顯示近年來流行的人因手工具與廚具，其外型與手柄的設計皆經過審慎的人因考量。

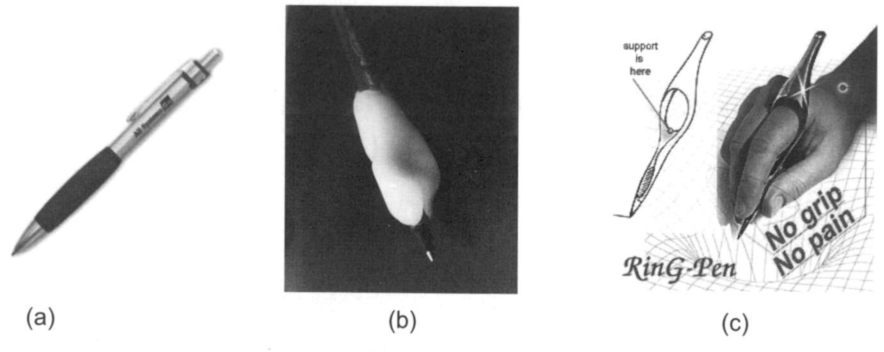

(a)　(b)　(c)

圖9-12　人因筆

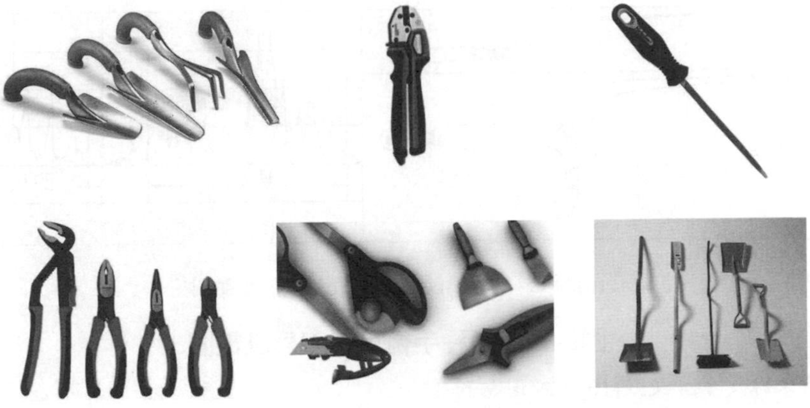

(a)手工具

(b)廚具

圖9-13　人因手工具與廚具

9.7.3 開刀手術工具

蒂喬爾等氏曾教導過神經科醫師所使用的手術刺刀的改善過程，**圖9-14a**顯示原始的設計，其缺點為使用時易於手指中滾動，而且會造成手指與拇指的肌肉疲勞，改良型設計如**圖9-14b**所顯示，在手柄處加裝一

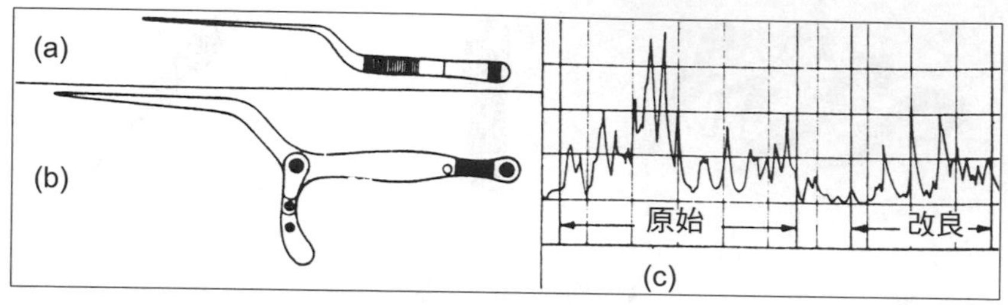

(a)原始型；(b)改良型；(c)握持肌電圖

圖9-14　兩種手術用刺刀與肌電圖

資料來源：參考文獻[16]，經同意刊登。

個護手裝置。此兩種設計交由四個具有經驗的手術醫師所評估，同時並量測穩定時間、手指與拇指肌肉的肌電圖。評估結果顯示，使用新型設計，穩定時間可降低25%，手指肌肉的負荷減少38～42%[2, 16]。

9.8 結論

工具是人類進化過程中不可缺少的物件。在工業革命之前，人類的所有工程成就仍然依賴手操縱的工具來完成。雖然，由於科技的進步，各種精密的動力機械不斷地發展出來，幾乎完全取代了它們的傳統地位，然而，在機械的控制、修護、零件的替換或一般日常生活中的活動中，手工具仍是必需的。隨著科技的進步，會有更多更新穎的特殊手工具發展出來，例如應用於電腦操作的滑鼠與光筆等。這些嶄新的手工具在設計時，除了考慮發揮其功能外，宜由人性因素的出發點考量，原型產品設計完成後，必須經過不斷地測試、改善、實驗室模擬與實際使用測試。儘管科技不斷地提升，人類仍必須依賴雙手操縱、控制複雜的機械設備，以執行其任務。

參考文獻

1.M. Ayonb, J. Purswell, J. Hicks, Data collection for hand tool injury: An approach, In V. Pegoldt (editor), *Rare Event/Accident Research Methodology,* Nat'l Bureau of Standards, Washington, D. C., USA, 1977.

2.M. S. Sanders, E. J. McCormick, *Human Factors in Engineering and Design,* Chapter 10, 7th edition, McGraw-Hill, New York, USA, 1993.

3.E. R. Tichauer, *The Biomechanical Basis of Ergonomics,* New York, USA, 1978.

4.K. H. E. Kroemer, H. Kroemer, K. Kroemer-Elbert, *Ergonomics,* Chapter 8, Prentice Hall, Englewood Cliffs, N. J., USA, 1994.

5.J. R. Napier, The muscle movements of the human hand, *J. Bone and Joint Surgery, 38B*, pp. 902-913, 1956.

6.J. Emanuel, S. Mills, J. Bennett, In search of a better handle, *Proceedings of the Human Factors and Industrial Design in Consumer Products,* Tuft University. Medford, Mass, 1980.

7.K. H. E. Kroemer, Couplings the hard with the handle: An improved notation of touch, grip and grasp, *Human Factors, 28*, 3, pp. 337-339, 1986.

8.T. M. Fraser, Ergonomic Principles in the Design of Hard Tools, *Occupational Safety and Health Series,* No. 44, International Labor Office, Geneva, Switzerland, 1980.

9.R. J. Drillis, Folk forms and biomechanics, *Human Factors, 5*, pp. 427-441, 1963.

10.E. R. Tichauer, Some aspects of stress on forearm and hand in industy, *J. Occupational Medicine, Vol. 8*, No. 2, pp. 63-71, 1966.

11.S. T. Pheasant and J. G. Scriven, Sex difference in strength, some implications for the design of hand tools, In *Proc. of the Ergonomics Soc's Conference*, pp. 9-13, 1983.

12.R. W. Schoenmarklin, W. S. Marras, Measurement of hand and wrist position by a wrist monitor, *Proc. 10th International Conference on product Research,* Univ. of Cincinnati, Cincinnati, Ohio, 1987.

13.S. T. Pheasant, *Body Space,* Chapter 16, Taylor and Francis, London, UK, 1986.

14.E. R. Tichauer, *Ergonomics:* The state of the art, *AIHA J., 28*, pp. 105-116, 1967.

15.S. Konz, *Work Design: Industrial Ergonomics,* 4th Edition, Publishing Horizons,

Incorporated, 1998.

16.M. Miller, J. Ransohoff, E. Tichauer, Ergonomic evaluation of a redesigned surgical instrument, *Applied Ergonomics, 2*, pp. 194-197, 1971.

17.USDOL (2014) Nonfatal occupational injuries and illness requiring days away from work, 2013, Table 5. Bureau of Labor Statistics, US Department of Labor, Washington, DC, USA.

19. J. Guilfoyle, Look what design has done for the tool brush, *Industrial Design, 24*, pp. 34-38, 1977.

Chapter 10

顯示裝置

10.1 前言

顯示裝置是溝通的工具。它是資訊提供者與人的感覺、知覺系統之間的橋樑。溝通的效果受到下列三種因素的影響：

1.訊號與人的感官的相容性：人的感覺系統必須能清晰地接收顯示裝置所發出的訊號，否則無法達到溝通的目的。

2.訊號內容的解讀能力：人必須依據其過去的經驗、訓練，來解讀訊號內容，否則無法瞭解所欲傳送的資訊。

3.時間、空間或相關配合因素：顯示裝置必須裝置於醒目的位置，在恰當時間，以適當方式傳送訊息，以引起人的注意。

顯示裝置必須依據人的感覺能力而設計。主要的顯示裝置可分為視覺、聽覺、觸覺等三種類型；其中視覺與聽覺顯示裝置所占的比例最高，觸覺顯示裝置僅局限於必須以觸覺感受的特殊控制或盲人使用的書本等；因此，設計顯示裝置時的首要考慮為決定使用視覺或聽覺顯示。**表10-1**列出視覺與聽覺顯示的適用範圍[1, 2]。

10.2 視覺顯示裝置

視覺顯示裝置所提供的訊息必須清晰地刺激人的視覺系統。它所設置的位置非常重要，必須在人的視場之內。由於人必須依賴視覺系統所得的知覺，從事任何活動，所以對於視覺器官的應用非常熟悉，很容易利用視覺刺激創造下列的視覺顯示：

1.立體的錯覺。

2.易於瞭解的影像。

表10-1　視覺與聽覺顯示的適用範圍

1.適於視覺顯示的狀況 (1)訊息的表達方式為文字、符碼、圖案或光。 (2)內容複雜而且抽象，或與方向、空間、位置有關。 (3)內容較長，而且以後可能必須參考。 (4)訊息內容不要求立即的反應行動。 (5)環境噪音多、音量大。 (6)訊息局限於特定區域。 (7)接收訊息者的活動範圍受限，必須在一定點或特定範圍之內。 2.適於聽覺顯示的狀況 (1)訊息表達方式為聲音。 (2)內容短暫、簡單，而且以後不需參考。 (3)訊息與時效有關。 (4)訊息內容要求立即反應行動。 (5)接收者的視覺系統已飽和。 (6)接收者的環境光度太強或太弱。 (7)接收者的活動範圍廣，而且可能不停地變換位置。

資料來源：參考文獻[1, 2]，經同意刊登。

3.相互關係圖。

4.歷史性或預測性資訊。

5.篇幅長、內容豐富的文字敘述。

視覺顯示裝置普遍存在於人類活動之中，由早期先民所使用的結繩、圖騰、文字、敘述性或抒情性書本、路標、溫度、壓力的指示，一直到機場大廳內的電腦顯示器等，皆為視覺顯示裝置。

10.2.1 視覺顯示裝置的種類

(一)依傳布的訊息複雜程度區分

視覺顯示裝置依其所傳布的訊息複雜程度，可區分為下列三種：

1.查核顯示：顯示某特定條件或狀況是否存在，例如交通號誌即為查核顯示，綠燈表示可通行無阻，紅燈表示禁止通行。
2.特性顯示（qualitative display）：顯示或指出特定變數的狀況或近似值，例如汽車內水箱溫度顯示器，顯示溫度為冷、熱或適中。
3.數量顯示（quantitative display）：顯示詳細的資訊內容，例如電腦顯示器上的文字或圖形，地圖、書本等。

(二)依訊息的變化程度區分

依訊息的變化程度可區分為：

1.靜態顯示（static display）：所顯示的資訊固定不變，例如路標、設備上的標示等。
2.動態顯示（dynamic display）：所顯示的資訊隨時間而變化，例如反應槽內溫度計、壓力計的指針、汽車上的速度計與里程表。

顯示器上表達的方式可能是象徵式、圖案式或兩者的組合。

10.2.2 視覺顯示裝置的功能

視覺顯示裝置的功能[3, 4]為：

1.物件、設備、位置的標示。
2.連續性系統狀況顯示，以作為追蹤、監視或控制的依據。
3.狀況簡報或提示，例如作業步驟、流程圖。
4.尋找與辨識。
5.決策，例如診斷設備、車輛、系統問題時，必須依賴儀器上的顯示，以決定下一步改善行動。

10.2.3 視覺顯示裝置的選擇

視覺顯示裝置必須及時提供接收者或使用者所需的資訊，以作為決策、控制或行動執行的依據；因此，宜考慮下列項目[5]，以作為選擇的基礎：

1.速度。

2.準確度。

3.使用者的辨識、學習的能力。

4.使用者（接收者）的舒適與接受程度。

5.通俗性（是否為廣大的群眾所接受）。

6.惡劣環境下的穩定度。

上列六項的相對重要性端視所欲設計的系統而定，飛機飛行的速度很快，必須安裝速度快、準確度高的顯示系統，而輪船或化學工廠的準確度要求很高，但訊號傳遞速度並不十分重要。視覺顯示裝置的效能與下列三個特性有直接的關係[5]：

1.可見度（visibility）：資訊接收者必須清楚地看見所顯示的內容。

2.分辨度（distinguishability）：接收者必須分辨出所需的資訊，才可做出正確的反應。

3.解讀度（interpretability）：接收者必須瞭解、解讀顯示的意義。

表10-2列出選擇顯示裝置的準則，以供參考。

10.2.4 靜態顯示裝置

(一)影響效果的因素

道路的標示、商店、機關的招牌、商品的廣告等靜態顯示裝置具有

表10-2　顯示裝置選擇的基本準則

顯示需求	例子	選擇	理由
雙值資訊 連續變數的個別指示 警告／小心	前進／停止 啟動／停止 安全／危險	燈號 閃光 背景發光的符號	易於瞭解 精確度低 易於引人注目
計量資訊	任何確實的數值	計數計 印表機	僅列出一個數字，易於辨識 較指針或類比顯示準確 可快速讀出確切數值
近似值 性質資訊 核對性資訊	變化速率 趨向 移動的方向	固定刻度上的指針	由指針的位置，可迅速瞭解變數的近似值與變化速率、趨向
調整值	選擇鈕 調整桿	移動性指針 固定刻度計	簡單、直接
性質方式的調整	觸鍵 頻道選擇器	按鈕、按鍵	較選擇性開關的可見度高 可迅速移動
追蹤		單方向或平面指針	可提供錯誤訊息，易於改正
空間資訊	載具高度 位置 指揮控制的導引	視系統而定	
設備績效 參數分析		量計 CRT波形 記錄器	量計——易於解讀 波形——顯示多種參數的關係 記錄器——可供日後參考
指令	釋 放 射 出	背後發光的文字顯示	簡單行動指令，易於瞭解，減少反應時間

資料來源：參考文獻[6]，經同意刊登。

兩種基本的特性：(1)位置固定不變；(2)所顯示的內容固定不變。

為了達到溝通、廣告或宣導的目的，設計時宜考慮下列各種影響因素[11]：

◆顯著度

顯著度（conspicuity）是一個廣告或招牌引人注意的程度，任何一個靜態顯示裝置除了放置於眾人可能看見的地點，如車站、道路的交口、大樓牆壁外，其位置或地點必須突出、顯著，圖案或表達方式新奇，內容與該地區出入的大眾相關程度高。如果設置地點類似的顯示裝置眾多時，很難引起人們的注目。

◆可見度

可見度與顯著度不同，它是一個廣告或招牌是否為人所看見的程度，因此不僅與其設置的位置、方向有關，而且必須考慮設置場所的照明水準與天候的影響。一個靜態顯示裝置應設置於眾人的視場之內，在任何情況下，無論白天、晚上、艷陽或陰天，皆易於為眾人所看見。

◆易讀度

易讀度（legibility）是所顯示的文字或符號易於辨識的程度，不僅與人的視銳度有關，而且受到文字、符號、圖案本身與背景的對比、線條粗細、色彩的影響。一般而言，對比愈大，易讀度愈高。以汽車牌照為例，白底黑字或黑底白字所產生的對比遠較其他顏色的組合大，因為黃、紅、藍、綠等顏色的反射較黑色高，但較白色為低，黑白的組合所產生的對比自然最大[7]。

◆可讀度

可讀度（readability）或可讀性係指眾人對於所顯示的文字、圖案、符號的解讀及瞭解的程度。它受下列三個因素所影響：

1.理解度：可理解的程度，為了加強理解度，文字必須簡明、直接，避免使用專有名詞、簡稱或艱澀的文字。

2.強化：最重要的字句、符號必須加強，以引人注意，例如在顯示危險的標示上，宜將危險兩字放大，並以紅色標示。

3.標準化：應用標準通用的詞句與符號，以避免誤會。

◆耐久性

任何一個顯示裝置皆需由適當的材料製成，足以抗拒日光、風雨、洗濯劑、空氣污染物的侵蝕，以維持數月或數年之久。

(二)文字數字顯示

文字數字顯示也必須具備足夠的可見度、易讀度與可讀度，才可發揮其功能。由於可見度僅與接受者、觀眾的視場及顯示裝置的位置有關，與文字數字字型大小關係較低，可讀度則牽涉字句的組合所欲表達的涵義，範圍太廣，在此僅著重於下列影響易讀度的因素：

◆字體

英文字母的印刷字體多達數萬種，**圖10-1**僅隨意顯示十種字體，大小型式皆不相同。基本上所有的英文字母的字體型式可區分為襯線字（serif）、無襯線字（sans serif）、草字（script）、其他等四種；襯線字體中的字母中皆有襯線粗細不一，而無襯線字體的字母每一筆畫的粗細皆相等；草字則為一般書寫用，易於書寫，但較難辨認。一般而言，絕大部分的報章雜誌皆使用羅馬字體，甚少使用罕見字體或草書體。斜體字僅應用於標示書本作者、出版社名稱或所欲表達的重點，而粗體字應用於頭銜、標題或重點，以凸顯其重要性。

中文字體有甲骨文、商鼎文、金文、正楷、篆、隸書、草書、行書、仿宋體、明體等。一般書籍皆使用正楷，以便於辨認。隸書多使用於招牌、名片，以取其筆畫之圓潤，較具美感。中文電腦中以明體最為

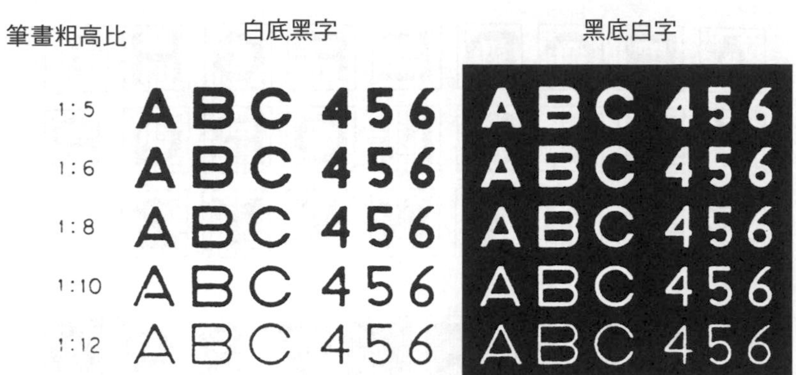

圖10-1　文字、數字粗高比

資料來源：參考文獻[2, 8]，經同意刊登。

普遍。為了達到醒目、引人注視的目的，則使用不同字體大小、顏色深淺與色彩。

◆筆畫粗細

筆畫粗細是以筆畫的寬度對高度的比例（stroke width-to-height ratio）表示。在良好的照明水準之下，白底黑字的粗高比以1：6至1：8最為合適；由於白色的反射性高，易於閃光；因此在黑底白字的情況下，為了避免白色部分的擴散效應，粗高比略低，以1：8至1：10最為適合（如**圖10-1**）。照明水準或對比較差時，應使用較粗的字體，發光的字體則使用較細（粗高比1：12至1：20）的字體。

◆字體寬高比例

字體寬度對高度的比例稱為字體寬高比例（width-to-height ratio），大部分的黑字的寬高比在3：5至1：1之間。以**圖10-2**中美國海軍航空醫學器材實驗室字體（NAMEL）為例，除了「I」字母的寬高比為1：6之外，其餘二十五個字母皆為1：1；數字寬高比視數字而異，例如「1」的寬高比為1：10，而「5」則為3：5。

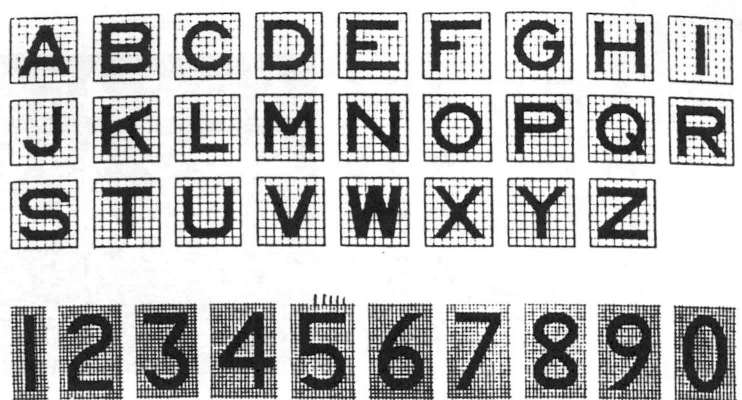

圖10-2　美國海軍航空醫學器材實驗室字體（NAMEL）

資料來源：參考文獻[2, 8]，經同意刊登。

◆字體高度與目視距離

依據美國軍方標準規範（U.S. Military Standard Specification 1472B），字體的高度以產生10～24分之間的視弧最佳。當視弧為10分時，90%的字母數字可被正確地辨認。當視弧增至24分時，幾乎所有的字母數字皆可辨認[5]。

◆電子顯示裝置上的文字數字

電子顯示裝置，例如由發光二極體（LED）組合而成的幾段字體與陰極射線管（CRT）產生的點矩陣字（dot matrix），皆以電子發光體組合成數字或文字。它們的解析度的缺陷往往會造成困擾。以5×7點矩陣字為例，它是以三十五個點來構成字母與數字。**圖10-3a**顯示三種字型組成的A字母，無論哪一種字型，皆無法完全顯示五至七個字母的形狀，易於產生錯誤。由測試的結果可知，以最多的點數組合而成的字形，所產生的錯誤較少（如**圖10-3b**）。解析度愈高，形體愈美觀，也愈易辨認。24×24點矩陣字的字體幾乎與印刷體雷同。由發光二極體組成的線段字體，可由七條線組成數字（如**圖10-3c**）。如果發光的線段與背景的對比

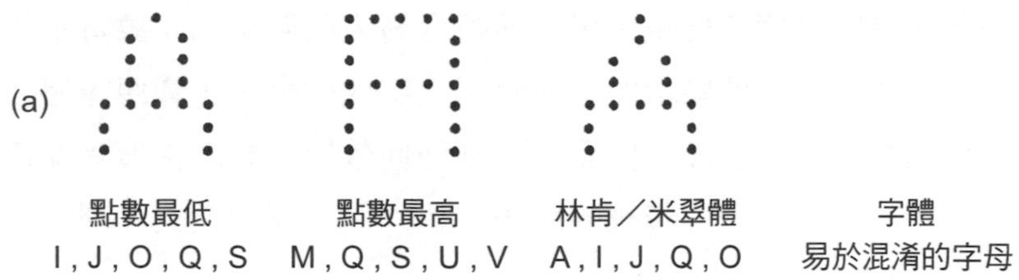

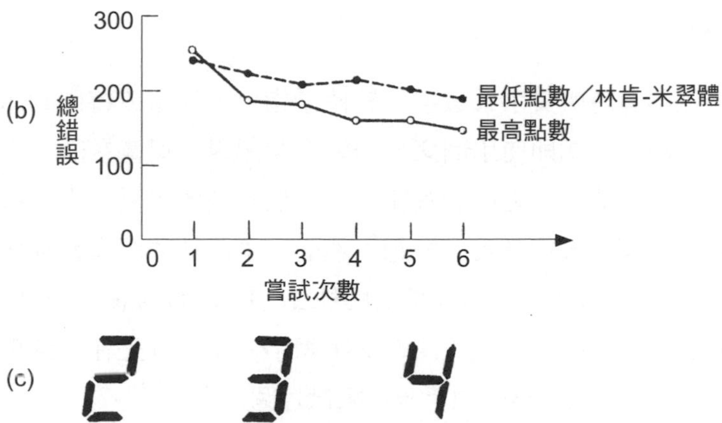

圖10-3　點矩陣字與發光的線段字體示例

資料來源：參考文獻[12]，經同意刊登。

低時，則不易辨認。

塔利斯氏（T. S. Tullis）列出四個影響文字數字顯示的特徵[10]：

1.顯示板面上的字數或字母數（文字數字的密度）：密度愈低，愈易於辨認。

2.文字字母鄰近的局部密度：局部密度不宜太高或太低，以中度為最合適。

3.群組的形式、模式：如果將最重要的文字或數字放置於一個特定群組中，有助於辨認、群組。

4.配置的複雜性：配置過於複雜易令人混淆。

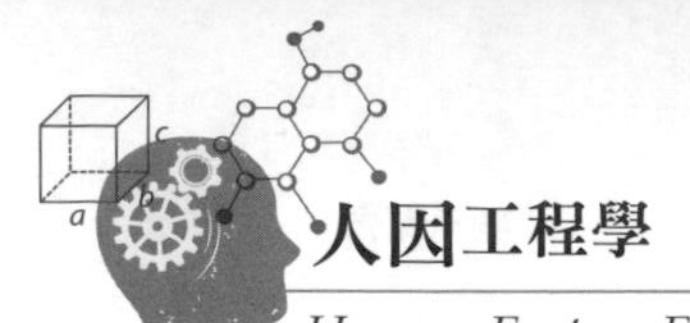

不同組合的密度與群組，每一種組合對人所產生的印象皆不相同，如果總密度太大，整個顯示面上充滿了文字或數字，企圖傳達過多的訊息，觀看者無法一目了然，反而達不到任何效用，局部密度宜保持中等程度，以減少側向遮蔽與尋找的困難。將兩個不同的模式、圖案或詞句分開，較易凸顯其重要性及辨認度。

(三)象徵顯示

象徵性圖案有時較文字或數字易於傳遞指令、警告或特殊的訊息。在文字發明之前，人類即使用圖案、結繩形狀記事。兒童在識字之前，早已具辨識圖案的能力，因此看圖識字是一個有效的工具。文字數字的優點在於較能精確地表達意義或思想；然而，象徵性的圖案較易於引起人們的注意。依據艾爾斯（J. G. Ells）與杜瓦（R. E. Dewar）二氏的研究結果，人對於象徵式圖案的反應遠較文字數字快；尤其是在光線微弱的視覺差的狀況下。高速公路的標示多為象徵性圖案顯示[11]。

可識度（recognizability）是一個良好象徵顯示的必備條件，顯示的對象必須能認出象徵所代表的涵義。

威克蘭（M. E. Wicklund）與勞瑞（B. A. Loring）認為在製作警示性或告誡性的文宣廣告，使用與實際影像類似的圖案再輔以簡單說明，所得的效果遠較象徵性圖案有效[9]。

主觀偏好（preference）是影響象徵顯示是否有效的另一個重要因素。不同的文化、學術背景與經驗的人所產生的主觀偏好完全不同。化學工程師習慣以流程圖表達一個化學品製造程序的過程，圖中不外是反應槽、蒸餾塔、泵浦、壓縮機等，但是對於一般非化工背景的管理者而言，此種表示不僅全無意義，而且令人厭煩，不如以具有文字敘述的方塊圖有效。

「完形組織原理」（Gestalt Organizational Principles）又稱「格式塔組織原理」，因為格式塔是德文Gestalt的音譯。此原理認為心理現象的基本特徵為意識經驗中所顯現的結構性和完整性，亦可應用於象徵顯示的設計。一個有效的象徵顯示，如果具備下列特徵，則易於為人所瞭解[12]：

1.穩定性（stability）。
2.連續性（continuity）：曲線、輪廓宜連續，間斷處表示所欲傳送的訊息的方向。
3.唯一性（unity）。
4.封閉性（closure）：將所有的相關符號圖形封閉，可提高人的知覺。
5.對稱性（symmetry）：左右、上下相互對稱。
6.簡單性（simplicity）：象徵盡可能簡單，僅包括必要的項目即可，過分詳細的顯示反而易於引起誤會。
7.對比性（contrast）：線條與邊界的對比高，易於分辨。

圖10-4顯示完形組織原理的應用。

國際標準組織（International Standards Organization）第145次技術審議會所公布的準則為：

1.象徵性圖案的圖形應簡單、清楚、易於分辨，且合乎邏輯，以易於認識與複製。
2.象徵性圖形應可獨立使用或與簡易文字說明配合。
3.圖案應清晰、明顯，以便於辨識。
4.僅需顯示足以辨識的最主要的部分，避免包含太多的細節。

(四)圖表顯示

圖表顯示（graphic representation）是表達計量性數字變化，如工程進度、財務狀況、人口變化等不可缺少的輔助工具。設計圖表時必須注意下列幾點：

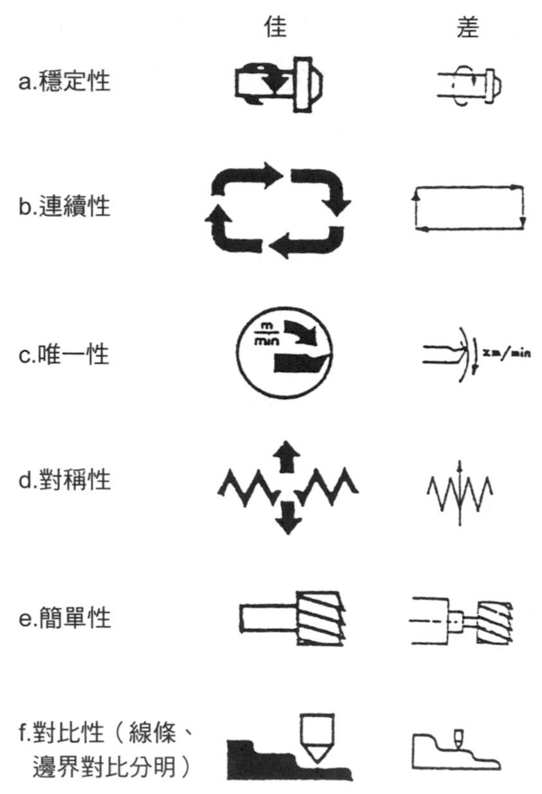

圖10-4　完形組織原理應用於象徵顯示的示例

資料來源：參考文獻[12]，經同意刊登。

1.圖表上所顯示的面積大小或線段的長度必須與其所代表的數字成正比。
2.不同曲線、線段、方塊的標示必須清楚，以免產生誤會。
3.以圓餅圖代表不同項目的比例，遠較以曲線或線段表示為佳。
4.表達趨勢或走勢時，以曲線表示較水平或垂直線段易於瞭解。
5.立體線段較具美觀，但是由於立體方塊之間的比例較垂直或水平線段之間的比例大，會使人產生錯覺。

(五)符碼顯示

約定俗同的符碼亦可應用於物件、狀況的識別與顯示。這些符碼可能是文字數字、顏色、特殊標幟、閃光速率、旗號等（如手勢、海軍使用的旗號等）。由於人的短期記憶有限，僅能有效分辨五至七個符碼；因此，符碼的數量不宜太多，否則接收者難以判斷。

顏色有助於物件尋找或數量的點算，工廠中不同用途的管線往往塗以不同的顏色，以便於分辨。體育館中不同的座位區域也會以顏色代表，以協助公眾辨識方位。幾何形狀也可作為顯示工具，在流程圖上，菱形內的數字代表管線的編號，正方形內的數字顯示溫度，圓形內的數字顯示壓力，而三角形內的數字表示修正的版次等。**表10-3**列出各種不同符碼的比較與應用準則。

表10-4中列出美軍所應用的顏色標準涵義，紅色代表危險、停止、錯誤，綠色代表正常，黃色代表小心等。

10.2.5 動態顯示裝置

(一)類比與數位顯示

動態顯示裝置如汽車中的速率表、里程表，工業用或家用溫度計、壓力計、光度計，以及各種不同測試儀表的量計可提供物理變數的動態資訊（如**圖10-5**）。動態顯示裝置可分為：(1)類比式顯示裝置；(2)數位式顯示裝置。

類比式裝置是由一個具有連續刻度的量計與指針所組成，可分為指針移動型與量計移動（指針固定）型。一般電流計、溫度計或汽車內的速率計皆屬於前者，指針在固定的刻度上變化，由指針的位置，約略可估出數值的大小。後者如體重計，當人站上去以後，量計隨體重而移動。類比式裝置的形狀有水平、垂直、線形、圓形或扇形，一般家庭用

表10-3　不同符碼顯示方法的比較

符碼	符碼數量		評估	說明
	上限值	推薦值		
1. 彩色燈光	10	3	佳	• 辨識所需時間短 • 空間需求小 • 適於性質或狀況顯示 • 亮度與對比許可之下，可與文字數字配合 • 較不受照度水準影響
2. 表面	50	9	佳	• 同上，但照度水準需求較高 • 適用範圍廣
3. 形狀、數字與字母	無限		尚可	• 辨識時間較顏色、燈光或圖案長 • 解析度需求高 • 性質與計量顯示皆可適用 • 某些符碼易於混淆
4. 幾何圖形	15	5	尚可	• 必須熟記各種不同圖形代表的意義 • 解析度需求高
5. 圖案	30	10	佳	• 圖案可促起人的聯想，易於解讀 • 解析度需求高 • 適於表示性質、狀況，不適於計量
6. 面積大小	6	3	尚可	• 空間需求大 • 辨識時間短
7. 長度	6	3	尚可	• 空間需求大 • 適用於特殊用途
8. 亮度	4	2	差	• 易被其他訊號干擾
9. 視覺數字	6	4	尚可	• 照度水準必須控制
10. 頻率	4	2	差	• 空間需求大 • 用途少 • 令人困擾
11. 立體深度	4	2	差	• 僅適用於少數使用者 • 難以操縱
12. 傾斜角度	24	12	佳	• 適於某些特殊用途 • 性質顯示
13. 綜合符碼	無限		佳	• 可提供大型字母傳達複雜資訊 • 適用於性質與計量性顯示

資料來源：參考文獻[25]，經同意刊登。

表10-4　美軍使用的標準顏色涵義

顏色	涵義
1.燈光	
紅色	失常、停止、失敗、錯誤
紅色閃光	緊急狀況，必須立即反應
黃色	小心、延遲、查核
綠色	許可、正常、可以通行、繼續行動
白色	狀況顯示（無對／錯），進行中
藍色	替代狀況（避免使用）
2.表面顏色	
紅色	防火器材顏色、停止、危險、緊急
黃色	小心、物理危害（黃／黑條紋）
綠色	安全、急救醫藥包
橙色	危險情況
藍色	設備維修中，宜小心
紫色	放射性物質、幅射危險

資料來源：參考文獻[15]，經同意刊登。

溫度計多為線形，而工業用金屬溫度計多為圓形，其缺點為讀取數值時，易於產生誤差。不同的人在不同角度所讀取的數值，略有差異。

數位式裝置可將量測的數值數位化，以數字或字母顯示，得以顯示出精確的數值，可以減少讀取數值時所產生的誤差。其缺點為數值變化大時，不易讀取，而且由於人受限於數字的短期記憶能力，數值變化大時，不易知覺其變化趨勢。類比式裝置則無此顧慮，我們可從指針移動的方向即可迅速知覺它的變化走向。**表10-5**列出各種動態顯示器的特徵。

一般而言，針動式（指針移動、量計固定）類比顯示裝置較錶動式（指針固定、量計移動）的效率高，而且也較普遍，因為刻度與量計固定，易於讀取。如果量計的顯示反映出操作員手動控制變化時（例如操作員調整閥門的開啟程度，以控制流量時，流量計即可反映控制的程度），宜使用針動式，以避免控制器與顯示器移動方向不同而產生困

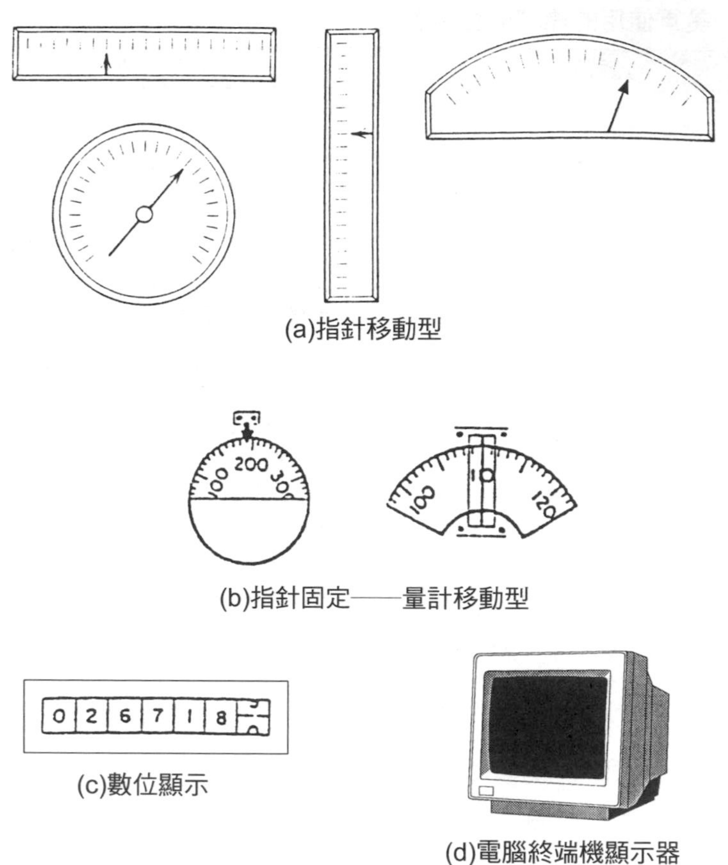

(a)指針移動型

(b)指針固定——量計移動型

(c)數位顯示

(d)電腦終端機顯示器

圖10-5　動態顯示裝置

擾。類比顯示器上的刻度必須簡單、清楚、易於快速讀取，刻度上的數字標示，宜列於刻度上方，高指針的尖端應與刻度接觸。

自從1970年以後，電子顯示裝置，如陰極射線管、發光二極體、液晶顯示器（LCD）、直流與交流電漿板（AC and DC plasma panels）、電子發光膜（electroluminescent films）等普遍應用於視覺顯示。電視與電腦顯示器皆為陰極射線管，適於影像、複雜圖形與文字的顯示，發光二極體普遍應用於電子計算器、廣告或球場計分。液晶顯示器早已成為筆

表10-5　不同動態顯示器的特徵

用途	任務	針動式	錶動式	計數器
計量化資訊	精確數值（如時間、速度計）	指針移動時，難以讀取	同左	易於讀取精確數值，但是如果變化快時，難以讀取
性質資訊	趨勢	佳，易由指針移動方向瞭解趨向	差	差
設定特殊定位	設定目標值（如速度、高度）	佳	尚可	佳
追蹤	連續不斷地調整設定值	佳，可由指針變化方向與速率調整方向與幅度	尚可	差
空間定位	判斷位置與移動方向（導向輔助）	佳	尚可	差
差異估算	變化速率，如溫度、壓力變化	佳	尚可	差；必須記取前後數值後心算

資料來源：參考文獻[3, 7]，經同意刊登。

記型電腦的主要顯示裝置，在不久的將來，將會取代陰極射線管成為電視與桌上電腦或終端機的顯示器。電子發光膜已開始應用於汽車內的顯示，電漿板應用於多元媒體與大型文字數字訊息、廣告。

陰極射線管的設計效標[1]為：

1.目標、字母的形狀、大小、高度以20～22公分視角為宜，不得小於16弧分，或大於45弧分。
2.如果目視距離超過41公分以上時，宜增大字母、目標、高度、間隔與解析度。
3.字母高度對寬度的比例，以1：7至1：9為最適宜，下限為1：5；字母粗高比不得低於1：12，字母之間距離下限為高度的10%，英文字與字之間距離下限為一個字的寬度。

4.當環境照明水準超過2.7lx時，宜將顯示器裝置於覆蓋之內或濾光板。

5.顯示器周圍的光度宜低於顯示器表面亮度。

6.環境照明經由反射、擴散對於顯示器表面的亮度的提供不得超出25%。

7.顏色種類不宜超過四個，所選擇的顏色之間差異愈大愈好，避免選用同一原色而深淺不同的顏色（如不同深淺程度的藍色或紅色）。適當的顏色組合為：(1)紅、白、橙（黃）、綠；(2)藍、綠、黃、白；(3)綠、黃、橙、白；儘量避免下列的組合：(1)紅與藍；(2)紅與青（cyans）；(3)藍與洋紅（magentas）。

8.紅與綠不適用於大型平面周邊的細小的象徵或形狀顯示；藍色適於作為背景顏色與大型形狀，但不適用文字、數字、細線或細小幾何形狀；兩個相鄰的物件宜用相對的顏色，例如紅、綠或藍與黃；文字數字的顏色與背景顏色的對比宜大。

9.使用顏色表示幾何圖形時，每一種固定的圖形僅使用某種特定的顏色，例如以藍色顯示三角形，紅色顯示圓形，避免混和使用。

10.所使用的顏色愈多，以顏色為表記的物件宜愈多。

大型顯示板上的文字數字應簡明、扼要、易於讀取，宜設置於量計的下方，文字、數字的大小隨目視距離、照明水準而異。下列公式可作為參考[14]：

$$H = 0.0022D + K_1 + K_2 \qquad [10\text{-}1]$$

公式[10-1]中，

H＝字母、數字高度，單位為英寸

K_1＝照明常數值

＝0.6，照明水準高於1呎燭光（fc），閱讀條件佳。

＝1.6，照明水準高於1呎燭光（fc），閱讀條件差。

=1.6，照明水準低於1呎燭光（fc），閱讀條件佳。

=2.6，照明水準低於1呎燭光（fc），閱讀條件差。

K_2=重要性常數

=0 不重要。

=0.75 重要。

(二)動態顯示裝置的配置

化學工廠、核能發電廠的控制室與飛機駕駛艙內設置著許多不同的顯示裝置，如何安排各種不同的顯示器一直是困擾的問題。設計時不僅必須考慮影響人的知覺能力的因素，還須考慮整個布置的組織。茲將主要配置原理敘述於後：

1.完形組織原理，如**圖10-4**所列。

2.使用頻率原理（frequency of use principle）：由於網膜上中央小窩之外的視銳度降低得很快，操作員僅能看清楚顯示板面上很小一部分，因此可將最常用（使用頻率高）與最重要的顯示器安裝於視場的中央部分。

3.使用的順序原理（sequence of use principle）：由於眼的移動耗費時間，兩個讀取順序相鄰的顯示器如果距離太遠時，操作員必須重新瞄準視線，費時較長，因此，顯示器的配置應配合讀取的順序。

4.關係原理（relationship principle）：兩個相關的儀表應盡可能設置於一起，此時，可使用環節分析（參閱第七章有關作業空間配置），找出儀表之間的關係。**圖10-6**顯示一項有關飛機降落時，駕駛員眼睛對不同儀表的移動環節圖，圖中顯示的百分比數為兩組儀表之間移動的比例。如果將比例高的兩組儀表並排，可減少目視時間。

5.功能群組原理（function grouping principle）：將功能相同或相近的儀表群組在一起，可減少尋找與讀取數值的時間。

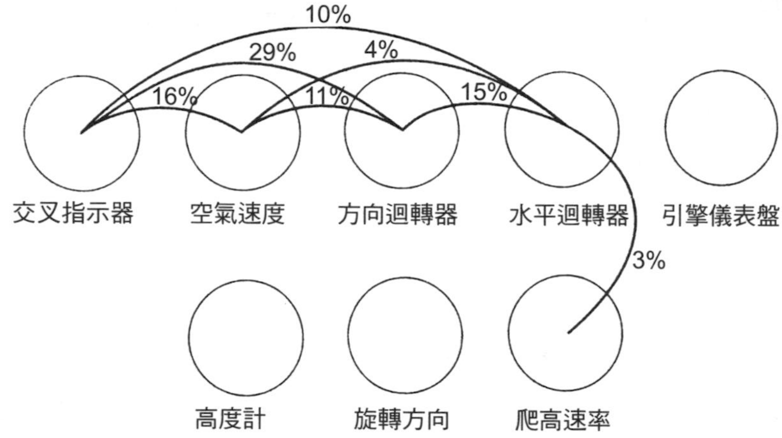

圖10-6　駕駛員眼睛針對飛機顯示盤上儀表之間移動的環節圖

資料來源：參考文獻[7]，經同意刊登。

(三)運動方位判讀

動態視覺顯示裝置亦可提供由操作員（或駕駛員）所控制的系統運動的資訊。當飛機傾斜時，駕駛員必須知道飛機傾斜的角度，並且判斷何時飛機可以恢復平衡。如何選擇適當的座標系統是一件很有趣也很實際的問題，**圖10-7**與**圖10-8**顯示四種不同的表達方式[5, 7]：

1.由內看外方式（inside-out）（如**圖10-7a**）：早期的高度指示計即為此類，它包括一個固定的水平的飛機符號與一條指示傾斜角度的直線。駕駛員由擋風窗向外望時，水平線的方向即與此直線相符合。

2.由外看內方式（outside-in）：與由內看外方式相反，與地表面平行的水平線不動，飛機符號的傾斜度改變（如**圖10-7b**）。反對此方式的專家認為此種顯示與駕駛員向窗外觀望所得的印象恰好相反，如果駕駛員可以清楚地看見水平面或地平面時，會產生困擾。

3.頻率分離顯示（frequency separated display）：如**圖10-7c**所顯示，

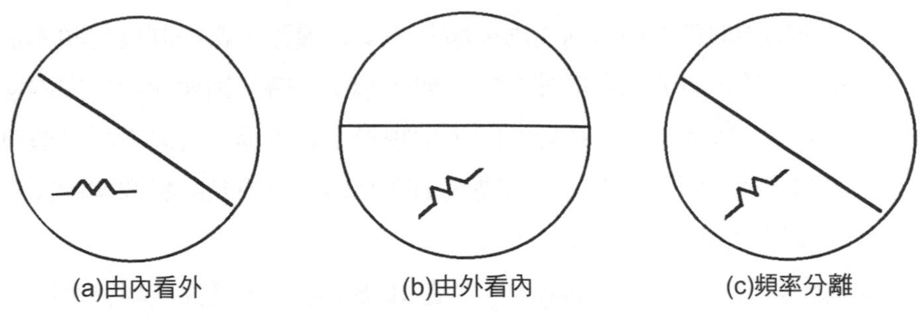

圖10-7　高度與傾斜顯示

資料來源：參考文獻[5]，經同意刊登。

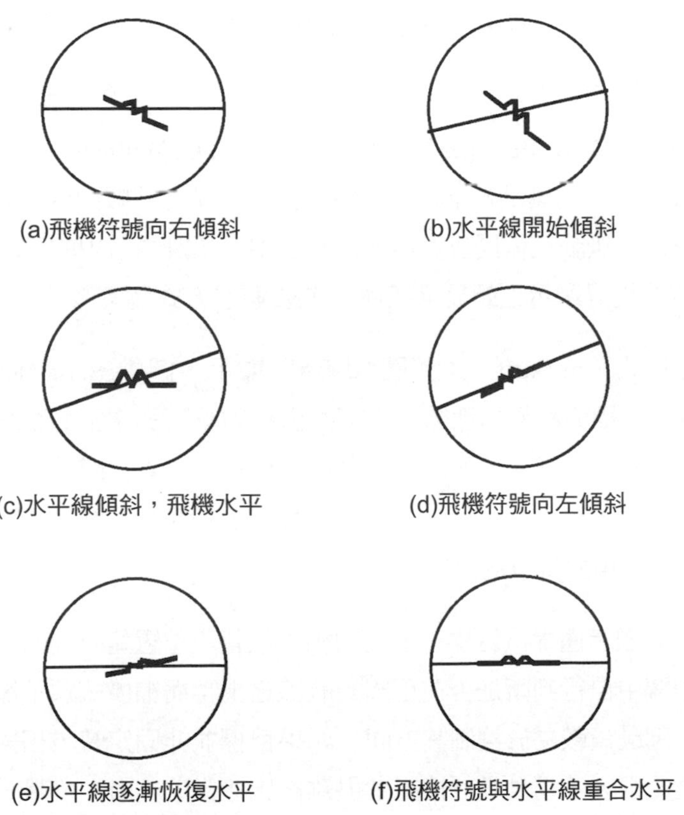

圖10-8　動態顯示觀念

資料來源：參考文獻[5]，經同意刊登。

具有由內向外與由外向內兩種顯示方式的優點。當控制變化頻率低時，其顯示有如由內向外方式。變化頻率高時，則變成由外向內顯示方式。因此，當急速旋轉時，駕駛員由顯示器上可以看見飛機符號的移動，而正常飛行時駕駛員由顯示器上所看到的影像與由窗外所觀望的相同，不致產生困擾。

4.動態顯示（analog display）：如**圖10-8**所顯示，當操縱桿移動時，飛機符號與水平線皆會移動。初期飛機符號移動得很快，以顯示控制的改變，當飛機符號逐漸恢復水平後，水平直線逐漸移動以顯示傾斜的角度。它的優點是可將操縱桿的快速移動與飛機的緩慢調整方向的動作分離，由飛機符號的移動快慢，駕駛員可以感覺出操縱桿移動的程度。

柏林格（D. B. Beringer）、威拉吉斯（R. C. Williges）與羅斯孔（S. N. Roscoe）三氏的測試結果顯示，頻率分離顯示方式較由內向外或由外向內方式為佳，無論在模擬或實際飛行測試中，駕駛員所犯的錯誤較低[24]。

導航的視覺顯示也頗具爭議性，主要顯示方式為：

1.追擊式（pursuit）：如**圖10-9a**所顯示，圖中顯示一個飛機的符號、目標與簡易的地圖，並不提供相對垂直與水平的距離。當飛機朝目的地飛行時，飛機符號會逐漸移動，較具實際感。

2.補償式（compensatory）：如**圖10-9b**所顯示，圖中僅顯示出飛機與目標相對位置的誤差（距離）。

追擊式顯示僅提供目標和飛機的相對位置與位置隨時間的變化，駕駛員必須由圖中自行判斷是否在正確的航線之上；而補償式顯示卻提供確切的距離，駕駛員較易於控制其方向。如果目標並非固定時，相對位置之間的距離變化很大，駕駛員或控制者很難作出適當的判斷。追擊式顯示即無此缺點，無論目標是否固定，駕駛員仍可依據圖中的相對位置，以控制方向；因此，當目標固定時，例如飛機向定點飛行，補償式顯示較為合適，

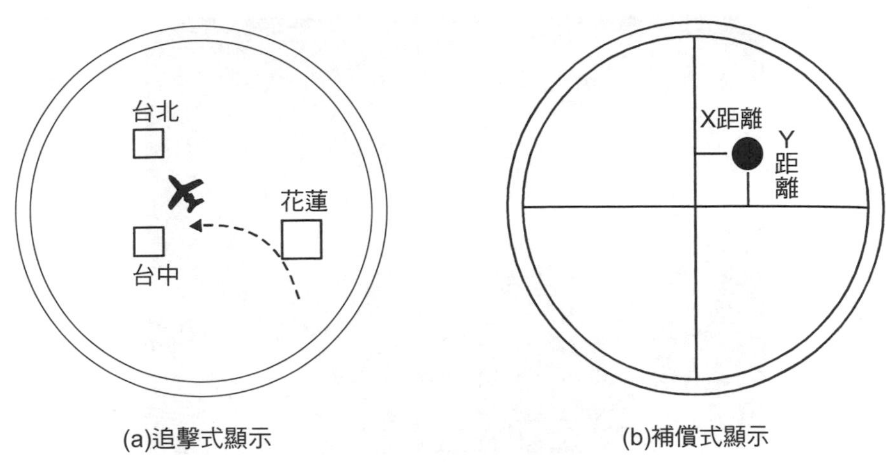

(a)追擊式顯示　　(b)補償式顯示

圖10-9　導航的視覺顯示圖

資料來源：參考文獻[5]，經同意刊登。

而目標不停地移動時（例如追蹤），則以追擊式顯示較佳[5]。

10.2.6 先進顯示科技

近年來，電子與電腦科技快速發展的成果，已逐漸應用於視覺顯示上。在此僅列出下列幾種先進技術的應用，以供參考：

(一)抬頭顯示

抬頭顯示（head-up display）於1980年起，即應用於戰鬥機上，2000年後，又應用於汽車上。抬頭顯示是將顯示值的數值與影像經過光線的投影，顯示在擋風窗上的虛擬顯示（**圖10-10**），其目的是減少駕駛員在導航時眼球的移動、注意力的轉移與適應的變化。駕駛員只須目視前方專心飛行，不必移轉眼球或頭部，即可讀取所需的速度、高度、方位等資訊。理論上，此種裝置應有助於導航與飛行的安全與準確度，然而，美國空軍在1980年至1985年間，此種裝置卻造成五十四次的飛行失

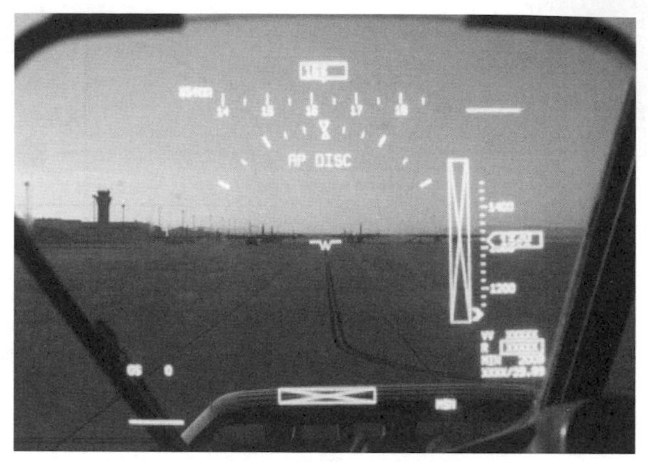

圖10-10　飛機擋風玻璃上的抬頭顯示

資料來源：參考文獻[13]，經同意刊登。

事，而且所有的失事皆發生於天氣晴朗的情況下。大多數的失事皆由距離適應的問題而產生，抬頭顯示並不保證飛行員的眼睛可適應於遠方的目標。當駕駛員慣於由擋風窗上的顯示讀取資料時，他的眼睛固定於約一、兩英尺距離外的窗上。由於視場上遠方的物體顯得比實際小，遠方的物體顯得更遠，而正常視線之下的物體如跑道等，則顯得比實際為高；因此，會產生判斷錯誤。此種視覺適應與影像品質問題也會造成定位的誤差，尤其是在飛入與飛出雲層時，約30%的飛行員無法知覺他們是在顛倒狀態下飛行；不過，此種定位的誤差可以經由訓練而改善。目前，尚不完全明瞭是否適應與定位的問題是純粹由於頭上顯示或是訓練不足所引起的[7]。

近年來，抬頭顯示器開始應用於汽車上。汽車抬頭顯示器可分為內裝式與外接式兩類。內裝式顯示器是由投射器與疊像鏡所組成，可將訊號光源所發出光線透過投影器投射到玻璃上的疊像鏡或透明螢幕上，再由疊像鏡顯示出文字或圖像（**圖10-11a**）。外接式顯示器除了最簡單的顯示外，還可將速度、轉速、水溫、油量、超速警示、倒車影像、電瓶

(a)內裝式

(b)外接式

圖10-11　抬頭顯示器

資料來源：參考文獻[14]，經同意刊登。

電壓、測速雷達與導航系統整合在一起，大幅提升駕駛的便利度[14]。

(二)頭盔上的顯示裝置

安裝於頭盔上之顯示裝置（如**圖10-12**），其設計目的與抬頭顯示相同，其缺點為頭盔重量加重，增加飛行員頭部的負擔。頭盔上顯示裝置係利用微小的陰影射線管顯示所有的飛行資訊，僅供右眼使用，左眼仍可用於觀望機外的景觀。美國軍用阿帕契直升機（Apache Helicopter, AH-64）的飛行員頭盔上即安裝熱影像顯示裝置，可以偵測物體所發射的紅外線，以便於夜間攻擊，其缺點[7]為：

1.視場範圍縮小，飛行員必須經常擺動頭部。

2.頭盔重量增加，易於疲乏。

3.感受器設置於飛機的鼻端，所攝得的影像與飛行員目視影像略有差異。

4.僅使用左眼觀望外界事物，缺乏立體與深度感。

5.雙眼所得的影像完全不同，而造成注意力集中於其中之一。

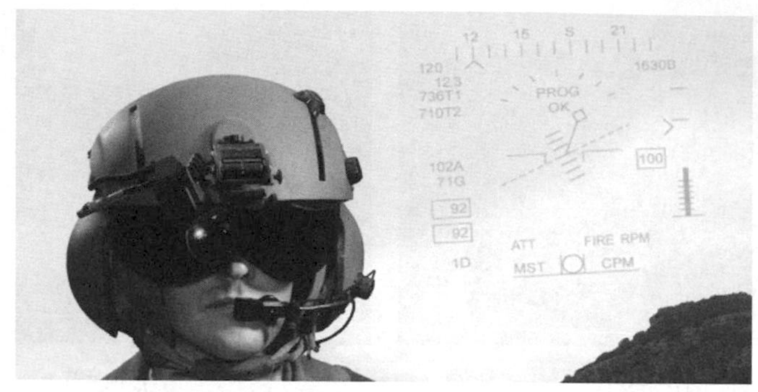

圖10-12　F-35GEN III頭盔顯示裝置

資料來源：參考文獻[16, 28]，經同意刊登。

(三)虛擬實境

虛擬實境（virtual reality）裝置已應用於電腦遊戲、建築設計與工業設計上。它是由一個顯示影像的眼鏡與電腦所構成，當人戴上此眼鏡之後，電腦內的影像即浮於眼前，人彷彿置身於電腦影像中。此種裝置適於評估建築與工業設計，人可以經由視覺而實際感覺自己置身於所設計的房間、建築物內，較由平面設計圖上所得的感覺實際。如果在手指尖裝上特殊的感受器，可以產生觸覺，人可以在電腦遊戲中玩耍或與獅子、老虎拚鬥，有如置身於現場的感覺。

圖10-13　手眼虛擬實境

資料來源：參考文獻[23]，經同意刊登。

10.3 聽覺顯示裝置

聽覺是視覺之外最重要的感覺。由於耳朵無法隨意關閉，人即使在休息、睡眠時，也會受到聲音刺激的影響。半夜的警車或救護車發出尖銳刺耳的聲音時，不僅會驚醒不少的夢中人，也會讓哭泣中的孩童嚇得噤口不語。人對於聲音刺激的知覺功能有下列幾種：

1.語言分辨（speech identification）：經由訓練、實習，人可瞭解語言的內涵，可以使用語言交談。

2.音源定位（sound localization）：可判斷聲音所發出的方位。

3.音源絕對辨識：由聲音頻率、強度、重複出現的次數，可判斷出產生聲音的原因，如機車、汽車引擎的聲音、冷氣機馬達、工廠中蒸汽洩漏聲等。

4.聲音相對辨識：依據頻率、強度的不同，可分辨出其差異，我們可分辨出以高低頻率所演奏出的同一樂曲的不同。

因此，聲音也可應用於資訊的顯示。

10.3.1 警告／警報訊號

警告／警報訊號是最普遍的聽覺顯示，汽車的喇叭、門鈴、火警訊號等，皆為日常生活中不可缺少的聽覺顯示。

警告／警報訊號通常發生於嘈雜的環境中。由於噪音具有遮蔽作用，為了達到預警的目的，訊號的音量必須超過環境中的遮蔽閾值，人的耳朵才可偵檢出來。因此，首先必須瞭解環境中的遮蔽閾值。遮蔽閾值愈高，所須超出的強度愈大。在一般狀況下，警告／警報訊號必須超過環境遮蔽閾值約6～10分貝，一般人才可偵檢出其存在。如果接收者必須立即反應時，訊號的強度應超出遮蔽閾值15～16分貝，以加強人的注意力，但不宜超出30分貝以上。強度太高，不僅引人厭煩、急躁，而且會妨礙人與人之間語言交談，不僅無法增加效能，反而使人驚恐失措，產生相反的效果。

由**圖3-14**可知，低頻率的聲音較難以遮蔽；因此，警告訊號的基本頻率應設定於150～1,000赫茲之間，而且包括至少三個其他的諧音，以確保音調與聲音的品質在不同的遮蔽條件下，保持穩定。這些諧音的頻率宜在1,000～4,000赫茲之間，因為人的耳朵對此頻率範圍最為敏感。如果訊號隨著環境狀況改變時，可在其基本頻率中包含快速滑音，以引起人的注意[7]。

表10-6列出美國國家標準協會（American National Standards Institute, ANSI）所發表的工業場所緊急疏散訊號的建議，ANSI並且建議使用獨特的訊號，例如調幅音調以別於環境中其他的音源[5]。

短暫、間歇性隨時間變化的訊號也可應用於警告／警報訊號。緊急訊息可利用快速間歇性訊號顯示，而較次要的訊息，可使用緩慢、間歇性訊號傳遞。美國國家研究委員會（National Research Council）的聽覺、生物聲學與生物力學審議會（Committee on Hearing, Bioacoustics, and Biomechanics, CHABA）替美國防火協會（National Fire Prevention Association, NFPA）所設計的火警警報即為此類（如**圖10-14**），它是由兩個連續的短暫訊號與一個較長的訊號所組成，每一週期約0.4～0.6秒。週期之間的休息時間約0.3～0.6秒，音量位準應較環境噪音位準高出15分貝，而且比尖峰噪音高出5分貝[5]。

表10-6　美國國家標準協會對於工業場所緊急疏散訊號設計建議（ANSI 1979）

1.基本頻率應低於1,000赫茲，調整頻率低於5,000赫茲。 2.訊號聲音強度必須高於環境噪音位準10分貝以上，而且不得低於75分貝。 3.如果訊號強度高於115分貝時，必須考慮應用視覺警報訊號。

資料來源：參考文獻[5]，經同意刊登。

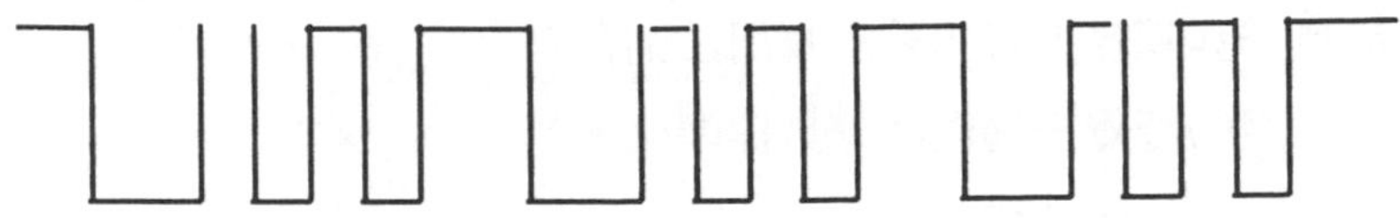

圖10-14　美國國家標準火警訊號

資料來源：參考文獻[5]，經同意刊登。

表10-7列出各種不同的警告、警報訊號、特徵、頻率、強度範圍，以及引人注意的相對程度。有些警報訊號適於戶外或在有擋音牆的情況下使用，有些可應用於戶內或背景噪音低的狀況。

警告與警報訊號如果太多時，容易產生辨識的困擾。飛機駕駛艙中的警報訊號多達數十種，美國聯邦航空總署（Federal Aviation Administration, FAA）所發表的研究報告中即指出駕駛艙中的警報訊號具有下列的問題：

表10-7　不同的警告、警報訊號與特徵

警報訊號	強度	頻率	引人注意的能力	穿透噪音的能力	特徵
霧號	甚高	甚低	佳	對低頻率噪音差	
號音	高	由低至高	佳	佳	可設計成定向聲音或旋轉
哨音	高	由低至高	佳（間歇性）	佳（如使用適當頻率）	應用反射器可具方向性
警車、救護車上的號笛	高	由低至高	甚佳（如果調節音調）	甚佳	可與號音配合，適於方向性傳遞
鈴	中等	由中至高	佳	對低頻率噪音穿透力佳	鈴聲持續不停，必須人為停止
發出嗡嗡聲的汽笛	低至中等	由低至中	佳至尚可	尚可（如範圍適於背景噪音時）	同上
音樂	由低至中	由低至中	尚可	同上	主要應用於促使聽覺的覺醒
語音	由低至中	由低至中	尚可	同上	可傳遞確切訊息內容

資料來源：參考文獻[1]，經同意刊登。

1.尚無一套聽覺警報訊號的應用法則存在。

2.所應用的聽覺符碼僅部分具標準化。

3.聽覺訊號不斷地增加。

美國太空總署（NASA）建議聽覺警報訊號不應超出四、五個，因為一般人僅能分辨出五種不同頻率與四種不同強度的聲音訊號；然而，一般民航客機之內的聲音警示訊號多達三、四十種，駕駛員必須經常接受訓練，才可分辨數十種不同的訊號。

10.3.2 三度空間的聽覺顯示

人的兩耳所接受聲音刺激的時間、振幅或相位的差異，可以協助人判斷音源的方位。當頻率低於1,500赫茲，人耳還可利用相位的差異作為定位線索。當頻率介於1,500～3,000赫茲時，由於無法形成有效的相位差異，定位的困難度大幅提高。由於聽覺顯示可以減少飛行員的目視負擔；因此，可應用於戰鬥機上，以改善飛行員的績效。為了有效提供有關定位的資訊，聲音訊號的強度與時間的差異必須配合飛行員頭部的方位。如果所顯示的目標位置在正前方時，當飛行員的頭部向右轉時，左邊耳機所發生的強度應高於右耳機，以免混淆。噪音比純音或語音更適於作為聲音定位線索。垂直（前後）方向所產生的誤差亦以噪音為低（僅15%），而其他兩類聲音約20%；因此，以聽覺顯示三度空間的目標位置時，宜應用寬頻道聲音刺激，避免應用單一頻率的純音或窄頻道的語音。

10.3.3 盲人的行動輔助器

眼睛失明的盲人無法由目視感覺到周圍的環境，行走時必須依賴手杖、導盲犬，以及地面上鋪設的導引地磚。由於盲人的聽覺並未喪失，有些盲人的聽覺反而較一般人敏銳；因此，應用聲音刺激以協助盲人行動絕對是一件可行的構想，目前已經發展出下列兩類輔助性聽覺顯示裝置[17]：

1.明徑指示器（clear-path indicator）：指示所欲步行的路徑上是否存有障礙。
2.環境感測器（environmental sensors）：建立盲人所處的環境影像。

10.3.4 其他應用

小型漁船、遊艇亦可使用價格較低的聲學雷達系統（acoustic radar system）取代傳統視覺顯示雷達。潛水艇在海面下行駛必須依賴聲納系統（sonar system），以聲波的反射決定是否可通行無阻或附近有敵方潛水艇存在。除非在特殊的環境，例如視覺情況惡劣或經費的限制下，聽覺顯示裝置僅適用於輔助性工具，不宜作為僅有或主要的顯示裝置。

10.3.5 聽覺顯示的選擇與設計

麥考米克氏曾經提出下列三個基本選用與設計的原則[18]：

1.相容性：訊號的編碼宜與使用者或訊號接收者的經驗、習慣相容，例如以高頻率聲音代表高度或向上，哭泣聲音表示緊急狀況。
2.漸近式（approximation）：為了加強顯示的效果，應發出前後兩個不同的訊號，第一個訊號為引起人的注意，第二個訊號才提供精確的行動或反應訊息，例如100公尺賽跑時，裁判先高喊「各就各位」，以警覺準備起跑的選手，然後鳴槍發出起動訊號。
3.分離性（dissociability）：新裝的聽覺顯示訊號必須與現有的訊號區別度大，以便於分辨。

4.精簡（parsimony）：訊號精簡，僅提供接收者必需的訊號，不必提供過多的資訊，以免產生困擾。

5.固定不變（invariance）：訊號意義固定不變、標準化，接收者不致產生誤會。

10.4 觸覺顯示裝置

觸覺是膚覺的一種，也可應用於資訊的顯示，尤其是在視覺或聽覺不佳的情況下。手指的觸覺遠較人體其他部位靈敏，而且手的使用最為方便，因此，幾乎所有的觸覺顯示皆以手的觸摸所得的感覺作為設計對象。主要觸覺顯示皆以替代視覺為主，例如飛機上的不同形狀的控制器，僅需觸摸它們的幾何形狀，飛行員即可知曉它的功能，盲人閱讀用的點字課本等，由於科技的進步，許多觸覺顯示裝置得以發展出來，例如語音與影像的顯示。

10.4.1 視覺替代顯示

主要的視覺替代顯示為：

(一)控制器

人的手部可以分辨出物件的幾何形狀、編織方式、大小與相對位置的差異，因此可以依據此原理設計出不同的控制器，**圖10-15**顯示出軍用飛機上所使用的可由觸覺分辨的控制器。飛行員僅憑手的觸覺，即可判斷其類型。許多商用客機的副駕駛控制桿上安裝著由馬達所驅動的搖動器，此裝置以機械方式與正駕駛的控制器相連。此搖動裝置與一個裝在機翼上的失速感測器相連，當飛機失速時，會激發此搖動器，發出振動

圖10-15　軍用飛機所使用的標準觸覺控制器

資料來源：參考文獻[7]，經同意刊登。

與聲音訊號，正副駕駛員可由搖動器的振動情況，判斷飛機是否失速[5]。

(二)布拉爾盲人點字系統

布拉爾（Braille）盲人點字系統普遍應用於盲人讀本之上，它是利用兩行三列的六個位置的凸點所形成的組合代表字母、數字或文字，盲人僅需以手指觸摸，即可辨認。

(三)光觸覺轉換器

美國電感測系統公司（Telesensory Systems Inc.）所製造的光觸覺轉換器（optical-to-tactile converter，又稱盲人電子閱讀儀）可以將光對於字母的感測轉換為振動模式，以協助盲人閱讀。它是由一個掃描攝影機、光觸覺轉換器與含有六行、二十四列的感光矩陣所組合而成，當使用者將手指尖放在感光矩陣上時，可以感受到矩陣上的振動。當攝影掃描機掃描到一個「O」形字母時，矩陣上會發出同樣形狀的振動模式。依據手指尖的觸覺，人可分辨字母的形狀。不過這種方法尚無法與布拉爾盲人點字系統相比，一般人經過九天的訓練之後，每分鐘僅能閱讀十至十二個字，長期練習後，才可閱讀三十至五十個字[5]。

(四)觸視替代系統

觸視替代系統（tactile-vision substitution system）包括一套攝影機、影像／振動轉換器，可將影像轉換為400個（20×20）振動器，然後傳遞至接收者的背部，以感受振動。經過訓練之後，接收者可以分辨出物體的形狀與圖案，然而仍難以分辨出細部圖案[17]。

(五)追蹤顯示

自1970年以來，已經進行了許多實驗，試圖以觸覺顯示作為主要或輔助目標追蹤的顯示。其裝置基本上包括一組振動器、一個突出的移動顯示與一個線形空氣噴射顯示，適用於視覺與聽覺負荷過重的情況下，如飛機的控制，或視覺狀況不良的遙控作業之中，如精密金屬切割或在主控制室內遙控捷運系統中的車輛。

賀西氏（Hirsch）曾經研究過單一方向的飛機高度控制模擬作業。他發現以振動器提供於拇指與食指有關速率變化的觸覺顯示，以輔助視覺顯示，可以提高效能。賈格辛斯基（Jagacinski）等氏亦曾經使用**圖10-16**所顯示的觸覺顯示器，以傳送距離的訊息，他們發現在單方向追蹤作業中，利用觸覺顯示所產生的失誤模式與視覺顯示類似，不過作業績效仍較視覺顯示低[21]。

(六)以耳代目

2004年2月號*IEEE Spectrum*刊登了一個有關人體是否存在著「心

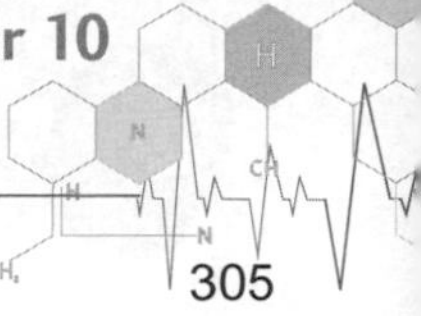

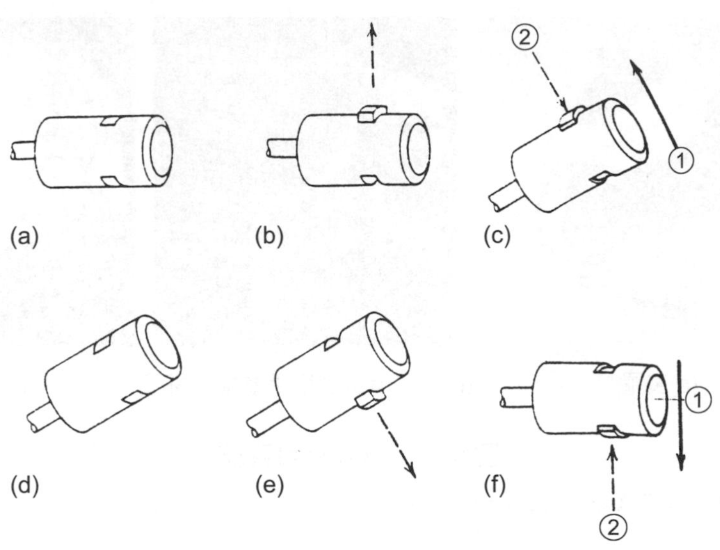

錯誤顯示於(b)、(e)中，控制移動
如 ① 所示，而所產生的失誤減少如 ② 所示。

圖10-16 觸覺顯示的控制─顯示關係

資料來源：參考文獻[21]，經同意刊登。

靈」眼睛的新發現。丹麥科學家宣布他們已經成功地開發了一個可將圖像轉化為聲音的裝置──「vOICe系統」。使用這個裝置，有視覺障礙者或盲人可以透過戴在頭上的耳機「看到」周圍的物體（**圖10-17**）[19, 20]。

這套vOICe裝置系統包括一個攝影機、一套身歷聲耳機和一個手提電腦。透過一個攝影鏡頭捕捉周圍的物體，並透過vOICe系統將捕獲的視頻訊號轉換成音頻訊號後，傳導到視覺障礙者或盲人戴在頭上的耳機。透過聽到不同的音頻訊號，視覺障礙者或盲人就可以清楚地分辨周圍的環境。所有這些都可以由視覺障礙者或盲人隨身攜帶，非常方便。

這套vOICe系統是丹麥Blue Edge Bulgaria公司根據荷蘭物理學家Peter Meijer在1998年開發的一套軟體系統研製而成。Meijer開發的完整的vOICe系統可以即時地把拍攝到之運動的物體圖像轉換成聲音訊號，但是

(a)裝置

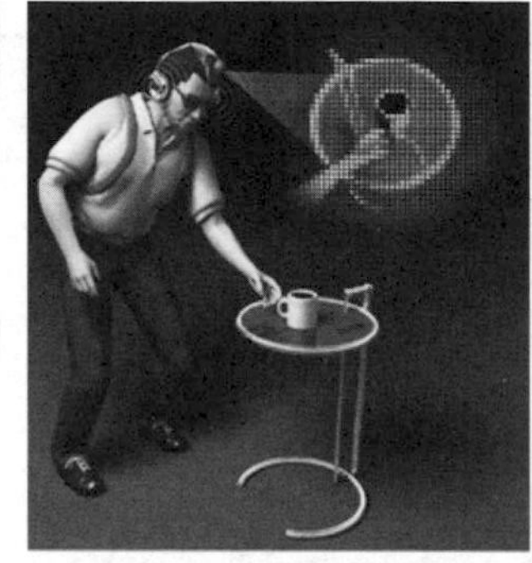

(b)使用者企圖用手拿桌上杯子

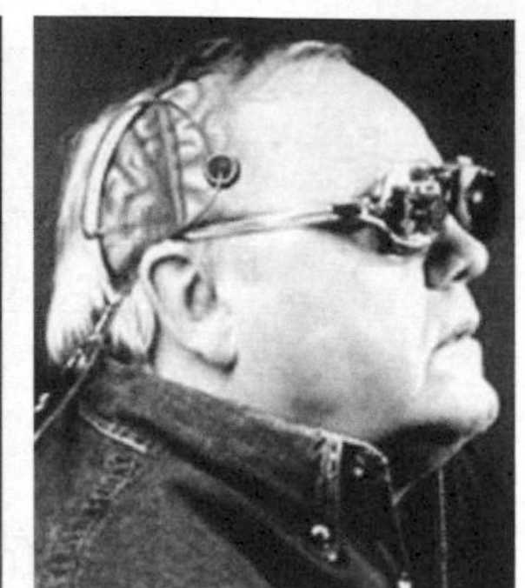

(c)新型

圖10-17 以耳代目系統

資料來源：參考文獻[21, 22]，經同意刊登。

Blue Edge Bulgaria公司開發的vOICe系統只能拍攝靜止物體圖像並把它轉換成聲音訊號，進而輸入到視覺障礙者或盲人戴在頭上的耳機。使後者能夠「看到」靜止的物體。由Blue Edge Bulgaria公司開發的vOICe系統的造價遠遠低於Meijer開發的vOICe系統，其較受消費者的歡迎。

美國杜貝爾研究所和哥倫比亞長老教會醫學中心，共同研發的「杜貝爾之眼」（Dobelle Eye）能為盲人提供物體辨識基本視力，能認出1公尺外5公分的字母，視力與重度近視者類似。基本裝備包括有一副眼鏡、鏡片分別安裝針孔攝影機與超音波測距儀、腰際小型電腦與右耳後方所植入大腦的六十八個白金電極（**圖10-17c**）[22]。

10.4.2 聽覺替代顯示

聲音是由振動而產生的，如果將環境中的聲音經電子設備放大後，再經過一個振動轉換裝置，即可將振動的模式傳遞至人的皮膚上，可以作為助聽的工具。這種構想早在六十年以前即已存在，而且不斷地改善，然而，由於人的語音頻率在750～2,500赫茲之間，皮膚觸覺的敏銳度低於頻率1,000赫茲以下時，衰退得很快；膚覺的解析度遠低於聽覺，而且非常緩慢，因此一直無法實用。

將手放在說話者的臉、頸部位時，手可以感測到說話的人臉部、頸部肌肉的動作，經由訓練，則可瞭解說話的內容，此種方法稱為泰寶瑪方法（Tadoma Method），為訓練盲聾者的方法之一。近年來，許多設備已被發展出來，基本上，這些設備具有下列幾個特徵[7]：

1.依靠刺激部位的變化，以傳遞訊息。
2.僅利用皮膚感受器而不依賴本體感受器。
3.刺激矩陣中的成分皆相等。

美國聾人中央研究院（Central Institute of the Deaf）即使用三個刺激器，以產生電觸覺（electrotactile）、振動觸覺（vibrotactile）與分布相對於緊縮的皮膚感覺。一個正常的人可以使用此設備成功地加強脣讀（lipreading）能力[5]。在不久的將來，這些利用觸覺以取代聽覺的顯示設備將會更趨完美，經由適當的訓練，使用者將可用於實際生活之中。

10.4.3 嗅覺顯示裝置

嗅覺顯示裝置（olfactory display）的實際應用甚少，主要是作為警告裝置，例如二十世紀初期，美國天然氣公司將微量的刺鼻性甲基硫醇添加在天然氣中，作為氣體洩漏的警示。一些美國地下礦坑使用某種「臭氣」系統作為緊急情況時，通告礦工撤離礦坑的信號。Sanders教授曾在某公司的電腦室看到「一見紅燈閃亮或聞到白珠樹油香，請立即撤離本大樓」的警示[8]。

嗅覺顯示裝置的缺點為：

1.嗅覺靈敏度差異大。
2.若只靠強度與濃度區別，僅能區分3～4種。

3.具適應性。

4.身體不適時，敏感度會降低。

2013年，東京農業和科技大學的研究人員開發出一種可以傳遞氣味的螢幕技術，增強顯示畫面現實的效果。換句話說，就是在液晶顯示屏上提供虛擬的氣味源。「氣味螢幕」是一種全新的嗅覺顯示屏（**圖10-18**），可以在一個二維顯示螢幕上生成一個定位氣味分配。雖然氣味只能來自於螢幕上的特定區域，但虛擬氣味源的位置在螢幕上可任意變換，能吸引消費者的興趣和關注，以達到促銷目的[26, 27]。

Google也推出全新技術Google Nose嗅覺測試版，能夠透過螢幕、喇叭釋出的光子、聲波模擬出相似味道，讓使用者遠在熱帶島嶼，也能聞到北方松樹林冰冷的空氣[27]。

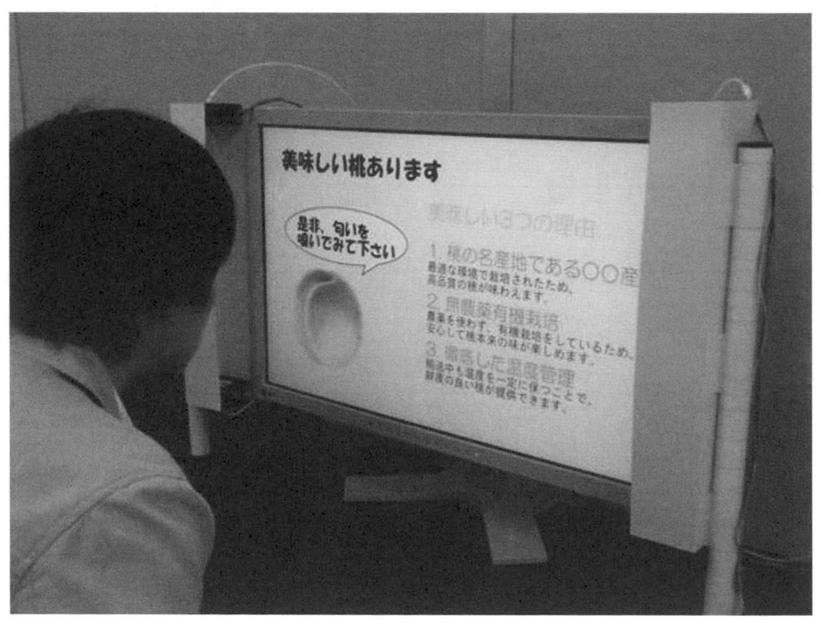

圖10-18　嗅覺顯示裝置

資料來源：參考文獻[27]，經同意刊登。

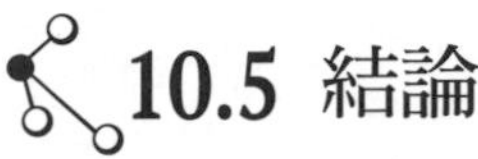

10.5 結論

視覺、聽覺、觸覺皆可妥善利用，以顯示資訊，但其功效大不相同。視覺顯示裝置仍然是最主要的顯示，舉凡靜態的廣告、招牌、書本、動態的速度、高度、溫度、壓力的變化，皆以視覺顯示為主。由於聲音具有警示、震撼的作用，易於引起人的注意力，警示、警報裝置則以聽覺顯示為主。觸覺顯示僅局限於視覺、聽覺狀況不良或負荷過高時使用，例如高速飛行或盲人閱讀工具等。近年來，由於科技的高速發展，一些替代視覺與聽覺的觸覺顯示設備已逐漸開發出來。雖然這些器材在實用上，仍有未盡善美之處，但是未來語音與影像處理技術上的突破，將可解決目前的瓶頸。

參考文獻

1.B. H. Deatherage, Auditory and other sensory forms of information presentation, In H. P. Van Cott and R. G. Kinkade (editors), *Human Eng. Guide to Equipment Design,* pp. 123-160, US Government Printing Office, Washington, D. C., USA, 1972.

2.Mark S. Sanders, Ernest J. McCormick, *Human Factors in Engineering and Design,* 7th ed., McGraw-Hill。許勝雄、彭游、吳水丕譯（2000），台中：滄海。

3.K. H. E. Kroemer, H. B. Kroemer, and K. E. Kroemer-Elbert, *Ergonomics,* Prentice Hall, Englewood Cliffs, N. J., USA, 1994.

4.C. A. Baker and W. F. Grether, Visual presentation of information, In H. P. Van Cott and R. C. Kinkade (editors), *Human Eng. Guide to Equipment Design,* Chapter 4, US. Government Printing Office, Washington, D. C., 1972.

5.B. H. Kantowitz and R. D. Sorkin, *Human Factors: Understanding People-System Relationships,* John Wiley and Sons, New York, USA, 1983.

6.W. E. Woodson and D. W. Conover, *Human Engineering Guide for Equipment Designers,* 2nd Ed., U. C. Press, Berkeley, USA, 1970.

7.R. W. Proctor and T. Van Zandt, *Human Factors in Simple and Complex Systems,* Chapter 8, Allyn and Bacon, Boston, USA, 1994.

8.M. Sanders, E. J. McCormick, *Human Factors in Engineering and Design,* 7th Ed. , McGraw Hill, New York, USA, 1993.

9.M. E. Wicklund and B. A. Loring, Human factors design of an AIDS prevention pamphlet, *Proceedings of the Human factors Society,* 34th Annual Meeting, pp. 988-992, Santa Monica, CA, 1990.

10. T. S. Tullis, *Display Analysis Program, Version 4.0,* The Report Store, Lawrence, KS, USA, 1986.

11.J. G. Ells and R. E. Dewar, Rapid comprehension of verbal and symbolic traffic sign messages, *Human Factors, 21*, pp. 161-168, 1979.

12.R. S. Esterby, The perception of symbols for machine displays, *Ergonomics, 13*, pp. 149-158, 1970.

13.Boeing. Boeing C-130 AMP Head-Up Display Endorsed by Headquarters US Air Force Directorate of Operations, 2012. http://www.defpro.com/news/details/17695/

14.kun。〈汽車科技簡介：HUD抬頭顯示器〉，incar新版網站，2010/01/26，http://cool3c.incar.tw/article/16443。

15.US DOD, MIL-STD-1472B, Military standards, *Human Engineering Design Criteria for Military Systems, Equipment, and Facilities,* Dec. 31, 1971.

16.RCVE, F-35 GEN III helemet mounted display system, 2014, Rockwell Collins, Cedar Rapids, Iowa, USA.

17.B. W. White, F. A. Saunders, L. Scadden, P. Bach-Y-Rita and C. C. Collins, *Perception and Psychoplastics, 7*, 23, 1970.

18.E. J. McCormick, *Human Factors in Engineering and Design,* 4th Ed., p. 128, McGraw-Hill, New York, USA, 1976.

19. IEEE, Sight for sore eyes, *IEEE Spectrum*, *Vol. 41*, No. 2, p. 13, February, 2004.

20.〈新裝置讓盲人以耳代目〉，《大紀元時報》，http://hk.epochtimes.com/archive/Issue108 /hyts-4.html。

21.R. Jagacinski, D. Miller, and R. Gilson, A Comparison of kinesthetic-tactual and visual displays via a critical tracking task, *Human Factors*, 21, 80, 1979.

22.Peter B.L. Meijer, Artificial Vision for the Totally Blind, The vOICe Website, http://www.artificialvision. com/, October, 2012.

23.維基百科（2015）。〈虛擬實境〉。http://zh.wikipedia.org/wiki/%E8%99%9A%E6%8B%9F%E7%8E%B0%E5%AE%9E.

24.D. B. Beringer, R. C. Williges and S. N. Roscoe, The transition of experienced pilots to a frequency-separated aircraft alititide displays, *Human Factors*, 17, pp. 401-414, 1975.

25.W. F. Grether and C. A. Baker, Visual presentation of information, *Human Eng. Guide to Equipment Design*, Edited by H. A. Van Cott and R. G. Kinkade, pp. 41-121, US Government Printing Office, Washingtan, D. C., USA, 1972.

26.Joseph Volpe, This TV stinks, not really, Engadget, March 30th, 2013. http://www.engadget.com/2013/03/30/this-tv-stinks/

27.Barb Darrow, Google nose is not really a joke, GIGAOM, April 1th, 2013. https://gigaom.com/2013/04/01/google-nose-is-not-really-a-joke/.

28.F-35 Helmet Mounted Disdplay System. https://www.youtube.com/watch?v=w0btzIvlScI

控制裝置

11.1 前言

顯示裝置是機械設備與人之間的溝通工具。經由顯示裝置，吾人可以知曉設備的靜態和動態特徵與狀況。這些資訊經過大腦處理，產生反應後，必須付諸行動，才可圓滿完全任務。控制即為人付諸行動所採取的動作。換言之，控制是人對於機械設備的溝通工具，經由控制裝置，才可以導引機械設備至所欲到達的目標或狀態。

控制是每一個現代人每天必須的動作。由早上起床後，把鬧鐘的按鈕壓下，以抑止驚夢的鈴聲開始，一直到開燈、調節空調系統的溫度、啟動汽／機車、加速、剎車等，每天不曉得重複多少次的控制動作。控制的目的是指示機械設備，以達到下列的功能[1, 2]：

1.啟動（activation）：電源、設備等的開啟或關閉。
2.間斷性設定（discrete setting）：一個控制裝置具有三至五個不同位置，每一個位置代表某一特殊的設定狀態，如冷氣機控制面板上具有三、四個強弱程度不同的設定位置，手排式汽車可藉操縱桿的位置設定停、後退、一檔、二檔、三檔等。
3.數量設定（quantitative setting）：控制裝置的調整為連續性，每一個位置代表計量性資訊輸入，如收音機的頻率與音量的調整鈕、汽車加速器。
4.連續性控制（continuous control）：設備的連續控制，如汽車駕駛盤等。

11.2 控制裝置的選擇

選擇任何形式的控制裝置之前，設計者應先自行回答下列幾個問題[1]：

(一)控制的功能

1.控制的目的為何？

2.何種因素或參數必須加以控制？

3.控制的重要性。

4.是否直接影響系統的操作？

(二)任務需求

1.精確程度。

2.在多少時間內必須加以設定或啟動？

3.是否為緊急控制？

(三)操作者資訊需求

1.如何協助操作者迅速找到控制器？

2.控制裝置的配置。

3.操作者在設定控制參數時所需的資訊。

4.操作者必須在多少時間內調整或改變設定值？

(四)作業配置

1.控制器的安裝位置。

2.所需空間。

3.控制裝置的重要性與控制動作的頻率。

4.控制器位置對於操作者工作效率的影響。

5.如何降低操作者的失誤比例？

一個良好的控制裝置或控制系統必須適用於大多數的操作者，易於使用、操縱。如果系統需求數個或數十個不同的控制裝置時，其相互位置與控制盤上配置必須易於尋找，而且相互關聯。

11.3 控制裝置的種類

驅動控制裝置的方式眾多，由最常見的機械、電子、電動機械方式，至光、磁方式不等。由人因工程師的觀點而論，驅動方式僅為執行控制的方法而已，與控制功能和資訊類別無關。以所傳遞的資訊類別與控制功能來區分，控制裝置可分為：(1)間斷型（discrete type）；(2)連續型（continuous）。以控制裝置的移動方式來區分，可分為：(1)直線型，如按鈕、開關等；(2)旋轉型，如電視機、收音機的圓形旋轉器，電話機的圓形轉盤等。以控制運動的幾何形狀區分，則可分為：(1)單維型（one-dimentional type）；(2)多維型（multi-dimentioal type）。

圖11-1與**圖11-2**顯示各種不同類型的控制裝置。

11.3.1 間斷型與連續型控制

間斷型控制與連續型控制不同的地方在於間斷型裝置僅能傳遞幾個有限狀態的資訊。如電燈的開／關、汽車傳動桿、電風扇的風速強弱與停止的控制裝置。每一個控制狀態之間分離、間斷，而不連續。由一個狀態轉換至另一狀態時，轉變非常鮮明。相反的，連續型裝置所能傳遞的資訊為連續性，包括許多連續的狀態，如收音機的音量調節器，可將音量由無聲一直調整到震耳欲聾的地步。

間斷型裝置適用於啟動、設定目標值，以及數據輸入（如打字機、電腦鍵盤）等，其控制狀態不宜太多（低於25～30個）；其優點為操作者僅憑觸覺，即可知曉控制器的位置及所欲控制的功能。駕駛手排檔的汽車時，駕駛者不需目視，僅憑觸覺即可決定排檔的位置；熟練的打字員工作時，也不必目視打字鍵盤，即可決定所按的鍵碼。間斷型裝置包括按鈕、開關、踏板、鍵盤、操縱桿等。**表11-1**列出間斷型控制裝置的選擇準則。

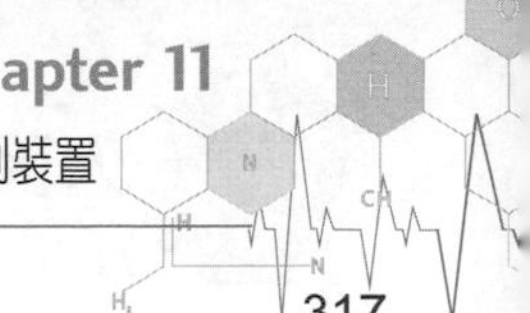

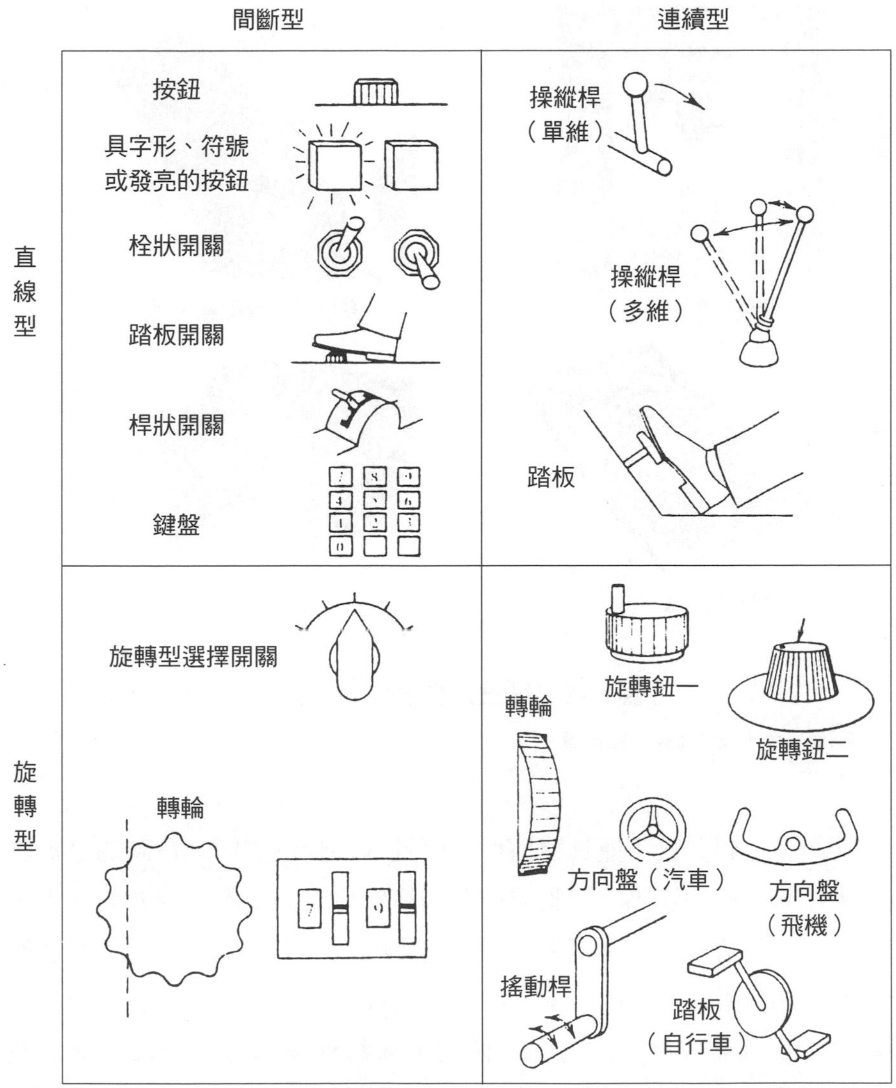

	間斷型	連續型
直線型	按鈕 具字形、符號或發亮的按鈕 栓狀開關 踏板開關 桿狀開關 鍵盤	操縱桿（單維） 操縱桿（多維） 踏板
旋轉型	旋轉型選擇開關 轉輪	旋轉鈕一 旋轉鈕二 轉輪 方向盤（汽車） 方向盤（飛機） 搖動桿 踏板（自行車）

圖11-1　間斷型／連續型、直線型／旋轉型控制裝置圖

資料來源：參考文獻[3, 4]，經同意刊登。

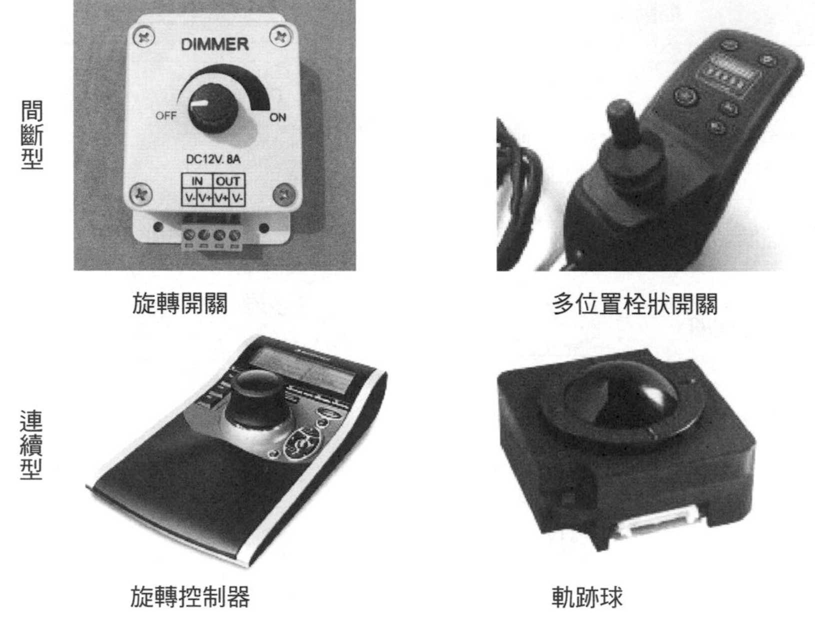

圖11-2　單維／多維控制裝置

資料來源：參考文獻[5]，經同意刊登。

連續型控制裝置不僅具連續性，而且其移動位置與其控制的參數數值、大小有直接的關係。移動或轉動的範圍愈大，所產生的效果愈大，適於計量性數值設定控制與連續性方向（如汽車方向盤）、活動的狀態及位置（如追蹤）的控制。由於控制範圍與狀態多，適於控制狀態多、範圍廣，而且需要微調的情況下使用。人每秒鐘約可處理10位元的資訊，相當於1,024（2^{10}）個不同的選擇；因此，在一秒鐘的移動控制器的時間內，微調的上限為1/1,024，約等於0.1%。如果調控時間不受限制時，可將選擇刻度間隔儘量縮小，而將控制裝置移動或轉動的範圍儘量加大，則可達到任何準確度[5]。**表11-2**列出連續型控制裝置的選擇準則。

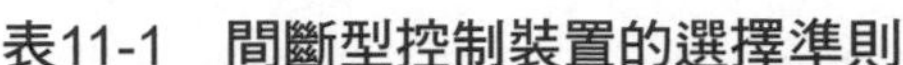

表11-1　間斷型控制裝置的選擇準則

控制需求	選擇	示例
1.兩個不同的設定或狀態 • 停止—啟動 • 開—關 • 瞬間訊號	• 手動按鈕 • 肘節開關 • 搖動開關 • 踏板 • 滑板開關 • 鎖匙啟動開關 • 球形開關 • 推／拉開關	• 鍵盤 • 電梯按鈕 • 電鈴按鈕 • 汽車自動速度設定器 • 壁燈 • 硬式文字處理機 • 早期汽車的前燈亮度控制 • 手電筒 • 汽車啟動 • 收音機 • 汽車前燈開關、電視開關
2.兩個不同的設定必須施力才可啟動	• 桿狀開關 • T形把手	• 飛機起落桿 • 汽車手剎車
3.三個設定值的選擇	• 三位置柱狀開關 • 旋轉型選擇器	• 飛機緊急燃料選擇開關 • 電風扇風速控制器
4.三個或三個以上設定值的選擇	• 亮燈按鈕、刻字、符碼 • 按鈕開關 • 旋轉型選擇器 • 桿狀開關 • 圓形撥號盤	• 汽車收音機 • 鍵盤（電視選台鍵盤、按鈕式電話機） • 飛機上記錄飛行狀態的黑盒子 • 飛機動力節流器 • 傳統電話機
5.數字設定	• 旋轉盤（具數值刻度）	• 飛機上無線電波頻率選擇器

資料來源：參考文獻[3,4]，經同意刊登。

11.3.2 直線型與旋轉型控制

按鈕式、肘節、滑桿狀的開關皆為直線型控制裝置，控制器沿著一條直線移動。傳統電話轉盤、收音機上的圓形音量控制器、汽車駕駛盤等旋轉型裝置移動時，沿著一個固定的圓弧。直線型與旋轉型皆可作為間斷性或連續型控制裝置（如**圖11-1**）。收音機的音量或頻率控制為連

表11-2　連續型控制裝置的選擇準則

控制需求	選擇	示例
1.精確調整—施力輕微	•旋轉鈕 •連續桿 •連續型拇指轉輪	•音量調節 •飛機的操縱桿 •高度微調（飛機）
2.快速調整 •施力輕微、範圍大	•具多種變速旋轉鈕 •小型旋轉桿	•電影膠片倒片機 •汽車上窗戶開關手搖桿 •小型油印機
•旋轉型電子顯示	•栓狀或棒狀把手	•旋轉型指令記錄器（美國空軍軍機）
	•IBM Selectric 打字球	•電動打字機（IBM）
3.粗略調整 •施力大、範圍小	•手動轉盤	•汽車方向盤 •閥
	•移動式踏板 •轉動式踏板 •連續桿	•汽車剎車、加速器 •自行車踏板 •割草機的油量控制器
•施力大、範圍大	•大型搖動桿	•大砲調整桿
4.連續、多位置型	•操縱桿 •方向盤／操縱桿 •伸縮控制（導電弓）	•飛機高度控制 •飛機高度控制 •伸縮繪圖桿

資料來源：參考文獻[3, 4]，經同意刊登。

續控制，可使用直線型滑桿或旋轉鈕作為控制器。目前，尚無一定的選擇標準，設計者多依據形狀、美觀、空間需求而選擇。

11.3.3 單維型與多維型控制

按鈕、滑桿式開關或電視機音量控制旋轉鈕等單維型控制移動時，僅沿著一個方向，而電動玩具、飛機操縱桿或手提電腦的滑球（球形滑鼠）等多維型控制可以在一個平面上沿兩個方向移動（如**圖11-2**）。一個多維型的控制可由兩個單維型控制所替代，例如我們可用電腦鍵盤上的左／右與上／下方向的移動按鈕取代滑鼠，但是其移動速率較慢，因

此對於單一訊息的傳遞（如顯示器螢幕上的指標位置的控制），使用多維型控制要比使用兩個單維型控制合適。只有在必須以兩個純量設定值來表示這個單一控制位置時，兩個單維型控制才較合宜，例如在電腦螢幕上定出X、Y軸的位置。

11.4 控制裝置的特徵

控制裝置的形狀、大小、移動方式雖然不同，但是它們皆具備相同的特徵，例如回饋（feedback）、阻力（resistance）、形狀、符碼、控制／顯示比例、圖案編織式樣、標示等。任何一個控制裝置皆有少許的移動阻力，其形狀易於辨識，而且具有顯示其功能的標示等。

11.4.1 回饋

回饋為執行任務之後，由外部或由身體內部所得的協助操作者評估績效好壞的資訊。以調整收音機的音量為例，當手指轉動音量調整鈕時，手指轉動時所遭遇的阻力、旋轉程度，與所產生的音量大小，皆可經由感覺器官，對於操作者傳遞回饋的訊息，促使他調整行動。回饋也可算是控制的「感覺」。控制的感覺來自下列兩個不同的來源[2]：

1.由肌肉的運動覺或皮膚的觸覺所得，如手指轉動的程度與施力的大小，此類回饋可以協助操作者熟悉作業的技巧。
2.由控制本身所傳遞，如控制器的阻力、鬆弛度。

操作者可由回饋所得的資訊，作為改善、調整的參考。

11.4.2 移動阻力

任何控制器對於移動皆有一定的阻力。阻力是最常用的回饋線索。操作者可以依據阻力的大小，作出適當的施力判斷。阻力太高時，操作者必須使用很大的力量，才可移動，難以作出適當的調整，但是阻力太低時，也不好控制，有時會不小心觸動控制桿或開關而造成意外。

控制器的阻力可分為下列四種：

(一)彈性阻力

彈性阻力（elastic resistance）又稱為彈簧阻力。具彈性阻力的控制裝置皆由彈簧控制其移動的範圍。移動的範圍愈大，阻力愈大；因此，操作者可以感覺控制器移動的程度（控制程度）。當施力取消時，控制裝置會因彈簧的拉力作用而跳回到原位（中性位置）；例如汽車加速器與剎車器皆為此類裝置，當腳移開時，它們會恢復至正常位置。此類具彈性阻力的裝置，可以防止機械設備在無人控制下隨意啟動或繼續運轉。

(二)靜止阻力

靜止阻力（static resistance）係指物體在靜止時的摩擦阻力。當物體由靜止狀態啟動之前，必須先克服摩擦阻力；但是，當物體開始運動之後，摩擦力即轉變為滑動阻力而降低。由於摩擦阻力的大小與移動的範圍無關，操作者無法由阻力所產生的回饋，以得到任何有關控制器位置的資訊。

(三)黏性阻力

黏性阻力（viscous resistance）與速度有關，速度愈大，黏性阻力愈大。如果將一支湯匙在濃湯中攪拌時，我們即會感覺出濃湯的黏度對於湯匙的運動所產生的阻力。黏性阻力可以提供操作者有關速度大小的回饋，可以協助操作者維持平穩的控制狀況。

(四)慣性阻力

慣性阻力（inertia resistance）為運動加速度的函數，加速度愈大，慣性阻力愈大。具慣性阻力的裝置如轉盤、旋轉桿等，啟動時必須施以較大的力量。啟動後，阻力降低，但是由於運動的慣性存在，即使施力消失以後，仍會繼續運動；因此，必須施力，以改變其速度或停止運轉。當控制器平穩運轉後，很難微調，因此不適於作為目標追蹤的控制。

雖然依據勞萊斯（W. B. Knowles）與薛瑞頓（T. B. Sheridan）二氏針對旋轉型控制器所作的研究結果，大多數的操作員較喜歡阻力較低，且具有黏性與慣性阻力的控制器，而不喜歡阻力大或僅具摩擦阻力的裝置[6]，但是具有慣性阻力的旋轉鈕卻不適於連續性追蹤作業控制。由績效比較可知，使用具有慣性阻力的旋轉鈕，命中目標的時間均較低，而具彈性阻力的旋轉鈕最佳，其主要原因似乎為彈性阻力可提供操作者有關位置的回饋[7, 8]。

11.4.3 控制／顯示比例

控制／顯示比例（Control-Display Ratio, C/D）又稱控制反應比（Control-Response Ratio, C/R），為控制範圍對於顯示或反應的比例，可以反應控制裝置的靈敏度。C/D比低時，小幅度的控制器移動，會產成大幅的反應與顯示變化，靈敏度高；而C/D比高時，大幅度控制器的移動，僅產生小幅度反應或顯示的變化，靈敏度低（如**圖11-3**）。直線型控制裝置與線型顯示裝置配套使用時，C/D比為控制裝置的移動長度對顯示範圍長度的比例。當旋轉型控制裝置與線型顯示裝置並用時，C/D比為：

C/D＝（a/360×2πL）／顯示移動長度 [11-1]

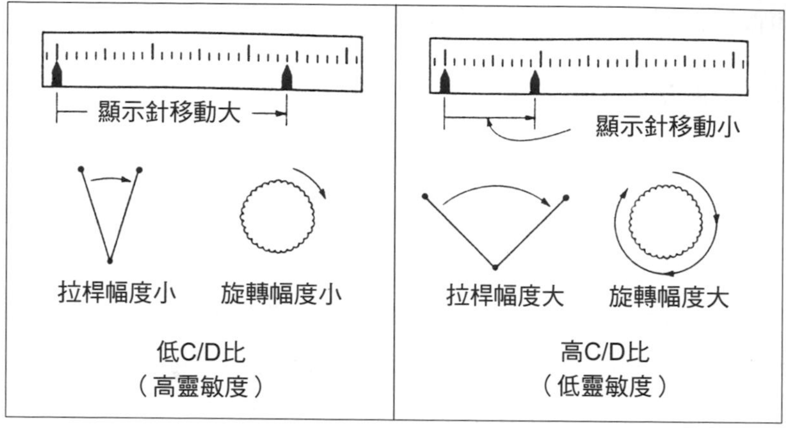

圖11-3　低與高控制／顯示比例

資料來源：參考文獻[9]，經同意刊登。

公式[11-1]中，C/D＝控制／顯示比例

a＝移動的角度

L＝操縱桿的長度

當操作員在調整控制器時，必須經過兩種移動步驟：第一個為粗調，其次為微調。他先將控制器移至所欲控制範圍附近，再進行細部調整。如**圖11-4**所示，C/D比高時，旋轉時間很長，微調時間較短，操作者需要很長的時間，才能將控制器移至所欲的範圍附近，但是很快地即可微調到正確的目標上。反之，C/D比低時，他可迅速地轉至所欲的範圍，但需較長的時間調至所需的目標，因此最佳C/D比為在兩條曲線的交點[7]。

11.4.4 控制次元

如果顯示或反應的移動與控制的移動直接成比例時，控制次元為零（zero order），例如電腦滑鼠的位置移動時，會產生顯示器上游標相當

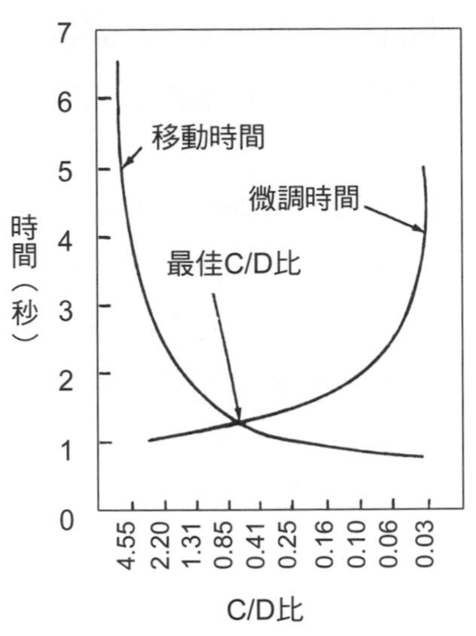

圖11-4　低與高控制／顯示比例

資料來源：參考文獻[9]，經同意刊登。

幅度的移動。如果控制裝置所控制的參數為速度變化時，則控制次元為一，例如汽車油門踏板位置變化時，速度（距離對於時間的微分，ds/dt＝V，s＝距離，V為速度，t為時間）會增加或降低；二階控制次元則為加速度的變化，例如核能發電廠與化學工廠的部分控制器。潛水艇的方向操縱則為三階。控制次元愈低，愈容易控制，一般控制裝置多為零階，操作者可由控制裝置移動幅度約略知曉反應或顯示的變化，階次愈高，顯示或反應的變化與控制器的移動之間的關係複雜，難以產生「感覺」。

11.4.5 無效間隙與背隙

無效間隙（dead space）係指控制器在零位、空檔等中性或無效的位置時，不會產生任何控制行動的移動空間，例如汽車方向盤必須扭轉至一定的程度後，方向才會改變。無效間隙愈大，追蹤目標所需的時間愈長；但是，對於高階次而且具有彈性阻力的控制系統而言，少量的無效間隙反而有利，因為控制器釋放後，僅需跳回空檔或零位的附近位置即可，易於製造與維護。

背隙（backlash）係指控制器在任何位置的無效間隙。如果將操縱桿裝置於一個中空的圓筒內，試圖移動圓筒操縱時，即可感受到背隙的效應。當圓筒向左移動時，操縱桿並不移動，一直到圓筒邊緣與桿接觸後，桿才會移動；因此，背隙會降低控制動作的準確度，控制變化幅度愈大時，所受的影響愈大。

11.4.6 追蹤作業

許多控制活動必須連續地將方向、速度或位置等參數控制於一定的範圍內或目標上。駕駛汽車時，必須將車子控制於兩條白線內的車道上，飛機、輪船航行時，必須順著一定的航道。追蹤作業具有以下三種特徵[7, 10]：

1.操作者的運動反應是由一個時間函數的輸入訊號或指令所界定。
2.控制機制會產生一個輸出訊號。
3.輸入與輸出訊號的差異為追蹤誤差，操作者必須設法調整，以校正此誤差。

追蹤作業的顯示可分為追擊與補償兩種，在第十章的動態顯示中已提過兩者的差異。追擊式顯示具有下列優點：

1.目標或所欲追擊的軌道與運動反應顯示分離，操作者可以由顯示器上的相對位置，預測目標或軌道變動，企劃其下一步的控制行動。
2.目標與控制運動的反應顯示的空間相容度高，目標移動時，操作者可由顯示上看出控制的方向是否正確。

然而當目標固定時，例如船泊碼頭、飛機飛向目的地時，上列兩項的優勢即不存在。

11.4.7 意外活動的防範

無論家庭或工作場所中，充滿了各種不同的自動化或半自動設備。如果這些設備的開關或控制器未加裝適當的防護設施時，無知的兒童或外行人可能會不小心啟動，導致事故的發生。許多家庭中的意外事故皆由於電動工具意外啟動所造成的。查潘尼斯與金凱德（R. G. Kinkade）二氏列出下列七種防範方法[11]：

1.隱藏：控制器嵌入控制面板之內，不向外凸出。
2.位置：將控制器設置於難以隨意觸及的地方。
3.加裝覆蓋：將控制器之上加裝覆蓋或擋板。
4.定位：將控制裝置移動的方向設定於不易意外觸及的軸上。
5.鎖住：將控制器的啟動設計為兩個不同方向的移動方式，必須兩者連續完成，才可啟動。
6.操作順序：在控制系統內安裝一連串的互鎖裝置（interlocking），除非所有互鎖的控制裝置皆依正確的順序激發，系統才可啟動。
7.阻力：阻力大的控制器較難意外啟動。

11.5 控制面板的設計

除了簡單的工具如電鋸、割草機等之外，絕大多數的機械設備或製程系統皆需數個以上的控制器，才可發揮功能。製程複雜的煉油廠、石化工廠或核能發電廠的控制器高達數千個至數萬個，而且許多控制器皆與顯示器相互配合；因此，控制面板的安排與控制器的大小、形狀、顏色等必須妥善設計，以便於操作者使用。

11.5.1 控制的符碼化

控制板上的裝置愈多，辨認的問題愈大，如何能使操作者迅速準確地分辨所欲使用的控制器是控制板設計的首要課題。為了易於辨識，控制器必須加以符碼化。選擇符碼化方法時，宜考量下列因素[7, 12]：

1.操作者的需求。
2.已採用的符碼化方法。
3.照明水準。
4.控制辨識的速度與準確度。
5.可用空間。
6.必須符碼化的控制裝置的數目。
7.可傳送資訊的位元。

控制器符碼化方法可分為大小、形狀、編織圖案、顏色、位置、標示等。

(一)大小

控制器的尺寸、大小可以作為分辨的符碼，但是因為一般人僅能準確地分辨少數幾個大小不同的尺寸符碼。超過三個以上時，即難以分辨。布萊德雷氏（J. V. Bradley）認為旋鈕的直徑差異必須超過1.27公分或厚度差異超過0.93公分以上時，才不易混淆[13]。每個控制器之間的大小差異不得低於20%。

(二)形狀

控制器的形狀不同，不僅易於視覺辨識，而且在視覺情況差時，操作者也可憑觸覺分辨。一般操作者僅憑觸覺，即可區辨出八至十種不同的形狀，其主要缺點為操作者慣於以觸覺控制，而忽略控制器上的設定值。堅金斯氏（W. O. Jenkins）曾經要求蒙目者分辨二十五種不同的形狀，然後根據失誤模式，找出兩組不易混淆的旋鈕設計[14]，美國空軍亦曾將形狀符碼標準化，**圖10-15**所顯示的觸覺顯示控制器即為此類。

(三)編織圖案

手的觸覺可分辨出控制器表面圖案、平滑度、凸凹起伏形狀的不同，因此也可使用表面編織方式作為符碼。

(四)顏色

人的眼睛可以區辨多種顏色，因此顏色適於作為控制符碼，以顏色為符碼的缺點為操作者必須以視覺識別，而且照明水準會影響顏色的辨識。在實際應用中，顏色以不超過五種為原則（紅、橙、黃、綠、藍）。

(五)位置

控制器所裝置的位置本身即是一種符碼。坐在汽車駕駛座上，不需目視，即可分辨出剎車與加油（速）踏板的不同。晚上回家開門時，僅憑門鎖的位置，即可找出適當的鎖匙。然而，如果控制器的數目超過兩、三個以上時，分辨的困難度直線上升。費茲（Fitts）與克蘭奈爾（Crannell）二氏曾經要求蒙目者以手觸摸幾個水平與垂直排列的栓狀開關，以測試他們對於位置準確度的判斷，他們發現[15]：

1.垂直排列所犯的錯誤較水平排列少。
2.垂直排列之間的距離超過6.3公分以上時，錯誤較小。
3.水平排列的距離必須超過10.2公分以上，錯誤較小。

由於位置並不是一項準確度高的符碼，最好與其他符碼配合使用。

(六)標示

文字數字符碼雖可用於控制識別之用，但是它具有下列的缺點[7]：

1.操作者必須目視，才可知曉、分辨，如照明水準差時，或操作者看不見控制器時，即無法應用。
2.操作者必須識字，否則不瞭解文字的意義。
3.如果類似控制裝置眾多時，操作者必須一一過目，始能分辨所要的控制器，速度太慢。
4.必須具備足夠的空間，否則無法將標示一一列出。

查潘尼斯與金凱德二氏建議標示宜遵照下列準則[11]：

1.文字簡單短少，避免使用技術用語。
2.標示的位置宜系統化。
3.避免使用抽象術語或象徵。
4.應用標準、易讀的字型、字體。
5.裝置於適當位置，當操作者使用控制器時，可清楚地看到標示。

11.5.2 控制裝置的配置

控制裝置的配置原理與第十章中所討論的顯示器的配置相同；完形組織原理、使用頻率、順序、相互關係、功能群組等，皆可應用於控制器的配置。除此之外，還必須考慮手的觸及範圍，以及控制／顯示的移動相容性與相互位置。

(一)觸及範圍

當控制面板上的控制器眾多時，必須確保絕大多數的操作者可以輕易地觸及控制器。為了確保95%的人群觸及控制裝置，必須以5%的母體群的觸及範圍作為設計基礎。控制器之間的相互位置，則依使用頻率、精確度與重要程度列出優先順序。經常使用、精確度高與主要的控制器應安裝於最方便觸及的所在。一般而言，肩高與肘高之間的空間最易於手的操縱與控制，此空間宜保留為最主要的控制器。次要控制器例如溫度、光線、通訊等可安裝於較難觸及的次要空間，例如左、右兩邊的與中央垂直軸之間的角度小於95度之內的空間，切勿將任何控制器置於頭頂正上方。

(二)控制／顯示移動相容性

依據心理物理學的測試結果，人對於顯示與控制移動的方向皆具有一定偏見。一般人期望向前、向右或向上的移動與順時鐘方向的轉動為數值或功能的增加，向左、向下的移動與逆時鐘方向的轉動為減少；因此，大部分的控制裝置的移動方向皆與人的習性相容。收音機的旋鈕順時鐘轉動時，會增加音量，按鈕向前按下時，代表啟動。美國空軍標準AFSC DH 1-3中建議，如果顯示器的指針移動超過180度時，應使用旋轉型控制器；如果顯示器指針移動弧度低於180度，而且控制器與顯示器平行並列時，可使用線型控制器。雖然桿控制器亦可用於顯示器指針移動的控制，但是仍以旋轉鈕為主要的選擇[4, 16]。控制／顯示的移動方向如與人的偏好相容時，可以減少反應時間、失誤次數與微調所需時間。一般而言，水平方向的控制移動較垂直方向快速，而前後移動較左右側向移動快速。

(三)控制／顯示相互位置

絕大多數的儀器或設備皆由控制器所設定，控制器宜安裝於顯示器附近、右側、下方，以便於調整時，可以注視顯示器指針的變化。

11.6 特殊控制裝置

以上所討論的皆為設計控制裝置的通用原則，由於每一種特定的控制器皆不相同，設計選用時，必須考慮它們的獨特性與應用範圍。

11.6.1 手控制器

絕大多數的控制裝置皆為手控或手動式，按鈕、栓狀開關、手輪、轉盤、曲柄（cranks）、旋鈕等皆為手控裝置，**表11-3**列出四種最常用的手控制器的特徵比較。

(一)按鈕

按鈕是最常用的開關控制器，舉凡電燈、計算器、機械設備的電源開關皆為按鈕控制，主要的用途為：(1)兩個狀態（停止／啟動、開／關）的控制；(2)連續性參數的間斷控制，如音量大小；(3)單一數值或功能的輸入，如電話、計算器上的按鈕，每一按鈕代表單一數字或特殊功能。

表11-3　常用手控制器的比較

時數	按鈕	栓狀開關	旋轉型選擇開關	連續型控制旋鈕
1.控制設定所需時間	非常快速	非常快速	中等至快速	—
2.控制位置數目（推薦設定值）	2	2-3	3-24	—
3.意外激發啟動的機率	中等	中等	低	中等
4.符碼效應	尚可	尚可	佳	佳
5.視覺辨識效能	差	佳	尚可	尚可
6.檢視設定數值以決定控制位置的效能	差	佳	佳	佳

資料來源：參考文獻[11]，經同意刊登。

1.尺寸與間隔圖：**圖11-5**與**表11-4**列出按鈕的寬度尺寸、阻力與相互間隔的推薦值，係依據美國軍方標準值修改而得[16, 17]。

2.符碼：任何符碼如形狀、顏色、標示等皆可用於按鈕控制器的辨識，標示宜設置於按鈕之上，以免手指遮住標示，按鈕表面宜向內凹，以適於手指的觸按，而且具摩擦力，以免手指或手的其他部位使用時滑落；使用手掌觸按的大型按鈕可設計為凸起狀。

3.狀態指示：宜具備正向啟動指示如聲音、燈光、位移等，以指示啟動或狀態。

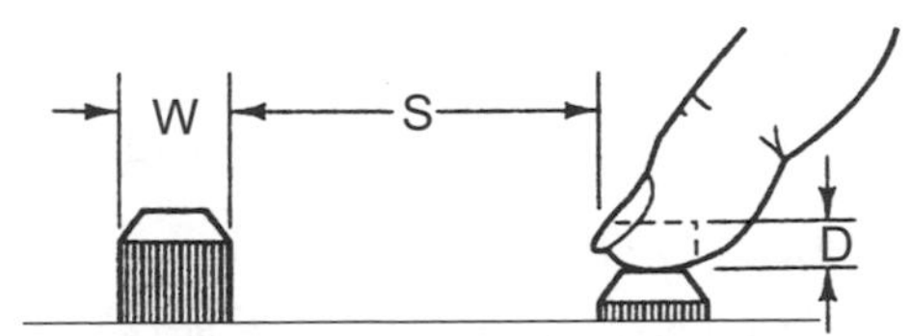

圖11-5　按鈕式控制

資料來源：參考文獻[17]，經同意刊登。

表11-4　按鈕控制的大小

	正方形的寬度或直徑（W）（毫米）			阻力（R）（牛頓）				位移（D）（毫米）	間隔（S）（毫米）			
									單指		其他	拇指或手掌
	指尖	拇指	手掌	小指	其他	拇指	手掌		單一操作	連續操作		
下限	10/13(註1)	19	25	0.25	0.25	1.1	1.7	3.2/16(註2)	131/25(註3)	6	6	25
建議	—	—	—	—	—	—	—	—	50	13	13	150
上限	19	—	—	15	11.1	16.7	22.2	6.5/20	—	—	—	—

註1：戴手套時。

註2：請參閱**圖11-5**。

註3：請參閱**圖11-5**。

資料來源：參考文獻[17]，經同意刊登。

(二)銘示開關

銘示開關（legend switch）的表面具有文字、數字或圖案標示，適於作為設備狀態的顯示與控制之用，宜設置於以操作員視線為軸的30度錐形空間內[17]。

(三)肘節開關

肘節開關（toggle switch）與按鈕開關功能類似，布萊德雷與華萊斯（R. A. Wallis）發現[18, 19]：

1.開關向下移動時，水平方向的排列反應較快。
2.開關左右移動時，則以垂直方向的排列反應較快。
3.意外啟動的次數遠較按鈕低。
4.控制開關之間的距離低於2.54公分時，應使用肘節開關取代按鈕。

(四)栓狀開關

如一般家用門栓可以左右或上下移動。

(五)旋轉型選擇開關

旋轉型選擇開關（rotary selector switches）的選擇設定位置可多達二十四個，但操作速度較肘節開關或按鈕慢。

(六)連續型控制旋鈕

連續型控制旋鈕（continuous control knob）僅需少許力量即可操作，適用於連續的音量、頻率、電流、電壓等輸入或輸出控制，布萊德雷發現[20]：

1.旋鈕邊緣之間的距離增至2.54公分前，距離愈大，績效愈佳，超過2.54公分後，績效改善較低。

2.如果旋鈕中心點固定不變，直徑愈小，失誤次數愈少。
3.如果旋鈕邊緣之間距離不變時，直徑愈大，失誤機會反而愈小。
4.垂直式旋鈕排列較水平排列佳，因垂直排列時，旋鈕的轉動不會影響到鄰近的旋鈕。

如果控制盤板空間有限時，可考慮將幾個尺寸大小不同但是功能相關的旋鈕疊在一起，形成同軸型旋鈕。

連續型拇指輪（thumb wheel）功能與旋鈕類似，係以拇指操作，輪上刻有凹槽，以增加摩擦力。

(七)曲柄與手輪

曲柄式控制器應用於物件的吊卸或位置的轉換控制，由於執行任務所需的力量較大，必須由設置於輪軸之上的曲柄旋轉多次。

手輪應用於汽車、飛機的方向控制，手輪之上宜具刻痕或鋸齒，以便於手的抓取，如果必須迅速轉動時，可加裝曲柄[17]。

(八)操縱桿

操縱桿可應用於間斷型控制（如汽車排檔控制）、連續型控制（如飛機油量控制桿）或多維移動控制，操縱桿可分為：

1.等長式操縱桿（isometric joystick）：其位置並不移動，控制輸入與所施的力量成正比，又稱施力操縱桿（force joystick）。
2.位移式操縱桿（displacement joystick）：以桿的空間位置、移動方向或速度作為控制輸入[17]。

(九)多功能手控器

系統的複雜程度增加時，控制與操縱的功能和需求也隨之增加。高性能戰鬥機的飛行員為了在激烈的空戰中取勝，除了必須高速俯衝、急

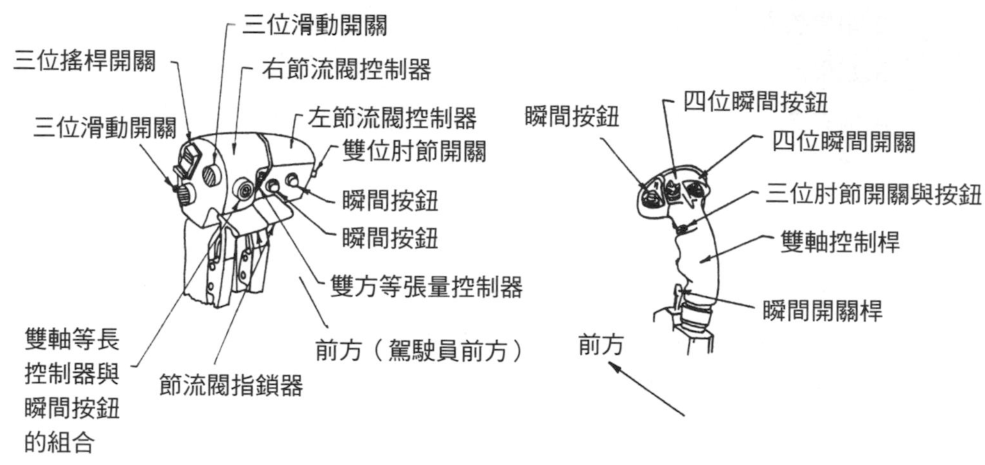

圖11-6　F-18戰鬥機的左、右手操縱的多功能手控器

資料來源：參考文獻[21]，經同意刊登。

速轉彎外，還得連絡、通訊，並適時發射飛彈；因此，必須應用設計複雜的多功能手控器，才可完成任務。**圖11-6**顯示左、右兩手使用的F-18戰鬥機上所配置的多功能手控器，F-18戰鬥機上安裝抬頭顯示裝置（參閱第十章），飛行員操縱控制時，不需目視控制器。

多功能手控器的設計原理與傳統控制器完全不同。傳統的設計原理如功能群組、顯示／控制空間相容性、意外啟動防範等必須重新評估，以因應新的需求。多功能手控器的設計原則[7, 21]為：

1.操作者不需目視控制器，因此控制器的分辨必須依賴觸覺。

2.手在控制過程中與控制器保持接觸。

3.輔助控制器可易於由拇指或其他手指啟動。

11.6.2 腳控器

腳控器的應用範圍遠較手控器狹窄。腳比手遲鈍，反應速度慢，而且難以執行準確度高的調整工作，但是腳能施展出較大的力量，而且可作為手的輔助。腳控器應用於：

1.汽車的油門、剎車與離合器。
2.自行車、縫衣機的踏板。
3.鋼琴踏板。
4.小型起重機的高度控制。

設計腳控器時，必須解決下列兩個問題：

1.施力的大小。
2.速度與準確度。

柔貝克（J. A. Roebuck）等氏認為如果必須使用整個腳的力量時，腳控踏板必須幾乎與座椅等高，如果施力需求較低時，踏板高度可略為降低[33]。

大部分汽車的剎車踏板較油門踏門（加速器）的位置高。如果將剎車踏板的高度降低至油門踏板高度2.5～5.1公分以下時，反應時間會大幅降低[7, 23]。美國德克薩斯州交通研究所（Texas Transportation Institute）發現，由於每個車型的油門與剎車踏板的位置、高度皆大不相同，駕駛不熟悉的汽車時，易於發生失誤。這些失誤可能是由於肌肉的神經脈衝與脊髓的變化程度所引起的。駕駛者通常並不知曉此類失誤；因此，會誤踏油門而非剎車踏板[7]。將油門與剎車踏板的設計標準化、統一化，似乎可以減少此類失誤與意外。

11.6.3 數據輸入裝置

數據輸入裝置（data entry devices）如電話、計算機、大哥大、電腦的鍵盤等的數量，隨著資訊、電腦與通訊工業的快迅成長而大幅增加，它們可分為下列幾種：

1.單鍵單一功能輸入：簡單打字機、計算器。
2.單鍵多功能輸入（和弦式）鍵盤：速記機、郵件分類機、複雜計算器。
3.多鍵多功能輸入：電腦程式與指令運用。

古德氏（J. D. Gould）曾經比較四種輸入方式的優缺點（如**表11-5**）。一般而言，如果每一個鍵僅代表一個文字或數字時，如最簡單的打字機、計算器或電腦鍵盤，愈易於辨識與使用，但是功能有限。如果每一個鍵可代表多種功能時，用途較為廣泛，所需空間也可降低，但必須接受訓練，否則失誤率較高。當指令或功能由多鍵組合而成時，例如電腦文字處理或計算程式應用，使用者必須經過訓練否則易於失誤，其優點為功能及用途廣泛。

(一)和弦式鍵盤

和弦式鍵盤（chord keyboard）較不常見，郵件分類機與速記機皆為此類。每一個數據或資訊的輸入皆需啟動兩個或兩個以上的鍵盤才可啟動。雖然不常使用，且需長期訓練與練習，才可熟用，但是由於輸入量大，績效較佳，因此，速記機較一般打字機的效率高，仍為歐美國家法庭必備工具。

(二)鍵盤的配置

鍵盤可分為文字數字鍵盤（alphanumeric keyboards）與數字鍵盤（numeric keyboards）等兩種。傳統打字機、電腦鍵盤為前者，計算器、按鍵式電話鍵盤為後者。

◆文字數字鍵盤

英文打字機、電腦的輸入鍵盤的配置皆採用標準奎爾特（Qwerty）

表11-5　不同輸入方式的鍵盤優缺點比較

類別	示例	優點	缺點	適用範圍
1.每個鍵僅代表一個功能	•速食店、便利商店收銀機 •IBM個人電腦功能鍵	•易於識別 •易於使用 •功能易於目視	•鍵盤面積需求大 •不易擴充 •不適用於大量數據輸入	•重複性功能使用 •功能特性差異大，不易群組、分解 •工作人員流通率高
2.每個鍵具有少數的功能	•電腦鍵盤 •較複雜的計算器	•可降低鍵數 •不需記憶即可分辨 •功能易於瞭解 •可使用標準鍵盤 •易於增加功能數目	•易於發生失誤 •使用時，往往必須按兩個或兩個以上的鍵 •配置難以最適化 •易於混淆所處的狀態	•功能可以群組，而且易於學習等
3.每個鍵的功能眾多	•圖書檢索系統功能選擇 •經由電話按鍵所控制的指令，例如光碟機遙控器	•電話按鍵盤非常普遍 •可使用價廉、簡單的終端機 •由鍵激發軟體而控制，較硬體的彈性大	•難以學習 •必須熟記指令 •功能無法由鍵盤上看到 •使用抽象符碼語言	•使用者學習態度佳 •不需執行順序性功能時 •功能群組或分解（功能群具組織化結構） •按鍵後會產生視覺回饋時
4.多鍵組合代表眾多功能（功能由指令或變數組合而成）	•電腦指令語言 •電腦為基礎的編輯器 •電腦化文字編輯器	•用途廣、功能佳、彈性大 •易於擴充／修改 •指令與變數的輸入方式相同	•難以學習 •必須熟記指令 •易於失誤 •打字較按鍵速度慢 •未具打字訓練者不易學習	•功能數目眾多（大於50） •指令眾多 •使用者具打字基礎且具中上智力水準 •以打字鍵盤為輸入工具時

資料來源：參考文獻[30]，經同意刊登。

配置（如**圖11-7a**）。此鍵盤是於1868年發明的，1879年得到專利。此鍵盤發明後，即成為標準鍵盤，幾乎所有打字機或電腦鍵盤皆採用此型式。此鍵盤的設計純以防範機械桿的相互干擾為基礎，並未考慮字元的順序與手指的運作是否合宜，因此其配置具有下列缺點[24]：

1.左手的負荷較右手大。
2.許多常用的字母列在第二行（字母的第一行）。
3.手指運作的困難度高。

1936年德瓦瑞克（A. Drorak）等人重新安排字母，發展出一個新的

(a)奎爾特標準鍵盤

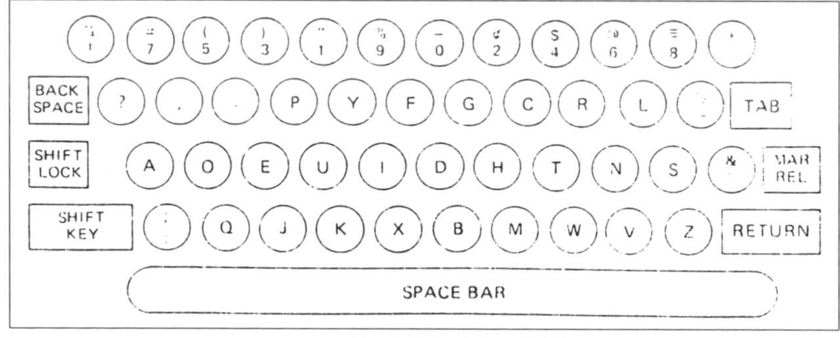

(b)德瓦瑞克改良式鍵盤

圖11-7　傳統奎爾特標準鍵盤與德瓦瑞克改良式鍵盤

資料來源：參考文獻[24]，經同意刊登。

鍵盤（如圖11-7b）。他首先將使用頻率多的字母安排在第三行，較易於敲打，將偶數數字安排於右邊，奇數安排於左上方[24]，由人因工程的觀點而論，新鍵盤遠較舊鍵盤為佳，它的設計將下列幾個重要的因素考慮在內：

1.字母的使用頻率與字元順序。
2.手指力量與反應時間的差異。
3.左、右兩手的負荷。

然而新的鍵盤配置並未產生預期的效果，謹將有關兩者比較之研究結果列出，以供參考：

1.1956年史壯氏（E. P. Strong）重新訓練十個打字員，經過二十八天訓練之後，其打字速度與準確度仍較舊的鍵盤差[25]。
2.1971年唐氏（A. G. Dunn）、麥考萊（R. McCauley）與巴金森（R. Parkinson）等氏，發現兒童與成年的電腦程式設計師使用德瓦瑞克的鍵盤所得的效果較佳[26, 27]。
3.1975年金凱氏（R. Kinkead）比較，奎爾特、德瓦瑞克與另一個以改善打字速度為目的而設計的鍵盤的打字速率，發現使用德瓦瑞克鍵盤所得的速率改善僅2.6%，而使用重新設計的最適化鍵盤的速率改善僅7.6%[28]。

雖然有關德瓦瑞克鍵盤或其他最適化配置是否優於傳統的奎爾特鍵盤的爭議一直存在，但是以實用的觀點而論，這些爭議並不具實際的意義，在這世界上所使用的打字機、文書處理機、電腦鍵盤清一色是奎爾特型設計，而且絕大多數的使用者皆習慣此種配置，它仍將繼續存在，難以取代。

◆數字鍵盤的配置

由0～9的數字的配置雖然千變萬化，但是最常見的為電話與計算器

表11-6　計算器與電話的數字配置

計算器	電話
7 8 9	1 2 3
4 5 6	4 5 6
1 2 3	7 8 9
0	0

資料來源：參考文獻[11]，經同意刊登。

式兩種（如**表11-6**），兩者前後順序恰好相反，簿記、會計或工程人員不需目視，即可熟練地使用計算器，但是使用電話時，由於配置相反，必須注視每一個數字的輸入。一般人比較偏好電話的配置，而且此配置也普遍使用於電視機遙控器與家電產品上。事實上並沒有任何證據可以證明哪一種較佳。康拉德（R. Conrad）與豪爾（A. Hull）二氏曾經測試過兩組家庭主婦，發現電話式配置略優於計算器式配置（8碼輸入次數：7.8／分對7.4／分；失誤率6.4%對8.2%）[31]。戴寧格（R. L. Deininger）氏曾經比較過五種不同的排列配置方式的優劣（如**表11-7**），他並未發現哪一種具特殊優勢，雖然電話式配置的按鍵速度略快一些[32]。

(三)鍵盤設計

奎爾特標準鍵盤具有四個平行排列的文字數字鍵，打字員必須將雙手提高，並且與按鍵平行，始能快速打字。這種不自然的打字姿勢迫

表11-7　五種不同數字配置方式的比較

測試項目	計算器	電話	兩列水平配置	兩行垂直配置	速度計
按鍵時間（秒）	6.0	5.90	6.17	6.12	1.97
失誤率（%）	2.5	2.0	2.3	1.3	3.0
偏好排名	3	2	1	5	4
厭惡排名	2	5	4	1	3

資料來源：參考文獻[32]，經同意刊登。

使前臂與手腕向內旋轉，手的內收，輕者會造成手部的不舒服，重者造成腱與腱鞘的發炎。近三十年來，由於電子式打字機與電腦普遍應用，傳統機械式鍵盤早已落伍，打字按鍵並不需施力，而且在電腦應用中，人機介面交談與相互溝通是不可避免的。資訊輸入者必須不時等待電腦的處理後，才可進行下一步的行動，等待時，輸入者的手與前臂亟需支撐，因此鍵盤的設計亟需改善，以適應新的需求。茲將各種改良設計略述於後：

◆K-鍵盤

K-鍵盤是由克洛謨爾氏（K. H. E. Kroemer）所設計的（如**圖11-8**），鍵盤分為左、右兩個部分，以順應手的自然位置。他量測不同傾斜角度下的失誤率、肌肉張量、肩與手臂的靜電活動程度等，發現左、右兩部分之間的角度在44～66度之間最佳，完全水平或垂直的情況最差。他認為此種設計可以降低手臂與肩的肌肉靜力負荷[29]。

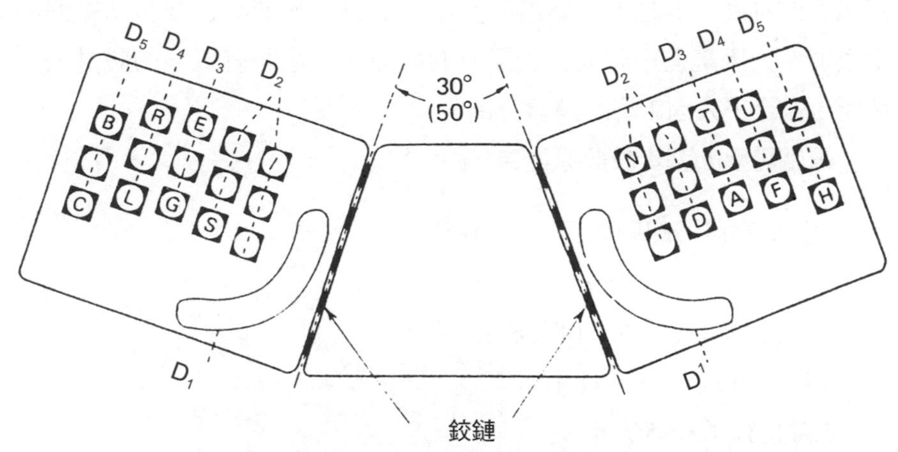

圖11-8 K-鍵盤

資料來源：參考文獻[29]，經同意刊登。

◆改良型分離式鍵盤

格蘭金等氏以一種可調整型的分離式K-鍵盤，針對五十一個受測者，進行喜好測試，發現四十個人偏愛具備下列特徵的分離式鍵盤：

1.左右兩部分的夾角：25度。
2.左右之間距離（G字母與H字母之間）：95毫米。
3.側向傾度：10度。
4.按鍵的設計配合手的形狀。

依據以上的結果，他們發展出一種改良式的K-鍵盤設計，但未能普及。

◆人因工程鍵盤

微軟公司（Microsoft Corp）為了配合視窗95（Windows 95）軟體的發行，於1995年推出人因工程鍵盤（如**圖11-9**），將原有一百零一鍵改為一百零四鍵，增加視窗鍵、應用鍵及滑鼠鍵等功能鍵，以配合人因工程理念的推廣。其他資訊業者如明基、英群、旭麗等鍵盤製造廠商亦紛紛跟進。人因鍵盤一時成為資訊界的寵兒，今後將有更多的設計美觀、炫麗，並合乎人因工學的鍵盤上市。

電腦鍵盤的基本設計原則為：

1.鍵盤高度（超過桌面）：30毫米。
2.傾斜度：5～15毫米。
3.鍵項間距離：17～19毫米。
4.按鍵阻力：0.4～0.8牛頓。
5.鍵位移：3～5毫米。
6.鍵寬度：1.27公分。

(a)正面

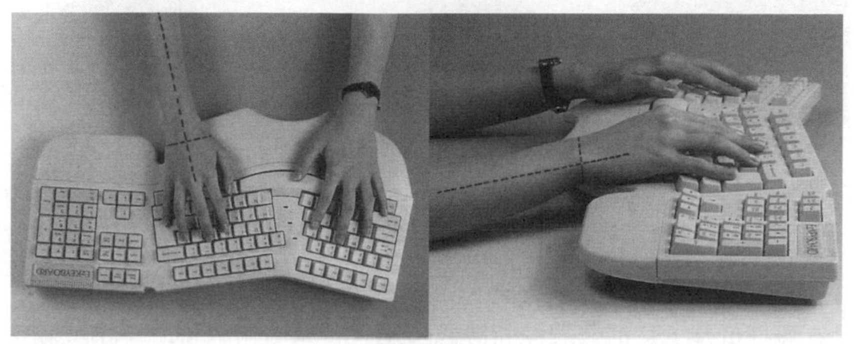

(b)手的姿勢

圖11-9　Zebra視窗95人因鍵盤

資料來源：旭利揚有限公司，經同意刊登。

(四)其他數據輸入裝置

應用於電腦的其他數據輸入裝置為：

1.滑鼠：具隱性滑球與二至三功能鍵，可用於移動電腦顯示螢幕上光點的位置（**圖11-10a**）。

2.軌跡滑球：具顯性滑球與功能鍵，功能與滑鼠相同，由於滑球固定，適用於筆記型電腦（**圖11-10b**）。

3.光筆：可直接在螢幕或特殊設計的數位板上繪圖或書寫。

4.數位板：兼具手寫輸入與打字雙重功能。

5.觸墊：以手指移動方式，取代滑鼠或軌跡球。

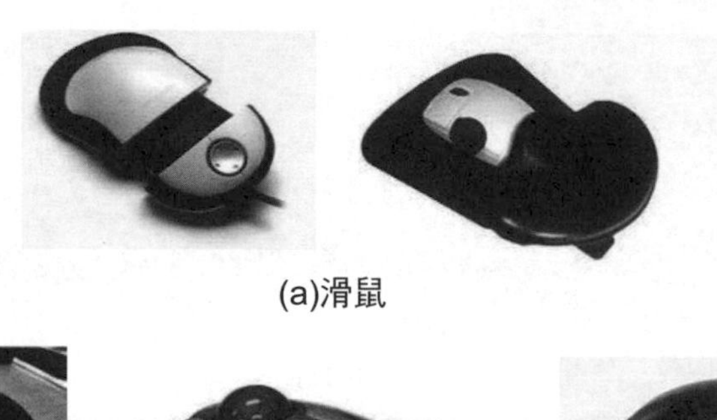

(a)滑鼠

(b)軌跡滑球

圖11-10　滑鼠與軌跡滑球

6.觸控螢幕：又稱為觸控面板或輕觸式螢幕，可以接收手指或膠筆尖等觸頭所輸入的訊號。當觸頭接觸螢幕上的圖形按鈕時，螢幕的觸覺反饋系統可根據內建程式驅動各種連結裝置，以取代機械式的按鈕面板，並藉由顯示畫面製造出生動的影音效果。觸控螢幕大致上可分為：電容、電阻、紅外線與聲波等型式。觸控螢幕的用途非常廣泛，從常見的提款機、PDA，到工業用的觸控電腦、平板電腦（如iPad）與智慧型手機（如iPhone、HTC）等（**圖11-11**）。

這些新興產品使用率愈來愈高，漸可取代傳統鍵盤，**表11-8**列出各種電腦輸入裝置的比較。

11.6.4 非接觸式控制裝置

傳統的控制裝置皆以手或腳執行控制動作，由於科技的進步，語音、眼、頭部的動作亦可控制機械設備，本小節將介紹幾項先進的非接觸式控制裝置。

(a)蘋果iPad與華碩平板電腦

(b)iPhone與宏達電Dream智慧型手機

圖11-11　平板電腦與智慧型手機

(一)語音控制

使用語音控制機械設備一直是人類的夢想，阿里巴巴四十大盜的故事中，即以芝麻開門作為控制符碼。目前，自動化語言辨識技術已發展至應用階段，可用以啟動電腦或相關設備（**圖11-12**）。語音控制對於殘障者是一大福音，殘障者可以應用語音控制系統控制機械手、機械人從事四肢所不能執行的工作，可以與電腦溝通，而不必藉由手的數據輸入。在視覺與手的控制負荷需求過重時，正常人也可應用語音控制，改善工作績效。

表11-8　電腦輸入裝置的比較

裝置	空間需求	指示適合度	數據輸入（文字數字）	圖案輸入	是否易於使用	耐久性	訓練需求程度
1.傳統鍵盤	大	差 速度低 準確度尚可	佳 速度快 準確度高	不適用	尚可	佳	低—高
2.和弦式鍵盤	小	不適用	佳 速度快 準確度高	不適用	差	佳	高
3.滑鼠	中	佳 速度尚可 準確度高	差 速度低 準確度高	佳 速度尚可 準確度高	佳	尚可	低
4.軌跡滑球	小	佳 速度快 準確度高	差 速度差 準確度高	尚可 速度尚可 準確度尚可	尚可	佳	低
5.數位板	大	佳 速度尚可 準確度高	差 速度差 準確度高	佳 速度快 準確度高	尚可	尚可	低
6.控制桿	小	尚可 速度尚可 準確度高	差 速度差 準確度尚可	尚可 速度佳 準確度尚可	尚可	尚可	低
7.手觸螢幕	小–大	尚可 速度快 準確度尚可	尚可 速度尚可 準確度高	差 速度快 準確度差	佳	差	無—低
8.光筆	小	佳 速度快 準確度尚可	尚可 速度尚可 準確度高	佳 速度快 準確度尚可	佳	差	低
9.語音	小	不適用	尚可 速度尚可 準確度尚可	不適用	佳	佳	無—中度

資料來源：參考文獻[27]，經同意刊登。

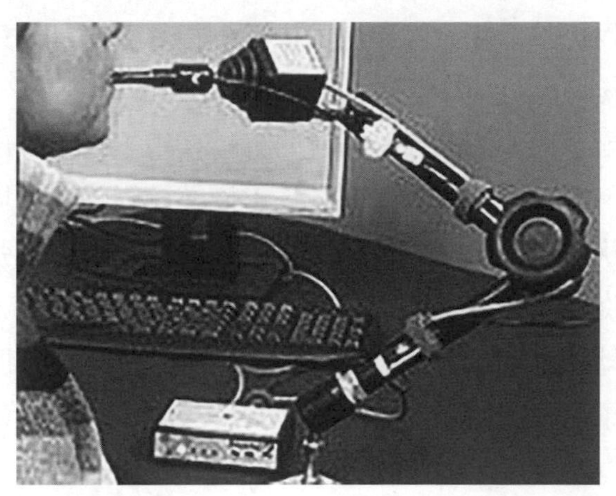

圖11-12 Jouse2——語音控制系統

資料來源：http://www.athomeandbeyond.com/jouse2.html

語音辨識系統（speech recognition system）包括一個語音辨識部分與一個對辨識語音後的反應裝置，依語音辨識的對象不同，可分為：

1.發話者依賴系統（speaker dependent system）：必須提供發話者語音樣本，以便於分辨，此系統較為普遍。

2.發話者獨立系統（speaker independent system）：理論上，可以辨識任何人的語音，然而由於所能處理的字彙有限（小於20），僅限於少數特殊詞句、指令或號碼，而且發話者的口音不宜太重。

語音辨識系統依所辨識字句多寡，可分為單字、詞、句等三種，單字系統較為普遍。每一單字之間僅需停留0.1秒左右，使用詞辨認系統時，字與字之間不需停留，但是語調必須平穩，輸入時語音不得抑揚頓挫，句辨識系統則無任何限制[7]。

目前已發展的語音辨識系統的最主要的問題為準確度尚差，任何語調的改變皆會影響準確度[7]，由於人的情緒、精神會隨著環境、壓力而變化，尤其在緊急時，難以發出平穩、正常的語音。第二個問題為字彙與詞句的辨識數目仍然太少，僅能輸入少數的指令。但是，只要繼續不斷地改進缺點，其前景仍大有可為。

目前，各國致力於開發自有語言的聲控技術，紛紛推出專屬語言的語音辨識軟體。語音辨識技術的問題，不僅在於對噪音環境、不同口音及說話習慣的辨識，而且還必須不斷地改進演算法，以加強準確度與速度。聲控技術從手機應用至家電、車載影音、醫療等面向。有趣的是，中國地區由於地廣人多，各地方言眾多，導致聲控技術發展難度遠較其他各國高。如果發聲者說話帶有鄉音，對情人講一句「我愛妳」可能會變成「噁捱泥」，說不定會造成分手的慘劇。

Apple在2011年推出iPhone 4S，搭載Siri語音秘書系統，讓語音控制技術又成為各家業者競相追逐的技術。儘管Microsoft宣稱在2005年即已推出手機語音控制概念，Google也於2011年推出類似的語音搜索（voice search）服務，但Siri掀起的熱潮仍使Microsoft及Google望塵莫及，原因在於語音控制技術的難度及門檻，並非靠科技研發便能達成，語音識別的工作原理相當繁複（如**圖11-13**），其中牽涉了用語習慣、口音、講話速度等人為因素，必須累積多年經驗與時間，才能建構充足的語音資料庫。

2014年，Google發表了全新聲控功能Voice Actions。除了現有的語音搜尋功能之外，還增加多項聲控指令，讓Android手機的使用者可以用說的直接吩咐你的手機幫你處理大小事宜。例如發E-mail、發簡訊、打電話給朋友、連到某個特定網頁、找到某個地點的地圖、給自己一個備忘錄、聽特定的一首歌曲等。

知名防毒軟體公司AVG工程師實際操作後發現，目前部分聲控系統，無法辨別假冒與真實使用者的聲音，顯示聲控技術仍缺乏一定的保護機制[36]。一旦讓歹徒有機可趁，便可能植入惡意軟體。除此之外，包括蘋果（Apple）與使用安卓（Android）的智慧型手機，也同樣易受駭客攻擊。他表示，自己曾在一次試驗中，以合成的聲音成功進入一支安

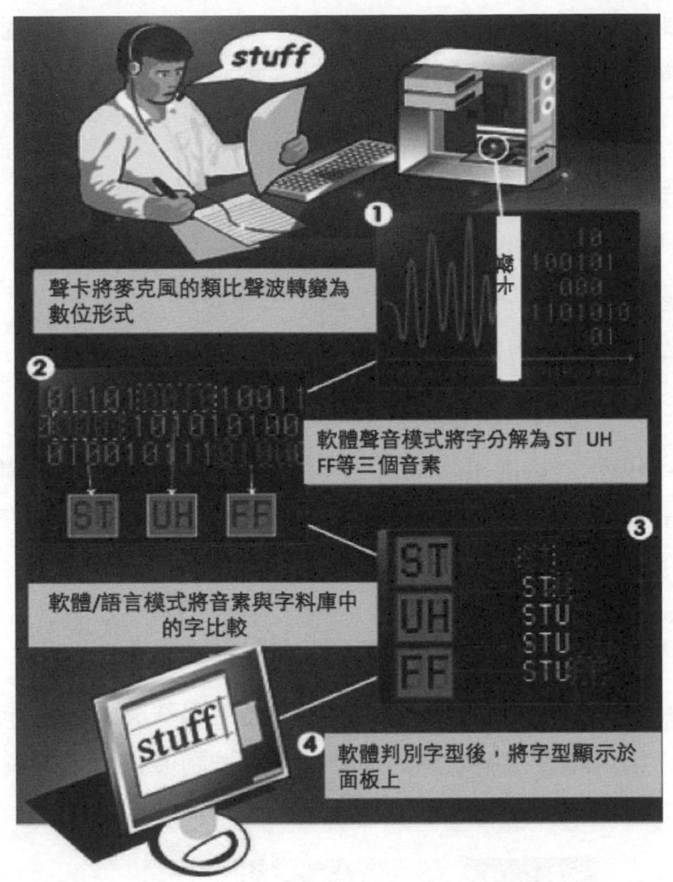

圖11-13　語音識別的工作原理

資料來源：參考文獻[35]，經同意刊登。

卓智慧型手機，並發送了一封某公司已倒閉的假簡訊給通訊錄上的每個人。在未來，隨著更多家庭跟辦公室會使用具聲控功能的裝置，這些裝置受到駭客攻擊的機會也會因此提高[36]。

(二)遙控操作裝置

使用遙控操作裝置（teleoperators），有如將人的四肢伸展到遙不可及的環境之中，例如太空、深海或輻射性高的場所，它的範圍很廣，由複雜的機械手至簡單的取物夾等，設計遙控操作裝置時，必須考慮下列因素[7]：

1.決定哪些控制動作由人操作，哪些工作由機械操縱。
2.控制位置與所控制的機械部分之間的空間對稱關係。
3.必須具備足夠的視覺與其他感覺的回饋裝置。
4.遙控操作裝置的移動動力學宜與使用者的控制移動動力學相互配合。

圖11-14顯示美國海軍陸戰隊士兵在爆破前，調整一輛瞬間電爆炸器（Instantaneous Electrical Detonator, IED），此裝置可在遙控下自行移動到指定場所執行任務。

(三)眼／頭動控制

眼睛或頭部的移動亦可用於控制，將監視眼珠與頭部動作的設備裝置於頭上，則可隨著眼睛或頭的移動，啟動控制裝置，以追蹤目標。此

圖11-14　美國海軍陸戰隊使用的瞬間電爆炸器

資料來源：Wikipedia, Teleoperation, http://en.wikipedia.org/wiki/Teleoperation

類裝置可協助殘障者達到控制的目的，例如電腦資訊的輸入。由於人的頭部遠較手遲鈍，反應速度亦慢，因此僅局限於移動時間與績效關聯不大的用途上。

(四)非接觸式控制

過去十年間，人機互動技術發生顯著的變化，高精確度、低功耗電容式觸控螢幕，已成功的應用於在手機上。紅外線近距離感測器則是下一代非接觸式手勢識別的操作介面。它不僅體積更小、功耗更低，且可驅動多個紅外線發光二極體（LED），以實現先進多維手勢感測功能。

傳統的紅外線近距離感測系統是由光電偵測器與光遮斷器所組成，其回饋反應來自於移動或中斷而觸發，廣泛應用於自動門控制和廁所的沖洗系統；然而，它們的應用範圍卻由於感測器尺寸、能量耗損大與可配置性等因素所限制。

先進的紅外線感測器具有多個高靈敏度光電二極體與一個高精確度類比數位轉換器（ADC），僅需更少的時間（25.6毫秒）打開紅外線LED，可測量與補償周圍環境中的紅外線強度，以達更佳的識別度。**圖11-15**是一個非接觸式應用範例，它包括近距離感測器與電容式觸控感應MCU[37, 38]。

近場通訊（Near Field Communication, NFC）又稱近距離無線通訊，是一種短距離的高頻無線通訊技術，允許電子裝置之間進行非接觸式點對點資料傳輸，在10公分（3.9英寸）內交換資料。此技術是由恩智浦半導體、諾基亞與索尼等公司共同研發，其基礎為非接觸式射頻識別（RFID）及互連技術。由於操作容易、快速，已普遍應用於智慧型手機、平板電腦與其他消費電子產品， 無論是「智慧海報」、地點打卡標記、朋友的平板電腦、購票付款，皆可以安全流暢地與行動裝置互動[39, 40]（**圖11-16**）。

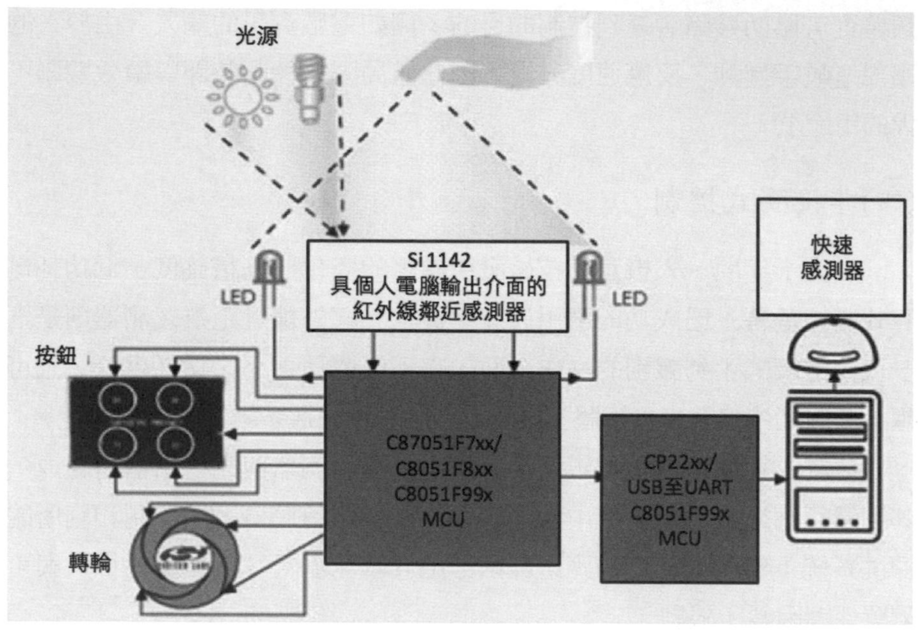

圖11-15　近接感測器和觸控感應MCU的非接觸式人機介面應用

資料來源：參考文獻[37]，經同意刊登。

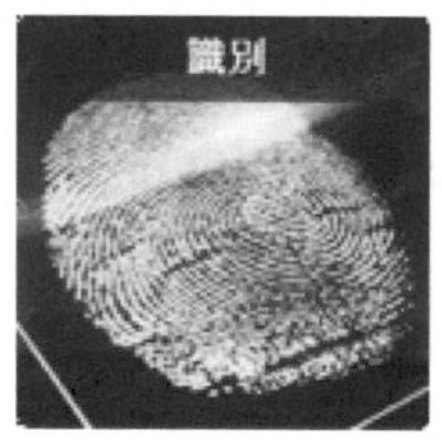

圖11-16　近場通訊應用

資料來源：參考文獻[40]，經同意刊登。

參考文獻

1.R. W. Bailey, *Human Performance Engineering,* Chapter 12, Prentice Hall, Englewood Cliffs, N.J., USA, 1989.

2.D. J. Osborne, *Ergonomics at Work,* Chapter 6, John Wiley and Sons, New York, USA, 1982.

3.W. E. Woodson and D. W. Conover, *Human Engineering Guide for Equipment Designers,* 2nd Ed., pp. 6-32. U. C. Press, Berkely, CA, 1970.

4.R. D. Huchingson, *New Horizons for Human Factors in Design,* Chapter 5 & Chapter 14, McGraw-Hill, New York, USA, 1981.

5.B. H. Kantowitz and R. D. Sorkin, *Human Factors: Understanding People-System Relationships,* Chapter 10, John Wiley & Sons, New York, USA, 1983.

6.W. B. Knowles and T. B. Sheridan, The "Feel" of rotary controls: Friction and inertia, *Human Factors, 8*, pp. 209-216, 1966.

7.R. W. Proctor and T. Van Zandt, *Human Factors in Simple and Complex Systems,* Allyn and Bacon, Boston, USA, 1994.

8.D. Howland and M. E. Noble, The effect of physical constants of a control on track performance, *J. Exp. Psychology, 46*, pp. 353-360, 1953.

9.W. L. Jenkins and M. B. Connors, Some design factors in making setting on a linear scale, *J. Applied Psychology, Vol. 33*, p. 395, 1949.

10.J. A. Adams, Human factors behavior, *Psychological Bulletin, 58*, pp. 55-59, 1961.

11.A. Chapanis and R. G. Kinkade, Design of controls, In H. P. Van Cott and R. G. Kinkade (editors), *Human Eng. Guide to Equipment Design*, pp. 345-379, US Government Printing Office, Washington, D. C., USA, 1972.

12.D. P. Hunt, The Coding of aircraft controls, *Report No. 53-221*, Wright Air Development Center, Wright-Patterson Air Force Base, OH., USA, 1953.

13.J. V. Bradley, Tactual coding of cylindrical knobs, *Human Factors, 9*, pp. 482-496, 1967.

14.W. O. Jenkins, Investigation of shape for use in coding aircraft control knobs, *Air Materiel Command Memorandum Report No. TSEAA-694-4*, US Air Force, Dayton,

Ohio, USA, 1946.

15.P. M. Fitts and C. W. Crannell, Studies in location discrimination, Wright Air Force Development Center, *Technical Report*, Wright-Patterson Air Force Base, US Air Force, OH, USA, 1953.

16.US Air Force, AFSC DH1-3, DN2D, *Design of Controls,* Air Force System Command, January, 1977.

17.K. Kroemer, H. Kroemer and K. Kroemer-Elbert, *Ergonomics: How to Design for Ease & Efficiency,* Prentice Hall, Englewood Cliffs, N. J., USA, 1994.

18.J. V. Bradley and R. A. Wallis, Spacing of on-off controls 1: Push buttons, *WADC-TR 58-2,* Wright-Patterson AFB, Ohio, USA, 1958.

19.J. V. Bradley and R. A. Wallis, Spacing of toggle-switch on-off controls, *Eng. psychology and Industrial psychology, 2*, pp. 8-19, 1960.

20.J. V. Bradley, Optimum knob crowding, *Human Factors, 11*, pp. 227-238, 1969.

21.W. Wierwille, The design and location of controls: A brief review and introduction to new problems, In H. Schmidtke (editor), *Ergonomic Data for Equipment Design*, pp. 179-194, Plenum, N. Y., USA, 1984.

22.C. G. Drury, Application of Fitts' law to foot-pedal design, *Human Factors, 17*, pp. 368-373, 1975.

23.K. H. Z. Kroemer, Foot operation of controls, *Ergonomics, 14*, pp. 333-361, 1971.

24.A. Drorak, N. Marrick, W. Dealey, G. Ford, *Typewriting Behavior: Psychology Applied to Teaching and Learning Typewriter,* American Book Co., N. Y., USA, 1936.

25.E. P. Strong, *A Comparative Experiment in Simplified Keyboard Retraining and Standard Keyboard Supplementary Training,* General Services Administration, Washington, D. C., 1956.

26.A. G. Dunn, Engineering the typewriter from a human factors viewpoint, *Computer and Automation,* pp. 32-33, Feb., 1971.

27.R. McCauley, R. Parkinson, The new popularity of the Dvorak simplified keyboard, *Computer and Automation,* pp. 31-32, Feb., 1971.

28.R. Kinkead, Typing speed, keying rates and optimal keyboard layout, *Proceedings of the Human Factors Society*. Dallas, Texas, USA, Oct. 14-16, 1975.

29.K. H. E. Kroemer, Human engineering the keyboard, *Human Factors*, London, UK,

1979.

30.J. D. Gould, Man-Computer interfaces for information systems, Lecture to Human Engineering Short Course, Univ. of Michigan, 1979.

31.R. Conrad and A. Hull, The preferred layout for numeric data-entry keysets, *Ergonomics*, *11*, pp. 165-173, 1968.

32.R. L. Deininger, Human factors engineering studies on the design and use of pushbutton telephone sets. *Bell system Technical Journal*, *39*, pp. 995-1012, 1960.

33.J. A. Roebuck, K. H. E. Kroemer and W. G. Thomson, *Engineering Anthropometric Methods*, John Wiley & Sons, N.Y., USA, 1975.

34.S. Glass and G. Suggs, Optimization of vehicle-brake food pedal travel time, *Applied Ergonomics, 8*, pp. 215-218, 1977.

35.張瑋容（2012）。〈蘋果微軟谷歌三強戰聲控 九大車廠擁護Siri最具贏面〉。《北美製權報》，9月03日。

36.莊瑞萌（2014）。〈聲控技術 尚無法辨認真假〉。《台灣醒報》，10月2日。

37.Ahsan Javed（2011）。〈非接觸式手勢識別引領風潮　多軸紅外線近接感測當道〉。新電子。http://www.mem.com.tw/article_content.asp?sn=1105270005

38.Ahsan Javed (2011), New Proximity Sensors for Touchless Interfaces, EDN Network.

39.維基百科（2015）。〈近場通訊〉。http://zh.wikipedia.org/wiki/%E8%BF%91%E5%A0%B4%E9%80%9A%E8%A8%8A

40.恩智浦半導體（2015）。〈NFC無所不在〉。http://www.tw.nxp.com

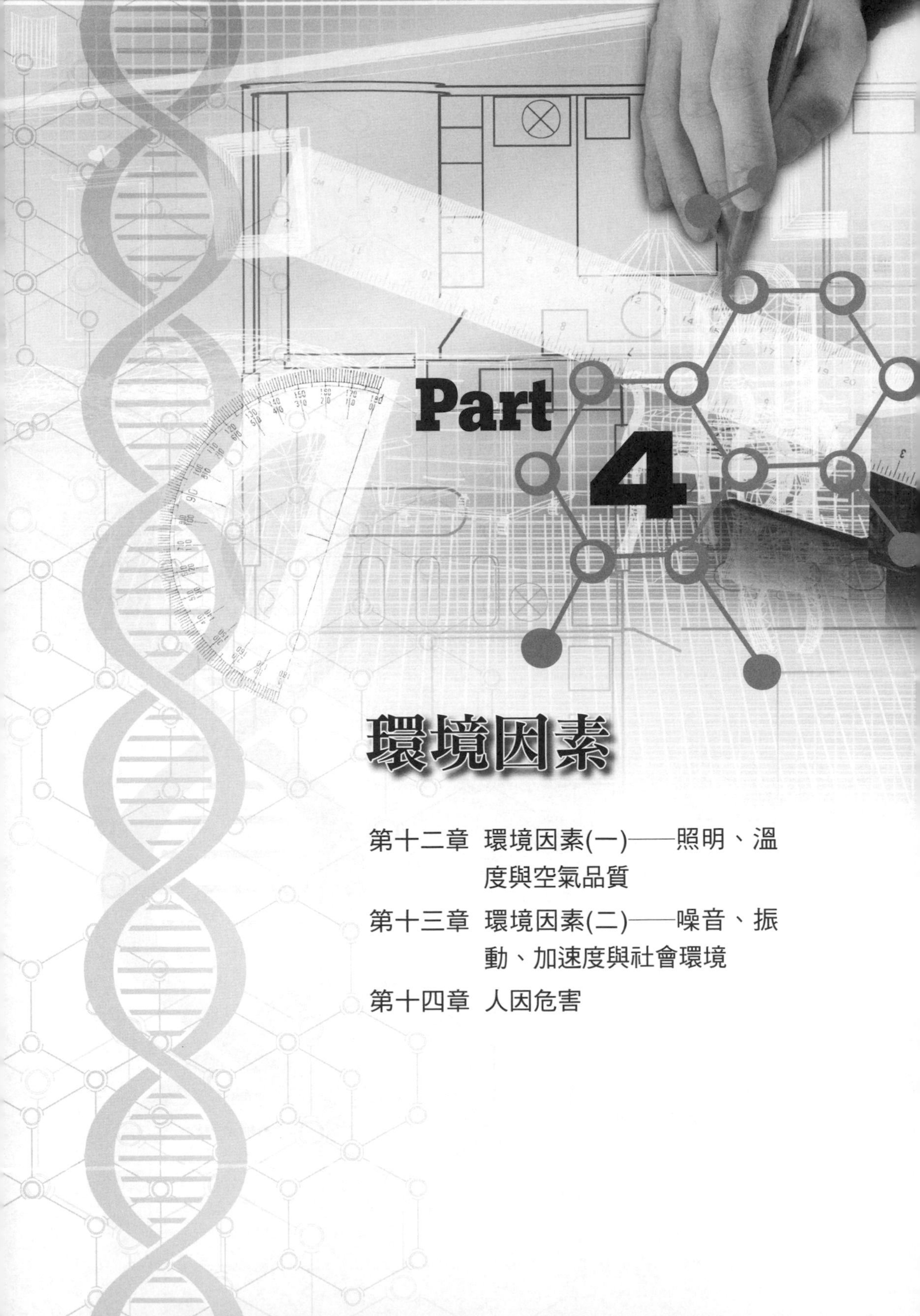

Part 4

環境因素

環境因素(一)——照明、溫度與空氣品質

12.1 前言

工作環境的舒適與否直接影響人的工作表現。環境因素所造成的效應在工作空間設計時並不明顯；然而，當所設計的工作空間使用後卻直接反映於工作績效上。與其在環境因素所造成的效應發生後，局部解決問題，不如在設計工作空間時，考慮光、噪音、震動、溫度等因素，以提供一個舒適、合理的工作環境，同時亦可降低不良環境因素對員工所造成的生理與心理的壓力與損害。**表12-1**顯示一些足以降低工作績效的環境條件，以供參考。

環境設計的目標在於提供一個適當、安全的工作環境，不僅足以維持員工的工作績效，而且可將工作環境對員工心理與生理的損害降至最低。

表12-1　足以降低工作表現的環境條件

環境因素	條件	工作任務	影響程度
熱（溫度）	空氣溫度27度	製造針織衣物 閱讀 彈藥製造	生產力降低 速度與理解程度降低 意外事故增加
冷（溫度）	空氣溫度13度	競走 彈藥製造	降低到達目標時間 意外事故增加
光線昏暗	7～10呎—燭光（fc）	閱讀7號英文字體書報 閱讀6號英文字體斜字	速度降低 同上
炫光		檢驗彈匣箱	速度降低
噪音	100分貝	分辨五種不同亮度的訊號 將底片由機器中穿過	錯誤增加 破損率與修機時間增加
噪音—間歇性	95分貝1秒鐘 65～95分貝之間不等	分辨卡片的不同 記錄數字	失誤增加 工作速度變異度上升
噪音—語音交談的干擾	70分貝（600～4,800Hz）	3呎（0.9公尺）之外交談與打電話	理解降低

資料來源：參考文獻[1]，經同意刊登。

12.2 照明

照明是影響人的心理與生理狀況最顯著的環境因素。選擇照明條件時，宜考慮下列四個基本因素[2]：

1.照明水準對作業績效的影響。
2.執行任務的速度與準確度。
3.工作者的舒適程度。
4.對環境亮度品質的主觀印象。

良好照明為在最低廉的成本下，提供最佳視覺條件的照明。

12.2.1 基本術語與單位

(一)光強度

單位立體角所放射出的光通量（luminous flux），單位為燭光（candela），代號為cd。早期即以一支蠟燭所放射出的光強度為1燭光能量（Candle Power, CP），目前已標準化。1燭光為黑體輻射體（black body radiator）在鉑的固化溫度（2,047° k）時，1/600,000平方公尺照射面積上的光強度（light intensity）。

(二)光通量

光源所放射出的光能量速率，單位為流明（lumen），代號為lm。1流明為一個1燭光光源通過距離1呎外的面積為1平方呎的表面上光量。

(三)照度

照度（illuminance）為一個物體表面上所接受照射的光量，單位為lux（lx）。照度與光源強度的關係，可由下列反比平方定律（Inverse

Square Law）求出：

照度（lx）＝光強度（cd）／距離（m^2）　[12-1]

強度為1燭光的光源照射至1公尺之外的表面，可產生1 lx照度，2公尺之外，產生0.25 lx照度。照度的英制單位為呎、燭光，代號為fc，其定義為強度為1燭光的光源照射至1呎外的照度。1fc，等於10.76 lx（或1 lx＝0.0929 ft.cd）。人的眼睛可以適應照度，由僅有幾個lx的暗房至100,000 lx的艷陽之下，白天的照明水準在2,000～100,000 lx之間，夜晚的正常照度約50～500 lx。

(四)亮度

表面的光亮程度，也就是表面經照射後所反射的光量，單位為平方米燭光（candela per square meter或cd/m^2）。亮度（luminance）與照射強度、反射比（reflectance）有關。如果反射表面為一個完全反射體時，此表面的亮度為1/π lx（或1/π cd/m^2）：

亮度（cd/m^2）＝照度（lx）/π ‧反射比　[12-2]

其他亮度單位為footlambert，lambert、millilambert或nit，它們與平方米燭光的關係為：

1 footlambert（FL）＝1/π（cd/ft^2）＝3.4246 cd/m^2；
1 lambert（L）＝1/π cd/cm^2＝3183 cd/m^2；
1 millilambert（mL）＝3.183 cd/m^2；
1 nit＝1 cd/m^2。

一些環境中常見的亮度列於**表12-2**中。

如公式[12-2]所示，反射比為反射光與入射光強度的比例，係以百分數表示。**表12-2**中，照度為300lx，桌上白紙的反射比為42～63%（40π/300～60π/300）之間。

表12-2 環境中一些普通表面亮度

表面	亮度（cd/m^2）	表面	亮度（cd/m^2）
1.照度為300 lx		2.標準燭光下，0.3公尺以外的白紙	3～4
•日光燈	10,000		
•窗表面	1,000～4,000	3.月光下雪地	0.07
•桌上白紙	70～80	4.滿月時地表面	0.007
•桌面	40～60	5.星光下的雪地	0.0004
•顯示器（VDT）光亮表面	70	6.星光下草地	0.0001
•顯示器（VDT）暗表面	4		
•螢幕背景	5～15		

資料來源：參考文獻[3, 4]，經同意刊登。

(五)明視對比

物體與背景亮度的對比直接影響物體的偵測與識別。明視對比（luminance contrast）可以用下列公式表示：

對比百分數＝100×（Lb－Ld）/ Lb [12-3]

公式[12-3]中，Lb為兩個對比區域中較明亮的物體亮度，Ld為較昏暗的物體（或區域）亮度。

(六)明視比

明視比（luminance ratio）為工作區域的亮度對周圍區域的亮度的比例。

(七)直接與間接照明

間接照明係指光線直接由光源照射至桌面或工作檯表面的照明方式，例如將電燈置於天花板上，直接向下照射。直接照明可將90%以上的光線，以角錐方式投射至目標物之上，並且會產生明顯的陰影與炫光（glare）。間接照明為光線由光源向屋頂與牆壁照射，然後經反射後折回屋內。間接照明所產生的光線為擴散光，不會產生陰影，光線的分配比較平均，在傳統的辦公室內，不會產生炫光，但是如有影像顯示器（VDT）存在時，白色的天花板與牆壁反射的光線會在顯示器上產生炫光。

最普遍使用的照明方式為，直接與間接照明的組合。燈具具有半透明的陰影，可將40～50%的光線散射至天花板與牆壁，而將其餘的光線向下照射。此種組合方式的照明僅在物體尖銳的邊角造成淡淡的陰影，整個房間內光線的分配較為平均。

12.2.2 光源與燈

太陽是地球最主要的天然光源，它提供地球上維持生物生存的光與熱能。太陽光雖取之不盡，用之不竭，但是受天氣、季節、時段的不同，無法隨人的意志而隨時取用。燃燒所產生的火光是先民夜晚的基本照明來源，後來，隨著蠟燭、油料的發現，燭光、油燈逐漸取代火把。電的發現與電燈發明後，對於陽光的依賴性大為降低。現代化的辦公大樓中，除了少數邊角的辦公室外，幾乎大部分的工作空間皆依賴電燈提供照明所需的光源。

燈可分為兩個主要類別：白熾燈絲燈（incandescent filament lamps）與氣體放電燈（gas discharge lamps）。白熾燈絲燈又稱為電燈絲燈（electric filament lamps），即一般家庭所用的電燈，愛迪生發明的電燈即為此型。燈泡中有一鎢製細燈絲，當電流通過後，會發出熱光。白熾燈絲燈所放射出的光線中，以黃、紅色較多，燈的陰影部分溫度高達60°C。氣體放電燈的燈管中充滿了特殊氣體，電流通過時，在兩極之間放電而產生光。由於光並非熱光，燈管外的溫度較低。氣體放電燈又可分為日光燈、鈉氣燈與高強度放電燈（high-intensity discharge lamps, HID）等三種。

日光燈又稱螢光燈（fluorescent lamps），是最普遍應用的燈源，燈管內含有水銀、氬或氖的蒸氣，燈管內管壁塗以螢光物，可將氣體放電後所產生的紫外光轉換為可見光。日光燈的優點為：

1.光輸出量高，壽命較長。
2.與太陽光較為類似，感覺較為舒適。
3.經過適當屏遮後，可達較低亮度。
4.電轉換效率較高。

高強度放電燈包括水銀燈、金屬鹵素燈等，遠較日光燈與一般電燈的能源效率高，具節能功能。然而，此種燈具不僅價格昂貴，而且色彩表現能力較差。由**圖12-1**可知，電燈絲燈與日光燈所放出的光線在不同

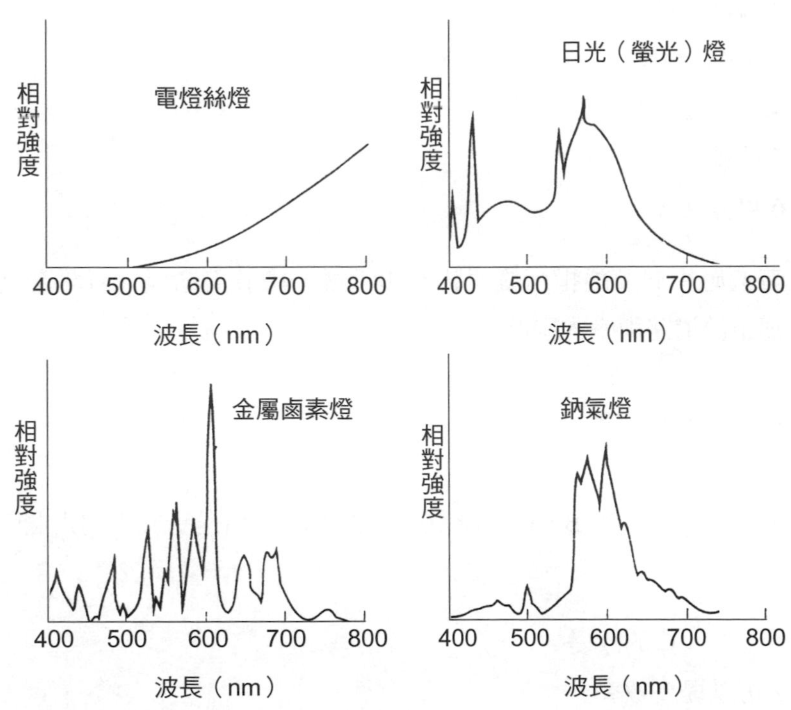

圖12-1　電燈絲燈、日光燈、金屬鹵素燈與鈉氣燈的光譜

資料來源：參考文獻[7]，經同意刊登。

波長下的強度較為平穩，而金屬鹵素燈與鈉氣燈所放出的光線在某些特定波長較為突出，因此會造成視覺上色彩的偏差。

其他特殊燈包括光纖與發光二極體（Light Emitting Diode, LED）等。光纖是由玻璃或壓克力纖維所製成，使用體型小、光度強的低伏石英鹵素燈泡或複金屬燈泡為光源，可滿足近距離且無高溫的小型光線需求。

發光二極體是由III-V族元素化合物所製成，具有兩個電極端子半導體元件。在端子間施加電壓並通入極小的電流，即可發出亮光。由於它屬於冷性發光，具有下列優點：

1.耗電量低（僅為白熾燈泡的10%）。
2.壽命長（十萬小時以上）。
3.不須暖燈時間。
4.反應速度快（僅10^{-9}秒）。
5.體積小。
6.可靠度。

普遍應用於交通指示燈與狀態顯示燈。由於壽命長、耗電量低，已逐漸應用於道路與室內照明。

12.2.3 照明水準

伯艾斯氏（P. R. Boyce）認為照明水準的提高是基於下列幾個因素所致[16]：

1.工作性質的改變。
2.可以提高效率。
3.一般人直覺上認為照度直接影響效率與舒適度。

北美照明工程學會（Illuminating Engineering Society of North

America）所推薦的照度分類與照明水準如**表12-3**所示；其中包括三個主要部分，第一部分為工作活動的分類與所需照明水準範圍，第二與第三部分則提供執行特殊任務所需的標準。每一類中的低、中、高值的照明水準的選擇與工作人員的年齡、工作執行速率與準確度、背景的反射比

表12-3　北美照明工程學會所推薦的照度分類與照明水準

Ⅰ.室內工作照度分類與照明水準			
照度類別　活動型態	照明水準範圍		參考工作平面
	lux	呎燭光（fc）	
A 周圍黑暗的公共空間	20-30-50	2-3-5	
B 短暫造訪的方位辨識	50-75-100	5-7，5-10	一般照明
C 偶爾需要視覺作業的工作場所	100-150-200	10-15-20	
D 執行強烈對比或大型組件的工作	200-300-500	20-30-50	
E 執行中度對比或小型組件的工作	500-750-1,000	50-70-100	工作檯的照明
F 執行低對比或極小型組件的工作	1,000-1,500-2,000	100-150-200	
G 低對比、極小型組件的工作	2,000-3,000-5,000	200-300-500	工作檯前照明；一般與局部照明
H 長時間執行精確視覺作業	5,000-7,500-10,000	500-750-1,000	
I 執行非常特殊的極小對比與小型組件的視覺工作	10,000-15,000-20,000	1,000-1,500-2,000	

Ⅱ.商業、機關、住宅與公共聚集場所的內部			
區域／活動	照度類別	區域／活動	照度類別
1.禮堂	C	4.俱樂部	
(1)聚集區		閱讀與社交區	D
(2)社交活動			
		5.會議室	
2.銀行		交談（必須明視地區）	D
(1)大廳	B		
•一般	C	6.法院	
•書寫區	D	(1)座位區	C
(2)作業員站	B	(2)司法活動區	E
3.理髮店與美容院	E	7.舞廳	B

（續）表12-3　北美照明工程學會所推薦的照度分類與照明水準

III. 商業、機關、住宅與公共聚集場所的內部			
區域／活動	照度類別	區域／活動	照度類別
1.飛機製造工廠		6.書籍裝訂	
(1)簡單	D	(1)組合、黏合、摺疊	D
(2)中度困難	E	(2)切割、打孔、縫合	E
(3)困難	F	(3)檢視	F
(4)非常困難	G		
(5)精密	H	7.釀酒廠	
		(1)釀酒	D
2.麵包店焙烤區		(2)蒸煮	D
(1)混合區	D	(31)裝填	D
(2)架面	D		
(3)混合皿內部	D	8.糖果製造	
		(1)盒裝	D
3.發酵室	D	(2)巧克力部門	
		•洗濯、去殼、脂肪萃取	D
4.焙餐室		•分類、包裝	D
(1)蛋糕製作		•碾碎	E
•手工	E	(3)奶精製造	D
•機械	D	(4)手工裝飾	D
(2)其他地區	D	(5)硬糖果混合、煮、成型	D
5.其他	D		

資料來源：參考文獻[5]，經同意刊登。

有關。

北美照明工程學會所推薦的照明水準數值遠高於歐洲標準（如**表12-4**），年齡愈大，所需的照明水準愈高。**表12-5**顯示不同年齡如欲達到相同視覺效果所需的明視對比的比較。如果以二十至二十五歲所需明視對比為1時，六十五歲的人則需2.66倍的對比。

表12-4　北美照明工程學會推薦的美國標準與部分德國標準的比較

任務或狀況	美國標準（IES）（lx）	德國標準（DIN）（lx）
1.裝配工廠		
粗糙易見	320	250
粗糙難以看見	540	–
中度粗細	1,100	–
微細	5,400	1,000
極微細	10,800	1,500
2.機械工場		
粗重車床工作	540	250
中度粗細工作	1,100	
細工	5,400	1,000
極細工作	10,800	1,500
3.儲藏室與倉庫		
（無人工作狀況下）	54	
4.辦公室		
繪圖、設計	2,200	1,000
會計、簿記工作	1,600	500

資料來源：參考文獻[3]，經同意刊登。

表12-5　不同年齡所需的明視對比

年齡	明視對比
20～25歲	1.0
30～40歲	1.10
40歲	1.17
50歲	1.58
65歲	2.66
70歲	3.50

資料來源：參考文獻[8]，經同意刊登。

12.2.4 照明水準與工作績效

照明水準與工作績效的關係，一直是人因工程學者最有興趣的題目之一。改善一個昏暗的工作環境的照明，雖然馬上可以收到立竿見影的效果，但是持續提高照明水準，是否仍能提高生產力則難以確定。對於精密的工作而言，照明狀況愈佳，工作人員愈易於看清楚物體、元件的精細部分，效率自然提高。對於較大型的物件或明視對比較大的工作的影響卻低，照明水準的提高並未提高工作績效。

人的視銳度隨著年齡的增加而大幅降低，照明水準與明視對比對於年長工作人員特別重要。光線的明暗會影響人的心理狀態，可加強人的主觀意識。**表12-6**顯示利用不同照明方式可以加強人對於環境的感覺，例如在休息時，不妨將燈光的強度調低，將牆壁四周的燈光打開，情人喜歡在柔和的燈光下聊天、談心等。

表12-7列出北美照明工程學會（IES）所推薦的最高明視比的限制。

12.2.5 照明設計

工作場所的照明設計包括光源設計與布置、表面反射、降低炫光方法，與執行任務所需照明水準等。

表12-6　照明對人的主觀印象的加強

主觀印象	照明加強方式
1.視覺清晰	明亮—均勻 加強周邊照明，例如應用反射比高的牆板或牆燈
2.空曠	均勻的周邊照明（牆） 明亮可加強效果，但並非決定性因素
3.鬆弛	不均勻的照明方式 加強周邊（牆）而非頭頂上的照明
4.隱私或親密	不平均的照明方式 使用者附近區域光強度較低，遠處強度高 周邊（牆）照明可以加強效果，但並非決定性
5.歡愉	不均勻的照明方式 加強周邊（牆）的照明

資料來源：參考文獻[12]，經同意刊登。

表12-7　辦公室與工廠的最高明視比

地區	最高明視比例	
	辦公室	工廠
工作場所與附近區域	3：1	
工作場所與附近較暗區域		3：1
工作場所與附近較明亮區域		1：3
工作場所與遠方較暗區域	5：1	10：1
工作場所與遠方較明亮區域	1：5	1：10
光亮物體、窗戶與表面		
• 周圍		20：1
• 在一般可視及範圍		40：1

資料來源：參考文獻[5]，經同意刊登。

(一)天然光

設計照明系統時，千萬不可疏忽由窗或天窗入射的日光。妥善採用自然光，不僅可節約能源，還可予人舒適的感覺。窗的大小、位置與玻璃的鑲嵌也必須考慮，以免光線直接射至主要工作表面。桌面、檯面，工作人員避免面對窗戶，以降低明視比。其他如使用低透光與低導熱玻璃窗、使用可調整型百葉窗簾、擴散玻璃，亦可降低天然光所造成的亮度[8]。

(二)人工燈具

直接照明較間接照明節省能源，但會產生炫光、陰影與明顯的光度對比；因此，辦公與工業場所多採取間接照明或直、間接調和方式。日光燈所產生的熱、炫光較電燈絲燈少，光線較為擴散，普遍為辦公與工業場所使用。

辦公室內，日光燈整齊地排列於天花板上，每個燈具含二至四支燈管，燈具與燈具之間的距離相等；工廠中日光燈具則懸掛於天花板之下，燈具之間的距離約略等於燈具距天花板的距離。如果天花板或屋頂太高時，則可減少燈具之間距離至五分之三燈具至天花板的距離，或使用電燈或水銀燈輔助照明效果。

天花板與牆壁的顏色宜為淡色，以增加亮度並降低亮度對比。工作場所如有微量可燃性氣體的存在時，必須使用防爆燈管。

燈具安排的基本原則如下[3]：

1.燈具不應出現在執行任務中工作人員的視場之內。

2.所有的燈具宜安置陰影或炫光屏遮裝置，以避免光源亮度超過200平方米燭光（cd/m^2）。

3.光源至眼睛與平面所產生的角度應大於30度，如果無法改善時，燈光必須適當遮蔽。

4.螢光燈管排列的方向宜與視線形成直角。

5.螢光燈具應如**圖12-2a**所顯示，部分光線經天花板反射，部分直接通過半透明屏障向下照射。螢光燈具之間可加裝普通電燈，所產生的略具黃色的光線，可以調和螢光燈所放出「青白色」或「慘白

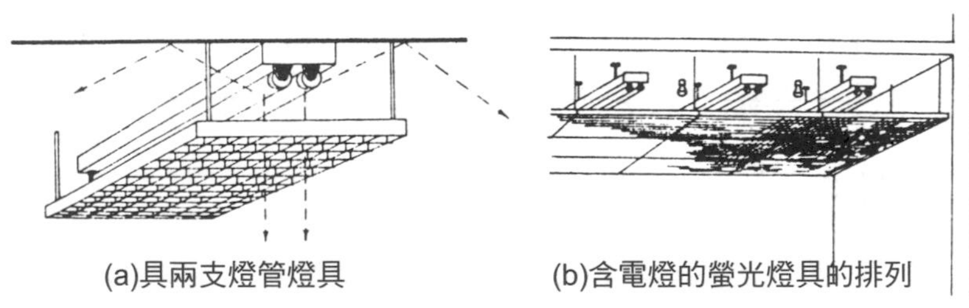

(a)具兩支燈管燈具　(b)含電燈的螢光燈具的排列

(c)燈具嵌入天花板的排列（此種方式會造成天花板的陰暗）

圖12-2　日（螢）光燈具的裝置與排列

資料來源：參考文獻[9]，經同意刊登。

色」光，可略增溫馨的感覺（如**圖12-2b**），避免將含數支燈管的燈具直接嵌入天花板中，不僅會造成天花板的陰暗，而且所產生的分配效果不佳（如**圖12-2c**）。

6.盡可能以較多個低功率的燈具，取代較少個高功率燈具。

7.避免在設備、事務機器、工作桌、控制盤的表面塗裝反射性的顏色或材料。

12.2.6 特殊場所的照明

(一)精密工作場所的照明

進行精細工作的場所較一般場所的照明水準高，除一般照明外，尚需額外特殊照明，這些工作包括：

1.化工廠、染料廠與紙廠的色彩比較。

2.蝕刻、研磨與玻璃的雕刻。

3.精細裝配工作如電子零件、鐘錶與精密儀器等。

4.縫、織、印花等。

進行照明設計時，宜考慮下列事項：

1.工作場所照明水準。

2.視場內明亮物體表面的配置與其反射狀況。

3.物體與周圍背景、陰影的對比。

4.必須專心注視所需的時間。

5.工作員的年齡。

通用設計原則[3]為：

1.應用正面照明（frontal lighting）設備。

2.加裝擋板，以保護眼睛。

3.燈具安裝擴散屏或半透明玻璃，以擴散光線。

4.光線宜由一個較大的區域光源照射出來。

5.擴散屏宜寬廣、深厚，可將工作檯面的光線分布平均。

6.使用三個振動相位互補的螢光燈管，避免使用白熾燈絲燈，因白熾燈絲燈會放出熱量。

(二)電腦應用頻繁的辦公室

一般辦公室的照明水準並不適用於電腦應用率高的辦公室。電腦使用者的眼睛經常在較暗的顯示器與較明亮的其他文件之間游走，所接觸的對比遠較非電腦使用者大。此時必須降低室內的照度，以免顯示器與其他文件的對比超過1：10，但是照明水準降低後，則會造成閱讀的不便。辦公室內的照明水準宜設定於300～700 lx之間[3]。

電腦使用者的視野內的物體如顯示器螢幕、框架、周邊設備、鍵盤、文件、牆壁、窗、家具等的表面明暗不一，顯示器內的字體與背景的對比亦大，對比數值顯然超過傳統的建議值（1：3～1：5）。操作員面對窗戶，螢幕與文件的對比約為1：50，與窗的對比為450，眼睛易於疲勞。文件與螢幕的對比宜保持於10：1之內，視野內其他物體表面與螢幕的對比宜調整為1：5左右。

12.2.7 炫光

炫光為由明亮的光源所發射出的或經物體的表面所反射出的高強度光線。炫光如果進入視野之內，會造成網膜上光線分配不均勻，導致視覺的困擾、眼睛不舒服或視力的損傷。炫光依其產生方式可分為直接炫光與反射炫光。直接炫光是由視野內光源所引起的，反射炫光則由光線經表面反射後所引起，反射炫光又可分成[5, 11]：

1.鏡面反射（specular reflection）：鏡面或光滑表面的反射，反射角與入射角相等。
2.擴散反射（spread reflection）：光線經粗糙表面的反射，由於表面光滑程度不同，所產生的反射角度不一，向外延伸。
3.漫射反射（diffuse reflection）：平滑塗料表面的反射，反射光線向四方擴散。

圖12-3顯示此三種反射方式，大部分的反射炫光皆由上列三種反射方式混和而成。反射炫光會遮蔽部分視覺任務，有如在網膜上安裝罩紗似的，降低部分目標的對比。

炫光依其對於觀測者的生理影響而區分為下列兩類[5]：

1.不舒適炫光（discomfort glare）：造成眼睛的不舒服，但不會影響視力或視覺績效。
2.失能炫光（disability glare）：會造成視力或視覺績效的降低。

由於眼睛的舒適與否完全是主觀性因素，不僅與炫光的強度有關，還受其他因素所影響。**圖12-4**顯示生理炫光閾及對頭燈炫光抗拒度與年齡的關係，年齡愈高，炫光閾值愈低，愈難忍受頭燈炫光的影響。大約每增加四歲，炫光閾值會降低0.1對數值[11]。

表12-8列出降低直接與反射炫光的方法。

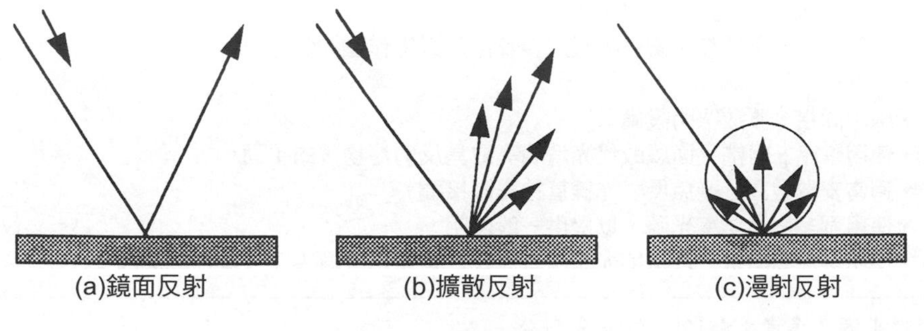

圖12-3　反射方式

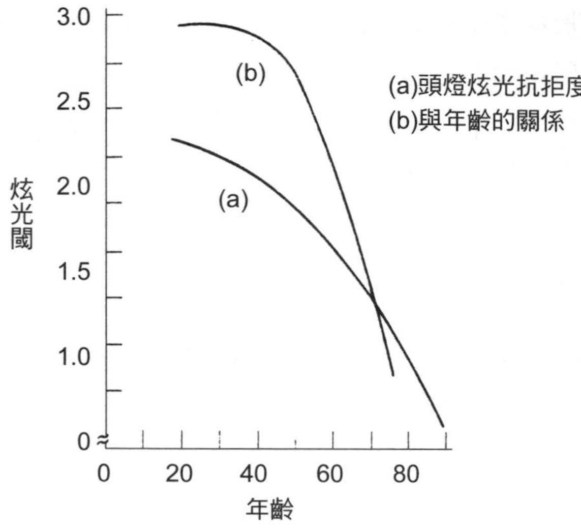

圖12-4 生理炫光閾

資料來源：參考文獻[11]，經同意刊登。

表12-8 降低直接與反射炫光的方法

直接炫光 • 將光源置於視場中心線的60度之外 • 避免員工替換注視明亮與黑暗的區域 • 選擇不舒適炫光低的燈具 • 使用數個低強度光源，以取代高強度光源 • 增加炫光源周圍的亮度（降低明視比） • 使用屏風、幕、護面以阻擋炫光 • 使用窗簾、百葉窗、窗外擋板或調整窗戶與工作區的位置 反射炫光 • 應用間接、擴散照明設備 • 使用陰暗、粗糙平面以取代光滑明亮或具反射性物質的平面 • 適當安置燈具，避免反射光線直接與眼接觸 • 使用眾多個小功率光源，以提供一般照明 • 使用屏風或擋板，以阻擋光線由直立式百葉窗兩邊逸入（百葉窗關閉時）

資料來源：參考文獻[6]，經同意刊登。

12.3 溫度

12.3.1 人的體溫調節

人體在不同的環境下，可以調節體溫，以適應環境。人的核心溫度（core temperature）（腦的中心、內臟等器官的溫度）大約為37°C，不論天氣的冷熱，皮膚之下的組織仍能維持在35～36°C之間。體溫的調節功能使人得以在特殊狀況下，暫時維持身體各部門的運轉。體溫的控制中樞位於腦幹，控制中心的神經細胞經由神經通路與皮膚上的感受器、中樞神經系統及人體各器官相連，不僅可以接受由人體各部位所傳至的溫度訊息，還可發出指令、控制調節機制，以維持核心溫度恆溫。

人體溫度的調節機制有下列三種：

1.血液循環的熱傳功能。

2.流汗。

3.加速肌肉的活動，以產生熱能。

血液循環是最主要的體溫控制機制，可以將熱能輸送至身體上較冷的部分。外界環境溫度低時，血液可將熱能由身體的內部傳送至皮膚表面，被外界環境所冷卻，外界溫度高時，血液則將熱能傳至內部。正常時皮膚的血液流量僅為心臟輸出量的5%，溫度過高時，皮膚的血液流量可達20%以上，皮膚血液流量的控制是此機制的主要關鍵。

第二種機制為流汗，皮膚溫度過高時，即會激發汗腺，而分泌汗液，以汗液的蒸發方式，降低皮膚表面的溫度。

肌肉的收縮與顫抖也可促進體溫的調節，當人感覺到寒冷時，可隨意志的控制，主動地增加運動量，或不自覺地顫抖，以產生熱能禦寒。

12.3.2 熱能的交換與平衡

熱交換的方式有傳導、對流、輻射與蒸發等四種。熱傳導為熱能由物體溫度較高的一端，向溫度較冷的一端傳送。當皮膚與較熱的物體接觸時，會感到熱能的輸入；同理，與較冷的物體接觸時，會導致熱能的輸出。

熱對流是藉由氣體、液體等流體的流動所造成的熱能輸出。對流可分為自然對流與強制對流兩種：自然對流為流體的兩端由於溫差不同而產生密度的差異，進而引起流動後，所產生的熱交換方式；強制對流則為流體流動時所強制造成的熱能交換。

輻射是兩個不接觸的物體之間藉由電磁波方式所進行的熱交換，可不藉由任何介質而達到熱能交換的目的。太陽對於地球的熱能輸出、冬天取暖用的電熱器、野外露營時所生的營火，皆為輻射式的熱能交換。

蒸發是物體吸收熱量後，由液態轉換成氣態的程序。皮膚流汗後，汗水吸收皮膚表面的熱量而轉換為氣態的程序即為蒸發作用。每公克水蒸發所需的能量為580卡，汗水的蒸發可以迅速調節體溫。

無風狀態下，當環境溫度為25°C，四周又無大面積高熱或陰冷的物體時，對流輻射等方式的熱能交換很低。人體主要的熱能損失是經由蒸發方式，此時空氣的溼度是影響人的舒適程度最主要的因素。

人體的熱平衡可以應用下列公式表示：

$$S = M - E \pm R \pm C - W \quad [12\text{-}4]$$

公式[12-4]中，

S＝熱能的增加、損失

M＝新陳代謝所產生的熱量

E＝蒸發所損失的熱量

R＝輻射熱的吸收或損失

C＝對流熱的吸收或損失

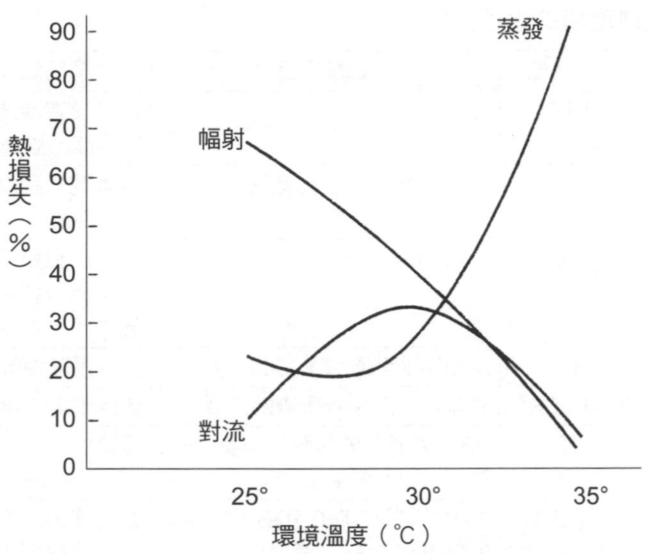

圖12-5　不同熱交換方式在冷熱環境下所占的百分比

資料來源：參考文獻[13]，經同意刊登。

W＝所產生的功（或運動、做工所需的能量）

圖12-5顯示不同溫度下，不同熱交換方式所占的百分比[13]。

12.3.3 舒適程度

空氣溫度、濕度、空氣速度與輻射是影響人體熱平衡四個主要因素。**表12-9**列出常用的指數、適用範圍與限制，其中以美國空調工程學會所發展的有效溫度（ET）與綜合溫度熱指數（Wet-Bulb Globe Temperature, WBGT）用途最廣。**圖12-6**顯示有效溫度等高直線。在同一有效溫度線上，皮膚所感受的潮濕程度相同；濕球球溫為濕球溫度、乾球溫度與球溫的綜合指數，為美國職業安全衛生署所採用的指數，適用於暖、熱氣候的影響評估，**表12-10**列出濕球球溫的安全溫度[6, 17]。

圖12-6的陰影部分為空氣幾乎靜止的狀態之下，一個穿著衣裳的人

表12-9　衡量熱環境的生理指數

指數	代號	量測項目	應用範圍與限制
乾球溫度	DB	溫度	適用於寒冷所造成的壓力與溫度、風速和幅射無關
有效溫度	ET	溫度、濕度、空氣流速	皮膚乾燥程度、熱感覺、舒適範圍
乾濕度（牛津）	WD	0.85WB+0.15DB	適用於相對溫度50%以上受空氣流速與幅射的影響低
熱壓	HS	達到熱平衡所需蒸發的汗量	熱—溫度指數
四小時汗流預測值	P4SR	青年男子工作時所流的汗量	難以應用；預測準確度高
黑球溫度	GT	DB、幅射、風的影響、量測一個黑球中心的溫度	廣泛
綜合溫度熱指數	WBGT	0.7WB+0.2GT+0.1DB（室外） 0.7WB+0.3GT （室內）	易於使用，為美國職業安全衛生署所採用，室內外皆可應用

資料來源：參考文獻[6]，經同意刊登。

表12-10　安全濕球球溫值

M：新陳代謝速率（單位：W）*	安全WBGT溫度（℃）	
	已適應熱的環境	尚未適應熱的環境
M≦117		32
117＜M≦234	33	29
234＜M≦360	30	26
360＜M≦468	28	空氣靜止：22
	空氣靜止：25	有風狀態：23
M＞468	有風狀態：26	空氣靜止：18
	空氣靜止：23	有風狀態：20
	有風狀態：23	

*假設皮膚表面積為1.8平方公尺。

資料來源：參考文獻[4]，經同意刊登。

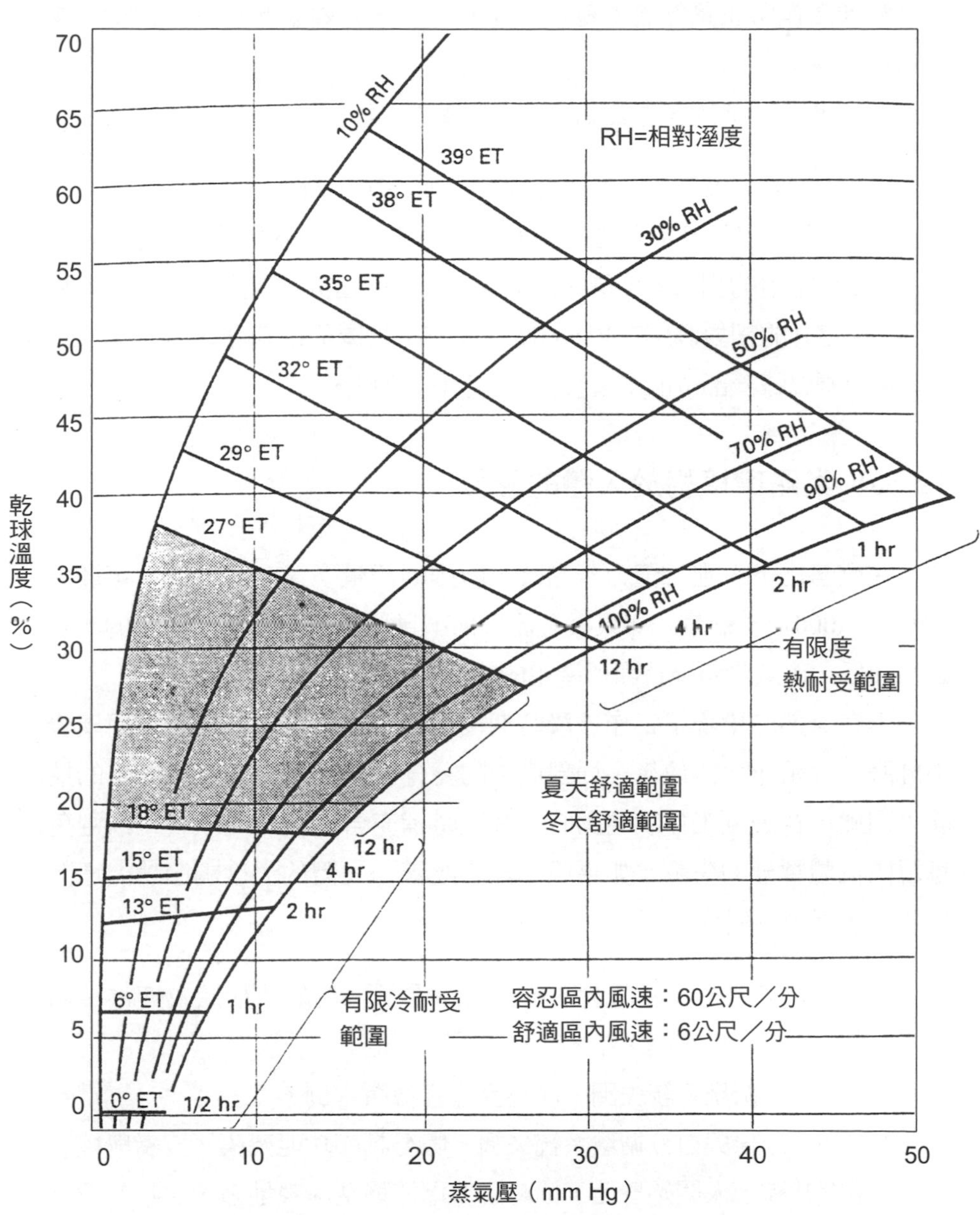

圖12-6　有效溫度與室內舒適範圍

資料來源：參考文獻[13]，經同意刊登。

執行輕便工作所感覺舒適的範圍。夏天的舒適有效溫度為21～27°C，冬天為18～24°C。

下列準則可作為室內環境設計時的參考[3]：

1.冬天空氣溫度為20～21°C之間，夏天為20～24°C。
2.室內物體宜與空氣等溫，任何一個物件的溫度不應低於室溫4度。
3.冬天室內的相對濕度應高於30%，否則會造成呼吸器官的脫水，夏天室外的相對濕度在40～60%之間時，仍屬舒適範圍之內。
4.額頭與膝蓋部位的風速宜低於每秒0.2公尺。

12.3.4 炎熱環境對於人體的影響

在酷暑之下，進行體力勞動時，所排的汗量多達6～7公升，可散失3,500～4,000千卡熱量。如果大量流汗仍不足以散失熱量時，肌肉的活動必須降低，以減少新陳代謝所產生的能量。

人在炎熱的環境下工作一段時期後，首先皮膚會出現痱子，而感覺不舒服。大量汗水排放後，局部肌肉的鹽分含量降低，造成手、足的抽筋；因此，在炎夏工作或運動時，宜定時補充含有鹽分的飲料，以避免身體內流體鹽分的失調。如果環境無法改善，人體的溫度調節功能逐漸失效，而產生下列後果：

1.熱衰竭：由失水與循環系統負載過重所引起的，症狀為疲倦、頭痛、噁心、眼花與暈眩。
2.熱暈厥：循環系統失調，滿眼金星直冒而昏倒。
3.中暑：汗腺與血液循環系統失調，體溫調節功能喪失，皮膚與核心溫度升高，人開始昏迷，此時必須迅速移至涼爽地區，並呼叫救護車急救，以免危及性命。

表12-11列出熱所造成的人體失常現象。

表12-11　熱所造成的失常現象

失常現象	症狀	原因	處理
1.暫時性熱疲乏	生產力、警覺性、協調能力降低	無法適應炎熱的環境	逐步適應
2.生痱子	出汗多的部位長痱子，皮膚不舒服	汗水無法由皮膚移出，汗腺發炎	週期性乘涼、洗澡、保持皮膚乾燥
3.昏暈	眼前發黑而暈倒	腦部氧氣缺乏	平躺
4.抽筋	肌肉抽筋	鹽分喪失，身體鹽分失調	食物中酌加食鹽、飲鹽水
5.熱衰竭	非常疲倦或虛弱、頭昏、臉色發白、嘔吐或昏迷	鹽分、血漿喪失，循環系統失調	在涼爽處休息，飲鹽水
6.熱中暑	皮膚乾澀、體溫（核心）升至40°C度以上，嘔吐、昏迷，如不及時送醫，恐有性命危險	熱調節系統功能完全喪失	移至清涼地區，以冷水浸濕衣褲，及時送醫

資料來源：參考文獻[13]，經同意刊登。

皮膚與溫度過高的物體接觸後，會造成灼傷，皮膚所能耐受的最高接觸溫度與接觸時間、物質類別與相態有關（如**表12-12**）。工作環境中（尤其是重、化工廠中）的高熱設備（如火爐、鍋爐、反應器等）外表皆安裝保溫材料，除了節約能源外，還有安全的考慮。

人在休息或執行輕便工作下所能耐受的核心溫度為39°C。勞動性工作者可達40°C，最大容許的熱儲存量約1.5千卡／公斤體重，或是75千卡／平方公尺。

12.3.5 寒冷對於人體的影響

人體天生所具備的禦寒能力很低，必須穿著厚重的毛衣、大衣，躲入洞穴、房屋等庇護所內，或仰賴人工熱源，以維持體溫。在寒冷的氣候下，大量血液由皮膚流回內臟，以降低皮膚溫度，減少熱能的散失（血液流至手指的速率僅為溫和溫度時的1%，如果溫度降至冰點時，手

表12-12　皮膚所能耐受的最高表面溫度

物質	最高表面溫度（℃） 接觸時間（秒） 1秒	4秒	1分鐘	10分鐘	8小時
1.金屬	65	60		↑	↑
•未塗裝平滑表面	70	65	50		
•未塗裝粗糙表面	75	65			
•表面塗以50微米厚度亮光漆					
2.水泥、陶瓷材料	80	70			
上釉磁磚	80	75	55		
3.玻璃、瓷器	85	75		48	43
4.塑膠					
•含玻璃纖維的聚醯胺物	25	75			
•含纖維塑膠物	95	85	60		
•鐵氟龍（Teflon）、塑膠玻璃	NA	85			
5.木材	115*	95	60		
6.水	65	60	50	↓	↓

*乾燥與輕質木材：140℃。

資料來源：參考文獻[14]，經同意刊登。

指與腳趾的組織會受到損傷），同時肌肉開始不自覺地顫抖，以增加新陳代謝速率，產生更多的熱能。人感覺寒冷時，也可以增加四肢的運動量，例如擺動手、腳、慢跑、跳躍等，此種動態的肌肉活動較靜止性顫抖所產生的熱量高出十倍以上。

當皮膚的溫度降至35.5°C以下時，冷感的強度逐漸增加。溫度到達20°C左右時，冷感強度最高。溫度再低時，冷感強度反而降低；因此，冬天我們難以區別寒冷所帶來的不舒服與痛苦的不同。當溫度突然降低時，冷感受器會被激發，人會很快地發現溫度的變化，然而溫度穩定後，人對於冷的敏感度降低。

當皮膚溫度降至15～20°C之間時，手腳的靈活度開始降低；溫度低至8°C時，觸覺敏感度大幅喪失；溫度接近冰點時，手腳會被凍傷。內臟核心溫度降低的後果更為嚴重。當核心溫度降至36°C時，內臟的功能開始下降；降至35°C時，人難以從事簡單的活動；如果核心溫度持續降低，神志開始模糊；降至32°C時，已呈昏迷狀態；26°C時，心臟開始失常；20°C時，已無活的跡象。不過由於腦部氧氣的供應仍很充分，如及時急救，仍可挽回性命[13]。

12.3.6 冷、熱適應

長期暴露於寒冷或炎熱的環境的人會逐漸調整身體各器官的功能，較能忍受冷與熱的環境。熱適應的現象在一星期後，即非常明顯。大約兩週之後，人的汗流量較前增加，而心臟的速率也相對降低。脫離炎熱的環境之後，可在兩週之內，又恢復原狀。

人體對於冷的適應較不顯著，由於在寒冷的氣候中，每個人皆穿戴禦寒的衣帽，人體器官似乎不需適應。

12.3.7 溫度與工作效率

在舒適的環境（如**圖12-6**）下工作，自然是最理想的情況；然而，許多工作如修路、造橋、營建、金屬冶鍊等必須在炎熱的環境下進行；因此，必須瞭解人在炎熱狀態下的工作效率。**圖12-7**顯示溫度對於不同誘因下的工作效率的影響。當有效溫度（ET）升至26°C時，工作績效開始降低。工作表現較佳者較一般工作員的業績下降得快[15]。亞澤氏（N. Z. Azer）等曾經研究熱壓與溼度對於追蹤工作的影響。他們發現相對濕度的影響遠較溫度為大，當相對濕度為50%時，溫度由25°C增至38°C，並不影響工作績效；然而，在75%相對濕度與35°C條件的績效遠較控制條件（25°C、50%相對溼度）下的績效差[16]。

表12-13列出日間工作的最高有效溫度。如果執行工作所需熱能消耗

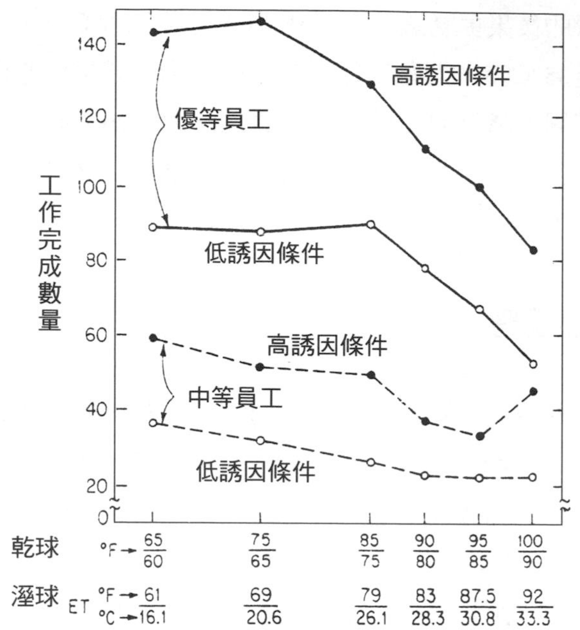

圖12-7　溫度對於優等、中等員工在不同誘因條件工作績效的影響

資料來源：參考文獻[15]，經同意刊登。

超過470千卡／時，宜降低持續工作的時間（如**表12-14**）。**表12-13**、**表12-14**僅適用於工作環境中物體表面的溫度與環境溫度相等的情況下。如果環境中有加熱爐等輻射熱源存在時，必須將輻射熱考慮在內。由於綜合溫度熱指數（WBGT）已將50%的黑球溫度（綜合空氣與物體表面溫度的量測）包括在內，適於作為輻射熱存在的工作環境的熱指標（WBGT＝0.7WB＋0.3GT）。在輻射熱存在之工作環境中的持續工作上限為：

能量消耗：500千卡／時：WBGT＝25°C

350千卡／時：WBGT＝27°C

200千卡／時：WBGT＝30°C

由於以熱能消耗多寡難以顯示人體的生理狀況，工作的繁重與否可

表12-13　日間工作的最高許可溫度

能量消耗（千卡／時）	工作類型	上限溫度（℃）	
		有效溫度（ET）	50%相對濕度下的溫度
400	粗重工作，背負三十公斤重物步行	26-28	30.5-33
250	中度粗重，以四公里時速步行	29-31	34-37
100	輕鬆的秘書工作	33-35	40-44

資料來源：參考文獻[3]，經同意刊登。

表12-14　粗重工作（能量消耗：千卡／時）者在炎熱、潮濕環境中工作時間上限（分）

濕球溫度（℃）	工作時間上限（分）
30	140
32	90
34	65
36	50
38	39
40	30
42	22

資料來源：參考文獻[3]，經同意刊登。

由心跳次數、核心溫度與汗蒸發量顯示。為了避免過分勞累，人在炎熱環境下工作一天，其生理狀況不得超過下列上限：

1.心跳速率：100～110次／分。
2.核心（直腸）溫度：38°C。
3.汗蒸發量：0.5公升／時。

在極熱的環境下工作，宜遵照下列準則[3]：

1.工作人員宜逐漸增加在炎熱的環境下工作的時間，開始時，僅在此環境下工作50%時間，以後每天增加10%時間。

2.熱負荷愈大時，人所承受的熱壓效應愈大，所需在涼爽場所休息的頻率愈高。如果超過熱耐受上限時，應降低工作時間。
3.工作員應於每十至十五分鐘，飲取一杯略帶甜味的溫咖啡或茶（約240毫升），每次切勿超過250毫升。
4.不應飲取冷飲、果汁或含酒精飲料，也不宜喝牛奶、羊奶，以免增加消化系統的負荷。
5.飲料宜放置於工作人員附近，便於取用。
6.如果輻射熱通量過高時，宜配戴特殊設計的護目鏡、面罩或保護衣，以避免眼睛或手被灼傷。
7.改善通風。

在寒冷的環境下工作，應遵守下列準則[6]：

1.提供可攜帶式加熱設備，例如紅外線加熱器。
2.避免長時間靜止、休息，應不時活動或執行溫和性體力工作。
3.避免長時間暴露於寒冷的環境中。
4.設置擋風牆、板，以禦強風。
5.提供熱飲料。

12.4 空氣品質

12.4.1 空氣污染物

大氣中主要的污染源為一氧化碳（CO）、硫氧化物（SO_X）、氮氧化物（NO_X）與粒塵（particulates），它們不僅直接影響呼吸系統外，還間接危及循環系統與新陳代謝。**表12-15**列出我國環境保護署規定的空氣污染物之空氣品質標準規定。空氣污染物對人體的危害如下：

表12-15　各項空氣污染物之空氣品質標準規定（更新日期：2011/09/21）

項目	標準值		單位
總懸浮微粒（TSP）	二十四小時值	250	μg／m^3（微克／立方公尺）
	年幾何平均值	130	
粒徑小於等於十微米（μm）之懸浮微粒（PM_{10}）	日平均值或二十四小時值	125	μg／m^3（微克／立方公尺）
	年平均值	65	
二氧化硫（SO_2）	小時平均值	0.25	ppm（體積濃度百萬分之一）
	日平均值	0.1	
	年平均值	0.03	
二氧化氮（NO_2）	小時平均值	0.25	ppm（體積濃度百萬分之一）
	年平均值	0.05	
一氧化碳（CO）	小時平均值	35	ppm（體積濃度百萬分之一）
	八小時平均值	9	
臭氧（O_3）	小時平均值	0.12	ppm（體積濃度百萬分之一）
	八小時平均值	0.06	
鉛（Pb）	月平均值	1.0	μg／m^3（微克／立方公尺）

註：本標準所稱之各項平均值意義如：

1.小時平均值：係指一小時內各測值之算術平均值。

2.八小時平均值：係指連續八個小時之小時平均值之算術平均值。

3.日平均值：係指一日內各小時平均值之算術平均值。

4.二十四小時值：係指連續採樣二十四小時所得之樣本，經分析後所得之值。

5.月平均值：係指全月中各日平均值之算術平均值。

6.年平均值：係指全年中各日平均值之算術平均值。

7.年幾何平均值：係指全年中各二十四小時值之幾何平均值。

資料來源：行政院環境保護署空氣品質網，http://taqm.epa.gov.tw/taqm/zh-tw/default.aspx

(一)一氧化碳

空氣中一氧化碳的含量直接影響人的體力活動的表現。紅血球與一氧化碳的親和力約為紅血球與氧氣的二百三十倍，不僅可以輕易取代紅血球中的氧氣，而且還可加強紅血球與氧氣的結合力，大幅降低血液對於細胞的氧氣供應能力。

(二)硫氧化物

硫氧化物是二氧化硫（SO_2）與三氧化硫（SO_3）的通稱。二氧化硫會增加呼吸系統中流體的阻力，對於氣喘患者影響較大，但不影響常人的一般性活動。硫氧化物是造成酸雨的主要成分，空氣中的硫氧化物含量高時，雨水中略帶酸性，嚴重影響農作物成長與河川、湖泊的生態。

(三)氮氧化物

氮氧化物是一氧化氮（NO）、二氧化氮（NO_2）的通稱。除了少數硝化或硝酸製造工廠外，大部分工業製程或燃燒系統所產生的氮氧化物中，以一氧化氮的含量較高。二氧化氮為黃褐色，幾個ppm的二氧化氮的排放，足以目視發覺。氮氧化物也會造成呼吸器官的困難，但不致影響常人的一般性活動。

(四)粒塵

粒塵為懸浮於空氣中的塵粒，主要來源為汽機車、煙囪排放的黑煙、粉粒、灰塵等，也會影響呼吸的順暢。

臭氧、過氧硝酸乙醯酯（peroxyacetyl nitrate）與空氣中懸浮的溶膠（aerosols）等為二次污染物，它們是由上列污染物與水、鹽或紫外光作用所產生的；臭氧也會影響呼吸器官，但是它對人體生理上的損害尚待證明。汽機車排放的廢氣是空氣中過氧硝酸乙醯酯的主要來源，會擾亂視覺與眼的疼痛。溶膠是由不同的酸類與鹽類化合而成，也會令人不適，它們對於工作績效的影響有待研究。

12.4.2 室內空氣品質

工作場所中的空氣品質會因下列因素而逐漸下降[3]：

1.人體氣味的逸放。
2.汗水的蒸發造成水蒸汽的增加。
3.熱能的釋放。
4.一氧化碳的產生。
5.空氣污染（由室外逸入或由工作設備排放）。

由於前四項皆由人所造成，因此室內人數愈多，空氣品質愈差。為了確保空氣的品質，室內的污濁空氣必須以新鮮的空氣替換，大約每人每小時約需30立方公尺的新鮮空氣。**圖12-8**綜合雅格魯（C. P. Yaglou）等人所做的實驗結果。新鮮空氣替換量與工作人員所占的空間有關，所占的空間愈大，所需替換量愈低。**表12-16**列出所推薦的空氣替換量[17]。

表12-17列出94年12月30日行政院環境保護署所公布的室內空氣品質建議值。

12.5 高度對於人體的影響

大氣中的氧氣成分約20.93%，氮氣約79%，其餘氣體如二氧化碳（0.03%）、氬、臭氧、一氧化碳等所占的比例甚低。海平面的大氣壓力為101.3千帕斯卡（kPa）或760毫米水銀柱，大氣壓力隨著高度而迅速遞減，高度愈高，空氣愈稀薄。3,000公尺的高山頂端的空氣壓力僅69.6千帕斯卡（522毫米水銀柱），較海平面降低30%。

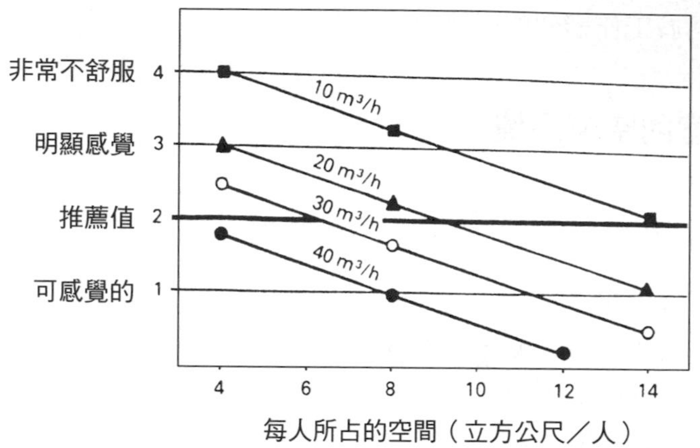

圖12-8　辦公室內行政人員每人所需空氣替換量與空間的關係

資料來源：參考文獻[17]，經同意刊登。

表12-16　平均每人所需新鮮空氣替換量

每人所占的空間（立方公尺）	每人所需新鮮空氣替換量（立方公尺／時）	
	下限	推薦值
5	35	50
10	20	40
15	10	30

資料來源：參考文獻[3]，經同意刊登。

當人到達高原地區時，由於空氣稀薄，氧氣的分壓較平地低，每次呼吸所吸收的氧氣亦低，必須增加呼吸次數，以維持所需氧氣量；然後會調整身體內流體的分配，血液中的血漿量降低。約30%血漿進入細胞之中，同時血球的體積略為增大，紅血球的製造速率升高，以提高血液中血紅素的含量；因此，動脈血管中所攜帶的氧量仍可保持平地的水準。

當人進行體力活動時，必須依賴心臟泵送血液至全身各部位。高度在1,500公尺以下時，心臟所泵送的流量並無明顯的變化；高度超過1,500

表12-17　室內空氣品質建議值

中華民國94年12月30日行政院環境保護署環署空字第0940106804號

一	為改善及維護室內空氣品質，維護國民健康及生活環境，特訂定本建議值
二	本建議值除勞工作業場所依室內空氣污染物濃度標準外，其他室內場所空氣污染物及濃度如下：

項目	建議值			單位
二氧化碳（CO_2）	8小時值	第1類	600	ppm（體積濃度百萬分之一）
		第2類	1000	
一氧化碳（CO）	8小時值	第1類	2	ppm（體積濃度百萬分之一）
		第2類	9	
甲醛（HCHO）	1小時值		0.1	ppm（體積濃度百萬分之一）
總揮發性有機化合物（TVOC）	1小時值		3	ppm（體積濃度百萬分之一）
細菌（Bacteria）	最高值	第1類	500	CFU/m^3（菌落數／立方公尺）
		第2類	1000	
真菌（Fungi）	最高值		1000	CFU/m^3（菌落數／立方公尺）
粒徑小於等於10微米（μm）之懸浮微粒（PM_{10}）	24小時值	第1類	60	$\mu g/m^3$（微克／立方公尺）
		第2類	150	
粒徑小於等於2.5微米（μm）之懸浮微粒（PM_{25}）	24小時值		100	$\mu g/m^3$（微克／立方公尺）
臭氧（O_3）	8小時值	第1類	0.03	ppm（體積濃度百萬分之一）
		第2類	0.05	
溫度（Temperature）	1小時值	第1類	15~28	℃（攝氏）

三	（一）1小時值：指1小時內各測值之算術平均值或1小時累計採樣之測值。 （二）8小時值：指連續8個小時各測值之算術平均值或8小時累計採樣測值 （三）24小時值：指連續24小時各測值之算術平均值或24小時累計採樣測值。 （四）最高值：依檢測方法所規範採樣方法之採樣分析值。
四	（一）第1類：指對室內空氣品質有特別需求場所，包括學校及教育場所、兒童遊樂場所、醫療場所、老人或殘障照護場所等。 （二）第2類：指一般大眾聚集的公共場所及辦公大樓，包括營業商場、交易市場、展覽場所、辦公大樓、地下街、大眾運輸工具及車站等室內場所。
五	中央各目的事業主管機關及地方政府為改善室內空氣品質得另訂較嚴格之標準值。

公尺以上時，心臟泵送的血液量大為增加，大約兩天以後，流量逐漸降低；兩週之後，即到達平穩狀態。由於血液內30%的血漿進入細胞之內，身體中血液的總體積降低，心臟所泵送的血液流量亦隨之降低。在高原運動或體力活動所表現的成績遠較平地差[13]。

圖12-9顯示大氣壓力、氧氣含量與生理限制關係。在高原地區，由於大氣壓力低，所呼吸的空氣中氧氣含量必須提高。在3,000公尺的高度，如需吸取與平地等量的氧氣，空氣中氧氣含量必須提高至30%；在6,000公尺高度，氧氣含量超過45%以上。當大氣壓力降至21.75千帕斯卡或60毫米水銀柱（高度約10,700公尺）左右時，必須使用純氧呼吸。高度超過12,800公尺以上，必須穿著壓力衣盔或置身於壓力室之內，**表12-18**顯示在沒有特殊壓力裝備之下，人在不同高度時的生理極限。

在海平面或平地的高度下，血紅素中的氧氣約為95%；高度為3,000公尺時，僅為90%；5,400公尺時，氧氣的分壓降至5.3千帕斯卡（40毫米水銀柱），僅70%；20,000公尺以上，大氣壓力太低，人如果不在壓力室艙之內，血液會自動沸騰[6]。

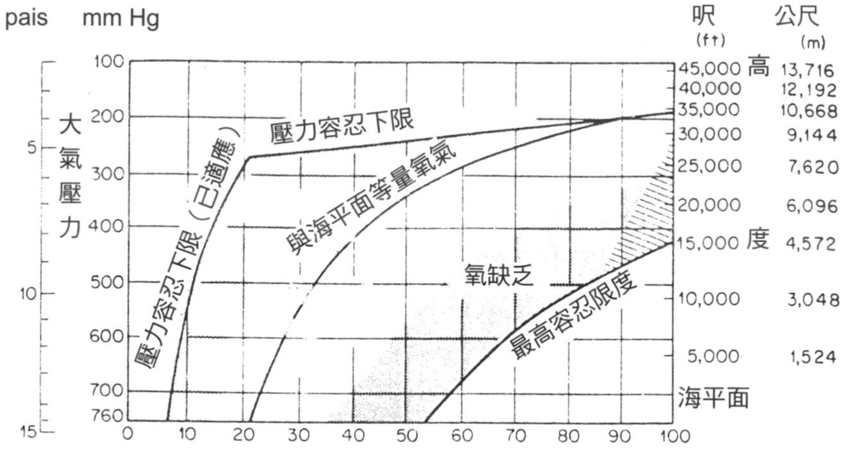

圖12-9　大氣壓力、氧氣含量與生理限制的關係

資料來源：參考文獻[6]，經同意刊登。

表12-18　高度限值與人的生理限制

高度 公尺	壓力		生理限制
	mmHg	kPa	
1,500	632	84	保持正常視力的上限高度
2,400	564	75	長途飛行不致造成疲乏
3,000	522	70	不使用氧氣罩的最大高度（飛行員）
6,000	307	41	開始偶爾出現脹氣症狀
7,500	282	38	偶爾出現嚴重脹氣症狀
9,000	225	30	脹氣現象發生頻繁
11,600	188	25	須吸取100%氧氣，以得到與海平面相同氧氣量
12,000	141	19	呼吸純氧的最高高度（在無特殊壓力環境下）
12,800	128	17	在不穿壓力裝情況下，進行緊急呼吸（氧氣筒）的上限高度
15,000	87	11.7	在不穿壓力裝情況下，進行短暫性緊急呼吸（氧氣筒）的上限高度

資料來源：參考文獻[6]，經同意刊登。

參考文獻

1.E. C. Poulton, *Environment and Human Efficiency*, C. C. Thomas Pub., Springfield, 21, USA, 1972.

2.E. D. Megaw, L. J. Bellamy, Illumination at work, In *The Physical Environment*, Edited by D. J. Osbome, M. M. Gruneberg, John Wiley and Sons, New York, N. Y., USA, 1983.

3.E. Gradjean, *Fitting the Task to the Man: A Textbook of Occupational Ergonomics*, Chapter 18, Taylor and Francis, London, UK, 1988.

4.H. P. Van Cott, R. G. Kinkade, *Human Engineering Guide to Equipment Design*, p. 49. US Gov. Printing Office, Washington, D. C., USA, 1972.

5.IES, *IES Lighting Handbook*, 6th Ed., Illuminating Engineering Society, New York, USA, 1981.

6.R. D. Huchingson, *New Horizons for Human Factors in Design,* Chapter 8, McGraw-Hill, New York, USA, 1981.

7.W. H. Cushman and B. Crist, Illumination, In *Handbook of Human Factors*, Edited by G. Salvendy, pp. 670-695, John Wiley & Sons, New York, USA, 1987.

8.O. Blackwell, H. R. Blackwell, IERI Report: Visual performance data for 156 normal observers of various ages, *J. I. E. S.,* 1971.

9.W. E. Woodson, D. W. Conover, *Human Engineering Guide for Equipment Designers,* 2nd Ed., Chapter 2, University of California Press, Berkely, 1966.

10.B. H. Kantowitz, R. D. Sorkin, *Human Factors: Understanding People-System Relationships*, John Wiley & Sons, New York, USA, 1983.

11.N. H. Pulling, E. Wolf, S. P. Sturgis, D. R. Vaillancourt and J. J. Dolliver, Headlight glare resistance and driver age, *Human Factors, 22*(1), pp. 103-112, 1980.

12.J. E. Flynn, A study of subjective responses to low energy and nonuniform lighting system, *Lighting Design and Application*, *7*, pp. 6-15, I. E. S. of N. American, 1977.

13.K. Kroemer, H. Kroemer, K. Kroemer-Elbert, *Ergonomics*, Chapter 5, Prentice Hall, Englewood Cliff, N. J., USA, 1994.

14.H. Siekmann, Recommended maximum temperatures for touchable surfaces,

Ergonomics, 21, pp. 69-73, 1985.

15.Mark S. Sanders, Ernest J. McCormick, *Human Factors in Engineering and Design,* 7th ed., McGraw-Hill。許勝雄、彭游、吳水丕譯（2000），台中：滄海。

16. N. Z. Azer. P. E. McNall and H. C. Leung. Effects of heat stress on performance, *Ergonomics*, *15,* pp. 681-691, 1972.

17.C. P. Yaglou, E. C. Riley, D. I. Coggins, *Ventilation Requirements and the Science of Clothing,* Saunders, Philadelphia, PA, USA, 1949.

環境因素(二)——噪音、振動、加速度與社會環境

- 13.1 噪音
- 13.2 振動
- 13.3 加速度
- 13.4 無重力狀態
- 13.5 緊張
- 13.6 社會環境

13.1 噪音

13.1.1 定義

噪音是環境中不規則、不協調聲音的通稱，是由許多頻率、強度與相態皆異的音波複合而成，例如汽／機車引擎、喇叭、辦公室內空調、事務設備等所發出的聲音。這些聲音與人的行動或意念並不協調；因此，令人感到厭煩，難以忍受。1983年5月行政院公布的《噪音管制法》第三條中明文規定，聲音只要超過管制標準即屬於噪音。

噪音似乎可由下列兩個定義界定：

1.無論單音或複音，任何一個或一組不與當事人當時的行動或意念協調，而又困擾他的聲音，皆為噪音。
2.聲音的強度超過一定標準以上者，皆為噪音。

前者為科學的定義，但主觀性高，難以法制標準管制，後者僅著眼於強度，無論是貝多芬的交響樂、總統的國情咨文或垃圾車的音樂，皆必須維持於一定的強度標準之內，以免影響他人安寧。

13.1.2 噪音的種類

噪音依音波振動頻率的分布，可分為寬頻（wideband）型與狹頻（narrowband）型兩種：

1.寬頻型噪音：音波頻率分布較廣，如噴射機引擎所發出的刺耳噪音。
2.狹頻型噪音：由狹窄的頻率範圍內的單音所複合而成的噪音，如壓縮機、螺旋槳、電鋸等動力機械所發出的聲音。

碗盤摔破、金屬碰撞所發出的聲音或步槍射擊後所產生的爆發性聲音與一般噪音不同。此種由撞擊或脈衝所發出的聲音強度很高，但是持續的時間極短，普通的聲音強度測量儀表無法測出。

13.1.3 噪音的量測

(一)加權聲音位準

聲音強度是以音波壓力對於基本音壓的比值對數表示：

$$L_{dB} = 20\log(P/P_o) \qquad [13\text{-}1]$$

公式[13-1]中，L_{dB}為聲音強度位準，單位為分貝；P為音波壓力，單位為微帕斯卡（μP_a）；P_o為基本音壓，國際標準值為20 μP_a，為常人的聽覺閾（下限強度）。

第三章已提到，人耳可聽到的頻率範圍很廣，在20～20,000赫茲之間，但是對於相同強度而不同頻率的聲音所感覺到的響度卻不相同。耳朵對於頻率在2,000～4,000赫茲之間比較敏感，對於低頻率的聲音較不敏感（如**圖3-13**）；因此，在量測聲音的音量大小對於人的影響時，不能完全以物理的觀點，仍須考慮人的生理狀態。

目前音量的量測皆採用加權聲音位準（weighted sound level）方式。美國國家標準協會（ANSI），以低強度（A刻度）、中強度（B刻度）與高強度（C刻度）表示，如**圖13-1**所顯示。三種刻度的差異，在於對頻率低於500赫茲的音波強度的加權數值不同。A刻度是依據**圖3-13**中40分貝的等響度曲線衍生而出，較能反映人耳對於不同頻率的敏感度；因此，美國職業安全衛生署（OSHA）與環保署（EPA）皆採用A刻度，作為工作場所與環境噪音的量測刻度，量測數值以dB(A)表示。C刻度對於所有的頻率幾乎沒有加權數，可顯示實際的音量大小；B刻度顯示人對於強度中等聲音的敏感度，較少使用。

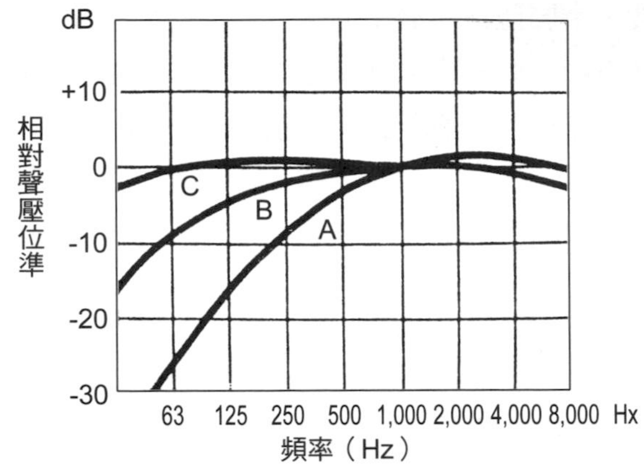

圖13-1　A、B、C三種不同加權刻度的關係

資料來源：參考文獻[1]，經同意刊登。

聲音位準計（sound level meter）是量測噪音強度最常使用的儀器，可以顯示出一個涵蓋所有聽覺頻率聲音的平均強度。儀表上有如前文所提的A、B、C三種的刻度，與快、慢兩種時間設定點。其時間設定分別為0.2秒與0.5秒。如果針對同一個噪音分別由A或C兩種不同的刻度量測，所得的結果並不相同。由於C刻度對於低頻率音波較A敏感，而A刻度對高頻率較C敏感。由C刻度所測的數值較高時，表示此噪音的能量在低頻率（低於500赫茲）較多。如果兩個刻度所量測的數值相當時，表示音波頻率大多高於500赫茲以上。

僅由簡單的聲音位準計所測出的單一加權音量值，無法瞭解噪音頻率的分配，必須應用頻率分析儀，以掃描所有的頻率。常用於噪音量測的頻率分析儀，俗稱八度音階分析儀（octave band analyzer），可將頻率區分為八個音階帶，其中央頻率分別為63、125、250、500、1,000、2,000、4,000、8,000赫茲，可協助找出噪音的主要頻率範圍。

(二)響度

響度（loudness）是人的知覺所感受音量大小，與實際的聲音強度有關，但不完全等於聲音強度。史蒂文斯（S. S. Stevens）氏首先將響度與聲音強度以下列的指數函數表示：

$$L = aI^{0.6} \quad [13\text{-}2]$$

公式[13-2]中，L是響度，I為聲音的物理強度，a為常數係數；然後發展出一個以宋（sone）為單位的比例量表，1 宋（sone）則設定為頻率是1,000赫茲時，40分貝聲音強度所產生的刺激。**圖13-2**顯示響度（以宋為單位）與聲音強度（以分貝為單位）的比較。

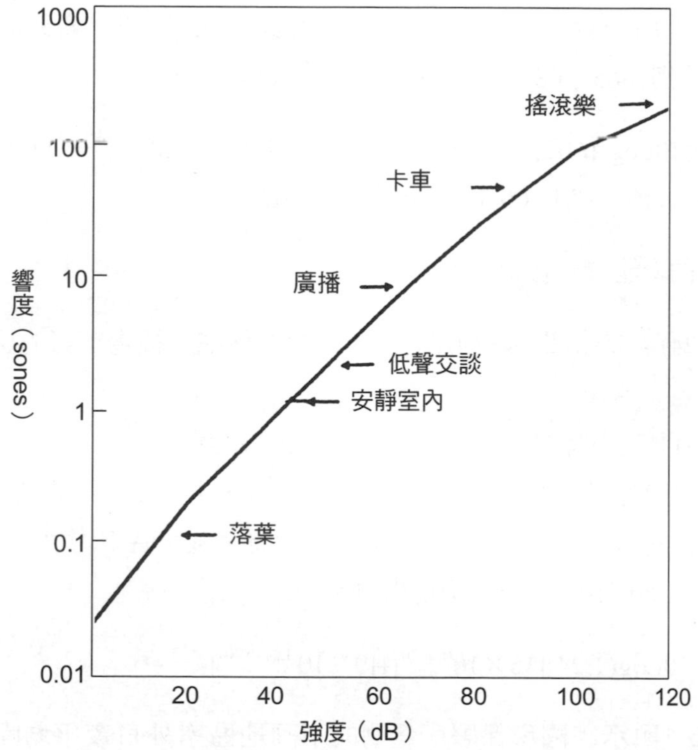

圖13-2　響度（sones）與強度（dB）之比較

資料來源：參考文獻[3]，經同意刊登。

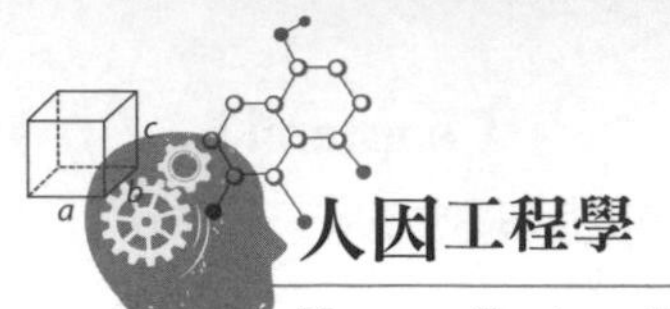

(三)等量噪音位準

絕大多數的噪音並非僅在片刻之內發生的撞擊性破碎聲，可能持續發生數分鐘至數小時不等，聲音強度隨時間不同而異；因此，評估一個工作場所或環境的噪音狀況時，應以噪音所發生的時間內平均強度為評估的基準，也就是所謂的均能音量（equivalent noise level）。

如果以數學表示，則均能音量（Leq）：

$$Leq = 10Log〔(\frac{1}{T})\sum_{1}^{n}(t_i 10^{0.1L_i})〕 \quad [13\text{-}3]$$

公式[13-3]中，T為總時間，n是時段數量，L_i為第i時段的噪音音量值。例如，每一量測時段為三十分鐘，總時段數為四，總時間為兩小時，L_i值分別為65、68、63、70分貝，則Leq等於

$$Leq = 10Log\{(1/2[(0.5)\times 10^{0.1\times 65} + (0.5)\times 10^{0.1\times 68} + (0.5)\times 10^{0.1\times 63} + (0.5)\times 10^{0.1\times 70}]\} = 67.3$$

常用的均能噪音音量為：

Leq(24)：二十四小時均能音量，適用於住宅、機場工廠的環境噪音評估。

Leq(8)：八小時均能音量，適用於工作場所評估。

L_d：日間等量位準，上午七時至下午十時，十五小時平均值。

L_n：夜間等量位準，下午十時至上午七時，九小時平均值。

L_{dn}將L_n加權10分貝後，與L_d相加：

$$L_{dn} = 10Log(1/24)[15\times 10^{(L_d/10)}]+[9\times 10^{(L_n+10)/10}] \quad [13\text{-}4]$$

表13-1顯示美國環保署所量測的不同地區室外日夜平均噪音音量（L_{dn}）。**表13-2**列出不同工廠、辦公室的八小時等量噪音音量。

表13-1　不同地區室外日夜間平均噪音音量

地區	L_{dn}（dB）
靠近高速公路的公寓	88
機場跑道3/4哩外	86
附近有營建工程的鬧區	79
都市內高密度公寓	78
都市內主要道路旁的房屋	68
市內老社區	59
木造住宅	51
農田	44
郊區住宅	39
野外	35

資料來源：參考文獻[3]，經同意刊登。

表13-2　不同工作場所八小時等量噪音音量

場所	Leq（8） dB（A）
1.紡織廠	
紡紗機	95
紡紗室	90
織布機	95
織布棚	95
2.飲料工廠	
混合場	95
洗濯、檢視區	100
自動封蓋區	100
裝瓶區	90
3.辦公室	
非常安靜的小辦公室	40-45
大型安靜辦公室	46-52
大型嘈雜辦公室	53-60

資料來源：參考文獻[1]，經同意刊登。

(四)噪音的複合

如果噪音源不只一處，必須將所有同時發生的噪音計算出來。由於噪音位準為對數函數，不得任意相加，必須使用下列公式：

$$L_t = 10\text{Log}\left(10^{L_1} + 10^{L_2} + 10^{L_3} + \cdots\cdots\right) \quad [13\text{-}5]$$

公式[13-5]中，L_t為總複合噪音位準值，L_1、L_2、L_3分別為不同噪音源音量值。

13.1.4 噪音的影響

(一)噪音對於聽力的影響

聽力的喪失是聽覺器官或神經傳導系統受到損害所造成的結果（參閱第三章）。一個強烈的爆炸聲會破壞柯蒂氏器官，造成嚴重聽力的降低。長期在噪音環境下生活或工作，內耳基底膜上的聽覺細胞會逐漸退化。高頻率噪音遠較低頻率者傷害力強，間歇性噪音如鎚擊聲較連續性噪音嚴重。炸彈爆炸或響雷可能立即造成暫時性聽力喪失。

聽覺能力喪失的程度與聽覺器官損傷的部位和程度有關。除了突發性爆炸或巨雷外，一般噪音對於聽力的影響在短期間內並不明顯，也未必引起注意，但是長期暴露於噪音之下，所產生的後果卻是永久性的，而且無法挽救。大部分的工作場所皆已建立適當的管制；然而，由於個人愛好與生活習慣的不同，許多人在家居或娛樂活動中，不知不覺地損傷聽覺器官，例如經常在家聽音量高的流行音樂或出入迪斯可舞廳的新新人類，遲早會發現聽力在短短的幾年內降低。

聽力喪失其實就是聽閾移轉（auditory threshold shifts），此種移轉可分為暫時性與永久性兩種。暫時性聽閾移轉會慢慢復原，為了比較上的方便，通常是在離開噪音現場兩分鐘以後，以聽力計（audiometers）量測人在125、250、500、1,000、2,000、4,000、6,000、8,000赫茲下。對於純音的敏感度。瓦德（W. D. Ward）、貴特（K. D. Kryter）、密勒（J. D. Miller）等人曾經專研此項工作，茲將他們的結論彙總如下[1, 4, 5, 6]：

1.噪音音量必須超過60～80dB(A)才會造成聽閾移轉，80～90dB(A)僅增加8～10dB；然而，噪音位準超過100dB(A)時，聽閾移轉會增加50～60dB。
2.與暴露於噪音的時間成正比，時間愈長，移轉值愈大。
3.恢復正常所需的時間與所暴露於噪音環境的時間長短成正比，較暴露時間多10%。
4.經常離開噪音現場，可降低影響。
5.聽閾移轉最大的頻率發生於強度最高的頻率之0.5～1倍的八音階帶。
6.頻率在2,000～6,000赫茲間影響最大。
7.不同的人處在相同的環境下所受的影響差異甚大。

圖13-3顯示暫時性聽閾移轉與噪音音量、頻率、暴露時間的關係。

永久性聽閾移轉是聽覺系統受到永久性、不可挽回的損傷後，所產生的移轉。

永久性移轉亦與暴露時間有關。**圖13-4**顯示其與暴露時間的關係，時間愈長，影響愈大。頻率在2,000～4,000赫茲之間的聽力喪失最嚴重；在80分貝噪音環境下工作十年（每天八小時）不致造成明顯的永久性移轉；然而，當噪音音量超過85分貝以上，影響非常嚴重（如**圖13-5**）。

間歇性噪音（如機械短暫、定期性運轉聲）、撞擊性噪音（如鎚擊）、脈動性噪音（如射擊），也會對人的聽力造成傷害。間歇性噪音發生的時間長短直接影響人的耐受能力。間歇的時間愈長，所能忍受的噪音音量愈高（2,000赫茲頻率的暫時性聽閾移轉低於12分貝）。

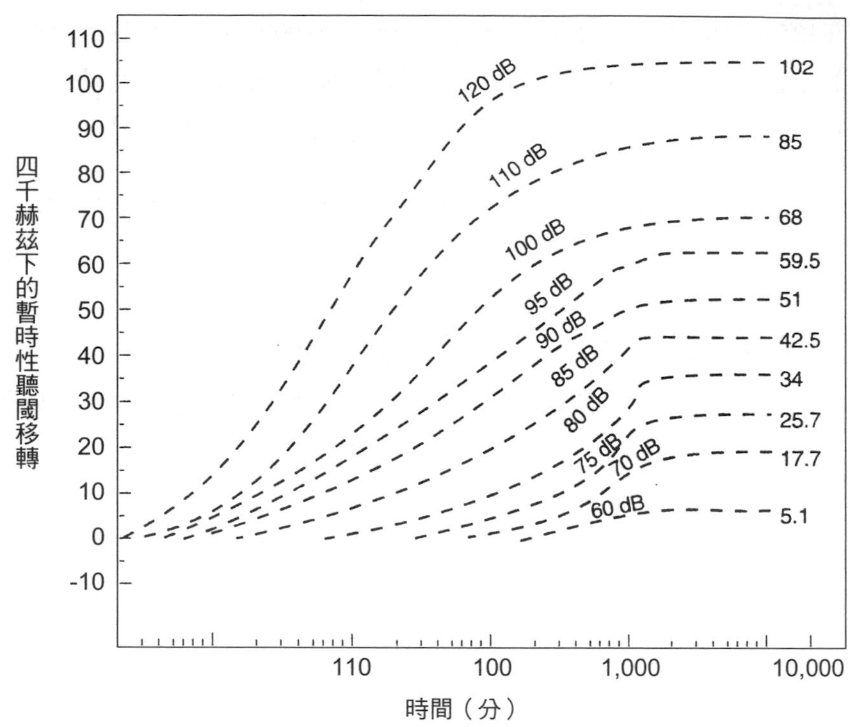

圖13-3　暫時性聽閾移轉與噪音音量、暴露時間的關係

資料來源：參考文獻[6]，經同意刊登。

(二)噪音容忍極限

表13-3列出美國職業安全衛生署所公布的最高噪音容忍限值。在八小時的暴露時間內，最高容忍限值為90分貝。暴露時間降低一半時，則增加5分貝；因此，四小時內的最高限值為95分貝。依此類推，在不戴耳罩或防護器具之下，不應暴露於115分貝以上的噪音。

(三)噪音的生理與心理效應

◆噪音的生理效應

噪音除了會直接損傷聽覺器官，造成永久性的聽力喪失外，還可

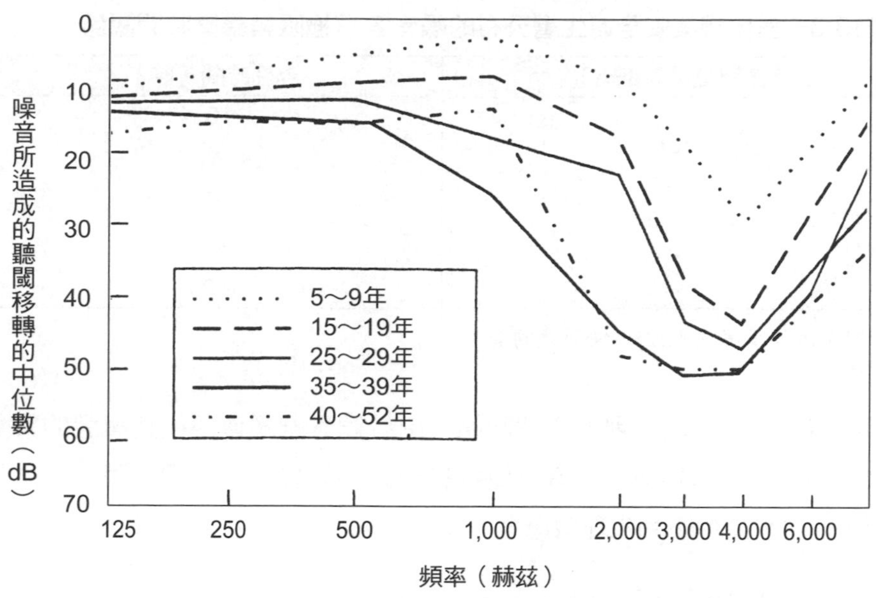

圖13-4　永久性聽閾移轉與暴露年限的關係

資料來源：參考文獻[7]，經同意刊登。

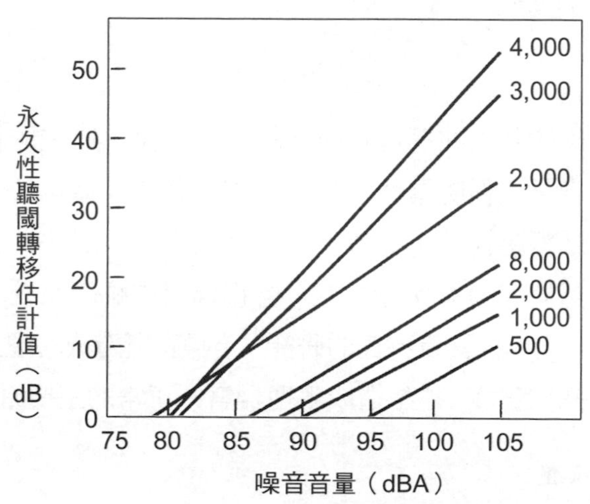

圖13-5　不同噪音位準下所達成的永久性聽閾轉移

資料來源：參考文獻[8]，經同意刊登。

表13-3　美國職業安全衛生署公布的噪音容忍極限與暴露時間關係

聲壓位準（dBA）	容許時間（時）
90	8
95	4
100	2
105	1
110	0.5
115	0.25

資料來源：參考文獻[2]，經同意刊登。

能間接地影響人的生理與心理狀態。由於聽覺神經傳導徑路與腦的警覺敏感和激發結構相連，噪音不僅會影響人的警覺性、影響睡眠、令人厭煩，而且會產生下列生理效應[1]：

1.血壓的升高。
2.心跳加速。
3.皮膚血管的收縮。
4.新陳代謝的加速。
5.消化器官的減緩。
6.肌肉緊張。

這些生理反應皆為人在警覺狀態下的表現，是由自主神經所控制。這些生理反應本身是一種防禦性、預警機制，將全身籠罩於備戰狀態。這些生理反應皆為暫時性，不會產生永久性的傷害。過去一直有一種假說，認為長期暴露於高強度噪音之下，會損傷自主神經系統，因而造成生理上的變化；然而，依據貴特氏的研究[8]，噪音所造成心理上的變化，如煩躁不安、緊張或壓力，才是造成生理器官不正常的主要原因。

◆噪音的心理效應

並不是所有環境中的噪音皆令人厭煩，落葉、流水或春天鳥鳴反而令人舒暢。噪音對人的心理影響因人而異，主要主觀、客觀因素如下：

1.噪音音量愈高、頻率愈高，愈令人討厭。

2.異常與間歇性的噪音較熟悉的或連續性噪音更令人困擾。

3.個人過去的類似經驗與所受的影響有很大的關係，「新兵怕隆隆大砲聲，老兵怕機槍聲」，即為一例。

4.個人對於噪音的態度與其所受的影響有關，大部分的鄰居受不了一個初學小提琴的學生所拉的刺耳琴聲，但是他本人並不太受影響。

5.與個人的行動有直接關係，人在市場內買菜時，心境不太會受噪音影響，在房中靜坐凝思時，卻不能容忍任何微小的聲音，即為一例。

◆噪音的睡眠效應

噪音對於睡眠的效應也曾被廣泛地研究，茲將這些研究的結果摘錄如下[1]：

1.嚴重減少總睡眠時間。

2.降低熟睡所占的時間比例。

3.半睡半醒的時間加長。

4.增加驚醒反應的次數。

5.難以入睡，由上床至熟睡的時間加長。

由於身體的健康與是否能得到充分的睡眠有關，長期暴露於高音量噪音之下，睡眠長期不得安寧，會產生情緒不穩、精神不足或其他不適生理的反應。

(四)噪音對工作績效的影響

一般噪音對於肢體性或手動工作的影響很低，但是不可否認的，無論從事任何工作，在一個安靜的環境中遠比嘈雜的環境舒適、輕鬆，而且不易疲倦。籃球教練在喧譁的球場上，必須大聲吼叫，才能勉強引起球員的注意。在練球時，僅需輕聲細語，即可達到溝通的目的。由於噪音會分散人的注意力，工作效率自然也難免受到影響。然而，許多研究的結果卻相互抵觸。有些學者甚至認為人在噪音下，由於注意力集中、自信心加強，反而會提高效率。尤其是在單調、枯燥的工作環境中，工作人員的精神難以集中，工作情緒低落，適度的噪音反而會提醒工作人員的警覺性，進而提高工作績效。

布勞德賓特（D. E. Broadbent）、荷基（G. Hockey）與傑瑞森（H. J. Jerison）等人的研究明顯地指出，噪音對認知性的工作，產生不良的影響[9, 10, 11]：

1.背景噪音經常會干擾複雜的思想活動與需特殊技巧的工作。
2.噪音會增加學習的困難。
3.音量超過90分貝的任何噪音皆會影響人的思考能力。
4.60～70分貝的噪音強度會影響人的短期記憶，因而增加文法錯認的偵檢工作的錯誤，但是對拼字錯誤的偵檢，並無妨礙。

噪音所產生的聽覺遮蔽效應（第三章），直接影響人的聽覺與分辨語音的能力，自然會降低交談或打電話溝通的績效，增加工作上的困擾（如**表13-4**）。辦公室內的交談是令人困擾的最主要的噪音，其次才是事務機器所發出的雜音。

鍾斯（D. M. Jones）與布勞德賓特二氏認為下列工作的績效，會受到噪音的干擾[14]：

1.長時間的工作（連續性背景噪音）。
2.必須持續注視或維持固定姿勢的工作（工作人員會因為突發性巨響而驚嚇失常）。
3.不重要或偶發性任務。
4.與口語溝通有關的工作。
5.需要做出迅速反應的開放性任務。

表13-4　語言交談的噪音干擾效標

言語干擾位準（SIL）（分貝）	人與人交談
30～40	不受干擾。
40～50	距離1～2公尺之內不受影響，2～4公尺距離必須提高音量，電話交談略受影響。
50～60	30～60公分之內交談不受影響；1～2公尺距離必須提高音量，電話交談略受干擾。
60～70	30～60公分之內須提高音量；1～2公尺之內略為困難，難以使用電話交談，可使用耳塞。
70～80	1～2公尺距離即使喊叫亦略感困難；電話交談非常困難；可使用耳塞，不致影響對話。
80～85	30～60公分之內即使喊叫亦略感困難；無法使用電話交談；可使用耳塞，不致影響對話。

資料來源：參考文獻[13]，經同意刊登。

13.1.5 噪音的防制

噪音防制可以分成下列四個層次：(1)噪音源的控制；(2)噪音傳播路徑的防制；(3)個人防護措施；(4)主動式噪音控制措施。

如果可以鑑定出噪音產生的來源，控制或降低噪音的發生，不僅是最有效的方法，而且以長期的觀點而論，較為經濟；其次為傳導路徑的防制，利用隔音牆、隔音材料、加裝圍封等，以降低噪音的傳播，最後才是戴耳塞、耳罩，或設置特殊具隔音材的房舍，供人辦公使用。

(一)噪音源的控制

噪音是由於機械的振動或流體與管線的摩擦所產生的，因此首先必須先量測工作場所的主要轉動機械設備如壓縮機、馬達、渦輪、電鋸、內燃機等，與流體的傳送如蒸汽、壓縮空氣、廢氣等所產生的噪音。由於無論機械設備的操作或流體的傳送所產生的噪音並非保持不變，因此在量測時，必須將不同運轉的模式（如啟動、停機、正常運轉等）與操作情況下的噪音頻率分配與響度測出，以作為改善依據。

鑑定出主要噪音源之後，僅需考慮與總噪音源相近的音源，然後決定改善順序。

決定出改善的優先順序之後，即可針對噪音源進行改善，茲將主要控制措施摘述如後：

◆選擇較安靜的設備

就長期的觀點而論，選擇安靜的機械設備遠較其他控制方法經濟。有些馬達製造廠商生產噪音低於85dB(A)的高效率馬達，價格雖然較貴，但是由於效率較高，投資仍可回收，而且此類馬達不需加裝噪音防制設施。有些設備如鼓風機所產生的噪音較高，生產廠商通常建議或提供額外的噪音防制設施，以降低噪音的影響，如果必須採購此類設備時，必須在採購時，即考慮噪音的防制。

◆選擇設備時，宜考慮其操作特徵

大部分的設備有其最適運轉範圍，在此範圍之內所產生的噪音量較低。超出此範圍之外時，噪音量可能大幅增加。一般而言，操作所產生的噪音與效率有關，噪音過高時，表示操作效率的降低。主要的操作參數改變時，噪音量亦會增加，風扇的轉速增加，固然可增加空氣的流動，但也會增加噪音量。**表13-5**列出機械設備的運轉特徵對於噪音的效應。

◆加強修護、保養

加強維修與潤滑，可降低噪音的產生。

◆減少流體傳送時所產生的噪音

改善流體流動模式，可以降低8～10分貝噪音位準，下列各種改善流體流動方式，可作為控制流體噪音的參考：

表13-5 機械設備的運轉特徵對噪音的效應

設備或流體輸送	對數比例	噪音位準（dB）
內燃機	馬力比	10～30
風扇	馬力比	10
風扇	壓力比	10
風扇	轉速比	50
泵浦	馬力比	17
泵浦	轉速比	40
氣流流動	速度比（>聲速）	80
氣流流動	速度比（<聲速）	60
氣流流動	壓力比（速度小於聲速）	30
液體流動	速度比（無氣化現象）	60
液體流動	速度比（氣化現象存在時）	120

資料來源：參考文獻[15]，經同意刊登。

1.盡可能降低流體在管線、導管、排放管中的速度。
2.盡可能加大流體進入桶槽或設備的入口直徑，並且避免任何阻擋物。
3.流體由設備或桶槽宜以低速、平均排出，以避免產生亂流現象。
4.選擇轉動機械的螺旋葉片時，應將聲學效應考慮在內。
5.加大泵浦或其他相關設備中的殼壁與轉動翼片之間的距離，以降低噪音。
6.降低噴射口速度。
7.加強壓力系統洩漏檢視與維修。

◆改變噪音源的頻率

改善轉動機械葉片設計，以調整噪音的頻率，可解決噪音的困擾。美國職業安全衛生署於1980年發表的「噪音控制」（Noise Control: A Guide For Workers And Employers, OSHA 3048, 1980）中有兩個有趣的實例可供參考。第一個例子為工廠屋頂的風扇噪音很大，足以困擾附近住宅區，低頻率噪音傳播時，所需能量低，傳播較遠，高頻率噪音則相反，可將葉片較少、低頻率噪音較多的舊風扇以葉片較多、產生高頻率噪音較多的新風扇取代，則可解決問題（如**圖13-6**）。另外一個例子則剛好相反。如**圖13-7**所顯示，一個每分鐘轉動125轉的直接與引擎相連的旋轉槳所產生的噪音，無法忍受。如果將旋轉槳與引擎之間加裝齒輪，將轉速降至每分鐘75轉，同時再使用一個較大的旋轉槳，將噪音的頻率降低，則可減少噪音所產生的困擾。

(二)噪音傳播路徑的防制

噪音是經由空氣或物體等介質傳播，如果在傳播的介質中加製阻擋物質或物體，則可達到防制的目的。

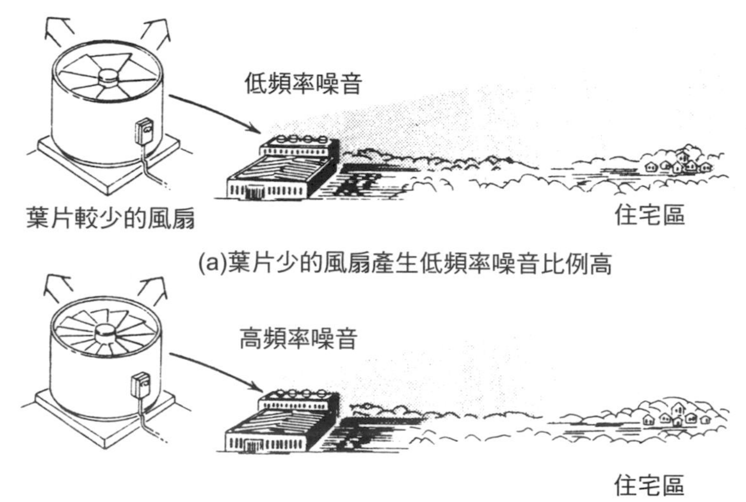

(a)葉片少的風扇產生低頻率噪音比例高

(b)葉片加多，轉速加快，產生高頻率噪音，可降低傳播距離

圖13-6　改變葉片數量，將噪音的頻率提高

資料來源：參考文獻[16]，經同意刊登。

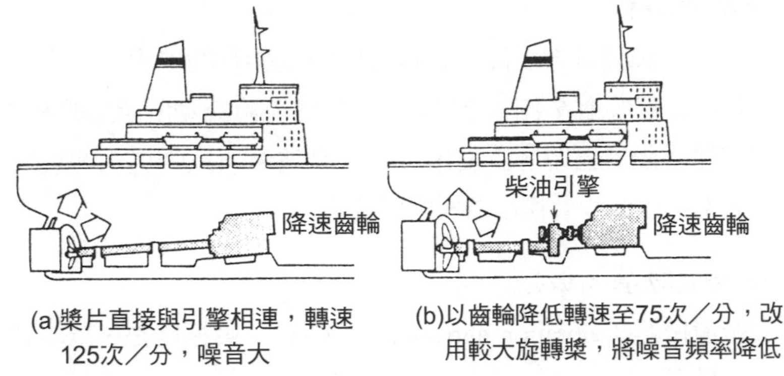

圖13-7　改善旋轉槳轉速

資料來源：參考文獻[15]，經同意刊登。

◆調整噪音源的距離

將噪音源設置於較遠的地區，以增加噪音傳播的距離，可有效降低噪音的影響，例如辦公大樓、大飯店的主要機電設備皆安裝於地下室中，以遠離辦公居住場所，冷卻水塔或空壓機多設置於屋頂之上等。

◆加裝隔音牆

隔音牆通常應用於高速公路邊或工廠高噪音源側，以阻擋行車與機械設備所產生的高強度噪音。隔音牆必須是氣密的，而且至少須降低10分貝音量。隔音牆與所欲保護地區的距離宜遠大於與噪音源的距離；隔音牆的寬度至少為噪音源距隔音牆的兩倍以上。常用的隔音牆的材料有水泥、原木板、金屬隔音牆、高密度塑膠等。

◆圍封噪音源

將大型馬達、壓縮機等噪音源予以圍封，以降低其所向外擴散的噪音15～20分貝。圍封所使用的材料最好具吸音與減弱兩種功能。在嘈雜的機械設備中，如經常必須人員工作時，可設置噪音房間，將工作人員圍封於內，以免於外界干擾。

◆加裝隔音材料

在室內安裝隔音板、隔音材料可以防止噪音的傳出、傳入，在高壓流體流動的管線閥上安裝隔音材料，可降低流體流動所產生的噪音。

加裝雙層隔音窗時，宜使用不同厚度玻璃，以避免兩塊玻璃有相同的共振頻率，以減少共振所造成的隔音損失。

◆降低機械設備的振動

安裝消振器（vibration deflector）、彈簧、吸振座墊，以緩和振動，同時降低噪音。

◆安裝消音器

安裝特殊材料製成的消音設備，利用聲波的吸收、干擾，以達噪音降低的目的。

(三)個人防護措施

最後一個層次的防制為個人防護，以保障進入噪音位準高於85dB(A)的地區的工作人員的聽覺器官。**圖13-8**顯示各種不同設計的耳塞與耳罩。設計良好的耳罩或耳塞可降低20～40分貝噪音位準。兩者並用時，可將2,000赫茲以下的噪音影響降低35～40分貝。頻率在2,000赫茲以上者，降低50分貝左右。噪音位準在85～100分貝之間時，使用耳塞即可，噪音位準超過100分貝以上，應使用耳罩。

(四)主動式控制

主動式控制方式係針對噪音源發出抵消性聲音，以干擾、抵消噪音。**圖13-9**顯示一個主動控制噪音的裝置。為了降低風扇或泵浦轉動所造成的噪音，此裝置在風管中安裝一個感受器，以接受噪音，然後經過一個分析儀，以分析噪音分布範圍，控制器則依據所分析的結果，產生出一個完全相反的聲音，以抵消噪音。這種裝置對於頻率400赫茲以下的噪音或由少數幾個單音複合的噪音非常有效。

(a)泡棉耳塞

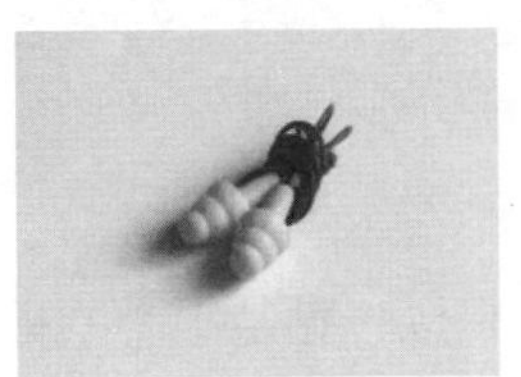

(b)特殊形狀耳塞

(c)耳罩

圖13-8　耳塞與耳罩

資料來源：參考文獻[17]，經同意刊登。

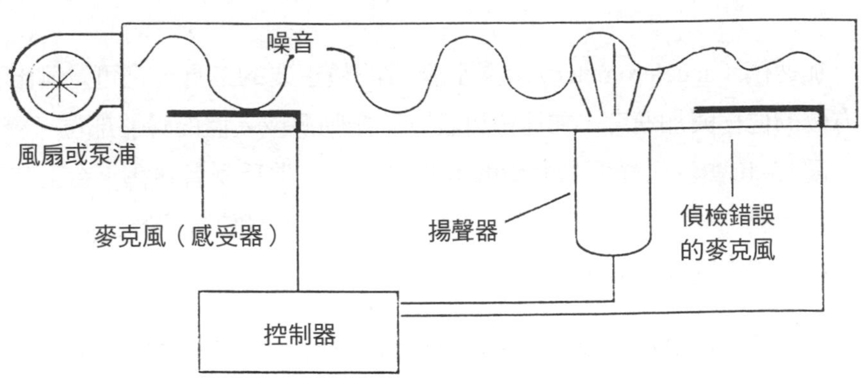

圖13-9　主動控制噪音裝置

資料來源：參考文獻[17]，經同意刊登。

13.2 振動

振動（vibration）是以一點為中心的搖擺性運動。它有兩種主要的形式：第一種為週期性振動，是由單一頻率的正弦波（sinusoidal wave）或數個不同頻率的正弦波所複合而成，其特點為振動具規律性、週期性，波形之間有一定的距離，任何一個複雜的週期性振動，皆可經由傅氏分析（Fourier analysis）方法，分解為許多正弦振動。另外一種振動無一定的規律性，又稱為隨機振動（random vibration）。

人的骨骼有一定的結構與彈性，不僅幅度巨大的振動會損傷骨骼與肌肉，長期性中度振動也會造成關節的失常與骨骼的損傷。十九世紀中期，法國醫生雷諾氏（Maurice Raynaud）即發現長期使用鎚頭的工人，手部蒼白而冰冷；汽卡車司機的背部、腰部健康狀況欠佳，主要是由於長年暴露於行車的振動與衝擊中。

13.2.1 振動的測量

加速儀（accelerometer）是振動測量的最主要的工具，它可量測出不同方位的位移與加速度，加速儀可設置於振動源或人體的骨骼部位。

圖13-10顯示人體振動與衝擊量測的方位。當受測者站在平台上時，其上下振動方位為±gz，平躺於平台上時，上下振動方位為±gx。正弦振動可使用下列參數表示：

1.位移（displacement）：高於或低於靜止平面的最大幅度；單位為公分（cm）。

2.加速度（acceleration）：單位為g，1g＝9.8公尺／秒^2（地球重力加速度）。

3.頻率（frequency）：單位為赫茲（Hz）。

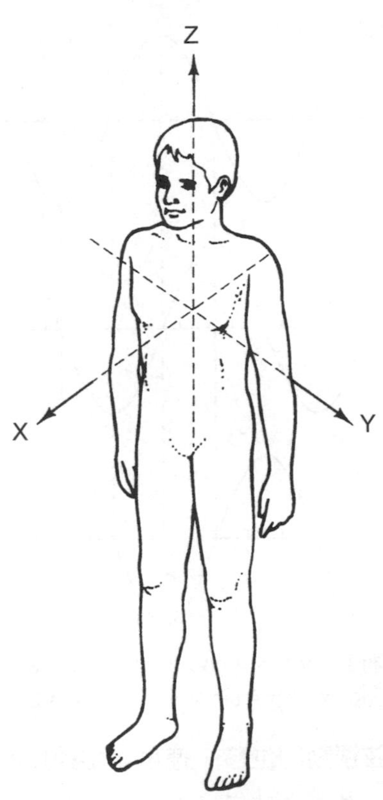

圖13-10　振動量測的方位

資料來源：參考文獻[18]，經同意刊登。

4.速度（velocity）：甚少使用，多為加速度所取代，單位為公分／秒。

圖13-11顯示正弦振動的位移、速度、加速度隨時間的變化。

正弦振動具規則性，其加速可以應用均方根（root-mean square）表示其強度，隨機振動只能以尖峰或最大值表示：

$$X_{rns} = \sqrt{(1/T) \int_o^T X^2(t)dt} \qquad [13\text{-}6]$$

X(t)是沿著特殊方位的位移（時間函數）。

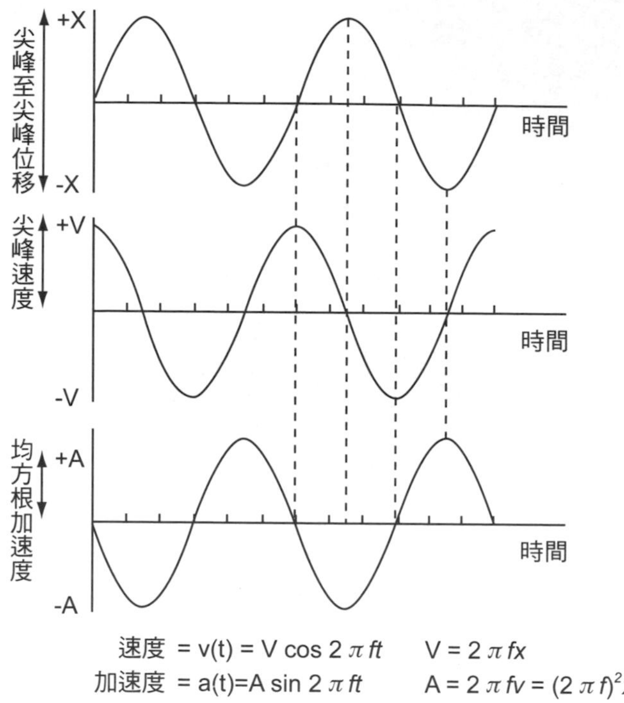

圖13-11　正弦振動的位移、速度與加速度隨時間變化圖

資料來源：參考文獻[18]，經同意刊登。

13.2.2 共振與振動的傳導

任何一個物體皆有其天然共振頻率。當一個物體受外力影響所引發的振動頻率愈接近此物體的共振頻率時，所產生的強迫性振動的振幅愈大，當振動頻率與共振頻率相等時，此物體會以較原有振幅更大的振幅振動，此種現象稱為「共振」。

人體各器官皆有其特殊的共振頻率：

1.3～4Hz：上脊椎（振幅增加240%）。

2.4Hz：頸、脊椎（振幅增加200%）。

3.5Hz：肩帶（振幅增加200%）。

4.20～30Hz：頭、肩之間（振幅增加350%以上）。

5.60～90Hz：眼球。

6.100～200Hz：下顎。

其中以頻率4～8Hz之間的振動對人體的影響最大，因為人的脊椎骨的天然共振頻率即在此範圍之內。

設計車輛時，必須考慮人體的共振頻率，以免頻率相當時，產生更大的振幅，造成人體的不舒服。瑞德克氏（A. O. Radke）發現，當座椅與人體頻率比例低於1.414以下時，會產生振幅擴大的現象；當兩者幾乎相等時，擴大效應最大；當比例高於1.414時，人體的位移較座椅少[20]。

人體對於振動的機械反應亦可用傳導度（transmissibility）表示。傳導度為輸出對輸入的比例，慣以百分比表示（振動的強弱或位移為輸入，人體的反應為輸出）。當傳導度超過100%時，表示效應的擴大。低於100%時，則顯示效應的減弱。**圖13-12**顯示三種座椅的傳導度。標準與具起伏而與人體密合的輪廓型座椅（contoured chair）的振動頻率在3～4Hz之間時，會產生兩倍以上的擴大；然而，懸吊式座椅的頻率在3～6Hz之間時，傳導度僅20～30%，振幅大幅減弱[20, 21]。

13.2.3 振動對人的影響

(一)生理效應

振動嚴重影響視覺知覺與心理運動的表現，會令人產生保護性的肌肉反射，造成肌肉的縮短。當人暴露於強烈振動狀態下，由於肌肉反射作用，熱能消耗提高、心跳與呼吸速率加快。無論人體本身振動或目標物振動，都會影響視場與視銳度。索引機、卡車、營建機械的振動，會降低駕駛者的工作效率，增加失事的機率。頻率低於2赫茲以下的振動，對於視

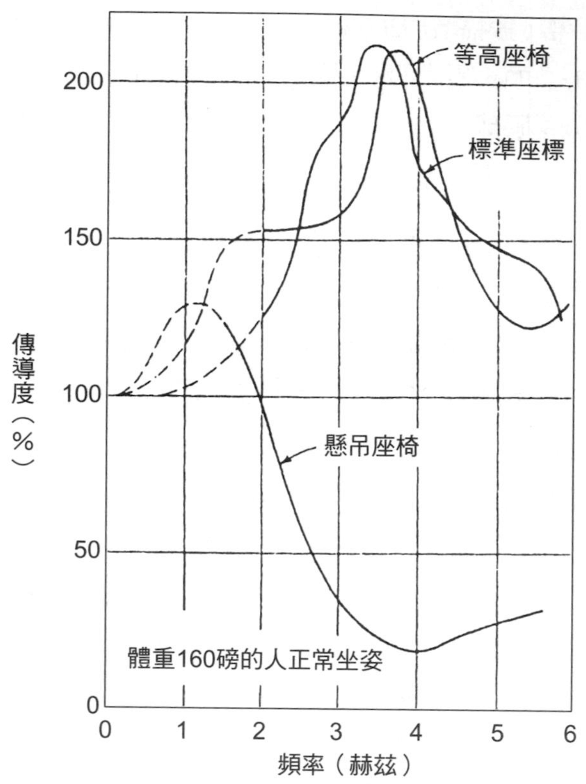

圖13-12　人體對於不同座椅的振動所產生的機械反應

資料來源：參考文獻[19]，經同意刊登。

覺的影響很低；超過4赫茲時，效應逐漸顯示出來，頻率在10～30赫茲之間的效應最大。一個頻率為50赫茲、加速度2公尺／秒^{2}的振動，會降低人的視銳度一半以上[1]。人的中樞神經系統所控制的程序，如反應時間、監視能力、模式再識卻不受振動影響。振動所產生的心理、生理的效應明顯顯示於模擬性的駕駛測試中，茲將主要的效應摘要如下[1]：

1.共振頻率在2～16赫茲之間（特別在4赫茲左右）時，會降低駕駛效率，加速度愈大，影響程度愈大，**圖13-13**顯示在不同頻率、加速度的振動下人的感覺。

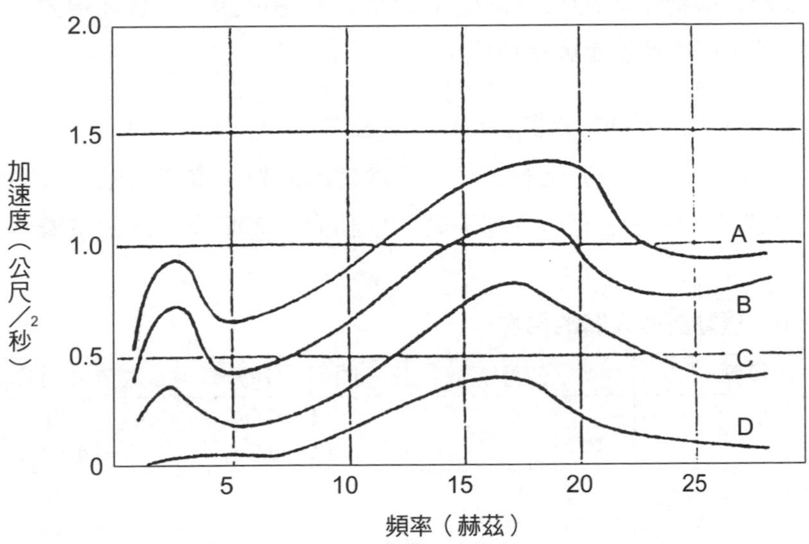

A：警覺；B：特別難受；C：輕度難受；D：知覺

圖13-13　人體對座椅振動的感覺

資料來源：參考文獻[22]，經同意刊登。

2.當座椅的加速度超過0.5公尺／秒^{2}以上時，駕駛錯誤開始增加。

3.當座椅加速度到達2.5公尺／秒^{2}時，錯誤發生的次數過高，已達危險程度。

振動的頻率與人的舒適度有關，一般人對於振動的抱怨如下[1]：

1.振動會造成呼吸的困難，特別是當頻率為1～4赫茲左右時。

2.頻率在4～10赫茲之間，造成胸、肚疼痛，肌肉反應，顎部發聲，人會覺得不適。

3.頻率在8～12赫茲之間時，會產生背痛。

4.頻率10～20赫茲的振動，會造成肌肉緊張、頭痛、眼壓不正常、咽喉疼痛、干擾講話，以及腸與膀胱不適。

5.舟車擺動頻率在0.2～0.7赫茲之間，會造成頭昏、嘔吐現象，此種現象即所謂暈車或暈船症。

表13-6列出振動對人體各部位的影響[22]。

振動對人體並不完全有害。輕微適當的振動，會使人感覺舒適，易於恢復疲勞。市面上充斥各種不同的振動床、按摩椅、頸部按摩器，以

表13-6　振動對於人體的影響

反應	效應*	頻率（Hz）	位移（公分）
呼吸控制	－	3.5～6.0	1.9
	－	4.0～8.0	0.4～1.5
身體顫抖	＋	40.0	0.17
	＋	70.0	0.08
手顫抖	＋	20.0	0.04～0.09
	＋	25.0	0.09～0.14
	＋	30～300	0.05～0.5
	＋	1,000	0.02
瞄準	－	15.0	0.18～0.30
	－	25.0	0.09～0.14
	－	35.0	0.08～0.13
手部協調	－	2.5～3.5	1.27
腳壓穩定	－	2.5～3.5	1.27
手反應時間	＋	2.5～3.5	1.27
視銳度	－	1.0-24.0	0.06～1.49
	－	35.0	0.08～0.13
	－	40.0	0.17
	－	70.0	0.08
	－	2.5～3.5	1.27
追蹤目標	－	1.0～50	0.13
	－	2.5～3.5	1.27
注意力	－	2.5-3.5	1.27
	－	30～300	0.05～0.50

*：＋代表增加；－代表降低。

資料來源：參考文獻[22]，經同意刊登。

及振動噴淋器等。

(二)振動對健康的危害

長期暴露於振動危害之下的器官，會逐漸受到損傷。站姿或坐姿下所接受的垂直振動，例如駕駛車輛時所承受的車體、座位的振動，會導致脊椎的退化與變形。長期使用動力驅動的工具如電鑽、電鋸，會損傷手與前臂。

由於牽引機駕駛員的脊椎骨節之間的圓盤與關節問題遠較一般人多，患腸炎、膀胱炎與痔瘡的比例亦偏高，似乎可以假設長期強烈性振動與脊椎及人體腹、胯部位有關，然而，此假設尚有待證明。

動力手工具的頻率範圍是影響手部健康的最主要的因素。頻率低於40赫茲的氣動鎚會促使手與手臂的骨骼、關節、肌腱的退化，造成手腕、肘部的關節炎，有時甚至會造成骨骼萎縮與肩關節炎[1]。頻率在40～300赫茲之間的動力工具所產生的振幅很低，僅0.2～5毫米，而且會因傳至人的組織之中而減弱，但是仍會對微血管、神經造成損傷，而造成「手死」的情況；其中以中指最為明顯，中指首先會變成藍白、冰冷而麻木，不久手指又會恢復血色，但會感覺疼痛，此種症狀是由於血管的痙攣所產生的，稱為雷諾氏症（Raynaud’s disease）。慣用電鑽的煤礦工人或使用電鋸的伐木工人患此症者居多。寒冷的北方較溫暖的南方的病例多，可能是由於在寒冷的氣候下，血管對振動較為敏感。

振動頻率更高時，會影響循環系統，例如磨光機振動頻率在300～1,000赫茲之間，會造成手的腫脹與感覺的喪失，此種症狀即使在工作完成後仍不會消失。

13.2.4 暴露限值

國際標準協會（ISO）列舉出下列三種不同效標：

1.舒適效標（criterion of comfort）：主要適用於汽車工業。

2.效率維持效標（criterion of the maintenance of efficiency）：適用於牽引機、營建機械與重型車輛，又稱疲乏—熟練度降低效標（fatigue-decreased proficiency criterion）。

3.安全效標（criterion of safety）：適用於衛生保健，為完全暴露的最高上限。

圖13-14顯示垂直方向效率維持效標範圍，其他兩種效標的加速度，可由效率維持效標值乘以一定的比例獲得：

1.舒適效標加速度＝效率維持效標加速度÷3.15。

2.安全效標加速度＝效率維持效標加速度×2.0。

圖13-15顯示垂直與水平方向舒適效標範圍。

13.2.5 振動控制

振動的控制可由振動源的控制、傳導路徑的控制，與工作人員的防護等三方面著手[21]：

(一)振動源的控制

1.加強轉動機械的平衡、維修、降低速度等。

2.避免使用振動頻率與人體共振頻率範圍之內的設備。

(二)傳導路徑的控制

1.當加速度超過**圖13-15**所顯示的舒適效標時，應設法降低暴露時間。

2.改善座墊，應用懸吊型座椅等。

3.輪替工作人員，以降低暴露時間。

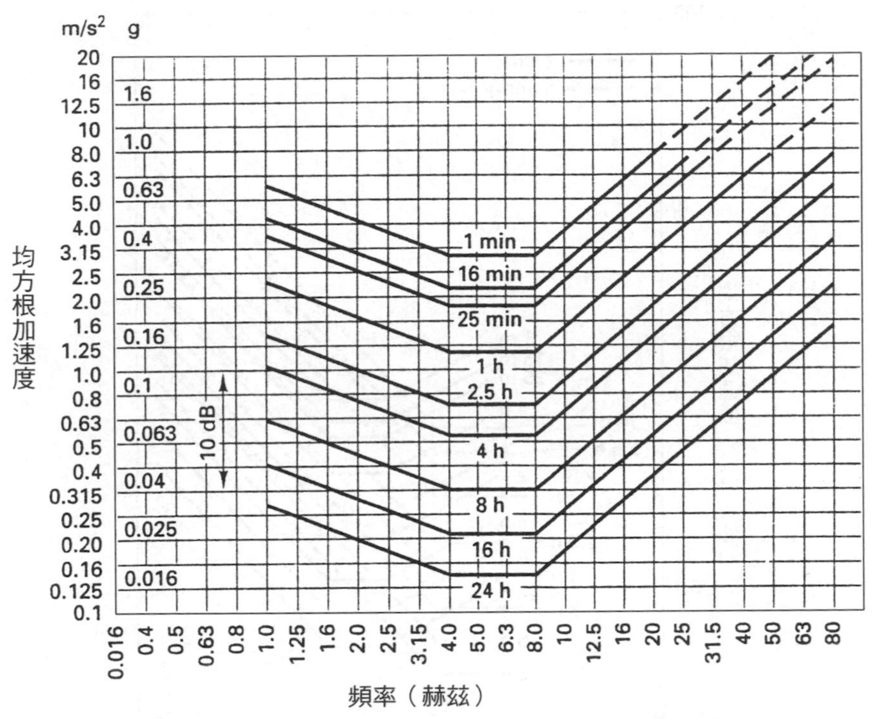

圖13-14　垂直方位的全身振動的效率維持效標

資料來源：參考文獻[23]，經同意刊登。

(三)工作人員的防護

1.改變姿勢，以降低振動效應。

2.裝置振動減弱衣裳。

3.如振動干擾目視銳度時，可酌情加大目標尺寸、加深目標與背景對比等。

4.手戴厚重手套，以降低振動效應。

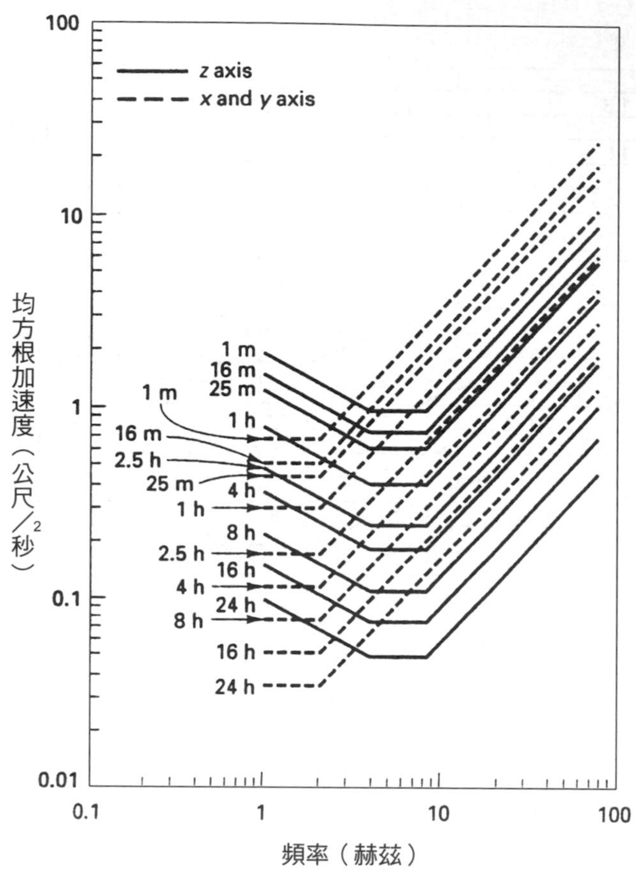

圖13-15　垂直與水平方向的全身振動的舒適效標

資料來源：參考文獻[23]，經同意刊登。

13.3 加速度

自由落體的重力加速度為9.81公尺／秒^2（32.2呎／秒^2），習慣以1G（1重力加速度）表示。人的有效體重與身體的吸引力（或加諸身體的加速度）成正比。當一個飛行員，以一個3G的加速度向下俯衝後，再向上提升時，他的體重等於平常的三倍。太空人登上月球後，體重僅及地球的六分之一。

一般人多少皆曾感受到加速度所造成的影響。乘坐火車、汽車時，速度突然加速（加速度為正值），身體會向後傾斜，緊急剎車（加速度為負值）時，身體向前傾斜。由於車行加速度變化不大，對於人體的效應不甚明顯，但是駕駛超音速戰鬥機的飛行官，卻必須承受很大的加速度。加速度超過一定限度後，足以令人暈眩、手腳失控。汽車的碰撞亦會產生很高的加速度；因此，瞭解加速度對於人體的效應，有助於飛行器材、車輛的安全設計。

13.3.1 專門術語

在討論加速度對於人體的效應之前，首先將介紹一些航空的專門術語與分類。**圖13-16**顯示航空力學所慣用的加速度方位，與**圖13-10**中之振動加速度方向不同。加速度的方向是以眼睛或另一器官的方向為基準，X軸的正向為由背向胸的方向，Y軸正向為由左向右，Z軸的正向為由頭至腳趾（如**表13-7**）。

加速度依其方向，可分為直線方向、徑向（radial）與角（angular）加速度等三種，直線方向的加速度為：

$$G_L=(V_2-V_1)/2s.g \qquad [13\text{-}7]$$

G_L為直線G力，g為重力加速度（$9.81m/s^2$）；V_1，V_2分別為初、末速度（m/s），s為加速之距離（m）。

直線方向加速度的方向不變。

徑向加速度所造成的速度不變，但方向不停地改變，例如離心力，其計算公式為：

$$G_r=V^2/g.r \qquad [13\text{-}8]$$

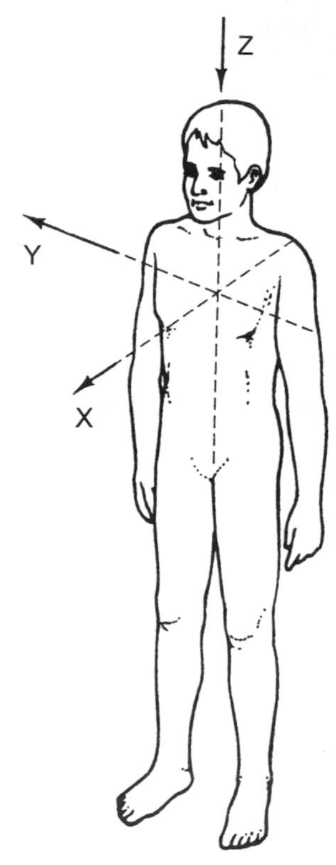

圖13-16　加速度方向的界定

資料來源：參考文獻[13]，經同意刊登。

表13-7　航空力學分類

加速度作用方向			身體加速度的慣性結果	
直線運動	作用	加速度敘述	反應	一般口語敘述
向前	$+a_x$	向前	+Gx	眼球向內
向後	$-a_x$	向後	-Gx	眼球向外
向右	$+a_y$	右側	+Gy	眼球向左
向左	$-a_y$	左側	-Gy	眼球向右
向上	$-a_z$	頭向	+Gz	眼球向下
向下	$+a_z$	腳向	-Gz	眼球向上

資料來源：參考文獻[18]，經同意刊登。

G_r為徑向G力，V^2為速度，r為迴轉半徑。

物體的速度與方向同時變化時，會產生角加速度，例如溜冰者以單足旋轉時，身體所承受的力。

加速度依其時間長短分為突發性加速度與延長性加速度。快速撞擊所產生的加速度為突發性加速度，其變化速率低於0.2秒，整個時間不超過1秒鐘，對於人的影響僅限於機械性的撞擊與損傷，不致造成血液的變化；延長性加速度的時間超過1秒鐘，不僅身體部位會產生物理位移而且會造成血液的位移。

13.3.2 加速度對人體的效應

向上加速度（+Gz）增至2G時，坐姿者會感覺重量增加、皮膚與組織向下落、視銳度降低。當加速度升至4G以上，已無法看見周圍物體、四肢行動困難。至6G以上，意識會喪失、向下加速度至3G時、結膜出血，很少人能在-5Gz之下忍受5秒鐘。

當飛機或汽車向前加速時，人所感覺的加速度為向前加速度（+Gx），此時人的四肢的移動發生困難。**圖13-17**顯示向前加速度對於坐姿者身體各部位移動的影響。圖中所顯示的數值為該部位移動的上限（+Gx）力量，當加速度超過此上限值時，該部位無法移動。

設計飛機或太空艙的緊急逃生彈射控制桿時，必須慎重考慮其設置的位置，盡可能裝置在接近於最高容忍上限值25G（即右手平放於椅把的位置）附近。加速度的增加會降低人的反應時間、追蹤的表現、視銳度與周圍視場的敏感度，必須增加周圍控制盤與訊號的亮度，以補償視力功能的損失。向前加速度會造成呼吸的困難。向後加速度（-Gx）與向前加速度的效應類似。由於胸部的壓力降低，呼吸較為容易，但是安全帶的壓力卻會造成痛苦。側向加速度甚少發生；因此，研究者不多。**表13-8**列出各種不同方向加速度對人體的影響。

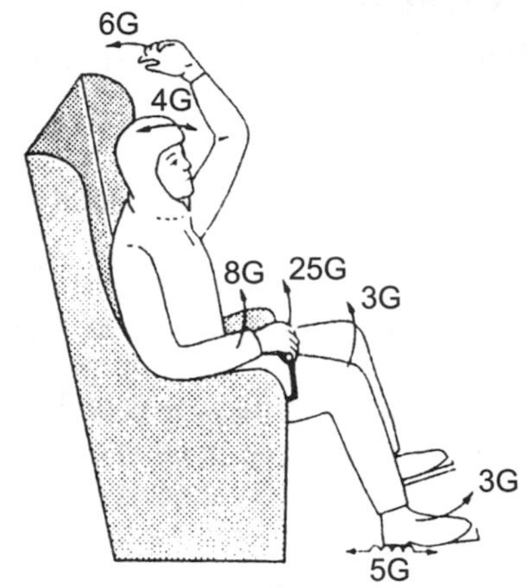

圖13-17　人體（坐姿）各部位的加速度力容忍上限

資料來源：參考文獻[25]，經同意刊登。

表13-8　加速度對人體的影響

加速度（G）	效應
1. 坐姿——由後向前	
2G	視銳度降低
4G	身體的移動困難
8G	呼吸困難
10G	難以維持頭的平衡，無法移動四肢
12G	呼吸困難，必須依賴機械協助
14G	無法目視
2. 坐姿——由下向上	
2G	視銳度降低
4G	無法看見周遭物體，四肢移動困難
5G	暫時失明，身體失去控制
6G	意識喪失
3. 坐姿——由上向下	
2G	頭痛，視力降低
3G	結膜出血，眼紅，頭腦混亂
4G	網膜出血

資料來源：參考文獻[22]，經同意刊登。

飛機轉向時，乘客會感受到徑向加速度的影響。由公式[13-8]可知，加速度與速度的平方成正比。如果飛行速度增加兩倍時，作用於乘客與飛機的加速度力會增加四倍。徑向加速度為正值時，會產生人體的組織會向下拉、行動困難、心臟以上血壓降低、心臟以下血壓增高、重力增加、心臟向下位移等效應；徑向加速度為負值時，頭部充血、眼部血管充血而易於破裂[24]。

13.3.3 加速度的暴露限制

圖13-18顯示不同方向下，人對直線加速度自願忍受的時間；其中以向前（+Gx）加速忍受能力最高，即使在28G的力量之下，仍能容忍0.02秒，向後（-Gx）加速次之，向下（-Gz）者最低。當人暴露於向下（-Gz）加速時，人體中的流體向上流，充滿頭部與眼部，造成頭痛、頭

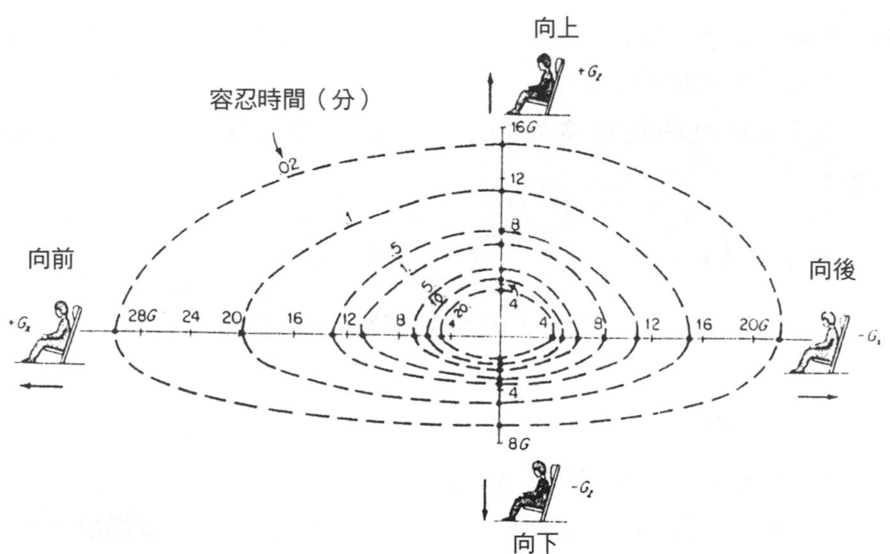

圖13-18　不同方向的直線加速度的人體（自願）容忍時間

資料來源：參考文獻[26]，經同意刊登。

昏與眼部出血、紅視，而暴露於向上（+Gz）加速時，血液向下流，產生黑視現象。

13.3.4 防護措施

調整姿勢可以降低加速的影響，例如將身體長軸調整至與加速方向垂直的方向。當加速方向為由上向下時，將座椅向後倒65度，使加速方向與頭至腳的方向垂直，以增加人的忍受力。使用氧氣罩，以協助呼吸亦可增加忍受力。穿著抗加速衣對於由下向上的加速度最為有效，此種衣物是由許多氣囊所組成，藉著氣囊的充氣，施壓於大小腿、腹部等主要身體部位，以協助血液回流至心臟之中，同時維持動脈血管的壓力，目前高速戰鬥機飛行員多使用抗加速衣，以增加身體的忍受力。

人浸在水中時，由於水所接受的加速度力相同，因此分布於人體的力量亦較平均，可以增加人的耐受力，在水中仰臥所受的效應最低。**圖13-19**顯示在水中與調整姿勢後忍受力的比較，水遠較坐姿的調整更為有效，不過此方法並不實用。

為了降低加速度對於乘客的影響，汽車、飛機皆安裝下列加速防護設施：

(一)一般車輛

1.能量吸收設施，以緩和速度的快速降低，如擋板、安全氣囊、調整式頭靠。

2.主動式抑制裝置，如安全帶。

3.賽車駕駛者或機車騎士所戴的頭盔。

4.防撞、防震設計，如加強車門、車側、車體結構、防撞擋板等。

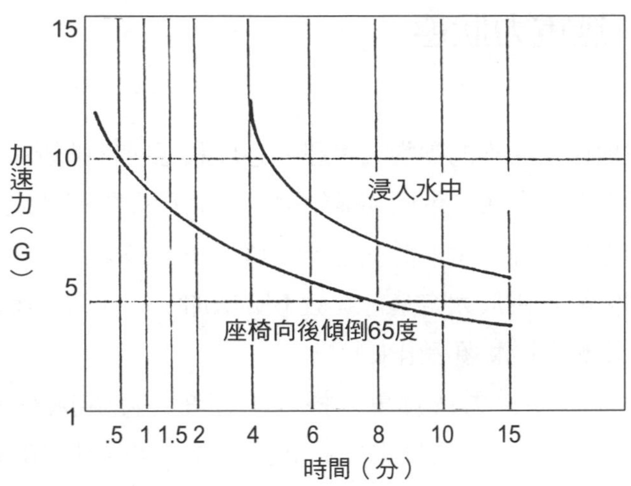

圖13-19　浸水與座椅調整的直線加速力容忍能力比較

資料來源：參考文獻[7]，經同意刊登。

(二)飛行器

1.大密艙中安裝表面起伏，但與身體各部位密合的等高座椅。

2.安全帶與頭盔。

3.考慮應用水浸方式（實用性尚待證明）。

4.緊急逃生彈射座椅或逃生艙。

5.抗加速衣。

(三)道路

1.應用可分離式路標或路燈，如碰撞能量超過定值後，自行分離，以降低碰撞效應。

2.橋墩防護設施。

3.減少路邊危險性的結構。

4.相反方向的車道之間加裝水泥短堤或安全島。

5.在分叉路口加裝能量吸收阻礙物，如倒塌式壓縮桶。

13.4 無重力狀態

人是在地球上生存的動物，生理、心理狀態與行動皆深受地心引力（重力）的影響。在美、俄兩國開始對太空旅行發生興趣之前，人對於無重力狀態下的心理、生理的反應，瞭解不多。1960年以後，此項研究才開始受到重視。由於太空飛行次數不斷增加，人在太空艙的時間愈來愈長，許多效應也逐漸顯示出來。

嚴格地說，零重力或無重力根本不存在，除非處在穩定軌道中的太空船內。一般所謂的無重力狀態是指加速度低於10^{-4}G或微重力（microgravity）的狀態下，此時亦可稱為失重（weightlessness）狀態。在地球上雖然可以短期模擬無重力狀態，但是任何一種方法皆無法取代處在太空軌道的經驗，例如：

1.飛機以克卜勒軌道（Keplerian orbit）或拋物線飛行時，約20～30秒之間處於無重力狀態。
2.在深水桶槽、游泳池或水族館中，人穿著壓力衣可藉浮力達到無重力或低重力狀態。

13.4.1 對生理的影響

人在無重力狀態之下，會產生下列生理效應[18]：

(一)骨骼—肌肉系統的萎縮

在缺乏重力的狀態下，肌肉無需收縮，而逐漸萎縮；蘇聯的太空人在太空旅行二百一十一天，再返回地球後，站立一、兩分鐘，即需休息。由於缺乏運動，骨骼中的鈣質由汗、尿中流失，造成骨質的疏鬆。蘇聯太空人在太空艙上幾個月後，有些骨骼的質量降低11%；鈣的流失造成腎臟中鈣質的增加，易產生腎結石。

(二)血液、流體的重新分配

人的循環系統在重力狀態下運轉正常，例如靜脈管中的閥門可防止血液集中於人的下肢。在無重力狀態下，此種防止血液下流的功能仍然存在；因此，血液集中於人的頭部、胸部等身體上部。在太空艙上兩百天以上，人體腿部血液減少20%。另外一個副作用為太空人對於口渴的感覺降低，所飲用的水分隨之降低，造成人體流體量降低、骨骼的礦物質流失與鈉的停留的增加。

血液的總量雖然降低，但是人腦中仍然覺得血液太多，因為沒有重力的作用，血液較易集中於人體上部；因此，紅血球的製造率隨之降低。大約在太空一百天之後，開始發生貧血症狀，心臟的收縮率也會減少。血液的成分也會受到影響，血漿體積減少，膽固醇濃度上升，磷分減少，紅血球數與血液中的氧含量減少，最後身體中的腺苷三磷酸（ATP）含量也會減少。

(三)神經控制

在太空的前幾天，太空人的前庭系統會發生困擾，而且很難在無重力狀態下平衡自己，難以定向、頭暈與嘔吐。當太空人回到地球上後，身體與意識又必須重新調整。在太空三十天之後，太空人對於振動與聲音刺激的敏感度增加。

(四)其他

布朗氏（J. W. Brown）發現太空人在無重力狀態下，身高會增加5公分之多，而且在第六至九天內發生，二十天之後身高不再增長[29]，此種增高的現象是由於重力喪失後，脊椎骨之間的骨盤膨脹所造成的。太空衣與太空艙的設計應考慮人體增長的因素。人的免疫系統在太空之中也會受到壓抑。蘇聯太空人在太空中生活兩百天之後，發生許多前所未有的過敏現象，不過目前尚未瞭解免疫系統抑制的真正原因。

13.4.2 對工作績效的影響

在無重力的影響下，只要適應平衡之後，行動非常容易，但是難以施力，施力時身體必須固定，以產生反作用力。在進入太空的初期，太空人的運動表現降低，他很難準確地估算出執行一項任務所需的體力工作量。由於缺乏重力所產生的阻力與參考初期太空人的工作效率較低，必須經過幾天練習後，才逐漸培養出技能。

當太空人返回地球後，他的垂直穩定性降低，肌肉力量降低，大約一星期之後才逐漸恢復正常。

龐德等氏（Robert Bond et al.）曾經報導過在太空任務中的一項有趣的發現，人體在半蹲姿勢時最為鬆弛（如**圖13-20**）。在此姿勢之下，膝與股的角度約130度，頸與頭向前傾斜，雙手平浮，前臂與軀幹形成45度角[30]。設計太空艙與控制器時宜參考此姿勢，如果不順應此姿勢，易產生疲勞。

13.5 緊張

緊張是不愉快或異常的狀況所引起的生理反應。造成緊張的狀況包括物理環境、工作、個性或人與社會的相互作用。緊張可分為三個階段[12]：

1.預警反應：當環境發生變化時，腎上腺開始分泌，泌液進入血液之中，發出預警訊號。

2.抗拒階段：腎上腺停止分泌，身體已開始調適。

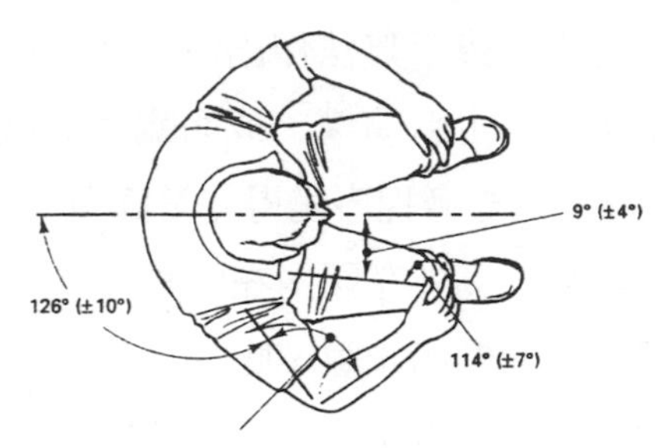

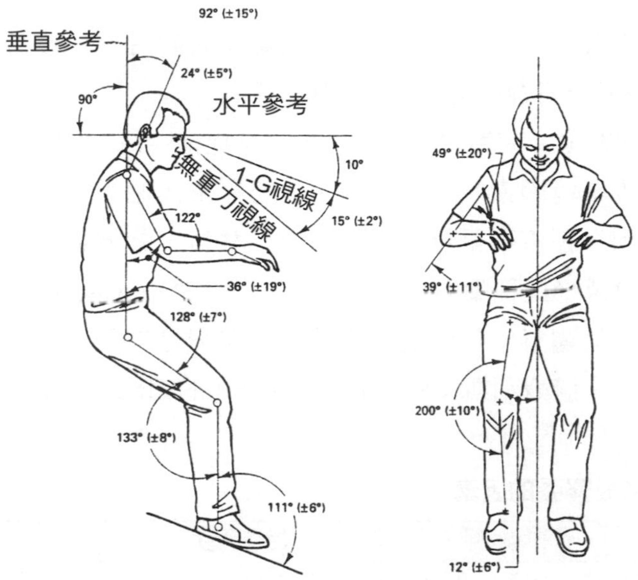

圖13-20　無重力狀態下，人體鬆弛的姿勢

資料來源：參考文獻[13]，經同意刊登。

3.衰竭階段：身體的資源已被消耗殆盡，器官開始崩潰。

緊張的三階段的症候是由塞爾耶氏（H. Selye）於1936年所提出的，稱為一般調適症候群（general adaptation syndrome）[27]，係依據對老鼠經毒物注射後的生理反應的結果所發表的。心理因素例如人對於自身狀態的評估也會造成緊張，因為對於狀況或環境的認知決定他是否滿意或沮喪。人在高度緊張之下，幾乎無法作出決策或取捨。每個人都可能有此種經驗，例如學生第一次上台演講，或面臨生命威脅時，此時人在驚嚇狀態，記憶力突然減退，思考程序變得非常簡單。

造成緊張的因素可分為外在與內在因素，外在因素可分為三類：(1)物理因素：物理環境因素例如光線、噪音、溫度等；(2)社會因素：人對於自身的表現、誘因、狀況的評估；(3)藥物：藥物會影響人的生理平衡。

內在因素則為人的生理變化，例如女人的月經、疲勞或生理時鐘等，**表13-9**列出各種不同的因素與其影響。

職業性緊張（或壓力）是現代化工業社會中每一個人可能面臨的。物理／社會環境因素、組織因素、任務需求與個性是造成職業性緊張的重要原因。經濟不景氣，各公司進行裁員、強迫退休時，幾乎每一個員工皆會感受此種壓力。美國德拉瓦州（Delaware）面積僅6,452平方公里，為美國五十州中倒數第二位，但卻是主要化學公司，如杜邦（DuPont）、赫寇利斯（Hercules）等公司的總部與研發中心所在。當

表13-9　造成緊張的因素

項目	示例	效應方式	變數
1.物理	冷、熱、噪音、照明水準、大氣狀態	直接影響神經系統	個人承受能力、任務、控制的可能
2.社會	焦慮、誘因	認知性思考	個人承受能力、任務
3.藥物	醫藥（鎮靜劑、毒品）、咖啡、飲料、尼古丁、酒精	直接影響神經系統	個人承受能力、任務
4.疲勞	疲乏、呆調、煩悶、缺乏睡眠	不僅直接影響神經系統，也會影響認知性思考	任務時間、個人狀況
5.週期	醒—睡週期、人體溫度變化、生理節奏	部分受環境因素影響，其他則由人體內部驅動	個人、任務、中斷形式

資料來源：參考文獻[27]，經同意刊登。

地每單位人口中的心理醫生的比例甚高，主要原因為研發人員的工作壓力甚大，尋求心理治療者遠較其他地區多。改善工作場所的物理環境因素、允許員工參與決策過程、提供生涯規劃、疏通人事升遷管道等，可協助降低員工的職業性緊張。

13.6 社會環境

人是社會的動物，在現代社會中，任何人無法完全脫離人群而獨自生活。社會環境因素，例如人與人之間的相互關係，人對於隱私權的維護與對自身處境的評估，隨時隨地影響人的情緒與心境。

13.6.1 群體效應

同儕、顧客或管理者的存在也會影響員工的工作績效與他們的工作態度。十九世紀末期，崔普萊特（Triplett）發現競爭是提升績效的有效方法。在自行車競賽中，多人競賽的速度較單人獨自騎車的速度快20%。為了深入探討同僚的效應，他設計了一個簡單的實驗，要求四十位十至十二歲的兒童分別在單獨與集體的情況下纏繞釣魚竿上的釣線。他發現半數（二十位）的兒童集體作業較單獨作業快速，十位不受影響，其餘十位的速度反而較低。他認為兒童的競爭精神與旁觀者的輔助效應，是提升績效的主要原因。此後，許多人進行有關績效與社會環境的關係研究，其結論為他人的存在會加強已經熟練的技能，但是會妨礙學習新的技能[4]。

在眾人面前，絕大多數的人不願意做出與眾不同的事情，或表達獨特的見解。此種現象在群眾運動或集會中非常明顯。歷史上有名的政客往往利用群眾的心理，製造出一種訴求在集會或遊行時造成情緒的高潮，進而達到其政治目的。如果每一個人皆能冷靜地思考分析，然後進行秘密投票，其結果可能大不相同。

13.6.2 隱私權

隱私權是人的基本權利，西方人很早就理解這一點；因此，在西方社會之中，即使是非常親密的好朋友，也避免談到有關薪水、個人婚姻狀況或宗教信仰的議題；然而，在東方社會中，隱私權卻不受尊重。事實上，大部分的人皆企圖獲得所期望的隱私權。在極權的社會中，個人隱私權根本不存在，個人必須向情治人員、秘密警察交心，否則無法立足。在民主自由的社會中，國民的隱私權普通受到尊重；然而，由於言論自由的保障與新聞界為了促銷的原因，公眾人物反而成為眾矢之的，各種緋聞、謠言滿天飛，任何意見、動作皆會引起爭議。在任何一個團體或組織之中，適當尊重個人的隱私權，是維繫人與人關係的重要因素。在工作之中，應避免牽涉到與工作無關之私人議題，同時避免以個人的隱私部分作為人事決策的依據，如此才可確保工作環境中的和諧。

13.6.3 個人空間

個人空間（personal space）是指人體周圍的無形空間。當他人侵入時，會產生強烈的情緒反應，它是由霍爾氏（E. T. Hall）所提出。依據霍爾氏的研究，個人空間可以分為四類，每一類皆有遠、近的範圍[5]：

(一)隱密空間

由0～45公分之間的空間為隱密空間；近範圍為0～15公分之間，包括身體的接觸，只有最親密的人才可接觸；遠範圍由15～45公分，允許親朋好友接近。

(二)個人距離空間

45～120公分之間的空間為個人距離空間。近範圍為45～75公分，是好朋友交談的距離；而75～120公分為遠範圍，用以與一般朋友或熟識者交談。

(三)社會距離空間

1.2～1.5公尺之間的空間為社會距離空間。在此空間之內，沒有任何肢體的接觸。在1.2～2.0公尺之間的近範圍，人與陌生人或工作有關的事務交互作用。在2.0～3.5公尺的遠範圍內，人與他人的關係非常正式，而且沒有任何友誼關係存在。

(四)公共空間

3.5公尺以外的空間為公共空間，是向眾人談話的空間。近範圍為3.5～7.0公尺空間，大約為老師與學生的距離；而遠範圍（7.0公尺以上），屬於公眾人物向群眾演說的範圍。

當一個身分不符的他人闖入個人空間時，人會突然激動，並感覺不舒服。人與人之間的距離間接表達兩個人之間的關係。第三者可以從兩個交談或並行的距離，意會到兩人的親密程度。情侶或母子之間的距離遠比同事或師生之間近。兩人低首傾談會被認為是談論一件隱密而不欲公開的議題。

人在群體中的表現和其與他人的距離有關，與競爭對象之間的距離應較此人與合作對象之間的距離遠。當合作對象在社會距離空間之內時，工作績效會提升，同理，競爭對象宜在公共空間之內，反之亦然。

13.6.4 禁地

禁地（territory）與個人空間的概念類似，而且易與個人空間混淆。

禁地是一種用以達到某種目標的行為或反應模式，通常表現於占據、控制具特定範圍的物理空間、物件。所謂「臥榻之上，豈容他人酣睡」，即為禁地行為的表現。在門上安裝「內有惡犬」或在私有土地邊緣上設置圍牆、放置「私人財產，禁止進入」的標示，皆為禁地心理的表現。換言之，禁地為個人的勢力範圍，不容他人侵犯。

依據亞特曼（I. Altman）與坎摩爾斯（M. M. Chemers）二氏的分類，禁地可分為三種類型[12]：

1.主要禁地（primary territory）：個人私有財產、領域。
2.次要禁地（secondary territory）：必須與他人共享的地區或物件，但是個人有某種程度的控制權。
3.公共禁地（public territory）：屬於公眾使用的地區，但是在此公共禁地活動的人必須遵守規定、公約或具備某種特殊的身分。

每個人所居住的臥室為他的主要禁地，不歡迎他人光臨；家中客廳或其他活動區域，則為次要禁地，僅有自家人或少數親朋好友可以在其中活動；而社區中的游泳池、網球場為公共禁地，僅有此社區的居民，才可使用。人在主要禁地內，人有安全與控制的感覺，可以安心從事他所要做的事，不受他人干擾。當禁地被他人污染時，人會產生不愉快的感覺。他意識到他的隱私權受到威脅，如果不設法禁止或反抗時，可能會被奪取。此種現象在兒童行為上非常明顯，兒童不願意分享他的玩具與糖果。成年人雖然表面上較兒童合群，但是如果他意識到他的做事方式或業務範圍受到干涉時，馬上會採取行動反制。大部分的業務人員對於客戶的資料完全保密，極不願意透露，不僅在工作空間的配置或在業務的安排，皆須理解主要禁地對於人的心理影響。在適當的範圍之內盡可能尊重人對於禁地的觀念與心理需求，進而確認個人、群體、組織或社區的身分與獨特性。

13.6.5 擁擠與密度

密度是單位面積內人的數量，密度愈大，擁擠程度愈高。一個社會中人口密度、擁擠程度與犯罪率有極大的關係。人口密度愈高的地區，每一個人所能分享的資源愈低，也愈貧窮。人與人之間的交互作用亦愈頻繁，爭執、鬥爭也愈益嚴重。對於個人空間需求較大的人，在高密度條件下所受的壓力遠較個人空間需求小的人高。不僅局限於空間，在其他方面，例如工作機會、升遷、資源分配亦會產生擁擠與高密度的狀況。人在高密度的環境中，會有失去控制的感覺，因為他對於周圍的事務缺乏主導的能力，不僅無法發揮個人所長，或表示個人的主見，也無法應付環境的變化，逐漸被動地接受外在的條件，對社會、環境產生無力感[2]。當社會、組織或公司基層成員普遍產生無力感時，短期現象為工作缺乏效率，長期結果為不穩定，任何衝擊皆可能導致崩潰。

參考文獻

1.E. Grandjean, *Fitting the Task to the Man*, Chapter 19, Taylor and Francis, London, UK, 1979.

2.OSHA, Occupational noise exposure standard and hearing conservation Amendent, OSHA 1910. 95. Occupational Safety and Health Administration, Washington. D. C., 1995.

3.USEPA, Protective Noise Levels, Condensed Version of EPA Levels Documents, EPA550 979100, US Environmental Protection Agency, 1978.

4.R. W. Bailey, *Human Performance Engineering,* Prentice Hall, Englewood Cliffs, N. J., USA, 1989.

5.E. T. Hall, *The Hidden Dimension,* Garden City, Doubleday, N. Y., USA, 1966.

6.J. D. Miller, Effects of noise on people, *J. Acoustical Soc. of America, 56*, pp. 729-764, 1971.

7.W. Taylor, S. Pearson and W. Burns. Study of noise and hearing in jute weaving, *J. Acoustical Soc. of America, 38*, pp. 113-120, 1965.

8.K. D. Kryter, Psychological acoustics and health, *J. Acoustical Soc. of America, 68*, pp. 10-14, 1980.

9.D. E. Broadbent, Effect of noise on an intellectual task, *J. Acoustical Soc. of America, 30*, pp. 824-827, 1958.

10.G. Hockey, Effects of noise on human work efficiency, In *Handbook of Noise Assessment,* Edited by D. May, Van Nostrand Reinhold, New York, USA, 1978.

11.H. J. Jerison, Effect of noise on human performance, *J. Applied Psychology, 43*, pp. 96-101, 1959.

12.I. Altman, M. M. Chemers, *Culture and Environment,* Brooks / Cole, Monterey, CA, USA, 1980.

13.NASA, Man-Systems Integration Standard (Rev.A), NASA-STD 3000 Vol. I, SP34-89-230, L. B. J. Space Center, Houston, Texas, USA, 1989.

14.D. M. Jones, D. E. Broadbent, Noise, In G. Salvendy (editor), *Handbook of Human Factors,* pp. 623-649, John Wiley & Sons, New York, USA, 1987.

15.L. P. Yerges, *Sound, Noise and Vibration Control,* Van Nostrand Reinhold, New York,

USA, 1978.

16.OSHA, Noise Control, A Guide for Workers and Employers, OSHA 3048, Occupational Safety and Health Administration, US. DOL, 1980.

17.H. K. Pelton, *Noise Control,* Chapter 4, Van Nostrand Reinhold, New York, USA, 1993.

18.K. Kroemer, H. Kroemer, and K. Kroemer-Elbert, *Ergonomics,* Chapter 5, Prentice Hall, Englewood Cliffs, N. J., USA, 1994.

19.A. K. Simons, A. O. Radke, and W. C. Oswald, A Study of Truck Ride Characteristics of standard cushion vs. suspension seats in Military Vehicles, *Report 118*, Bostrom Res. Labs., Milwaukee, March 15, 1956.

20.A. O. Radke, Vehicle vibration: Man's new environment, *ASME Paper 57-A-54*, Dec. 3, 1957.

21.R. D. Huchingson, *New Horizons for Human Factors in Design,* Chapter 9, McGraw-Hill, New York, USA, 1981.

22.W. E. Woodson and D. W. Conover, *Human Engineering Guide for Equipment Designers,* 2nd Ed., Chapter 2, Nel Pub., London, UK. 1966.

23.International Standard Organization, Evaluation of Human Exposure to Whole-Body Vibration, ISO Standard 2631, ISO, Geneva, Switzerland, 1985.

24.Mark S. Sanders, Ernest J. McCormick, *Human Factors in Engineering and Design,* 7th ed., McGraw-Hill。許勝雄、彭游、吳水丕譯（2000），台中：滄海。

25.C. C. Clark, J. D. Hardy, Preparing man for space flight, *Astronautics,* February, 1959.

26.R. M. Chambers, Operator performance in accelerating environment, In *Unusual Environments and Human Behaviors,* Edited by N. M. Burns, R. M. Chambers and E. Handler, pp. 193-320, The Free Press, N.Y., USA, 1963.

27.H. Selye, The evolution of the stress concept, *American Scientist, 61*, pp. 692-699, 1973.

28.K. R. Boff and J. E. Lincoln, *Engineering Data Compendium: Human Perception and Performance,* 1988.

29.J. W. Brown, Zero-G Effects on Crewman Height. JSC Note 76-EW3, JSC-11184, LBJ Space Center, Houston, Texas, May, 1976.

30.R. Bond et al., Neutral Body Posture in Zero-G, Skylab Experience Bulletin No. 17, L. B. J. Space Center, Houston, Texas, July, 1975.

人因危害

14.1 前言

「人因危害」泛指在工作場所或日常生活中，因違反人的生理、心理的正常發展所造成的肢體上的疼痛、失調或病變。人因危害與物理、化學、生物等危害合稱為工業安全衛生的四大危害。

在現代化工作場所中，為了講求效率，作業員僅負責某項單一的任務。執行重複性地動作的情況非常普遍，例如打字員或數據輸入人員敲打鍵盤，屠夫、廚工切肉、木匠鋸木等。如果工作場所設計不良或所使用的機具不當，作業員為了達成工作目標，往往不得不以不自然地姿勢或動作完成任務，可能會造成肢體的傷害。突發性的意外在發生的瞬間內產生生理上的傷害，例如皮膚或器官的切割、刮擦、敲擊、擠夾、位移、破裂等，稱為「劇烈性傷害」，其中以臂、手與手指所受的傷害次數遠較其他部位頻繁；有些傷害例如關節、肌肉、肌腱或其他軟性組織的疼痛、失常、受傷等症狀，通常必須經過一段時日才會顯現出來，這種傷害稱為「累積性傷害」（cumulative trauma disorders）。

根據美國國家職業安全與衛生研究院的估計，2011年，美國約有一億二百萬人患有肌肉骨骼相關疾病，直接醫療費用約7,963億美元，平均每人每年高達7,800美元。如加上因肌肉骨骼相關疾病所損失的工資（1,307億美元），每年醫療與損失高達8,738億美元，約為美國國內生產毛額的5.7%[1]。美國勞工統計局的數據顯示，52.5%的勞工工時損失係由於肌肉骨骼的或相關軟性組織的疼痛、失常、受傷等案例所引起；累積性傷害或重複性傷害（repeated trauma）案件占所有職業傷病的65%。行政院勞委會統計勞工保險職業病發現，1991年至2003年發生職業病成因中，除了塵肺症及其併發症外，以職業性下背痛最多，共有432件，手臂肩疾病居次，共有300件。統計結果顯示，因工作姿勢不良或長時間固定性工作，導致肌肉骨骼傷害的職業病有惡化的趨勢，這將影響勞工工作及生活。綜觀國內的研究，不同產業勞工的身體痠痛症狀普查結果顯示，全產業以及製造業的比例相近，在不同的身體部位由8.2～49.5%不等，以全產業為例，下背（48.92%）、肩膀（40.75%）以及手／手腕（30.75%）為抱怨不適最多的部位，而半導體業勞工的小腿足部疼痛比例則高達24.06～33.08%，較一般產業為高[2, 3]。

依據我國勞工保險職業病給付統計資料，自2004年起至2009年止，「肌肉骨骼傷害」占職業傷害的百分比逐年上升，由42.07%上升至78.45%。除了礦工塵肺症以外，肌肉骨骼傷害占第一位，其比例為70～80%，不論人數或比例都有逐年上升的趨勢。此情形也發生於瑞典（70%）、丹麥（36%）、芬蘭（39%）、美國（60%）、英國（59%）及日本（58%）[11]等工業化先進國家中。

14.2 常見的累積性傷害

常見的累積性傷害（如**表14-1**、14-2）如下：

1.手與腕部：腕道症候群（carpal tunnel syndrome）、奎緬氏症（De Quervain's syndrome）、肌腱炎（tenosynovitis）、腱鞘囊腫（ganglion cyst）、白指症（white finger）或雷諾氏症（Raynaud's disease）、板機指（trigger finger）等。

2.手肘與前臂：網球肘（tennis elbow）、內側部肘腱炎、橈側道症候群、旋前圓肌症候群、尺骨道症候群。

3.肩部：旋轉帶肌腱炎、肱二頭肌腱鞘炎、胸腔出口症候群、滑液囊炎。

4.頸部：緊張頸痛、神經壓迫。

5.背部：背部肌肉拉傷、椎間盤變形。

6.腿部：滑囊腫、行軍骨折、肌腱炎、跗骨道症候群、腿部疼痛。

表14-1　常見的上肢累積性傷害

部位	名稱／說明	風險因子	工作活動
手腕	1.腕道症候群 手腕腕道正中神經受到壓迫	•重複性手部活動 •執行重複性手部彎曲或伸展工作 •手掌底部與腕經常受到壓縮	•打字、研磨、擦高、開刀、彈奏樂器、組裝、鎚打、屠宰等
拇指	2.奎緬氏症候群 一種特殊的腱鞘腫脹情況，發生於拇指內屈與外伸肌腱上	•每小時扭動或活動2,000次以上 •進行不熟悉的手部工作 •單一或重複性壓迫腕道 •直接創傷 •快速、強力的重複性移動 •重複性動作迫使尺骨偏移	•摩擦、研磨、按壓、切割、屠宰、鉗夾、扭動螺絲等
手	3.肌腱炎 腱鞘腫脹，肌腱表面紅腫	同上	同上
肘	4.肱骨上髁炎 相接的肌腱受到刺激，在網球員、棒球選手、保齡球員與經常使用釘鎚的人中非常普遍；網球肘為手肘外側肌腱發炎、腫脹；高爾夫球肘則為內側肌腱發炎	•手部錯誤能力，手指及手腕關節背屈，引起肘肌肉緊張	•轉動螺絲、螺旋、零件組裝、屠宰、投擲棒球、打高爾夫球、保齡球、打網球、打字
手及手腕	5.腱鞘囊腫 腱鞘中充滿過多的流體而腫脹	•肌腱突然受到強力伸張 •重複性腕部伸張 •重複性腕部扭轉	•摩擦、研磨、按壓、推、鋸、切割、鉗夾等
手及手腕	6.手指的神經炎	•手掌中與手指相接的神經與工具相接觸	同上
手指	7.白指症 手指發白、冰冷	•振動及寒冷環境	•手指長期使用振動性工具
手指	8.板機指 腱鞘或滑液囊發炎	•重複性手指活動	•裁剪、包裝、紡織工作

資料來源：參考文獻[4]，經同意刊登。

表14-2　頭、肩、頸、背、腿部位累積性傷害

名稱	部位	症狀	原因
1.緊張性頭痛（tension nuchalgia）	頭	頸部僵直或痠痛	長期頸部屈曲或扭動
2.滑液囊炎（bursitis）	肩膀	肩膀內滑囊發炎、腫脹	肩膀肌腱持續發炎所引起
3.冰凍肩症候群（frozen shoulder）	肩膀	肩膀極度疼痛失去移動能力	
4.旋轉肌肌腱炎（rotator cuff tendinitis）	肩膀	肩膀肌腱及其腱鞘發炎、腫脹、疼痛	肩部肌肉在重複性緊張之壓力下產生痠痛及疲勞所致
5.胸腔出口症候群	肩膀	手臂、前臂和手的麻木感，整個手臂的脈搏非常微弱、無力	手臂經常上舉而造成神經與血管在肩部遭到壓擠而產生
6.肌肉拉傷	背	肌腱、韌帶拉傷	施力不當或過度
7.椎間盤突出（herniated intervertebral disc）	背	下背部疼痛	不良姿勢所引起，椎間盤脫出而壓迫神經
8.坐骨神經痛（sciatica）	背	坐骨神經痛	坐姿不良
9.下背痛（low back pain）	背	下背部疼痛	
10.地毯工人膝（carpet layers knee）	膝、足	足部疼痛、膝關節炎	長期以跪姿工作

資料來源：參考文獻[4]，經同意刊登。

7.其他：如因照明不良引起眼部症狀、因作息不良與輪班引起疲勞；因熱壓力引起脫水、因工作壓力引起心理疲勞、因不良人機介面引起的人為失誤等。

此類症狀的發生過程，可分為下列三個階段[5]：

1.第一階段：工作時，所受影響的部位疼痛或感覺虛弱，但工作停止後，症狀即很快消失。

2.第二階段：症狀在停止工作時也會出現，而且重複性工作能力會逐漸降低。

3.第三階段：症狀在休息時也不會消失，而且睡眠會受到影響，難以執行多種體力工作。

前兩個階段可延續數週或數月之久，第三個階段的症候會延續數年而不消失。如果在第一階段時，即已發現此類失調的存在時，改善工作姿勢或更換工作，以降低或去除造成失調的原因或來源，仍可以完全康復。

14.2.1 手與腕部

(一)腕道症候群

腕道症候群是上肢最常見的周邊神經壓迫，是由於正中神經受橫腕道韌帶壓迫所產生的。腕道的構造如**圖14-1**所顯示，其截面呈卵形，腕道為一個由纖維與骨頭所形成的通道，位於手腕的掌面，由腕的彎屈紋延伸至拇指球肌突。如將手掌朝上，腕道的底部為圍成半圓形的腕骨。由於頂部有環腕韌帶蓋住，此環腕韌帶附著於兩側較高的腕骨上，狀如帳篷。形成半圓形的腕骨與覆蓋其上的環腕韌帶形成此隧道。正中神經、橈血動脈與手指的屈肌肌腱由腕道通過，當手腕伸展或屈曲時，腕道的空間會減少。任何會使腕道變窄的疾病，或使其內涵增加的狀況發生時，都會造成此神經的壓迫。

主要症狀為掌面、橈側三指（拇指、食指、中指及橈側之無名指）處麻木與刺痛感，但卻不影響小指。患者於日間工作後，夜晚常因手腕麻木而驚醒數次，必須用力擺動手腕或摩擦手指，以緩解麻木或疼痛感。主要原因是由於睡眠時，靜脈停滯所致。擺動手腕，可以改善靜脈的停滯狀況。有些患者手掌肌肉萎縮、手腕無力，但不多見。

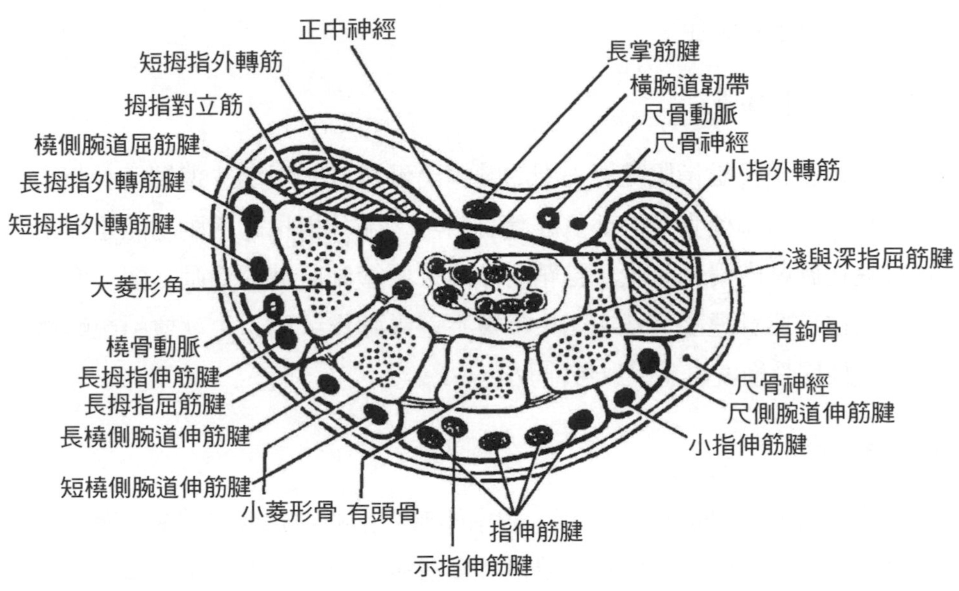

圖14-1　腕道構造

木匠、冷凍食品加工廠的工人、肉類包裝工人、資料鍵入，或操作振動性工具者等必須握抓工具以執行任務。由於手部不當的施力、重複性腕部動作、腕部長時間處在極端彎曲的姿勢、使用振動性工具或在低溫的環境下工作都會壓迫腕道，促成腕道病變。

(二)奎緬氏症

奎緬氏症或稱為「狹窄性肌腱滑膜炎」，發生於「外展拇長肌」及「伸拇短肌」等兩條肌腱（**圖14-2a**）。主要症狀為近手腕處的大拇指側，出現無法使力或有持續疼痛壓痛、緊繃、局部腫脹等。患者在清晨起床時會最疼痛。此種病變係由於拇指的伸展與外張動作重複次數太多（每小時活動2,000次以上），或用力過度，手腕部位的肌腱滑膜及支持帶出現增厚性變化，壓迫到局部的肌腱，使得肌腱滑動不順，或是造成沾黏。長期從事摩擦、研磨、屠宰、美髮等工作，或扭動螺絲起、鉗夾等工具者易患此病症。

(三)拇指腱鞘炎

拇指腱鞘炎是指肌腱與外圍的腱鞘出現發炎的現象，遠端橈骨旁出現痛楚，或遠端橈骨旁的部位紅腫及灼熱。部分拇指的活動功能是靠兩條肌腱在腱鞘內滑動產生，腱鞘的作用是要管制肌腱的活動範圍，而其位置在位於橈骨遠端旁邊。如果重複不適當動作或用力，就會引起輕微損傷，長期受損就容易導致慢性發炎。

(四)板機指

板機指（**圖14-2b**）是拇指、中指與無名指的腱鞘或滑液囊的發炎所引發的症狀，也會發生於屈肌腱鞘，食指與小指上。手掌與手指的交接處皮下有一個環狀般指鞘型韌帶，圍繞著屈肌腱。手指彎屈時，屈肌腱收縮，伸指時屈肌腱舒張。手指長期重複的屈伸，肌腱與環狀韌帶缺乏潤滑，而摩擦發炎。由於患者手指肌腱的滑動，在掌指關節交界處受到限制，手指運動困難，有時必須藉由外力才能伸直。此時會發出小小的響聲，俗稱「板機指」或「彈響指」。長期從事紡織、包裝、裁剪的工人最為多見。

(五)白指症

白指症（**圖14-2c**）又稱振動症候群（vibration syndrome），其主要症狀為手指末梢部位出現指尖或手指全部發白、冰冷，同時產生針刺、麻木、疼痛的感覺。它是由劇烈振動而影響皮下組織，使血管痙攣、血液循環變差、血流量減少而發作。手部長期暴露於振動及寒冷環境下所造成。

(六)腱鞘囊腫

腱鞘囊腫（**圖14-2d**）發生於關節周邊或腱鞘處的腫塊樣皮下突出

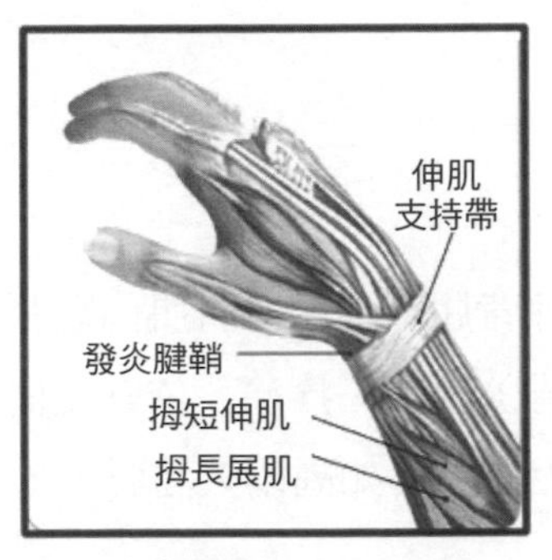

(a)奎緬氏症

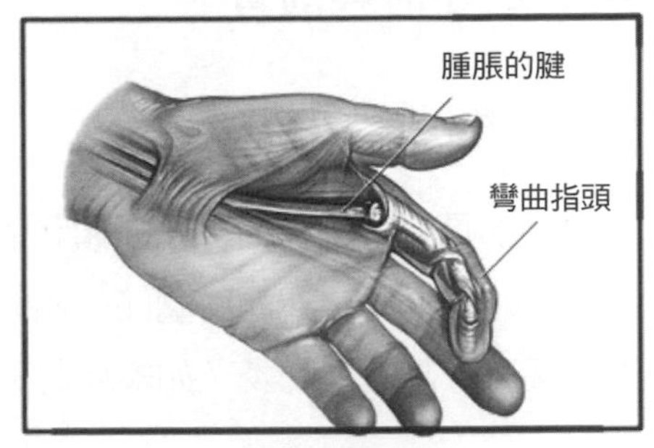

(b)板機指

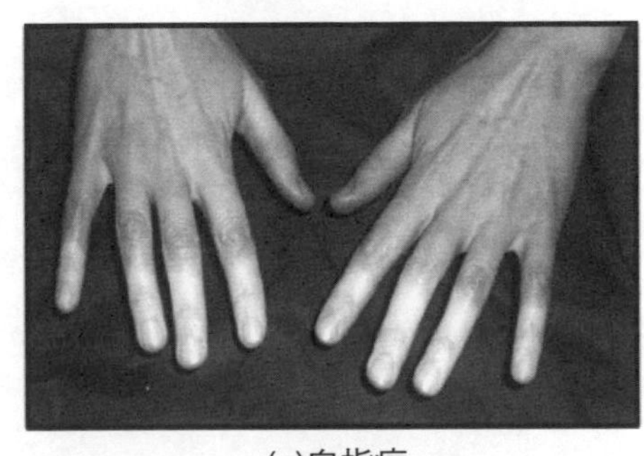
(c)白指症

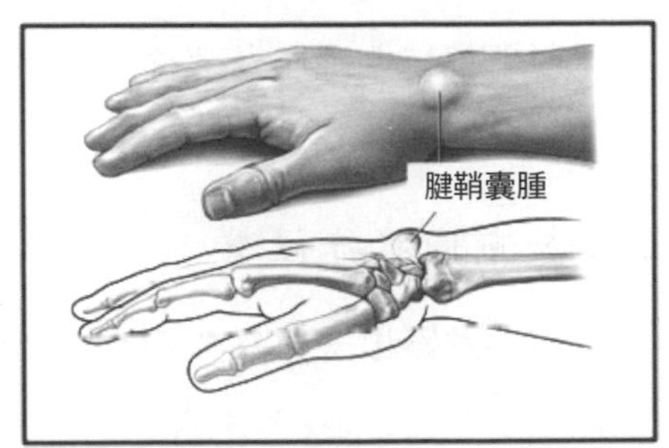

(d)腱鞘囊腫

圖14-2　常見手部累積性傷害

物。它含膠狀物質，經常發生在人體四肢末端，尤其是手部的良性病變。

(七)雷諾氏症

雷諾氏症（Raynaud's phenomenon）係法國醫師雷諾（1834-1881）所發現的一種因小血管動脈痙攣，導致皮膚顏色改變的疾病現象。當病人的手指暴露於寒冷的環境時，膚色會漸漸蒼白，繼而轉為青色，並感覺疼痛，最後變成鮮紅色。

14.2.2 手肘與前臂

(一)肱骨上髁炎

手部長期錯誤使力，手指頭和手腕關節背屈，引起手肘肌肉緊張，導致肘部的肱上髁（亦即肘關節外側的突出骨）發炎、疼痛。依其受傷部位不同又可分為外上髁炎（如網球肘）及內上髁炎（如高爾夫球肘）。

(二)橈側道症候群

肘關節橈側腫脹、疼痛、瘀斑，肘關節活動受限，前臂旋轉功能喪失。

(三)旋前圓肌症候群

正中神經和尺神經在手肘及前臂受到周圍組織不正常的壓迫。

14.2.3 肩部

(一)旋轉帶肌腱炎

旋轉帶（rotator cuff）是由肩胛下肌、棘上肌、棘下肌、小圓肌所組成，這些肌肉包圍覆蓋住肱骨，在肩關節穩定與手臂移動中扮演了極重要的角色。由於旋轉帶緊鄰由肩峰及啄突所構成的弓形突起組織，當肩關節外展或屈曲時，夾在兩個骨頭之間的肌腱會發生摩擦。經常性的摩擦會造成旋轉帶破裂，其中尤以棘上肌肌腱上的傷害最常見。常見於游泳、攀岩運動員或搬運工人。

(二)滑囊炎

滑囊介於旋轉帶與肩峰之間，其功能為減少旋轉帶與肩峰之間的摩擦、碰撞。經常性的撞擊會造成滑囊發炎，其中又以肩峰下滑囊炎最常見。

(三)肱二頭肌腱鞘炎

旋轉帶破裂、腫脹及發炎會造成肌腱血液供應異常，加速肱二頭肌長頭肌腱的磨損，甚至斷裂。

(四)胸腔出口症候群

前斜角肌、肋與鎖骨過度外展的頸與肋骨症候群會引起胸痛，但是此種胸痛多數還有合併神經或血管受壓迫的症狀，非單純性的胸痛。

14.2.4 頸部

(一)緊張頸痛

在正確的姿勢下，頸椎所承受的力約為53.4牛頓，如果頭往前移了2.5公分，頸椎的壓力增加了將近三倍；頭再往前移2.5公分，頸椎所承受的壓力竟然高達186.8牛頓（**圖14-3**）。長期低頭使用智慧型手機或睡眠時枕頭太高，由於整個頭部經常往前伸，頸部肌肉與肩頸關節承受異常張力，造成肌肉疼痛、筋膜疼痛症候群，長時間甚至造成肩部與頸椎關節退化。

(二)神經壓迫

神經根處如果受到骨刺或軟骨的壓迫，側頸部會劇烈疼痛，且疼痛會一直延伸至前臂或手指。根據統計有70%的音樂班學生曾因練習樂器時受過傷，神經壓迫占傷害的第二位，其中又以第七節頸椎為最多。滑手機的姿勢不良或時間過長，也會造成頭、頸、背、手、腰、眼的疼痛與受傷（**圖14-4**）。學小提琴的人左邊較易發生壓迫現象，鋼琴家則以右邊居多。

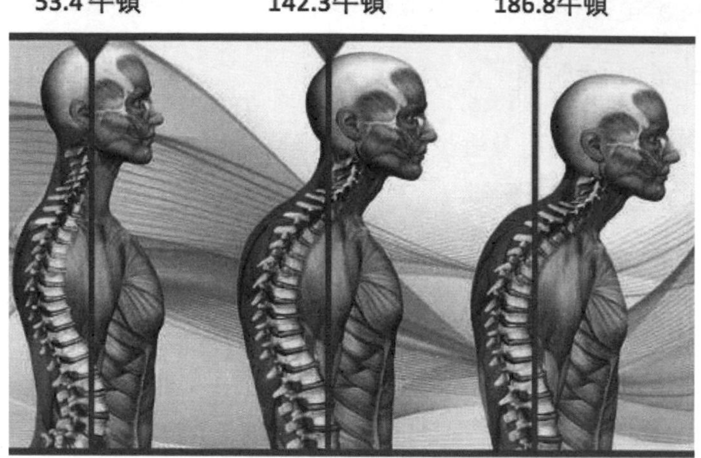

圖14-3　頭部位置與頸椎所承受的壓力

資料來源：參考文獻[11]，經同意刊登。

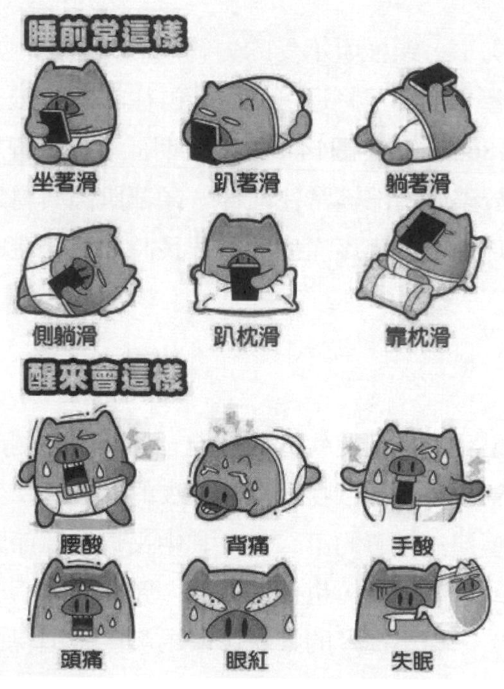

圖14-4　滑手機時間過長的危害

14.2.5 背部

(一)椎間盤變形

人體共有三十塊脊椎，頸椎七塊，胸椎十二塊，腰椎五塊，薦椎五塊，尾椎四塊合成一塊。椎間盤是脊椎骨之間的盤狀彈性組織（如**圖7-5**），常因組織退化、脫水、外傷而變性向背後位移，因而壓迫鄰近的神經根。坐姿不良、搬運重物、施力不當皆易引起此症狀。最常發生的部位為頸椎與腰椎，腰椎突出變形時，腰部、臀部及腿部會出現疼痛。咳嗽、彎腰、提重物或突然用力時就會增加疼痛；脊椎活動會受限，無法彎腰，走路時駝背、行走困難、肢體麻木與腳無力。發生於頸椎時，會有肩痛、頸部及手臂疼痛、手部會有無力感、嚴重時肌肉會萎縮。負重加上快速的側屈旋轉、長期姿勢不良與施力不當易引起此症狀。

(二)下背痛

人體的下背和其他背脊的部分是由脊椎骨、韌帶、椎間盤及肌肉組成，若有任何一項組織不健康，發生炎症現象，或是壓迫周圍的痛楚感覺神經，就會產生疼痛。下背痛俗稱腰痛或腰骨痛。發生時，腿部或臀部麻木、刺痛、劇痛或僵硬、咳嗽、打噴嚏、轉身時疼痛加劇。

長期坐在辦公室的上班族如坐姿不良，極易引起此症，因為坐姿時，上身壓力直接傳到座椅上，骨盤向後旋轉，腰椎向後突出，所承受的壓力較立姿增加40%（如**圖7-5**）。下背痛的成因很多，常見的如脊骨移位、姿勢不良、肌肉拉傷、脊椎間韌帶扭傷、椎間盤突出。另外如退化性關節炎、骨質疏鬆症、腎炎、腎結石，甚至心理因素等，都可能造成下背痛。

下背痛是最主要的職業傷害之一，美國超過七千萬人，有此問題，勞委會於1995年的調查指出，全國各產業從業人員中48.9%曾有下背痛的問題[6]。根據健保局1998年的資料顯示，全年因此症狀而就診的人數超過兩百萬人次。其病發率集中在四十五至六十歲的人口，約占80%下背痛的發病率。求診率在門診中僅次於感冒病患者，復發率亦高。

(三)坐骨神經痛

患者的臀部及大腿後部出現痛楚現象，受影響範圍通常是沿著坐骨神經由臀部伸延至膝部或以下。其症狀有疼痛、灼熱感等。有些是動作、姿勢改變、咳嗽、疼痛加劇，有時症狀可能會轉變成麻木、針刺感或肌肉僵硬、肌肉不自主的抽動等。坐骨神經痛的患者同時有腰痛現象的出現。腰肌、背肌、臀部肌肉或大腿後部肌肉的健康狀態不良時，肌肉便會出現板機性痛點；腰部脊椎或盤骨有脊骨錯位的毛病存在。腰脊椎的第四、五條神經根及坐骨神經根受到壓迫；坐骨神經線所經過的路線上任何的肌肉、肌肉膜或其他的軟組織出現僵硬痙攣或纖維化等現象時，也直接刺激坐骨神經而出現坐骨神經痛的現象。

外傷（如跌倒）造成脊椎受傷、姿勢不當、需長途駕駛、久坐者、粗重工作者、身高較高者、抽菸者、有脊椎痠痛家族史的病患等，都較容易造成坐骨神經痛。

14.3 造成累積性傷害的主要因素

人因風險因子（risk factors）（如**圖14-5**）為造成累積性傷害的主要因素，其可分為三類：

1.快速與經常性、重複性的動作：不正確的姿勢、施力不當、振動、溫度。人長期暴露於這些風險因子，很容易造成關節、肌肉、肌腱、神經與血管的壓迫、疼痛、發炎等症狀。

2.工作場所或任務的設計有違人性因素：作業空間、工具或任何設計不良，工作人員必須扭曲肢體，執行重複性敲打、摩擦、鋸、切等

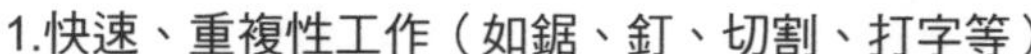

1.快速、重複性工作（如鋸、釘、切割、打字等）

2.姿勢不良

3.施力不當（如搬運重物、打網球、打高爾夫球時，錯用肌肉群或影響腰椎）

4.振動

5.溫度（如在低溫環境中活動）

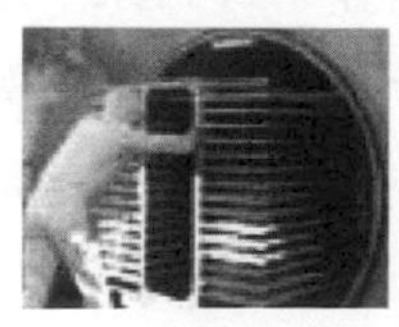

圖14-5　人因風險因子

工作，或使用設計不良的工具。

3.管理不良：當累積性傷害發生初期，管理部門宜研擬復健、治療、工作調整等補救工作，然而，由許多案例可知，許多發生累積性傷害症狀的工作人員，進行醫藥治療後，仍返回原來工作崗位；由於未能調整工作任務，情況不僅不會改善，反而會繼續惡化。

14.4 工作分析與檢核

當累積性職業傷害的案例多次發生，事業單位應立即進行工作分析與檢核，以發現工作環境與工作任務的人因風險因子，並採取預防措施，以避免員工繼續暴露於危害之中。

肌肉骨骼傷害分布與嚴重程度可經由人員反應、員工病例分析與問卷調查等三種方式進行[4]，其目的在於發現累積性傷害的分布與嚴重性，以作為改善工作任務的決策參考。當同一工作任務有二位或以上勞工，在同一肢體部分發生相同的肌肉骨骼傷害時，該任務可能是一個高危害任務，可應用較專業的檢點工作來確認傷害與工作間的關係。當醫療資料缺乏，而且並無同一工作性質有二位或以上勞工有肌肉骨骼傷害時，則必須主動發現問題。可邀請工業衛生或人因工程專家針對某一工作場所或流程進行評估，或以肌肉骨骼傷害狀況調查表，尋找可能性高的高危害群，然後，再以檢點表來進行評估。進行傷害調查與工作現場評估[7]。

傷害調查與工作現場評估的施行步驟如下，詳細說明請參考勞動及職業安全衛生研究所出版的《人因工程肌肉骨骼傷害預防指引》第三章〈人因工程危害防止計畫架構與要項〉。

1.風險因子與傷害狀況調查。

2.傷害嚴重程度計算：發生率、嚴重率、經濟衝擊評估與生產效率評估等。

3.工作現場檢視。

4.依事件發生的頻率、嚴重性、經濟衝擊評估與生產效率等方面綜合考量，作為改善優先順序的參考。

14.5 風險因子調查

肌肉骨骼傷害的風險因子調查可依所要評估的身體部位區分：

1.全身：美國肌肉骨骼傷害表（Musculoskeletal Disorders, MSDs）、北歐肌肉骨骼問卷調查表（Nordic Musculoskeletal Questionnaire, NMQ）、人因風險因子基準檢核表（Baseline Risk Identification of Ergonomic Factors, BRIEF）等。

2.上肢：快速上肢評估表（Rapid Upper Limb Assessment, RULA）。

3.下背／腰部：重複性抬舉作業搬運重量探討等。

美國肌肉骨骼傷害表（MSDs）為美國職業安全衛生署所發展，如**表14-3**所顯示。它將身體分為上肢、背部、下肢等三個部位，再以不同的任務型態所可能產生的傷害，進行風險因子評估；其重點在於辨識發生頻率最高且後果嚴重的風險因子的組合；上肢風險因子包括重複性作業、手部施力、不當姿勢（尺偏、橈偏）、接觸壓力、振動（局部振動、振動源處）、環境（低溫、低照明、眩光），下肢的危險因子有不當的姿勢（長時間站立）、接觸壓力（踢、撞）、推／拉等等。背部與下肢檢點表則以搬運重量、物體與脊椎距離為認知基準[7]。

北歐肌肉骨骼問卷調查表（NMQ）為一個標準化問卷，問卷將工作場所常見的骨骼肌肉的傷害分成頸、肩、上背、下背與腰部、手肘、手與手腕、臀與大腿、膝蓋、腳與腳踝等九個部位。受訪者被問及過去

表14-3　MSDs檢核表

甲、上肢部位的危險因子

日期：＿＿＿＿＿＿＿＿
工作名稱：＿＿＿＿＿＿＿＿
部門名稱：＿＿＿＿＿＿＿＿
作業員姓名：＿＿＿＿＿＿＿＿
分析員姓名：＿＿＿＿＿＿＿＿
附註：＿＿＿＿＿＿＿＿

作業項目	時間評詁	危險因子	時間／危險因子

上肢部位的危險因子評分					第一頁
A	B	C	D	E	F
危險因子分類項	危險因子	作業時間			評分
		2-4小時	4-8小時	>8小時	
重複性作業（手指、手腕、手肘、肩或頸部動作）	1.每數秒鐘即重複相同或類似的動作 類似動作或動作模式每十五秒內即重複施行	1	3		
	2.密集的鍵盤輸入工作 密集文字或密集數字輸入工作和其他重複性作業分開評估	1	3		
	3.間歇性的鍵盤輸入工作 鍵盤輸入作業和其他類型工作交雜，其他作業占50～75%的工作量	0	1		
手部施力（重複性作業或靜態負荷）	1.抓握物超過4.5公斤 單手握持重物超過4.5公斤或以力握之方式用力	1	3		
	2.捏握施力超過1公斤 捏握施力超過1公斤以上如用指尖開啟易開罐	2	3		
不當姿勢	1.頸部：扭轉及側彎 扭轉頸部大於20度；前傾大於20度；或後傾大於5度	1	2		

資料來源：參考文獻[7]，經同意刊登。

一年內，身體哪些部位有刺痛、麻木、不適或失常失能的現象發生。如果受訪者的答案為肯定時，則繼續回答發生頻率、時間、醫療紀錄等問題，以判定傷害嚴重程度[6, 7, 8]。

美國人技公司（Humantech）所發展的人因風險因子基準檢核表（BRIEF）（如**表14-4**）亦可用來檢核工作場所中的風險因子。BRIEF調查表列出常見的風險因子，並指出是否存在的確認規則，但並未考慮其

表14-4　BRIEF檢核表

	左			右					
	手及手腕	手肘	肩膀	手及手腕	手肘	肩膀	頸部	背部	腿部
姿勢	捏握	下臂旋轉	≧45°	捏握	下臂旋轉	≧45°	前彎≧20°	前彎≧20°	蹲姿
	指壓	全伸展	手臂在身體後	指壓	全伸展	手臂在身體後			單腿站立
	力握			力握			側彎	扭彎	高跪姿
	橈側偏			橈側偏			後側	側彎	
	尺側偏			尺側偏			扭轉		
	屈曲≧45°			屈區≧45°					
	伸展≧45°			伸展≧45°					
力量	捏握≧0.9kg	≧4.5kg	≧4.5kg	捏握≧0.9kg	≧4.5kg	≧4.5kg	＋重量	≧9kg	腳≧4.5kg
	力握≧4.5kg			力握≧4.5kg					
期間	≧10秒	≧2次／分	≧10秒	≧10秒	≧2次／分	≧10秒	≧10秒	≧10秒	≧30%
頻率	≧3次／分		≧2次／分	≧2次／分		≧2次／分	≧2次／分	≧2次／分	≧2次／分
總計									

作業：＿＿＿＿＿＿檢核者：＿＿＿＿＿＿日期：＿＿＿＿＿＿

資料來源：參考文獻[6]，經同意刊登。

大小關係，較適於高度手部重複性動作的作業，而不適用於週期長而動作重複性較低的作業[6]。BRIEF檢核表僅指出危害因子是否存在，但未考量其大小關係。

快速上肢評估表（RULA）由英國諾丁漢大學（University of Nottingham）麥克阿湯姆尼（Lynn McAtamney）與柯萊特（E. Nigel Corlett）兩位教授所開發，以觀察方式進行；他們先將身體分成兩個集區，第一區包括上臂、前臂與手腕，第二區包括頸、軀幹與腿，再依據各部位的最大角度評分，並依肌肉施力狀態與施力大小作為評估的依據[9]。

各種風險因子調查方法參考勞工安全衛生研究所出版的《人因工程肌肉骨骼傷害預防指引》附錄二至五與李正隆的〈人因工程常用的評估技術及案例探討〉附錄一至六中。

14.6 補救措施

累積性創傷失調發生後，可採用人因與非人因方式補救[10]，人因方式可分為：

1.降低手腕振動或施力的頻率：

(1)自動化、機械化，以取代人力。

(2)將可能產生累積性創傷的任務分配給多人，以降低每一位從業員暴露於危害的時間。

(3)將部分需人力的任務以機械方式取代，以減少手的暴露時間。

2.使用適當手工具。

3.使用正確的姿勢。

非人因方式補救為醫療，主要醫療方法為：

1.累積性創傷失調患者於睡眠時使用腕部夾板。

2.降低食鹽的攝取量，可減少浮腫，以降低對腕道的壓力。

3.攝取維他命B_6，但是比較具爭議性。目前尚未完全瞭解，維他命B_6是否真的可以治療累積性創傷，部分學者認為它僅僅降低神經傳導的速度，而神經傳導速度卻是顯示累積性創傷（CTS）的嚴重程度的指標。

4.開刀。

14.7 結論

人因危害泛指在工作場所或日常生活中，因違反人的生理、心理的正常發展所造成的肢體上的疼痛、失調或病變。累積性傷害如腕道症候群、椎間盤變形、下背痛、緊張頸痛、肱骨上髁炎（網球肘、高爾夫球肘）、坐骨神經痛等不僅發生於長期暴露於不當姿勢、連續性手部或肢體動作、施力不當、振動或寒冷溫度等風險因子下的作業人員，而且發生於一般上班族、家庭主婦、運動員與音樂家的身上，約占所有勞工補償費用的三分之一。事業單位除了應確實調查累積性傷害的分布，盡可能找出造成傷害的風險因子，積極改善工作環境與任務執行的動作外，並應設法找出造成人為失誤的原因，進而改善設計、加強教育訓練，才可將後果降至可接受的範圍之內。

參考文獻

1.Bone and Joint Initiative, The Burden of Musculoskeletal Diseases in the United States, 2015. http://www.boneandjointburden.org.

2.梁蕙雯（2004）。〈簡介職業相關肌肉骨骼傷病〉。《工業安全科技》，第50期，頁2-6。

3.林彥輝、葉文裕（1999）。〈半導體勞工肌肉骨骼傷害調查比較〉。《勞工安全衛生簡訊》，第37期。

4.V. Putz-Anderson, *Cumulative Trauma Disorders: A Manual for Musculosketal Disorders of the Upper Limbs,* Taylor & Frank, London, 1988.

5.K. H. E. Kroemer., H. B. Kroemer, K. E. Kroemer-Elbert, *Ergonomics,* Chapter 8, Prentice Hall, Englewood Cliffs, N. J., USA, 1994.

6.李開偉（2000）。《實用人因工程學》。台北：全華圖書。

7.葉文裕、李再長、張錦輝、邱文科、林久翔、杜宗禮（2002）。《人因工程肌肉骨骼傷害預防指引》，第3章。台北市：勞工安全衛生研究所。

8.C. E. Dickinson, P. G. Thomas, Questionnaire development: An examination of the Nordic Musculoskeletal Questionnaire, *App. Ergonomics,* 23(3), pp. 197-201, 1992.

9.L. McAtamney, E. N. Corlett, Rapid upper limb assessment (RULA), In N. A. Stanton et al. (eds.). *Handbook of Human Factors and Ergonomics Methods,* Chapter 7, pp. 7-1: 7-11, Boca Raton, FL, 2004.

10.A. Mital, Hand tools: Injuries, illnesses, design, and Usage, In A. Mital and W. Karwowski (eds). *Workspace, Equipment and Tool Design*, pp. 219-256, Elsevier, Amsterdam, Netherlands, 1991.

11.Phillip Page, Clare Frank, Robert Lardner, Janda posture influence, *Assessment and Treatment of Muscle Imbalance: The Janda Approach*, 2009. Human Kinetics com.

12.王安祥、黃淑倫、劉立文（2012）。〈工作引起的肌肉骨骼傷害〉。《科學發展》，2012年4月，472期，頁22-25。

附　錄

表I　台灣人靜態人體測計資料庫　　單位：毫米

量測項目		男性		女性	
		平均值	標準差	平均值	標準差
1	身高	1687.73	59.75	1563.05	53.88
2	體重	67.35	8.9	54.22	8.16
	站姿側視圖				
3	手臂伸長距離	822.11	37.62	755.10	34.97
4	肘高	1048.77	41.28	973.44	37.60
5	肚臍高	990.22	44.91	910.35	43.42
	站姿正視圖				
6	中指指節高	750.77	32.42	704.51	32.68
7	肩高	1382.36	53.26	1278.86	48.35
8	眼高	1570.01	59.26	1449.92	53.04
9	手臂向上伸直指尖高	2103.73	84.98	1925.50	72.66
	坐姿側視圖				
10	眼睛至座面距離	785.34	30.89	731.79	30.81
11	頭頂至座面距離	903.04	31.87	844.52	31.25
12	手臂向上伸直指尖至座面距離	1322.03	54.61	1211.6	46.59
13	手肘至握拳中心距離	306.00	27.07	271.27	23.82
14	膝上緣高	515.66	27.69	467.06	22.19
15	座高	404.52	19.85	376.27	15.85
16	座深（以膝前緣至臀後緣距離估算）	551.50	32.93	526.79	26.21
	頭部				
17	頭長	188.71	8.18	179.06	7.72
18	頭寬	154.17	10.26	144.60	10.46

資料來源：勞工安全研究所人體計測資料庫網址，http://www.iosh.gov.tw/Publish.aspx?cnid=26&P=812

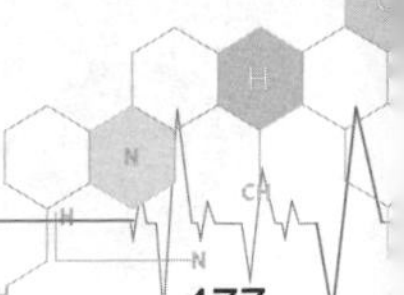

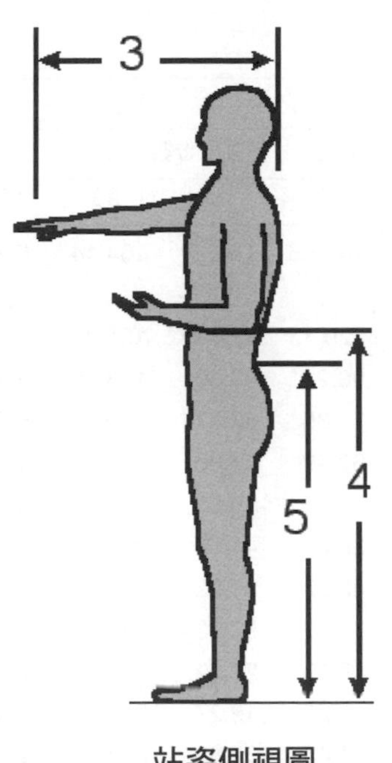

站姿側視圖

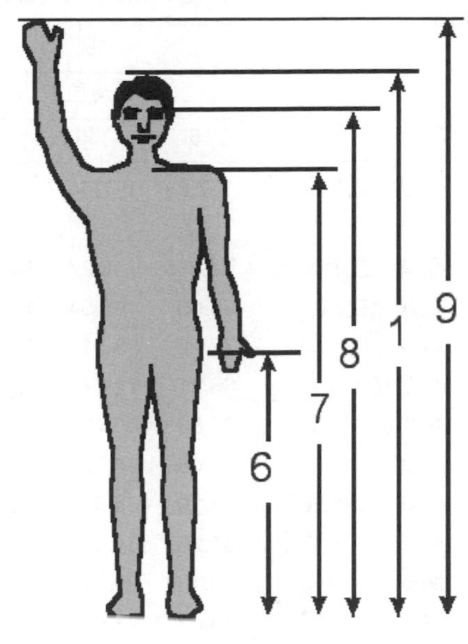

站姿正視圖

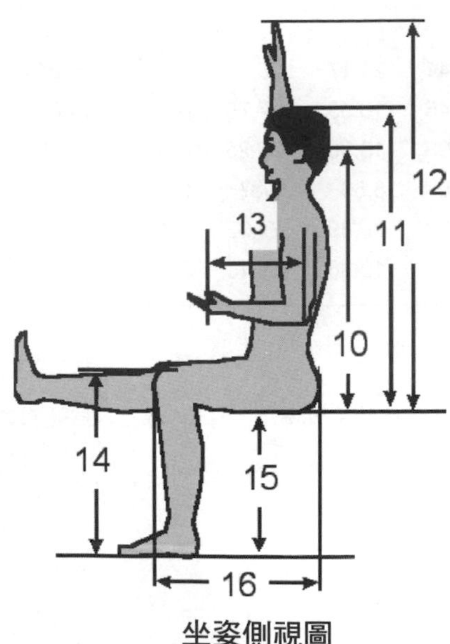

坐姿側視圖

表II 台灣地區華人靜態人體測計數據

項目		男				女			
		百分位數			SD	百分位數			SD
		5	50	95		5	50	95	
1	身高（立）	157.83	167.54	177.71	5.89	147.96	156.27	164.14	5.23
2	眼高（立）*								
3	肩高（立）	129.35	138.27	147.74	5.39	120.73	127.73	134.90	4.67
4	肘高（立）	98.03	105.54	113.76	4.72	90.22	96.89	103.60	4.11
5	臀高（立）	72.22	83.21	90.92	5.66	70.35	82.07	88.89	5.39
6	指節高（立）	66.31	72.47	79.22	3.78	62.49	67.66	72.87	3.15
7	指尖高（立）	54.88	60.70	67.01	3.58	50.93	56.08	61.11	3.11
8	肩寬	41.08	44.73	48.56	2.35	38.36	41.66	46.75	2.49
9	肩寬（肩峰間）	26.10	33.56	37.77	3.70	22.92	31.52	34.78	3.67
10	臀寬	31.26	34.23	37.06	1.80	30.17	32.93	36.29	1.95
11	胸厚	20.16	23.15	27.08	2.10	19.19	22.22	27.25	2.43
12	腰厚	16.82	21.44	27.44	3.25	16.25	19.27	24.98	2.86
13	肩肘長（上臂）	30.06	34.04	38.58	2.74	27.45	30.89	34.91	2.24
14	肘指尖長（下臂加手長）**	22.92	26.17	29.44	2.00	20.44	23.14	26.40	1.83
15	上臂長（同13）								
16	頭長	22.41	24.17	25.98	1.12	20.91	22.61	24.07	0.98
17	頭寬	15.46	16.55	17.75	0.81	14.61	15.61	16.71	0.65
18	手長	16.98	18.56	20.23	0.98	15.40	16.88	18.42	0.89
19	手寬	7.60	8.50	9.87	0.67	6.61	7.44	8.83	0.57
20	腳長	23.39	25.39	27.22	1.13	21.52	23.26	24.91	1.07
21	腳寬	9.46	10.36	11.48	0.61	8.60	9.48	10.44	0.56

* 從缺

** 原始數據是下臂長

資料來源：黎正中、黃明玲、王明揚（1986）。〈國人靜態人體計測資料庫之建立〉，感謝清華大學王明揚教授協助。

表III 美國人靜態人體測計數據

	項目	男				女			
		百分比			標準誤差	百分比			標準誤差
		5	50	95		5	50	95	
1	身高（立）	1640	1755	1870	71	1520	1625	170	64
2	眼高（立）	1595	1710	1825	70	1420	1525	1630	63
3	肩高（立）	1330	1440	1550	67	1225	1325	1425	60
4	肘高（立）	1020	1105	1190	53	945	1020	1095	47
5	臀高（立）	835	915	995	50	760	835	910	45
6	指節高（立）	700	765	830	41	670	730	790	37
7	指尖高（立）	595	660	725	39	565	630	695	40
8	坐高（坐）	855	915	975	36	800	860	920	36
9	眼高（坐）	740	800	860	35	690	750	810	35
10	肩高（坐）	545	600	655	32	510	565	620	32
11	肘高（坐）	195	245	295	31	185	235	285	29
12	肢高（坐）	135	160	185	16	125	155	185	17
13	臀膝長（坐）	550	600	650	31	525	575	625	31
14	臀膝蓋骨長（坐）	445	500	555	33	440	490	540	31
15	膝高（坐）	495	550	605	32	460	505	550	28
16	膝蓋骨高（坐）	395	445	495	29	360	405	450	28
17	肩寬	425	470	515	28	360	400	440	25
18	肩寬（肩尖—肩尖）	365	400	435	21	330	360	390	19
19	臀寬	310	360	410	30	310	375	440	39
20	胸深	220	255	290	22	210	255	300	28
21	肚深	220	275	330	32	210	260	310	31
22	肩肘長	330	365	400	21	305	335	365	18
23	肘指尖長	445	480	515	21	400	435	470	20
24	上臂長	730	790	850	36	655	715	775	35
25	肩—拳長	615	670	725	33	560	610	660	30
26	頭長	180	195	210	8	165	180	195	8
27	額寬	145	155	165	6	135	145	155	6
28	手長	175	191	205	10	160	175	190	10
29	手寬	80	90	100	5	65	75	85	5
30	腳長	240	265	290	14	220	240	260	13
31	腳寬	90	100	110	6	80	90	100	6
32	指—指長（雙手平伸）	1670	1810	1950	84	1505	1625	1745	73
33	肘—肘長（雙手平伸）	875	955	1035	48	790	860	930	44
34	垂直手及（站）	1950	2080	2210	80	1805	1925	2045	73
35	垂直手及（坐）	1155	1255	1355	61	1070	1160	1250	55
36	拳及（向前平伸）	725	785	845	35	655	710	765	32

資料來源：S. Pheasant, *Body Space*, Chapter 4, Taylor and Francis, London, U. K., 1986.

表IV　不同姿勢的距離（公分）

項目		男				女			
		百分位數			標準誤差	百分位數			標準誤差
		5	50	95		5	50	95	
1	最大體寬	48.0	53.0	58.0	3.0	35.5	42.0	48.5	4.0
2	最大體深	25.5	29.0	32.5	2.2	22.5	27.5	32.5	3.0
3	跪姿高度	121.0	129.5	138.0	5.1	113.0	120.5	128.5	4.5
4	跪姿腿高	62.0	68.5	75.0	4.0	57.5	63.0	68.5	3.2
5	爬姿高	65.5	71.5	77.5	3.7	60.5	66.0	71.5	3.3
6	爬姿長	121.5	134.0	146.5	7.5	113.0	124.0	135.0	6.6
7	臀踵長	98.5	107.0	116.0	5.3	87.5	96.5	105.5	5.5

資料來源：S. Pheasant, *Body Space*, Chapter 6, Taylor and Francis, London, U. K., 1986.

表Ⅲ中測計項目圖示位置

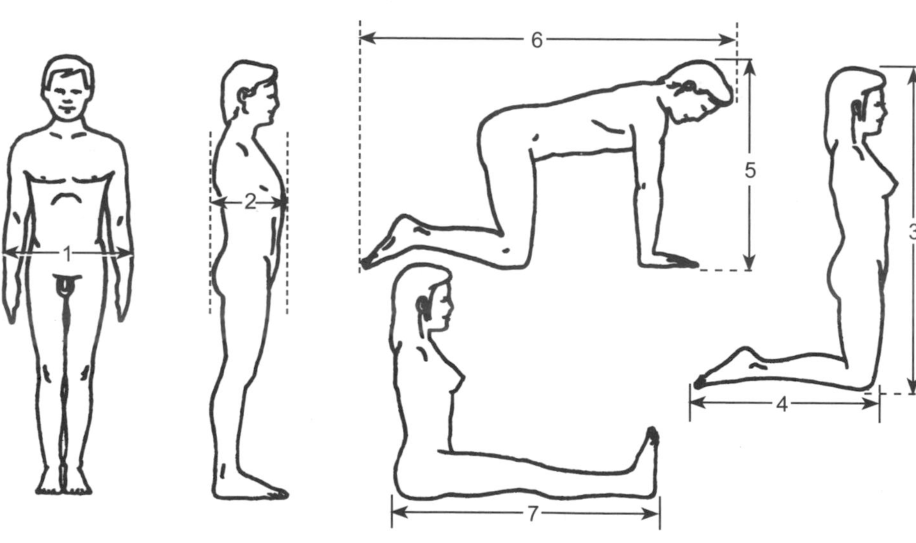

表V 握拳的易及區域（Zones of Convenient Reach）*（毫米）

	半徑（男）			半徑（女）		
	百分位（%）			百分位（%）		
d	5	50	95	5	50	95
0	610	665	715	555	600	650
100	600	655	710	545	590	645
200	575	635	685	520	565	620
300	530	595	650	465	520	575
400	460	530	595	385	445	510
500	350	440	510	240	580	415
600	110	285	390			250

	男			女		
	百分位（%）			百分位（%）		
	5	50	95	5	50	95
肩寬	365	400	430	325	355	385
肩高（站）	1340	1425	1560	1260	1335	1450
肩高（坐）	540	595	645	505	555	605

* $\sqrt{a^2 - d^2}$, a=肩至拳距離；d=肩至牆的水平距離。

資料來源：S. Pheasant, *Body Space*, Chapter 6, 3rd ed. Taylor and Francis, London, U. K., 2006.

表VI　握力測計數據

1. 台灣（註一）

年齡	男		女	
	平均	範圍	平均	範圍
20-24	39.5	35.9-43.1	25.1	22.1-28.2
25-29	38.3	32.5-44.2	22.9	19.8-26.0
30-34	38.1	33.2-43.0	23.8	20.7-26.9
35-39	39.2	30.5-42.1	21.1	18.7-23.4
40-44	36.3	30.5-43.2	23.2	21.0-25.3
45-49	36.7	29.9-43.6	23.0	20.8-25.1
50-54	35.8	29.1-42.6	23.4	20.1-26.7
55-59	34.8	26.1-43.6	21.5	18.6-24.4
60-64	29.3	23.4-35.3	21.1	17.6-24.6
65-69	31.5	27.7-35.2	18.0	15.3-20.9
70-74	24.7	19.8-29.6	16.5	14.1-18.9
75	22.5	16.9-28.1	13.4	11.0-15.9
平均	35.0	33.6-36.4	21.2	20.4-22.0

2. 台灣地區（註二）

測計對象	手別	百分位 5	百分位 50	百分位 95	標準差
男性青少年（15-22歲）	左手	32.6	46.2	69.2	9.5
	右手	35.2	49.2	72.2	11.3
女性青少年（15-22歲）	左手	20.6	27.6	38.2	5.4
	右手	22.6	30.6	41.2	5.9

3. 中國（註三）

	平均	標準差	範圍	平均	標準差	範圍
非手工勞工	39.2	5.9	24.9-48.3	34.8	5.3	22.0-44.9
手工勞工	41.4	5.9	28.0-59.7	39.5	6.2	27.5-55.8

4. 整合數據（註四）

年齡	男		女	
	平均	範圍	平均	範圍
20-24	53.3	45.2-61.5	30.6	26-7-34.4
25-29	53.9	44.3-63.5	33.8	29.5-38.3
30-34	52.8	44.1-61.5	33.8	28.9-38.6
35-39	53.3	44.0-62.6	32.2	28.6-37.8
40-44	54.1	47.1-61.2	32.8	28.0-37.6
45-49	50.4	42.5-58.3	33.9	28.9-39.0
50-54	50.6	44.2-56.9	30.0	26.7-35.2
55-59	44.1	36.7-51.4	29.9	26.4-33.6
60-64	41.7	36.8-46.7	25.9	22.2-29.6
65-69	41.7	35.4-47.9	24.2	20.7-27.8
70-74	24.7	19.8-29.6	16.5	14.1-18.9
75	28.0	22.7-33.4	18.0	16.0-19.9
平均	46.9		29.2	

5. 德國（註五）

年齡	右手(kg)				左手(kg)			
	平均	標準差	最小	最大	平均	標準差	最小	最大
男								
20-29	53	8	36	70	51	8	29	65
30-39	54	10	36	83	52	9	33	77
40-49	54	7	34	70	52	8	28	70
50-59	51	9	29	79	49	8	27	73
60-69	45	7	32	63	43	7	29	65
70-79	38	9	17	51	35	8	16	47
80-95	31	8	16	44	28	7	18	42
女								
20-29	32	5	19	44	30	5	16	42
30-39	33	5	21	49	32	5	22	45
40-49	32	6	19	46	30	5	19	44
50-59	28	5	14	39	27	5	13	38
60-69	26	5	10	40	25	5	11	36
70-79	21	4	12	29	20	4	9	27
80-95	16	4	10	27	15	4	9	25

5. 英國（註六）

手工勞工	標準差	非手工勞工	標準差
54.4	10.6	46.2	10.2

6. 美國（註七）

	平均	標準差
男人	62.1	10.9
女人	49.8	7.3

8. 日本（註八）

	女人			男人		
	平均	標準差	範圍	平均	標準差	範圍
右手(kg)	28.2	6.3	10-44	48.6	6.5	34-62
左手(kg)	26.5	5.4	4-41	45.5	6.9	30-60

註一：Shu-Wen Wu, Su-Fang Wu, Hong-Wei Liang, Zheng-Ting Wu, Sophia Huang, Measuring factors affecting grip strength in a Taiwan Chinese population and a comparison with consolidated norms. *Applied Ergonomics, Volume 40,* Issue 4, pp. 811-815, July 2009.

註二：張顯洋（2002）。〈台灣青少年學生手握力及指捏力常模的建立與研究〉。《慈濟醫學雜誌》，14(4)，頁241-251。

註三：Vincent Wai-Shing Lau, Wing-Yuk, Comparison of power grip and lateral pinch strengths between the dominant and nondominant hands for normal Chinese male subjects of different occupational demand. *Hong Kong Physiotherapy Journal, Volume 24,* pp. 16-22, 2006.

註四：Richard W. Bohannon, Anneli Peolsson, Nicola Massy-Westropp, Johanne Desrosiers, Jane Bear-Lehman, Reference values for adult grip strength measured with a Jamar dynamometer: a descriptive meta-analysis. *Physiotherapy 92,* pp. 11-15, 2006.

註五：C. M. Günther, A. Bürger, M. Rickert, A. Crispin, C. U. Schuz. Grip strength in healthy caucasian adults: Reference values. *The Journal of Hand Surgery, Volume 33,* Issue 4, pp. 558-565, April 2008.

註六：R. E. Anakwe, J. S. Huntley and J. E. McEachan, Grip strength and forearm circumference in a healthy population, *The Journal of Hand Surgery (European), Volume 32,* Issue 2, pp. 203-209, April 2007.

註七：Carla A. Crosby, BS, Marwan A. Wehbé, B. Mawr, Hand strength: Normative values. *The Journal of Hand Surgery, Volume 19,* Issue 4, pp. 665-670, July 1994.

註八：Arzu Kaya, Salih Ozgocmen, Ozge Ardicoglu, Ayhan Kamanli and Huseyin Gudul. Relationship between grip strength and hand bone mineral density in healthy adults. *Archives of Medical Research, Volume 36,* Issue 5, pp. 603-606, September-October 2005.

表VII　台灣地區兒童及青少年（7~17歲）人體測計數據

年齡	7		8		9		10		11		12		13		14		15		16		17	
計測項目＼測計值	M	SD	M	SD	M	SD	M	SD	M	SD	M	SD	M	SD	M	SD	M	SD	M	SD	M	SD
1.體重	21.56	3.08	23.30	3.89	26.55	5.36	29.25	5.15	32.03	7.17	37.70	9.35	41.38	9.78	47.43	9.54	52.26	8.05	53.22	7.52	56.34	8.97
2.身高	120.36	5.44	124.95	5.13	130.31	5.61	135.49	5.78	140.05	5.92	147.35	8.09	154.98	8.30	160.37	7.90	166.23	7.00	166.85	5.87	168.78	6.28
3.眼高	107.39	5.38	112.13	5.24	117.65	5.46	122.51	5.95	127.34	5.84	135.26	8.11	142.75	8.44	148.19	8.04	153.73	6.99	154.59	6.09	156.56	5.95
4.肩峰高	95.59	4.68	99.65	4.64	104.80	5.13	109.19	5.37	113.57	5.57	120.25	7.19	127.07	7.45	131.75	7.09	136.65	6.47	136.86	5.48	138.86	5.28
5.肘高	72.70	3.87	75.80	3.99	78.98	3.90	82.75	4.44	86.05	4.49	90.28	5.72	95.60	6.04	99.20	5.26	103.27	5.21	103.33	4.31	104.93	4.40
6.中指末端高	43.95	2.69	45.55	2.96	47.92	2.83	49.21	3.22	51.60	3.03	54.50	3.55	57.44	3.81	59.66	3.57	61.62	3.76	62.08	3.25	63.21	3.16
7.手臂平伸長	56.36	2.87	58.26	3.01	61.01	3.39	63.62	3.32	66.33	3.50	69.37	4.73	73.12	4.48	75.41	4.19	78.08	3.76	78.65	3.31	79.31	3.65
8.肘到指端距離	32.13	1.72	33.18	1.65	34.61	1.94	36.10	1.92	37.85	2.09	39.97	2.84	42.16	2.68	43.77	2.47	45.56	2.44	45.51	1.68	45.78	2.14
9.肩寬	28.94	1.86	29.78	2.16	31.29	2.78	32.42	2.33	33.78	3.26	35.64	3.44	37.52	3.61	39.03	3.40	40.75	2.78	41.53	2.49	42.93	2.54
10.臀寬	22.86	1.55	23.44	2.04	24.67	2.38	25.82	2.14	27.13	2.62	28.10	2.84	29.52	2.80	30.45	2.70	31.75	2.20	32.06	2.11	33.10	2.65
11.坐高	66.11	3.08	68.15	2.71	70.62	2.91	72.66	3.07	74.30	3.16	77.84	4.08	81.44	4.59	84.61	4.48	87.51	3.96	89.00	3.33	90.31	3.16
12.肩峰高	41.48	2.26	43.17	2.13	45.01	2.43	46.56	2.63	47.93	2.65	50.57	3.30	53.52	3.63	56.15	3.56	58.60	3.25	59.56	2.72	60.81	2.77
13.膝蓋高	36.23	2.00	37.76	2.05	39.75	2.35	41.61	2.37	43.54	2.45	45.95	3.12	48.45	2.86	49.75	2.75	51.19	2.60	50.80	2.21	51.17	2.27
14.座高	28.66	2.35	30.15	1.99	31.94	2.19	33.59	2.17	35.07	2.02	36.92	2.63	39.05	2.27	39.88	2.08	41.37	2.32	40.08	2.10	39.94	2.33
15.扶手高	17.01	1.74	17.54	1.75	18.38	1.71	18.64	1.94	19.13	2.14	19.63	2.04	20.87	2.29	22.23	2.42	23.39	2.83	22.40	2.39	24.72	2.62
16.臀部至膝窩距離	31.91	1.95	33.83	2.11	35.27	2.26	37.20	2.20	38.82	2.40	40.95	2.74	42.95	2.74	44.03	2.67	45.49	2.78	45.14	2.41	45.23	2.27
17.臀部至膝蓋端距離	38.54	2.04	40.26	2.37	42.23	2.60	44.41	2.63	46.31	2.73	49.00	3.30	51.89	3.51	53.24	3.32	54.91	2.78	55.04	2.74	55.55	2.62
18.頭寬	15.13	0.65	15.36	0.59	15.42	0.58	15.55	0.54	15.56	0.63	15.56	0.57	15.79	0.63	15.83	0.71	15.89	0.69	15.91	0.61	15.98	0.64
19.頭長	16.68	0.68	16.71	0.70	16.89	0.74	17.04	0.68	17.12	0.63	17.34	0.69	17.46	0.70	17.72	0.75	18.02	0.79	17.94	0.76	18.17	0.74
20.耳珠間直徑	13.24	0.63	13.38	0.60	13.70	0.63	13.98	0.62	14.01	0.60	14.22	0.62	14.60	0.65	14.76	0.60	14.89	0.65	14.93	0.58	15.10	0.63
21.手長	13.44	0.68	13.78	0.75	14.38	0.80	14.96	0.78	15.47	0.80	16.27	1.07	17.24	1.08	17.79	1.00	18.40	0.86	18.37	0.77	18.50	0.77
22.手掌寬	6.29	0.35	6.39	0.36	6.64	0.45	6.81	0.42	7.06	0.45	7.37	0.55	7.74	0.51	7.99	0.50	8.26	0.38	8.34	0.37	8.58	0.46
23.足長	18.54	1.03	19.17	1.05	20.05	1.20	20.91	1.11	21.80	1.18	22.68	1.38	23.66	1.42	24.24	1.26	24.76	1.10	24.53	1.04	2.76	1.09
24.足寬	7.36	0.54	7.52	0.56	7.87	0.61	8.20	0.49	8.53	0.62	8.75	0.68	9.07	0.61	9.22	0.59	9.46	0.48	9.46	0.52	9.52	0.60

單位：除第1項為公斤外，其餘各項為公分。M：平均值；S D：標準差

資料來源：杜壯、李玉龍（1998）。〈台灣地區青少年人體計測調查研究〉。《技術學刊》，3(2)。

表VIII　台灣地區女子（6～8歲）人體測計數據（公分）

項目＼年齡	6		7		8		9		10		11		12	
	M	SD	M	SD	M	SD	M	SD	M	SD	M	SD	M	SD
1.身高	117.08	5.02	121.70	5.69	127.27	5.75	133.43	6.59	139.10	7.06	144.78	7.40	150.80	6.06
2.頸椎高	96.19	4.65	100.43	4.96	105.31	5.48	111.09	6.48	116.03	6.29	121.07	6.54	126.30	5.91
3.右腕肘根高	84.66	4.37	88.17	6.50	93.20	5.10	99.18	6.76	102.50	5.86	107.04	5.60	111.92	5.19
4.右肩舉高	92.28	4.88	96.49	4.92	101.40	5.58	105.36	6.65	112.09	6.78	116.89	6.41	122.13	5.50
5.右乳頭高	83.07	4.19	86.85	4.45	91.31	5.00	95.90	5.33	100.19	6.01	104.25	5.72	108.08	4.77
6.腰圍前高	70.31	3.89	73.92	4.22	77.86	4.69	82.79	7.43	86.44	4.87	90.24	5.21	94.14	4.51
7.臍高	66.59	4.07	70.22	3.90	73.85	4.68	78.16	4.88	82.19	4.65	85.72	4.91	89.28	4.19
8.右上腸骨棘高	63.40	3.72	65.94	7.09	69.87	5.12	74.23	5.01	78.06	4.54	80.67	4.75	83.76	4.22
9.右肘關節高	69.45	5.60	73.02	4.17	76.89	4.32	80.99	5.49	85.13	4.76	88.80	5.17	92.70	7.48
10.右橈骨莖高	54.06	3.06	56.59	3.42	59.25	3.77	62.52	5.46	65.61	4.07	67.95	6.71	71.51	3.91
11.右中指高	40.37	3.45	42.13	3.32	44.40	3.31	47.27	4.23	49.43	3.62	51.66	3.42	54.14	3.27
12.腰圍後高	69.35	3.85	72.80	4.29	76.85	4.49	81.53	4.99	85.16	4.86	88.93	5.03	92.23	6.01
13.股高	51.39	4.35	53.95	5.24	57.43	4.79	60.84	5.24	63.62	6.18	65.90	6.37	67.92	5.55
14.右大腿最大圍高	44.95	3.46	47.69	3.72	50.86	5.05	53.88	4.34	56.55	4.49	58.35	4.55	60.62	4.46
15.右膝關節高	30.17	2.29	31.72	2.49	33.30	2.51	35.26	2.87	37.09	2.48	38.20	3.47	39.77	2.63
16. 右大腿最大圍高	21.99	2.18	23.01	2.21	24.29	2.14	25.78	2.75	27.47	2.54	27.85	3.62	28.57	2.34
17.全頭高	19.64	1.79	19.76	2.03	20.13	1.38	20.41	1.45	20.95	1.30	20.98	1.29	20.96	1.16
18.腕肘根前後徑	7.19	1.53	7.24	1.31	7.47	1.43	7.72	1.24	8.11	1.25	8.46	4.39	8.48	1.54
19.胸部矢狀徑	13.64	1.41	13.63	1.25	14.09	1.44	14.56	1.55	15.17	1.47	15.88	1.96	16.80	2.20
20.腰部矢狀徑	12.32	1.58	12.44	1.55	13.03	1.77	13.42	1.70	13.60	1.83	13.50	1.53	14.18	1.77
21.臀部矢狀徑	14.15	1.85	14.55	1.55	15.36	1.75	16.23	1.75	16.71	1.92	17.15	1.92	17.85	1.98
22.手長	13.31	2.20	13.45	1.19	14.04	1.32	14.78	2.32	15.44	1.41	16.09	1.49	16.77	1.07
23.足長	18.12	1.40	18.87	2.50	19.66	1.27	20.46	1.24	21.34	1.43	21.88	1.19	22.40	1.09
24.足寬	7.25	1.00	7.24	0.77	7.58	0.79	7.78	0.61	8.35	3.88	8.53	3.78	8.56	0.75
25.座高	62.41	6.41	65.65	4.33	68.44	3.35	70.62	5.85	73.73	3.88	76.86	4.21	79.81	5.16
26.右外踝高	5.14	0.71	5.47	2.43	5.65	0.98	5.73	0.65	6.04	2.65	6.19	2.71	6.31	3.68
27.右肩傾斜高度	20.69	5.39	21.08	5.21	20.31	4.69	20.93	4.84	20.11	4.83	20.36	4.68	20.35	4.21
28.體重	20.21	3.12	22.42	3.46	25.33	4.71	28.62	6.13	31.96	7.34	35.84	7.95	40.84	8.08
29.頭圍	49.90	3.32	50.24	2.96	50.70	3.13	51.32	1.84	51.75	1.64	52.37	1.67	52.85	1.49
30.頸部根圍	27.66	2.36	28.85	1.97	29.40	1.97	30.54	2.13	31.71	2.35	32.53	2.26	33.87	3.09
31.上部胸部	56.714	8.54	58.108	9.05	60.762	9.40	62.99	5.34	65.24	5.85	67.82	5.65	70.78	6.56
32.胸部	54.67	5.53	56.69	4.61	59.34	4.55	62.00	5.80	64.19	7.41	67.98	6.78	72.59	6.75
33.下部胸部	51.570	6.12	52.928	6.66	55.748	8.12	57.86	5.73	59.61	5.81	61.73	5.09	64.49	5.79
34.腰圍	48.15	4.56	49.79	4.66	51.44	5.20	53.50	5.69	54.49	6.24	55.67	5.37	57.64	6.54
35.臀圍	59.34	5.26	62.30	5.08	64.73	5.17	68.09	6.04	71.35	6.43	74.61	7.09	79.71	6.52
36.胴縱圍	104.65	6.21	108.45	6.64	112.78	7.57	117.92	8.64	122.56	9.59	127.72	9.70	135.31	9.55
37.腕部根圍	25.91	2.43	27.01	2.65	28.21	3.31	29.76	4.73	31.03	3.53	32.49	3.48	34.17	3.88
38.臂圍	17.31	1.67	18.02	1.95	18.66	2.28	19.89	2.69	20.56	2.63	21.83	3.58	22.89	3.14
39.前腕最大圍	16.11	1.62	16.64	1.22	17.25	1.51	17.93	1.74	18.51	1.71	19.26	1.82	19.83	1.87
40.腕圍	11.87	1.15	12.14	1.30	12.42	1.20	12.96	1.32	13.38	1.29	13.65	1.11	13.99	1.20
41.掌圍	15.35	1.54	15.95	1.66	16.29	1.42	17.14	1.65	17.80	1.63	17.58	1.68	18.07	1.50
42.肘長	20.16	3.52	20.41	3.90	22.15	3.94	22.83	4.17	23.80	4.03	26.42	6.17	28.73	4.39
43.袖長	38.17	3.49	40.24	2.73	42.31	2.83	44.73	3.32	47.03	4.21	48.94	3.45	50.94	3.12
44.背長	26.31	2.52	27.25	2.04	28.23	2.11	29.16	2.90	30.71	2.49	32.04	2.69	34.15	2.21
45.腰長	12.78	1.95	13.42	1.53	14.00	1.75	14.77	1.69	15.47	1.67	16.05	1.81	16.62	1.61
46.下肢長	56.11	9.84	60.72	10.28	62.82	10.56	68.80	12.00	73.63	11.28	72.80	12.88	72.44	10.93
47.總長	95.91	4.80	100.23	5.42	105.47	5.59	111.12	6.30	116.39	6.60	121.59	6.57	127.07	5.70
48.肩寬	7.00	1.19	7.21	1.40	7.49	1.30	8.02	1.42	8.77	1.58	9.41	1.49	10.09	1.19
49.背肩寬	26.21	2.24	27.00	2.27	27.41	2.27	28.88	2.83	30.71	3.21	31.55	3.34	33.64	2.64
50.背寬	25.04	1.86	25.97	1.98	26.85	2.36	27.99	3.55	29.00	2.96	30.10	3.33	31.75	3.05
51.胸寬	22.38	1.76	23.24	2.20	24.42	2.30	25.13	2.86	25.19	2.248	26.06	2.24	26.99	2.20
52.B.P.寬(1)	12.66	2.34	13.05	1.09	13.63	1.18	14.21	1.46	14.93	1.58	15.75	1.69	16.63	1.62
53.B.P.長	11.00	1.07	11.28	0.97	11.74	1.07	12.29	1.37	13.17	1.54	13.94	1.80	14.97	1.93
54.B.N.P.(2)→右B.P.	18.13	3.93	19.47	3.94	19.60	4.35	21.24	4.19	22.82	4.49	23.04	4.83	23.50	4.98
55.B.N.P.→B.P.-W.L.(3)	30.41	4.04	32.14	3.93	32.65	4.41	34.22	4.42	36.34	4.57	36.48	4.76	37.13	4.83
56.大腿圍	34.34	3.32	35.88	3.74	37.37	4.01	39.52	4.49	41.52	4.79	43.63	5.15	45.86	4.88
57.膝圍	29.95	4.94	26.23	1.86	27.42	2.19	28.74	2.31	30.05	2.64	31.04	3.26	32.44	2.40
58.下腿圍	23.79	2.36	24.60	1.93	25.85	2.25	27.15	3.66	28.25	2.92	29.35	3.31	30.76	3.37
59.下腿最小圍	16.29	1.82	16.81	1.27	17.51	1.65	18.14	2.09	19.03	1.84	19.63	1.79	20.38	1.78
60.股上	19.02	1.68	19.87	1.76	20.66	1.90	22.29	5.47	22.82	2.07	24.03	2.16	24.46	2.22

註：(1)B. P. 乳突點；(2)B. N. P. 側頸點；(3)W. L. 腰圍線。

（續）表VIII　台灣地區女子（6～8歲）人體測計數據（公分）

項目 ＼ 年齡	13		14		15		16		17		18	
	M	SD	M	SD	M	SD	M	SD	M	SD	M	SD
1.身高	153.54	5.66	154.69	5.13	155.50	5.24	156.07	5.20	156.59	5.01	156.01	5.65
2.頸椎高	128.60	7.76	129.86	5.03	131.00	5.22	131.19	4.78	131.68	4.98	131.20	5.19
3.右腕肘根高	113.98	4.89	115.01	4.75	116.01	5.86	115.76	4.69	116.32	4.83	115.96	5.43
4.右肩舉高	124.58	5.05	125.63	4.86	126.97	4.73	127.36	4.68	127.63	5.02	127.25	5.64
5.右乳頭高	109.76	4.61	110.15	4.57	110.81	4.79	110.71	6.84	111.31	4.98	110.96	5.39
6.腰圍前高	95.63	5.59	96.16	3.92	96.75	4.60	96.69	4.95	97.12	4.41	97.43	8.79
7.臍高	90.62	4.05	91.17	3.63	91.77	3.96	91.67	3.92	92.04	3.99	91.95	4.24
8.右上腸骨棘高	84.32	6.49	84.92	3.91	85.63	6.31	85.35	3.88	85.82	3.66	86.16	4.29
9.右肘關節高	94.71	4.21	95.44	3.92	96.55	4.21	96.85	4.31	96.80	5.97	97.22	4.32
10.右橈骨莖高	73.32	5.38	73.53	4.92	74.54	3.36	74.92	4.08	75.26	3.49	75.05	3.61
11.右中指高	55.40	3.25	55.72	4.16	56.88	3.80	57.24	3.05	57.58	3.02	57.69	3.03
12.腰圍後高	93.66	5.79	94.35	3.85	95.18	4.08	95.09	3.99	95.38	5.18	95.37	4.12
13.股高	68.25	5.88	68.92	4.50	69.92	5.18	69.68	5.79	69.54	4.34	71.11	5.15
14.右大腿最大圍高	61.34	4.59	61.79	4.47	62.21	4.89	61.97	4.87	61.76	4.60	62.08	4.83
15.右膝關節高	40.02	2.54	39.97	2.76	40.36	3.17	40.28	3.00	40.29	2.56	40.65	3.32
16. 右大腿最大圍高	28.72	2.32	28.68	2.54	29.23	2.94	29.35	3.56	29.03	2.57	29.48	2.84
17.全頭高	21.06	1.32	21.11	1.25	21.35	1.75	21.52	1.14	21.47	1.19	21.59	1.22
18.腕肘根前後徑	8.69	1.44	8.99	1.54	9.43	1.62	9.60	1.64	9.52	1.31	10.40	7.12
19.胸部矢狀徑	17.39	2.31	18.07	2.26	18.32	1.92	18.42	2.01	18.60	2.04	18.67	2.09
20.腰部矢狀徑	14.36	1.70	14.60	1.96	15.02	1.59	14.92	1.53	14.94	1.43	15.00	1.43
21.臀部矢狀徑	18.47	1.70	18.88	2.05	19.24	1.57	19.11	1.54	19.26	1.59	19.29	1.45
22.手長	16.92	1.20	16.92	1.03	17.03	1.08	16.98	1.07	17.03	1.35	17.01	1.10
23.足長	22.58	1.04	22.38	2.18	22.71	1.09	22.58	1.01	22.72	1.01	22.54	1.26
24.足寬	8.63	0.59	8.64	0.57	8.93	3.53	8.69	0.55	8.67	0.54	8.64	0.52
25.座高	81.55	4.67	82.48	5.32	82.81	3.81	83.09	3.95	83.11	5.22	83.08	3.48
26.右外踝高	6.18	0.63	6.20	0.64	6.21	2.65	6.33	3.90	6.30	2.52	6.14	0.71
27.右肩傾斜高度	19.93	3.90	20.04	4.05	20.48	4.36	20.61	4.54	20.43	6.09	20.16	4.36
28.體重	44.10	7.52	40.75	8.26	48.00	6.76	48.66	5.97	49.56	6.78	49.59	6.03
29.頭圍	53.05	1.50	53.26	1.59	53.63	1.43	53.62	1.40	53.85	1.03	53.73	1.54
30.頸付根圍	34.64	2.00	35.02	2.76	35.55	2.12	35.62	2.00	35.69	2.22	35.33	1.76
31.上部胸部	72.93	5.89	74.91	6.51	76.22	4.61	76.64	4.05	77.12	4.58	77.17	4.11
32.胸部	74.76	7.64	76.95	7.27	77.76	5.42	77.85	5.00	78.44	6.93	78.17	5.73
33.下部胸部	65.85	5.33	67.00	6.07	67.47	4.47	67.59	4.09	67.98	5.38	67.99	4.12
34.腰圍	59.27	5.68	60.21	6.92	61.16	5.11	61.04	4.64	61.36	4.72	61.69	4.70
35.臀圍	82.76	5.87	84.64	7.24	85.88	5.13	86.30	4.72	86.73	4.91	87.08	4.71
36.胴縱圍	139.64	8.94	141.97	8.16	143.30	7.74	144.36	6.79	145.08	8.05	145.14	7.51
37.腕付根圍	35.36	3.56	36.44	3.50	37.26	3.44	37.53	3.63	37.83	3.45	38.12	3.43
38.臂圍	23.80	2.90	24.63	3.18	25.29	2.52	25.45	2.44	25.95	2.49	25.80	2.57
39.前腕最大圍	20.62	1.70	21.09	1.72	21.48	1.53	21.55	1.54	21.75	1.44	21.64	1.45
40.腕圍	14.38	1.26	14.65	1.10	14.63	0.97	14.56	0.97	14.61	0.91	14.52	0.99
41.掌圍	18.44	1.38	18.72	1.51	19.39	3.08	19.39	1.72	19.15	1.62	19.42	1.68
42.肘長	29.45	4.43	29.58	4.30	28.01	4.92	27.67	4.74	28.29	4.72	27.28	4.82
43.袖長	51.70	3.47	52.66	2.75	52.83	3.58	52.98	2.85	52.79	3.63	53.12	3.41
44.背長	35.12	2.17	35.73	2.26	35.98	1.971	36.32	2.08	36.35	2.06	36.09	2.03
45.腰長	16.88	1.47	17.17	1.64	17.43	1.58	17.74	1.64	17.83	1.65	17.97	2.19
46.下肢長	73.28	10.84	73.48	12.27	78.53	12.11	79.51	11.93	78.05	11.49	81.07	11.15
47.總長	129.22	5.37	130.54	4.96	131.29	4.74	131.72	4.93	131.90	7.52	131.72	5.03
48.肩寬	10.51	4.12	10.55	1.34	10.64	1.22	10.75	1.08	10.81	1.35	10.50	1.24
49.背肩寬	34.32	2.80	34.90	2.71	34.91	2.54	34.99	2.29	35.21	2.26	34.69	2.54
50.背寬	32.56	3.05	33.23	3.19	32.99	2.48	32.87	2.64	33.10	2.52	33.04	2.70
51.胸寬	27.51	2.58	28.14	2.62	29.22	3.10	29.57	2.22	29.82	2.07	29.60	2.28
52.B.P.寬	17.07	1.55	17.61	1.69	17.70	1.39	17.72	1.37	17.87	1.46	17.89	1.91
53.B.P.長	15.48	2.03	16.19	1.99	16.62	1.69	16.90	1.97	16.86	2.19	17.15	1.51
54.B.N.P.→右B.P.	24.44	5.63	25.42	5.28	27.35	5.13	28.15	5.29	27.50	5.65	28.82	4.95
55.B.N.P.→B.P.-W.L.	37.99	4.91	38.85	5.57	40.93	5.19	41.99	5.09	41.47	5.74	42.53	4.73
56.大腿圍	47.60	4.56	49.14	4.84	50.22	4.14	50.51	4.49	51.09	4.38	51.14	3.69
57.膝圍	32.89	3.38	33.68	2.93	33.97	2.20	34.11	2.47	33.99	3.87	33.94	2.53
58.下腿圍	31.87	3.07	32.47	3.38	33.42	2.63	33.58	2.50	34.02	2.94	33.80	2.23
59.下腿最小圍	20.54	2.19	20.86	2.14	20.92	1.74	21.03	1.29	21.11	1.75	20.89	1.64
60.股上	24.95	3.48	25.37	1.67	25.47	1.82	25.46	1.91	25.73	2.02	25.71	1.87

資料來源：邱魏津（1987）。〈國人女子（6-18歲）台灣地區女子人體計測調查之研究〉。NSC-76-0415-E-020-01。

表IX　英國、美國、德國男女（0～18歲）身高比較

女性				男性			
年齡	英國	德國	美國*	年齡	英國	德國	美國*
0		51.8	54.8(3.6)	0		52.4	55.4(4.0)
0.5		68.3	68.6(2.3)	0.5		69.6	70.4(2.4)
1		75.6	72.4(2.9)	1		76.4	73.5(3.2)
2	89	85.9	84.0(3.4)	2	93	86.9	85.3(3.4)
3	97	94.1	92.9(4.4)	3	99	95.0	93.4(3.9)
4	105	101.3	99.5(4.3)	4	105	102.2	99.9(3.8)
5	110	107.2	106.5(4.7)	5	111	108.1	107.6(5.0)
6	116	115.1	112.8(5.0)	6	117	116.1	113.7(4.8)
7	122	121.0	118.8(5.0)	7	123	119.6	120.5(4.7)
8	128	126.1	123.4(5.3)	8	128	127.2	125.3(5.8)
9	133	130.2	130.2(5.9)	9	133	131.1	130.0(5.8)
10	139	137.2	134.4(6.1)	10	139	137.7	135.1(6.3)
11	144	142.7	141.1(6.8)	11	143	144.0	141.9(5.3)
12	150	148.3	145.5(6.5)	12	149	145.9	146.8(7.1)
13	155	154.6	155.1(6.2)	13	155	153.3	149.5(7.8)
14	159	160.0		14	163	161.5	
15	161	162.2		15	169	166.5	
16	162	162.9		16	173	171.5	
17	162	163.5		17	175	173.6	
18	162	163.9		18	176	175.8	

*括弧中數值為標準誤差。

資料來源：K. H. E. Kroemer, H. B. Kroemer & K. E. Kroemer-Elbert, *Ergonomics*, p. 612, Prantice Hall, Englewood Cliffs, N. J., USA, 1994.

表X　美國老人人體測計數據—平均值（標準誤差　）

年齡範圍	50-100a	60-69b	60-69c	65-69d	65-74e	65-90f	66-70a	70+b	70+d	70+e	72-91e	75-94e
取樣人數	822	43	72	24	72	184	169	12	20	28	130	40
1.身高（靠牆站立）（公分）		172.8(6.6)		171.9(6.6)				171.5(9.0)	170.4(7.5)			
2.身高（自由站立）（公分）	175.1(8.9)		172.6(6.4)	171.2(6.6)					169.6(7.6)	171.9(8.4)	168.4(5.3)	
3.坐高（公分）	79.9(5.3)	90.8(3.0)	90.8(2.9)	90.0(2.9)		169.0		89.5(3.5)	89.0(3.4)	89.8(3.9)	88.3(3.1)	
4.膝高（公分）		53.9(2.5)	53.6(2.5)					53.5(3.4)	53.2(2.9)	53.7(3.2)	53.8(2.1)	
5.膝蓋後部高度（公分）	42.1(3.5)		42.1(2.3)							42.1(3.0)	44.0(2.1)	
6.大腿出入空間高度（公分）			19.7(1.4)							14.8(1.2)		
7.臀寬（公分	37.4(3.9)			36.0(2.3)					35.8(1.7)	37.8(2.4)		
8.肩寬（外肩）（公分）			45.3(2.4)	45.1(2.1)					44.7(1.6)	45.0(1.7)	43.4(2.3)	
9.肩寬（肩胛骨間）（公分）			38.9(1.7)							39.2(1.8)	37.8(1.6)	
10.手寬（公分）	7.7(0.6)		8.5(0.4)	8.5(0.4)					8.5(0.4)	8.6(0.4)	8.4(0.4)	
11.頭寬（公分）			15.5(0.5)	15.5(0.5)					15.5(0.5)	15.5(0.4)	15.4(0.5)	
12.腳寬（公分）			9.8(0.6)							9.9(0.5)	10.0(0.5)	
13.頭圍（公分）			57.1(1.4)	57.1(1.3)					58.0(1.4)	57.4(1.6)	56.9(1.8)	
14.腓圍（公分）			35.9(2.5)	36.0(2.9)					34.7(2.1)	35.3(2.2)	34.3(2.7)	
15.胸圍（休息）（公分）			99.6(7.1)	99.9(6.3)					99.6(5.5)	99.7(5.9)	96.2(7.6)	
16.胸圍（最大）（公分）			101.8(6.9)	101.7(6.1)					101.5(5.4)	101.7(5.7)	98.7(7.4)	
17.胸圍（最小）（公分）			97.6(7.2)	97.5(6.5)					97.8(5.6)	97.9(6.0)	94.5(7.6)	
18.前臂圍（公分）			30.9(2.7)	30.5(2.6)					30.0(2.4)	28.7(2.8)		
19.腰圍（公分）			95.5(9.3)	97.4(8.9)					97.1(8.0)	97.0(7.6)		
20.頭長（公分）			19.6(0.6)	19.6(0.6)					19.5(0.6)	19.7(0.7)	19.7(0.6)	
21.手長（公分）	17.5(1.2)		18.9(0.9)	18.9(0.9)					18.8(0.9)	19.0(1.0)	18.8(0.8)	
22.臀膝距離（公分）			58.6(3.0)							58.4(3.2)	59.1(2.4)	
23.臀膝後距離（公分）	46.3(3.6)		48.2(2.8)							48.1(3.1)	47.2(2.5)	
24.肘中指距離（公分）	44.2(2.8)		46.8(2.0)	46.8(1.9)					46.6(2.5)	46.9(2.8)	46.4(1.8)	
25.肩－肘距離（公分）			37.3(1.8)	37.4(1.7)					37.0(2.1)	37.4(2.2)	36.9(1.7)	
26.手向前觸及（公分）			84.2(3.7)							85.9(5.4)	86.9(3.8)	
27.雙手平伸長度（公分）			178.7(7.5)	178.8(7.5)					177.6(9.0)	179.2(9.9)	174.0(7.0)	
28.皮層（右肱三頭肌）				1.1(0.4)		1.2(0.3)				0.9(0.4)	1.1(0.4)	
29.腳長（公分）				26.3(1.2)	26.4(1.2)				26.5(1.3)	26.8(1.4)	26.0(1.0)	
30.體重（公斤）	63.7		76.6(1.1)	76.4(1.0)	65.6(11.6)	63.7			74.3(0.9)	75.3(9.0)	69.0(10.5)	63.7(11.7)
31.抓力（左手）（牛頓）			432(88)				323(58)			352(88)	262(80)	
32.抓力（右手）（牛頓）			461(88)				370(68)			412(88)	283(78)	

a.Molenbrook, 1987 (Netherlanders, AVG. of males and females)　b.Borkan, Halts and Glynn, 1983 (US males)　c.Daman et al., 1972 (US males)　d.Friedlander et al., 1987 (US males)
e.Dwyer et al., 1987 (US AVG. of males and females)　f.Pearson, Bassey, and Berdall, 1985 (US agv. of males and females)　g.Clement, 1974 (US males)

人因工程學【精華版】

作　　者／張一岑
出 版 者／揚智文化事業股份有限公司
發 行 人／葉忠賢
總 編 輯／閻富萍
特約執編／鄭美珠
地　　址／新北市深坑區北深路三段 258 號 8 樓
電　　話／(02)8662-6826
傳　　真／(02)2664-7633
網　　址／http://www.ycrc.com.tw
E-mail ／service@ycrc.com.tw
ISBN ／978-986-298-232-7
初版一刷／2004 年 10 月
三版一刷／2016 年 8 月
三版二刷／2020 年 9 月
定　　價／新台幣 580 元

國家圖書館出版品預行編目（CIP）資料

人因工程學 / 張一岑著. -- 三版. -- 新北
市：揚智文化, 2016.08
面；　公分
精華版
ISBN 978-986-298-232-7(平裝)

1.人體工學

440.19　　105013214

Notes

Notes